长江大保护

宜昌样卷

中共宜昌市委党校
湖北三峡干部学院　著

U0363880

编委会

主　编：邹青松
副主编：杨成珍
编　委：（按姓氏笔画排序）
　　　　王　媛　方　康　朱小艳　阮海青　肖唯楚
　　　　佘平飞　张　琴　陈　卓　陈　垚　易　平
　　　　胡学红　高　青　郭茂林　熊　珊

华中科技大学出版社
http://press.hust.edu.cn
中国·武汉

图书在版编目（CIP）数据

长江大保护. 宜昌样卷/中共宜昌市委党校，湖北三峡干部学院著. —武汉：华中科技
大学出版社，2024.1
　ISBN 978-7-5772-0487-1

Ⅰ. ①长… Ⅱ. ①中… ②湖… Ⅲ. ①长江流域-生态环境保护-宜昌 Ⅳ. ①X321.25

中国国家版本馆 CIP 数据核字（2024）第 017039 号

长江大保护　宜昌样卷 　　　　　　　　　　　　中共宜昌市委党校
Changjiang Da Baohu Yichang Yangjuan 　　　　　湖北三峡干部学院　著

策划编辑：陈建安
责任编辑：郑艺芳
责任校对：张利艳
装帧设计：王二平
责任监印：曾　婷
出版发行：华中科技大学出版社（中国·武汉）　　　电话：（027）81321913
　　　　　武汉市东湖新技术开发区华工科技园　　　邮编：430223
印　　刷：荆州市安鑫彩印有限公司
开　　本：710mm×1000mm　1/16
印　　张：27.5
字　　数：421 千字
版　　次：2024 年 1 月第 1 版第 1 次印刷
定　　价：88.00 元

目　录

I

绪　　论

2016 年初，中共中央总书记、国家主席、中央军委主席习近平在重庆召开推动长江经济带发展座谈会，他强调，当前和今后相当长一个时期，要把修复长江生态环境摆在压倒性位置，共抓大保护，不搞大开发。由此，"长江大保护"成为党和国家推动长江经济带发展的重大而紧迫的任务。国务院相关部门和长江上、中、下游各省市积极行动，奋力开创长江大保护工作新局面。在中央和地方的共同努力下，长江面貌一新，长江经济带活力焕发，长江流域踏上绿色高质量发展新征程。

一、长江大保护的理论源流

人类进入工业文明时代以后，在创造巨大物质财富的同时也加速了对自然资源的攫取，造成人与自然关系紧张。中华人民共和国用几十年时间走完了发达国家几百年走过的工业化历程，生态保护是必须跨越的一道重要关口。进入 21 世纪以来，中国共产党人高度重视生态文明建设。2007 年，中共十七大首次提出"建设生态文明"。2012 年，中共十八大提出"五位一体"总体布局，首次将"美丽中国"确立为生态文明建设的宏伟目标。2013 年，中共十八届三中全会通过《中共中央关于全面深化改革若干重大问题的决定》，对生态文明体制改革进行布局，强调建立系统完整的生态文明制度体系，用制度保护生态环境。2015 年，《中共中央 国务院关于加快推进生态文明建设的意见》出台，《生态文明体制改革总体方案》印发。2017 年，中共十九大深刻阐明了新时代中国特色社会主义思想和基本方略，要求到 21 世纪中叶把我国建设成为富强民主文明和谐美丽的社会主义现代化强国，加快生态文明体制改革，建设美丽中国。2018 年，十三届全国人大一次会议表决通过《中华人民共和国宪法修正案》，将生态文明写入宪法；同年，《中共中央 国务院关于全面加强生态环境保护 坚决打好污染防治攻坚战的意见》出台。2020 年，中共十九届五中全会通过的《中共中央关于制定国民经济和社会发展第十四个五年规划和二〇三五年远景目标的建议》要求"十四五"时期"生态文明建设实现新进步"，到 2035 年"广泛形成绿色生产生活方式，碳排放达峰后稳中有降，生态环境根本好转，美丽中国建设目标基本实现"。2022 年，中共二十大强调"推动绿色发展，促进人与自然和谐共生"。所有这些，都是中国生态文明建设的重要里程碑，也是长江大保护的基本遵循。

长江大保护的直接理论源泉，是习近平生态文明思想。中共十八大以来，习近平站在坚持和发展中国特色社会主义、实现中华民族伟大复兴的战略高度，站在中华民族永续发展的高度，大力推动生态文明理论创新、实践创新、制度创新，创造性提出一系列富有中国特色、体现时代精神、引领人类文明发展进步的新理念新思想新战略，深刻回答了为什么建设生态文明、建设什么样的生态文明、怎样建设生态文明等重大理论和实践问题。2018 年 5 月，全国生态环境保护大会在北京召开，习近平出席会议并发表重要讲话，他对生态文明的极端重要性再次作了阐述，提出了六大原则、五大生态文明体系，对生态文明建设和体制改革作出了系统性的阐述。这次讲话标志着习近平生态文明思想的全面形成。

习近平生态文明思想是一个系统完整、逻辑严密、内涵丰富、博大精深的科学体系，以新视野、新认识、新理念赋予生态文明建设理论新的时代内涵。就其主要方面来讲，集中体现为"十个坚持"。

（一）坚持党对生态文明建设的全面领导

它是生态文明建设的根本保证。坚持党的全面领导，是中国共产党百年奋斗取得伟大成就的首要历史经验。因此，必须坚持党对生态文明建设的全面领导这一最大制度优势。生态环境是关系党的使命宗旨的重大政治问题，必须不断提高政治判断力、政治领悟力、政治执行力，心怀"国之大者"；必须牢固树立"一盘棋"思想，更加注重保护和治理的系统性、整体性、协同性；必须扛起生态文明建设的政治责任，严格实行党政同责、一岗双责，确保党中央关于生态文明建设的各项决策部署落地见效。

（二）坚持生态兴则文明兴

它是生态文明建设的历史依据。生态环境是人类生存和发展的根基，生态环境变化直接影响文明兴衰演替。历史上，四大文明古国无一不是发源于森林茂密、水量丰沛、田野肥沃的地区，而生态环境衰退特别是严重的土地荒漠化最终导致了古埃及、古巴比伦的衰落。唐代中叶以来，中国经济中心逐步向东、向南转移，很大程度上同西部地区生态环境变迁有关。古今中外的教训表明，只有尊重自然规律，才能有效防止在开发利用自然上走弯路。因此，必须深刻认识生态环境是人类生存最为基础的条件，把人类活动限制在生态环境能够承受的限度内；必须更加全面地把握生态与文明的关系，坚持走生产发展、生活富裕、生态良好的文明发展道路；必须以对人民群众、对子孙后代高度负责的态度，加强生态文明建设，筑牢中华民族永续发展的生态根基。

（三）坚持人与自然和谐共生

它是生态文明建设的基本原则。自然是生命之母，人与自然是生命共同体，无止境地向自然索取甚至破坏自然，必然会遭到自然的报复。人口规模巨大和现代化的后发性，决定了中国实现现代化将面临更强的资源环境约束，不能走西方先污染后治理的现代化老路。中国式现代化，是人与自然和谐共生的现代化。因此，必须敬畏自然、尊重自然、顺应自然、保护自然，始终站在人与自然和谐共生的高度来谋划经济社会发展；必须坚持以人民为中心的发展思想，坚持节约资源和保护环境的基本国策，提供更多优质生态产品以满足人民日益增长的优美生态环境需要；必须以高质量发展为导向，加快发展方式绿色转型，充分发挥生态环境保护的引领、优化和倒逼作用，推动经济社会发展绿色化、低碳化。

（四）坚持绿水青山就是金山银山

它是生态文明建设的核心理念。绿水青山和金山银山，是生态环境保护和经济发展的形象化表达。绿水青山既是自然财富、生态财富，又是社会财富、经济财富。实践证明，把绿水青山建得更美，把金山银山做得更大，就能做到生态效益、经济效益、社会效益同步提升，真正实现百姓富、生态美的有机统一。因此，必须牢固树立和践行绿水青山就是金山银山的理念，处理好绿水青山和金山银山的关系，坚定不移保护绿水青山，把绿水青山蕴含的生态产品价值转化为金山银山，促进经济发展和环境保护双赢；必须站在人与自然和谐共生的高度谋划发展，按照生态优先、节约集约、绿色低碳发展的要求，做好顶层设计和战略部署；必须更加注重系统观念的科学运用和实践深化，加快推进生态产品价值实现。

（五）坚持良好生态环境是最普惠的民生福祉

它是生态文明建设的宗旨要求。环境就是民生，青山就是美丽，蓝天就是幸福。良好的生态环境是最公平的公共产品，是一个国家和民族永续发展的必要条件。中国特色社会主义进入新时代，社会主要矛盾转化为人民日益增长的美好生活需要和不平衡不充分的发展之间的矛盾，人民群众对优美生态环境的需要成为这一矛盾的重要方面。建设美丽中国是人民群众追求高品质生活的美好憧憬。因此，必须落实以人民为中心的发展思想，把优美的生态环境作为一项基本公共服务，解决好人民群众反映强烈的突出环境问题；必须使干部群众把生态文明理念转化为自觉行动，形成人人崇尚生态文明、人人支持生态保护、人人建设美丽中国的浓厚社会氛围，像保护眼睛一样保护生态环境，像对待生命一样对待生态环境；必须保持加强生态文明建设的战略定力，坚持不懈、久久为功，让良好生态环境成为人民生活的增长点、经济社会持续健康发展的支撑点，为人民群众提供优质生态产品。

（六）坚持绿色发展是发展观的深刻革命

它是生态文明建设的战略路径。绿色是生命的象征、大自然的底色。20世纪90年代以来，如何应对地球生态危机和工业文明"增长的极限"，走出一条生产发展、生活富裕、生态良好的文明发展道路，成为全人类文明发展面临的根本问题。绿色发展是生态文明建设的必然要求，是人类从工业文明通向生态文明的历史过程，是一场深刻的文明变革。绿色发展是以人民为中心建设人与自然和谐共生的现代化根本之道，是一场深刻的现代化革命。以创新为第一动力，全面推动绿色发展，是一场深刻的科技和产业革命。绿色发展创造一个数字化"政府—自然—市场—社会"合作治理的四维模式，是一场深刻的治理革命。坚持绿色发展是对生产方式、生活方式、思维方式和价值观念的全方位、革命性变革，是对自然规律和经济社会可持续发展一般规律的深刻把握。因此，必须优化国土空间开发保护格局，强化生态系统保护修复，推动重点区域绿色发展，建设生态宜居美丽家园；必须大力发展战略性新兴产业，引导资源型产业有序发展，优化产业区域布局；必须把实现减污降碳协同增效作为促进经济社会发展全面绿色转型的总抓手，加快建立健全绿色低碳循环发展经济体系，加快形成绿色生产方式和生活方式，逐步完善绿色发展体制机制。

（七）坚持统筹山水林田湖草沙系统治理

它是生态文明建设的系统观念。生态是统一的自然系统，山水林田湖草沙是相互依存、紧密联系的生命共同体。如果种树的只管种树、治水的只管治水、护田的单纯护田，很容易顾此失彼，最终造成生态的系统性破坏。"统筹山水林田湖草沙系统治理"这一生态治理理念，从根本上适应了自然生态的内生规律，能够充分激发自然生态系统本身巨大的修复和发展能力。因此，必须坚持系统观念，遵循客观规律，从系统工程和全局角度寻求新的治理之道，增强各项举措的关联性和耦合性，统筹兼顾、整体施策、多措并举，搞好山水林田湖草沙系统治理；必须充分考虑人类实践活动对整个自然系统及其子系统可能造成的影响，更加注重综合治理、系统治理、源头治理，实施好生态保护修复工程，构建全方位、全地域、全过程的协调机制；必须充分发挥科技创新的驱动作用，不断强化生态环境治理、监测、修复等关键核心技术自主研发能力，集中力量突破关键核心技术"卡脖子"问题。

（八）坚持用最严格制度最严密法治保护生态环境

它是生态文明建设的制度保障。依法治国是中国共产党领导人民治理国家的基本方略，用最严格制度最严密法治保护生态环境是全面依法治国的重要体现。部分地区环保理念落实不到位，环境污染问题时有发生，我国生态环境保护中存在的突出问题大多同体制不健全、制度不严格、法治不严密、执行不到位、惩处不得力有关。只有实行最严格的制度、最严密的法治，才能为生态文明建设提供可靠保障。因此，必须把制度建设作为推进生态文明建设的重中之重，持续完善生态环境制度体系，深入落实环境准入负面清单制度，实施监督执法正面清单制度，构建产权清晰、多元参与、激励约束并重、系统完整的生态文明制度体系，强化制度供给和执行，让制度成为刚性约束和不可触碰的高压线；必须持续完善生态环境相关法律，形成覆盖全面、务实管用、严格严厉的中国特色社会主义生态环境保护法律体系；必须不断深化体制机制改革，将制度优势转化为治理效能，加快实现生态环境治理体系和治理能力现代化。

（九）坚持把建设美丽中国转化为全体人民自觉行动

它是生态文明建设的社会力量。生态文明是人民群众共同参与共同建设共同享有的事业，每个人都是生态环境的保护者、建设者、受益者。全体人民自觉行动既是推进生态文明建设的重要保障，又是巩固和扩大生态文明建设成果的社会基础和社会支撑力量。总体上看，中国生态环境保护结构性、根源性、趋势性压力尚未根本缓解，亟须社会各界的深度参与，谁也不能只说不做、置身事外。因此，必须建立健全以生态价值观念为准则的生态文化体系，牢固树立社会主义生态文明观，培养热爱自然、珍爱生命的生态意识，积极培育生态文化、生态道德，让生态文化成为全社会的共同价值理念；必须加强生态文明宣传教育，倡导简约适度、绿色低碳的生活方式，汇聚建设美丽中国的强大合力；必须有效激发公众的主体意识和责任意识，使之成为生态文明建设的实践者、推动者，一张蓝图绘到底、一代接着一代干，把伟大祖国建设得更加美丽。

（十）坚持共谋全球生态文明建设之路

它是生态文明建设的全球倡议。守护地球家园，是人类的共同责任；建设美丽家园，是人类的共同梦想。生态环境问题无国界，面对生态环境挑战，人类是一荣俱荣、一损俱损的命运共同体，任何国家都无法独善其身。生态文明是人类文明发展的历史趋势，只有全球应对、全球合作，遵守国际规则，凝聚治理合力，才能实现共赢、多赢，实现共建美丽地球家园的目标。因此，必须秉持人类命运共同体理念，同舟共济、共同努力，构筑尊崇自然、绿色发展的生态体系；必须积极应对气候变化，保护生物多样性，为实现全球可持续发展贡献中国智慧、中国方案、中国力量；必须坚持多边主义，坚持平等协商，推动构建公平合理、合作共赢的全球环境治理体系，共建清洁美丽世界。

2023年7月，习近平在全国生态环境保护大会上指出，党的十八大以来，我们把生态文明建设作为关系中华民族永续发展的根本大计，开展了一系列开创性工作，决心之大、力度之大、成效之大前所未有，生态文明建设从理论到实践都发生了历史性、转折性、全局性变化，美丽中国建设迈出重大步伐。新时代生态文明建设的成就举世瞩目，成为新时代党和国家事业取得历史性成就、发生历史性变革的显著标志。他强调，我国生态环境保护结构性、根源性、趋势性压力尚未根本缓解，生态文明建设仍处于压力叠加、负重前行的关键期，要把建设美丽中国摆在强国建设、民族复兴的突出位置，以高品质生态环境支撑高质量发展，加快推进人与自然和谐共生的现代化。继续推进生态文明建设，必须正确处理高质量发展和高水平保护的关系、重点攻坚和协同治理的关系、自然恢复和人工修复的关系、外部约束和内生动

力的关系、"双碳"承诺和自主行动的关系；要持续深入打好污染防治攻坚战，要健全美丽中国建设保障体系，要坚持和加强党的全面领导。

习近平生态文明思想具有科学性和真理性、人民性和实践性、开放性和时代性。其原创性贡献，一是继承与创新了马克思主义自然观、生态观，使马克思主义关于人与自然关系的思想实现了与时俱进；二是弘扬与发展了中华优秀传统生态文化，让先贤的"天人合一""道法自然"等思想在 21 世纪的中国焕发出新的生机与活力；三是深化与创新了中国共产党关于生态文明的理论成果，把对生态文明的认识提升到一个新的境界；四是拓展与超越了全球可持续发展经验与成果，是中国式现代化道路和人类文明新形态的重要体现。

习近平生态文明思想不仅深刻回答了新时代生态文明建设的根本保证、历史依据、基本原则、核心理念、宗旨要求、战略路径、系统观念、制度保障、社会力量、全球倡议等一系列重大理论与实践问题，而且对新形势下生态文明建设的战略定位、目标任务、总体思路、重大原则作出了系统阐释和科学谋划，是新时代中国生态文明建设的根本遵循和行动指南。这一思想体系是关于生态文明建设的认识论、价值论和方法论，深刻揭示了生态文明建设的历史逻辑、理论逻辑、实践逻辑。习近平生态文明思想是习近平新时代中国特色社会主义思想的重要组成部分，是中国共产党不懈探索生态文明建设的理论升华和实践结晶，具有重大政治意义、历史意义、理论意义、实践意义和世界意义，为长江大保护奠定了理论基础。

二、长江大保护的时代课题

长江是中国第一大河、世界第三大河。长江的形成时间和演化历史，众说纷纭，如有学者认为它形成于距今 1.8 亿年前的三叠纪末期，有学者认为它形成于距今 1.4 亿年前侏罗纪时期的燕山运动。这里所述长江的"年龄"，是指从青藏高原奔流而下注入东海的"贯通东流"水系的形成年代。有学者推算，长江的年龄至少是 2300 多万岁，而中国学术界普遍认为长江形成于 200 万年至 100 万年前。长江从青藏高原之唐古拉山脉发源（通过现代勘测，发源于其主峰各拉丹冬雪山西南侧），蜿蜒万里（长江全长 6363 公里，系 2012 版《中华人民共和国年鉴》及以后版本的数据），奔流不息，自西向东汇入东海。在中国古代，六朝之前称长江为大江，六朝之后统称为长江。今天，从源头到楚玛尔河口，叫沱沱河；从楚玛尔河口到玉树的巴塘河口，叫通天河；从巴塘河口到四川的宜宾，叫金沙江；从宜宾直到入海口，叫长江。长江干流流经青海、西藏、四川、云南、重庆、湖北、湖南、江西、安徽、江苏、上海；长江支流有 700 多条，延伸至贵州、甘肃、陕西、河南、广西、广东、浙江、福建的部分地区，总计 19 个省级行政区，流域面积达 180 万平方公里（其中，1 万平方公里以上的支流 49 条，雅砻江、岷江、嘉陵江、乌江、沅江、湘江、汉江、赣江是著名的八大支流，流域面积均超过 8 万平方公里）。长江还把中国四大淡水湖中的洞庭湖、鄱阳湖、太湖串联起来，犹如长藤结瓜，形成了庞大的长江水系。而长江经济带，则包括云南、四川、贵州、重庆、湖北、湖南、江西、安徽、江苏、上海、浙江 11 个省、市，面积约 205 万平方公里。

（一）长江流域：中华文明的重要发源地

在人类历史上，原始文明向农耕文明演变，产生了西亚的两河流域文明、东北非的尼罗河流域文明、南亚的印度河流域文明、东亚的黄河－长江流域文明。黄河－长江流域文明也就是人们通常所说的中华文明，它不但是世界上最古老的文明之一，而且是人类持续时间最长和唯一未中断过的文明。

长江、黄河都是中华民族的发源地，都是中华民族的摇篮。作为中华民族的母亲河，长江不仅滋养了广袤的土地，也孕育了悠久璀璨的中华文明。中国考古发现的重大成就证实了中国百万年的人类史、一万年的文化史、五千多年的文明史。距今 200 万年的巫山人化石、距今 170 万年的元谋人化石，是长江流域人类活动悠久历史的有力证明。湖北郧阳学堂梁子遗址的新发现为探讨直立人演化及其在中国乃至东亚地区的起源与发展提供了重要证据。

长江下游的上山文化是世界稻作农业起源的重要中心，是率先进入农业社会的先行者，是中华一万年文化史的重要实证。四川宝墩遗址、三星堆遗址，陕西石峁遗址、芦山峁遗址，河南二里头遗址、新砦遗址，湖北屈家岭遗址、石家河遗址，湖南鸡叫城遗址、孙家岗遗址，安徽凌家滩遗址、禹会村遗址，江苏草鞋山遗址、寺墩遗址，浙江良渚遗址、施岙遗址，是中华五千多年文明史的重要实证。长江流域地域广阔，有多个相对独立的自然地理单元，在历史长河中，孕育出荆楚文化、巴蜀文化、湖湘文化、吴文化、越文化、徽文化、江淮文化、赣文化、客家文化等多元的文化。由于长江流域同处于亚热带湿润季风区，生态要素配置大体相同，又有能通航的长江干流联系，因此各种文化既具多样性又有同一性，最终融合成完整的长江流域文明。

南宋以后，长江流域成为中国经济社会的重心。鸦片战争以后，西方工业文明传播到中国，最早工业化的城市主要分布在长江沿岸，如上海、武汉和重庆等。中华人民共和国成立以后，长江流域创造了巨大经济价值，它以不到全国 20% 的国土面积，养育了全国 40% 的人口，创造了全国 40% 的经济总量。进入新时代，中国长江流域经济带和沿海经济带正形成"T"字形的战略构架，担负起引领中华民族伟大复兴的历史使命。

（二）长江生态：中国重要的生态宝库

长江流域为中华民族作出重大贡献的背后，是长江丰沛的水资源与航运资源。长江是中国水量最丰富的河流，水资源总量 9616 亿立方米，约占全国河流径流总量的 36%。根据长江水利委员会 2021 年发布的《长江流域及西南诸河水资源公报》，2021 年长江流域水资源总量为 11186.18 亿立方米（比多年平均值偏多 13.3%），占当年全国水资源总量的 37.7%（根据水利部发布的 2021 年度《中国水资源公报》，2021 年全国水资源总量为 29638.2 亿立方米）；2021 年长江流域总供水量 2072.36 亿立方米，其中，地表水源供水量 2003.62 亿立方米（占总供水量的 96.7%），地下水源供水量 39.88 亿立方米（占总供水量的 1.9%），其他水源供水量 28.86 亿立方米（占总供水量的 1.4%）；2021 年长江流域总用水量 2072.36 亿立方米，其中，农业用水量

1030.90 亿立方米（占总用水量的 49.7％），工业用水量 632.96 亿立方米（占总用水量的 30.5％），生活用水量 345.02 亿立方米（占总用水量的 16.7％），人工生态环境补水量 63.48 亿立方米（占总用水量的 3.1％）；2021 年长江流域人均综合用水量 444 立方米，万元国内生产总值（当年价）用水量 50.1 立方米，万元工业增加值（当年价）用水量 48.2 立方米，农田灌溉亩均用水量 406 立方米。自古以来，长江都是中国的"黄金水道"。中华人民共和国成立后，对长江进行了治理开发，使之具有防洪、灌溉、航运和发电等功能，我们熟知的南水北调工程（西线、中线和东线工程）、引江济淮工程、三峡工程及长江上游的其他工程，几乎造福了全中国人。长江流域有居世界之首的航运资源，流域内总通航里程 7 万公里，占全国的 70％以上。长江干支流航道与京杭大运河组成中国最大的内河水运网。长江干线港口货物吞吐量 2020 年突破 30 亿吨；2021 年达到 35.3 亿吨，较 2012 年增长 80％，创历史新高。

长江不仅是中华民族的母亲河，也是世界上水生生物多样性最丰富的河流之一，水生生物达 4000 多种。长江流域拥有独特的生态系统，包括山、水、林、田、湖、草等多种类型的生态元素，是大熊猫、金丝猴、崖柏、荷叶铁线蕨等珍稀濒危动植物的分布地。长江也是维护国家生态安全、推动长江经济带绿色发展的重要屏障。长江经济带横跨中国东、中、西三大区域，现在和将来都是中国经济发展的重要区域。因此，长江的生态安全事关山水林田湖草生命共同体建设，事关中国发展大局，既是生态课题，又是发展课题。

（三）长江大保护：新时代的重大课题

长期以来，受拦河筑坝（中华人民共和国成立之后的 30 多年间，人们在长江南北兴建了 4 万多个小型水库，500 多个中型、大型水库）、水域污染、过度捕捞、航道整治、岸坡硬化、挖砂采石等人类活动影响，长江水生生物的生存环境日趋恶化，生物多样性指数持续下降，渔业生产也受到严重影响。1954 年长江流域天然捕捞量达 42.7 万吨，20 世纪 60 年代下降到每年 26 万吨，80 年代为每年 20 万吨左右。近些年即使大规模增殖放流，长江每年的捕捞量也不足 10 万吨，约占全国淡水水产品总量的 0.32%。长江珍稀特有物种资源全面衰退，白鳍豚、白鲟、鲥、鲸等物种已多年未见，中华鲟、长江江豚等极度濒危。2022 年 7 月，世界自然保护联盟（IUCN）更新濒危物种红色名录。名录显示，长江特有物种白鲟（*Psephurus gladius*，已存在 1.5 亿年，是中生代白垩纪残存下来的极少数古代鱼类之一）已经灭绝，长江鲟（*Acipenser dabryanus*）野外灭绝。这一结果凸显长江水生生物多样性保护形势严峻，水域生态修复任务艰巨。

近现代以来，由于不合理的生产、生活方式的影响，长江源头生物多样性保护面临着高寒草甸过度放牧、植被破坏和过度垦荒、外来鱼类物种入侵等挑战。全球气候变化导致雪山的雪线上升，加之基础设施建设造成大量表土流失，草甸生态系统和湿地生态系统等功能严重退化。长江流域接近 30% 的重要湖库已处于富养化状态。多年的监测数据显示，长江经济带面积虽只占全国的 21%，但废水排放量占全国的 40% 以上，单位面积化学需氧量、氨氮、二氧化硫、氮氧化物、挥发性有机物排放强度是全国平均水平的 1.5 至 2.0 倍。城镇排水管网等基础设施落后，部分沿江城市污水管网的覆盖率仅 30% 左右；城镇污水收集率很低，污水直排，污水处理厂运行低效；河湖水倒灌、溢流，雨污错接混接，地下水入渗；厂网分离，产业链片段化、碎片化，等等。事实证明，长江病了，而且病得不轻。如果长江生态颓势得不到逆转，其影响的绝不仅是沿岸人民的短期生活，而且是中华民族的长远福祉。

正是基于对长江、长江流域和长江经济带重要地位和生态现状的正确认识和判断，2016 年 1 月，习近平考察重庆后，在推动长江经济带发展座谈会上指出，长江拥有独特的生态系统，是我国重要的生态宝库。针对长江流域河湖湿地萎缩甚至干涸、厂房污水横流、码头砂石漫天、轮船污水肆意排放、水质持续恶化等问题，提出当前和今后相当长一个时期，要把修复长江生态环境摆在压倒性位置，共抓大保护，不搞大开发。2018 年 4 月，习近平考察湖北后主持召开深入推动长江经济带发展座谈会，强调推动长江经济带发展是党中央作出的重大决策，是关系国家发展全局的重大战略，对实现"两个一百年"奋斗目标、实现中华民族伟大复兴的中国梦具有重要意义。他明确指出：沿江产业发展惯性较大，污染物排放基数大。长江岸线、港口乱占滥用、占而不用、多占少用、粗放利用的问题仍然突出，流域环境风险隐患突出。他要求进一步统一思想，树立大局观、长远观、整体观，同时进行分类指导、综合施策，把新发展理念体现到长江经济带发展中，正确把握整体推进和重点突破的关系、生态环境保护和经济发展的关系、总体谋划和久久为功的关系、破除旧动能和培育新动能的关系、自我发展和协同发展的关系。2020 年 11 月，习近平考察江苏后，在南京主持召开全面推动长江经济带发展座谈会，强调要坚定不移贯彻新发展理念，推动长江经济带高质量发展，谱写生态优先绿色发展新篇章，打造区域协调发展新样板，构筑高水平对外开放新高地，塑造创新驱动发展新优势，绘就山水人城和谐相融新画卷，使长江经济带成为我国生态优先绿色发展主战场、畅通国内国际双循环主动脉、引领经济高质量发展主力军。

共抓长江大保护，是中国特色社会主义新时代的重大课题。习近平站在中华民族根本利益和长远发展的战略高度，为长江经济带乃至整个长江流域经济社会发展指明了方向，标志着长江经济带建设的重大战略转变。它关系党和国家工作大局，关系中华民族伟大复兴战略全局。它对于贯彻新发展理念，落实节约资源和保护环境的基本国策，落实可持续发展战略；对于践行以人民为中心的发展思想，走中国特色生态文明发展之路；对于正确处理经济发展和环境保护之间的关系，维护国家生态安全、推动长江经济带高质量发展，具有重大现实意义。

三、长江大保护的中国方案

中共十八大以来，习近平亲自谋划、部署、推动，为长江经济带立下"共抓大保护、不搞大开发"的规矩，要求从中华民族长远利益考虑，使绿水青山产生巨大生态效益、经济效益、社会效益，使母亲河永葆生机活力；指出治好"长江病"，要科学运用中医整体观，追根溯源、诊断病因、找准病根、分类施策、系统治疗；并从生态优先、绿色发展、区域协调发展、高水平对外开放、创新驱动发展、山水人城和谐相融等方面，赋予长江经济带新使命。根据习近平生态文明思想和全面推动长江经济带发展重要讲话精神，长江大保护的中国方案相继出台。

（一）拟制规划和政策

2016 年 3 月，中共中央政治局审议研究《长江经济带发展规划纲要》（以下简称《规划纲要》），6 月下发到沿江 11 个省市，9 月正式印发。《规划纲要》从规划背景、总体要求、大力保护长江生态环境、加快构建综合立体交通走廊、创新驱动产业转型升级、积极推进新型城镇化、努力构建全方位开放新格局、创新区域协调发展体制机制、保障措施等方面描绘了长江经济带发展的宏伟蓝图。它确立了长江经济带"一轴、两翼、三极、多点"的发展新格局；明确提出把保护和修复长江生态环境摆在首要位置，重点要保护和改善水环境，保护和修复水生态，保护和合理利用水资源，有序利用长江岸线资源；要求建立负面清单管理制度，加强环境污染联防联控，建立长江生态保护补偿机制，开展生态文明先行示范区建设。这是推动长江经济带发展的纲领性文件。

为落实《规划纲要》，国家相关部门制定了一系列专项规划、政策文件，包括 10 个专项规划（长江经济带生态环境保护、沿江取水口排污口和应急水源布局、岸线保护和开发利用、森林和湿地生态系统保护与修复、综合立体交通走廊建设、创新驱动产业转型升级、长江国际黄金旅游带以及长三角、长江中游、成渝三大城市群发展规划等），11 个实施方案（沿江省市《规划纲要》实施方案，城镇污水垃圾处理、化工污染治理、农业面源污染治理、船舶污染治理、尾矿库污染治理"4＋1"工程指导意见，以及省际协商合作机制、黄金水道环境污染防控治理、加快推进长江船型标准化、加强工业绿色发展、造林绿化等）。由此基本形成以《规划纲要》为统领，相关专项规划、地方实施方案和支持政策为支撑的规划政策体系，为全面实施推动长江经济带发展战略打下了坚实基础。

2016 年 9 月，水利部、国土资源部正式印发《长江岸线保护和开发利用总体规划》，规划范围河道总长度 6768 公里，岸线总长度 17394 公里，涉及云南、四川、重庆、贵州、湖北、湖南、江西、安徽、江苏、上海等 10 个省（直辖市）。它按照岸线保护和开发利用需求，划分了岸线保护区、岸线保留区、岸线控制利用区及岸线开发利用区等四类功能区，并对各功能区提出了相应的管理要求，明确了保障措施。同月，水利部印发《长江经济带沿江取水口、排污口和应急水源布局规划》，规划涉及长江流域 145 万平方公里范围内的 11 个省（直辖市）的 92 个地级以上城市（含 9 个自治州政府所在地），长江干流沿江的 45 个县级城市，以及太湖全流域。它拟定了取水口布局规划措施、入河排污口布局规划措施、应急水源布局规划措施、管理能力建设措施，明确提出长江经济带沿江各省市人民政府应以省市为单元编制实施规划，以地级城市为单元编制实施方案。这两个文件是长江总体保护的指导性管理规划。

2018 年 10 月，国务院办公厅印发《关于加强长江水生生物保护工作的意见》，提出了开展生态修复、拯救濒危物种、加强生境保护、完善生态补偿、加强执法监管、强化支撑保障、加强组织领导 7 个方面 19 项政策措施，开展中华鲟、长江鲟人工增殖放流和长江江豚迁地保护行动，长江珍稀濒危物种保护得到强化。2019 年，推动长江经济带发展领导小组办公室会同沿江 11 省市和有关部门，建立了以问题为导向的长江经济带共抓大保护工作推动新机制。2021 年 11 月，《中共中央 国务院关于深入打好污染防治攻坚战的意见》印发，明确要求持续打好长江保护修复攻坚战，提出：推动长江全流域按单元精细化分区管控；狠抓突出生态环境问题整改，扎实推进城镇污水垃圾处理和工业、农业面源、船舶、尾矿库等污染治理工程；加强渝湘黔交界武陵山区"锰三角"污染综合整治；持续开展工业园区污染治理、"三磷"行业整治等专项行动；推进长江岸线生态修复，巩固小水电清理整改成果；实施好长江流域重点水域十年禁渔，有效恢复长江水生生物多样性；建立健全长江流域水生态环境考核评价制度并抓好组织实施；等等。它为新时代长江保护修复工作指明了方向，提供了遵循。2022 年，推动长江经济带发展领导小组办公室印发《长江经济带发展负面清单指南（试行，2022 年版)》，自印发之日（2022 年 1 月 19 日）起施行。

（二）确定计划和方案

自 2017 年 12 月起，推动长江经济带发展领导小组办公室部署开展长江干流岸线保护和利用专项检查行动，摸清了长江干流 5711 个岸线利用项目的基本情况，指导督促各地推进 2441 个涉嫌违法违规项目的整改。

2019 年 1 月，生态环境部、发展改革委联合印发《长江保护修复攻坚战行动计划》，明确以改善长江生态环境质量为核心，以长江干流、主要支流及重点湖库为突破口，统筹山水林田湖草系统治理，坚持污染防治和生态保护"两手发力"，推进水污染治理、水生态修复、水资源保护"三水共治"，突出工业、农业、生活、航运污染"四源齐控"，深化和谐长江、健康长江、清洁长江、安全长江、优美长江"五江共建"。其主要任务是：强化生态环境空间管控，严守生态保护红线；排查整治排污口，推进水陆统一监管；加强工业污染治理，有效防范生态环境风险；持续改善农村人居环境，遏制农业面源污染；补齐环境基础设施短板，保障饮用水水源水质安全；加强航运污染防治，防范船舶港口环境风险；优化水资源配置，有效保障生态用水需求；强化生态系统管护，严厉打击生态破坏行为。同时，提出了六项保障措施。由此，围绕长江保护修复攻坚战的一系列行动紧锣密鼓展开，中国长江保护修复攻坚战全面打响。

2022 年 9 月，生态环境部、发展改革委等 17 个部门和单位联合印发《深入打好长江保护修复攻坚战行动方案》。它明确了深入打好长江保护修复攻坚战的指导思想、工作原则、主要目标、区域范围、重大任务和保障措施，是推动"十四五"时期长江保护修复，推进长江流域生态环境质量持续改善的行动指南。该方案明确了长江保护修复攻坚战的时间表和路线图，聚焦持续深化水环境综合治理、深入推进水生态系统修复、着力提升水资源保障程度、加快形成绿色发展管控格局四大攻坚任务，提出了 28 项具体工作。它要求加强组织领导、强化法治与标准保障、健全资金与补偿机制、加大科技支撑、严格监督执法，构建全民行动格局，让全社会参与到保护长江母亲河行动中来。生态环境部将会同各地区各有关部门抓好方案实施，加大重点任务调度和指导帮扶力度，督促地方按期完成攻坚战目标任务。

（三）注重法治和实效

2020 年 12 月，十三届全国人大常委会第二十四次会议通过《中华人民共和国长江保护法》（自 2021 年 3 月 1 日起施行）。这是中国第一部流域专门法律，旨在加强长江流域生态环境保护和修复，促进资源合理高效利用，保障生态安全，实现人与自然和谐共生、中华民族永续发展。它除了总则（16条）和附则（2 条）外，涉及规划与管控、资源保护、水污染防治、生态环境修复、绿色发展、保障与监督、法律责任共 78 条规定。作为一部开创性的法律，它明确了长江流域的法律属性，确立了长江流域保护和发展的根本原则，设计了涉及多个领域、多个部门、多个地方的流域保护工作体制机制，立下了绿色发展规划、绿色发展红线、绿色发展措施、绿色发展评估机制等整套"规矩"。它既借鉴了国外立法成果，又植根于中华优秀传统文化和中国长江经济带建设的国情，是国际流域治理和生态治理的"中国方案"，其中蕴含的人与自然生命共同体理念、绿色发展观、"保护＋开发"的制度体系，为国际社会制定生态治理规则贡献了中国智慧和力量。

为保证长江大保护取得实效，2018 年至 2021 年，中央财政累计下达长江经济带省份重点生态功能区的转移支付 1321 亿元，累计下达长江经济带省份的大气、水、土壤、污染防治资金 504 亿元。国家发展改革委与沿江 11 省市建立了长江经济带"1＋3"省际协商合作机制，在生态环境联防联控、基础设施互联互通、公共服务共建共享等方面取得一批合作成果。2021 年，三峡大坝累计拦蓄洪水 172 亿立方米，切实保护了长江中下游防洪区域安全。枯水期梯级水库累计向下游补水超 340 亿立方米，改善了"黄金水道"通航条件；累计开展 8 次生态调度，其间葛洲坝下游鱼类总产卵量超 124 亿颗。据中国长江三峡集团有限公司（以下简称三峡集团）消息，2022 年 11 月 5 日至 2023 年 2 月 3 日，长江干流梯级六座水库累计向下游补水超 100 亿立方米，这是长江干流梯级水库自三峡水库建成以来启动时间最早的一次补水调度。水利部、中国南水北调集团的数据显示，截至 2023 年 2 月 5 日，南水北调东中线一期工程（含东线一期工程北延应急供水工程）累计调水量突破600 亿立方米，惠及沿线 42 座大中城市 280 多个县（市、区），直接受益人口超过 1.5 亿人。葛洲坝、三峡、向家坝、溪洛渡、白鹤滩、乌东德等沿江6 座大型水电站，5 座跻身世界前十二大水电站之列，2021 年全年累计发电2628.83 亿千瓦时，相当于减排二氧化碳约 2.16 亿吨，长江流域已成为世界最大清洁能源走廊。西电东送从这里出发，长江点亮了大半个中国；南水北调从这里启程，长江浸润着中国大地。

长江生态环境保护修复，涉及治污、治岸、治渔等方面。在治污方面，以湖北为例，长江、汉江、清江段沿江 15 公里范围内，曾经聚集着 478 家化工企业（其中，沿江 1 公里范围内，化工企业有 118 家）。2018 年以来，湖北着力解决化工围江突出问题，截至 2022 年底，沿江 1 公里内的化工企业实现"清零"，累计 452 家沿江化工企业完成"关改搬转"，剩余的 26 家沿江化工企业将在 2025 年底前"结硬账"。2019 年，湖北拉开长江入河排污口溯源整治序幕，针对 12480 个排污口，全省大力"查、测、溯"，截至 2022 年 11月底，各地已完成 9067 个排污口整治任务，占比达 72.7%。2021 年，长江流域国控断面Ⅰ—Ⅲ类优良水质比例达到 97.1%，较 2016 年提高 14.8%，干流水质已连续两年全线达到Ⅱ类；长江经济带国控断面优良水质比例达到92.8%，较 2015 年上升 25.8%；据生态环境部统计数据，2022 年长江流域水质为优，优质比例为 98.1%；生物多样性显著增强。在治岸方面，断污于岸，昔日化工厂房变身生态绿廊；将堤防与公园建设相结合，汛时能够伏波安澜，平日可供休闲观光。2021 年，长江两岸造林绿化，完成营造林 1786.6万亩（1 亩＝666.67 平方米）、石漠化综合治理 391.5 万亩、水土流失治理574.7 万亩，两岸绿色生态廊道逐步形成。在治渔方面，长江禁渔是党中央为全局计、为子孙谋而作出的重要决策，是中华民族发展史上一项前无古人的伟大创举，也是共抓长江大保护的历史性、标志性、示范性工程。2020 年1 月 1 日起，长江流域的 332 个自然保护区和水产种质资源保护区全面禁止生产性捕捞；2021年1月1日起，长江流域重点水域十年禁渔全面启动，11.1万艘渔船、23.1万名渔民退捕上岸。赤水河鱼类资源量达到禁捕前的1.95倍，刀鲚、中华绒螯蟹等洄游性水生生物资源明显趋于恢复；宜昌、武汉、南京等长江干流江段，"微笑天使"长江江豚频频现身，长江生物资源状况逐步好转。

总之，中共十八大以来，各地区各部门践行新发展理念，把修复长江生态环境摆在压倒性位置，长江经济带生态环境保护发生了转折性变化。人们在爱江治江护江中，收获长江的馈赠。长三角一体化"龙头"昂扬，中游地区高质量发展"龙身"腾飞，成渝地区双城经济圈"龙尾"共舞，上中下游协同联动发展，人民生活品质明显提升。长江干线连续多年成为全球内河运输最繁忙、运量最大的黄金水道。沿江11省市经济总量占全国的比重，从2015年的45.1%提高到2021年的46.6%；对全国经济增长的贡献率，从2015年的47.7%提高到2021年的50.5%。长江经济带正奏响"在发展中保护、在保护中发展"的时代华章，正成为引领高质量发展的主力军。

四、长江大保护的宜昌经验

宜昌依水而建、因水而兴，与水共生、与水共荣，在发展过程中，城市建设较好地遵循了自然基底和山形水势，较好地保存了"一半山水一半城"的风貌。境内长江径流232公里，拥有岸线536公里，是三峡工程所在地和长江流域生态敏感区。在长江经济带上，宜昌肩负着三峡坝区生态屏障和长江流域生态保护的职责，具有特殊的地位与意义。2016年以来，中共宜昌市委、宜昌市人民政府坚定不移落实党中央重大战略决策部署，深入学习贯彻习近平总书记在全面推动长江经济带发展座谈会上的重要讲话精神，努力实现保护修复长江生态环境、推动高质量发展两个"走在全省前列"，书写了长江大保护的宜昌样卷。

2018年4月24日，习近平总书记考察长江、视察湖北，首站到宜昌，为长江经济带发展立下规矩。2018年湖北省长江大保护十大标志性战役实施以后，宜昌市连续三年在全省考核中位居第一，湖北省长江大保护现场推进会连续三年在宜昌召开，河湖长制经验做法得到国务院专项督查激励。2021年，宜昌在全省率先编制出台《宜昌市生态环境保护"十四五"规划》《宜昌市"三线一单"生态环境分区管控实施方案》《宜昌市工业领域碳达峰实施行动方案》；12月，中共宜昌市第七次党代会提出，加快建设世界旅游名城、清洁能源之都、长江咽喉枢纽、精细磷化中心、三峡生态屏障、文明典范城市，全面提升区域科创中心、金融中心、物流中心、消费中心、活力中心功能。2022年6月，中共湖北省第十二次党代会作出了"建设全国构建新发展格局先行区"的重大决策，明确提出大力发展宜荆荆都市圈，支持宜昌打造联结长江中上游、辐射江汉平原的省域副中心城市。2022年7月和2023年4月，中共湖北省委、湖北省人民政府深刻把握大局大势，站在服务党和国家战略全局的高度，赋予宜昌建设长江大保护典范城市、打造世界级宜昌的使命任务。2022年9月，中共宜昌市委七届三次全会审议通过了《中共宜昌市委、宜昌市人民政府关于建设长江大保护典范城市的意见》，明确到2035年基本建成长江大保护典范城市。2023年8月，中共宜昌市委七届五次全会暨市委经济工作会议通过了《中共宜昌市委、宜昌市人民政府关于推动城市和产业集中高质量发展，加快建设长江大保护典范城市、打造世界级宜昌的实施意见》。

建设长江大保护典范城市、打造世界级宜昌，是践行习近平总书记殷殷嘱托的政治责任，是宜昌发挥独特优势的勇毅探路之举，是对宜昌"六城五中心"发展目标的聚焦深化，是在大保护的前提下追求绿色可持续高质量发展。这样一个全新命题，没有现成经验可循，没有成熟模式可鉴，要靠自己蹚出一条新路。在承前启后、对标立标过程中，宜昌市已经积累的经验、做出的答卷，可以归纳为"一统揽、四并举"，简称为"一统四举"。

（一）"一统"：党委、政府统揽长江大保护工作全局

中共宜昌市委、宜昌市人民政府坚决贯彻落实"共抓大保护、不搞大开发"方针，坚持国际视野、世界一流、中国气派，坚持厚植优势、锻造长板，

坚持可学可鉴可信，坚持应急谋远、久久为功，努力建设长江大保护典范城市，为湖北建设全国构建新发展格局先行区作出应有贡献。党委、政府统揽长江大保护工作全局主要体现在：

1. 确立建设目标。 建设长江大保护典范城市分三个阶段：到2025年，生态环境治理、产业绿色转型、城市空间拓展等方面取得重大进展，长江大保护典范城市建设取得阶段性成效；到2030年，三峡生态屏障更加安全稳固，城市空间格局更加科学合理，城市功能品质全面优化提升，生产生活方式全面绿色转型，长江大保护典范城市建设取得一批具有示范引领作用的标志性成果；到2035年，长江大保护典范城市基本建成，将宜昌建设成为"山水辉映、蓝绿交织、人城相融"的长江大保护典范城市。

2. 界定"典范"和"世界级"内容。 争当"四个典范"：争当长江生态保护修复的典范，争当城与山水和谐相融的典范，争当产业绿色发展的典范，争当美好环境与幸福生活共同缔造的典范。依托"五个世界级"：世界级生态环境，世界级自然风貌，世界级战略资源，世界级重大工程，世界级长江三峡。

3. 厘清"三组关系"。 厘清长江大保护典范城市与"六城五中心"的关系，厘清发展与保护的关系，厘清全局和局部的关系。

4. 确定工作重心。 锚定"一个总抓手"（实施全省流域综合治理和统筹发展规划纲要）；紧盯"两个能级目标"（聚焦到2030年，城区要达到300万人口，城区建成区面积要达到350平方公里）；提升"三大功能定位"（建设长江经济带核心枢纽城市、国家区域性中心城市、世界文化旅游名城）；实施"三大战略"（双碳引领、枢纽赋能、强产兴城）；推进"五个重点任务"（打造更高水平的国家生态文明建设示范区，打造人城景业融合共生的绿色低碳城市，打造高端化智能化绿色化的现代产业体系，打造内畅外联的高能级综合交通枢纽，打造具有独特魅力的世界文化旅游名城）。

（二）"四举"之一：生态保护与生态修复并举

1. 编制规划，谋划方案。 按照国家、湖北省统一要求，宜昌市组织编制了《宜昌市国土空间总体规划（2021—2035年）》，2022年10月其草案向社会公布，征求公众意见。宜昌市自然资源和规划局组织编制了《宜昌市国土空间生态修复规划（2021—2035年）》，2022年5月公示，广泛征求意见。2022年9月，宜昌市人民政府办公室印发《宜昌市"十四五"时期"无废城市"建设实施方案》，明确了总体要求、主要任务、特色工作和保障措施。2022年12月，《宜昌长江经济带降碳减污扩绿增长十大行动方案（2022—2025年）》正式发布，重点谋划实施50个事项、60个项目，总投资2141.8亿元，推进长江大保护典范城市建设。

2. 突破难点，综合治污。扎实推进水环境、水生态、水资源、水安全"四水共治"，推进洪涝海绵化、黑臭清洁化、雨水资源化，实现流域统筹、单元控制、系统均衡，锚固"两脉青山、两江四水"生态格局。在待闸船舶管理、消落带生态修复、水污染应急处置等方面探索新模式。率先在长江流域实现港口岸电全覆盖，建设长江干线污染物接收转运码头11处，建成长江中上游品类最全、智能化水平最高的洗舱站。狠抓工业源、移动源、生活源、扬尘源四大污染源治理；加强磷石膏等工业固体废物污染防治和综合利用；加大入河排污口溯源整治力度，加快"两网"工程建设进度；以国家"无废城市"试点、"地下水污染防治试验区"建设为抓手，大力推动工业固体废物源头减量和地下水污染防治工作，全面加强土壤风险管控，确保建设用地和农用地安全。聚焦减污降碳协同增效，完善碳排放碳达峰行动方案。聚焦环保督察整改，倒排工期、清零销号，追根溯源、举一反三，下大气力解决群众身边的突出环境问题。

3. 修复生态，打造样板。构建"两江两山四河，一库一城多廊"的生态修复布局。宜昌实施总投资103亿元的湖北长江三峡地区生态保护修复试点工程，3年间修复长江岸线97.6公里、支流岸线196公里，其专项工作经验在2022年6月召开的全国山水林田湖草沙一体化保护和修复工程推进会上，面向全国推广、交流。宜都贵子湖湿地从一潭死水蜕变为水上花园；枝江金湖从人迹罕至的臭湖，变身为"长江经济带美丽湖泊""国家湿地公园"。坚持"四季挖窝、三季种树"，实施全域生态复绿3513公顷，修复废弃矿山

600 多公顷。退耕还林 13 万公顷，保护天然林 89.7 万公顷，建设水保林
4180 公顷；森林覆盖率达到 69%（《宜昌统计年鉴 2022》数据）。

（三）"四举" 之二：做绿产业与做美城市并举

宜昌市聚焦重点，培育壮大优势产业，着力打造宜居之城，深度推动产
城人融合发展。

1. 做绿产业。一是培育竞争新优势。聚焦绿色化工、生物医药、装备制
造、新一代信息技术、清洁能源 5 个产业，实施科技创新引领、重点产业裂
变升级、绿色低碳转型、区域产业联动发展、优质企业培育 5 大行动；建设
产业裂变升级示范区、"电化长江"先行区、工业资源综合利用引领区、"东
数西算"样板区等 4 个产业发展典范区。二是抢占产业新赛道。绿色化工向
精细化工、化工新材料、新能源电池材料及电池总成总装等方向变化，《宜昌
市化学工业"十四五"发展规划》《宜昌市新能源电池材料产业"十四五"发
展规划》等相继出台，《宜昌市建设全国精细磷化中心工作方案》《宜昌市建
设全国精细磷化中心工作任务清单（2022 年—2025 年）》等印发实施，着力
打造智能、清洁、绿色的全国精细磷化中心，抢占产业裂变全新赛道，打造
世界级动力电池产业集群和核心基地。三是激发发展新动能。用足用好绿电
资源，大力实施数字新基建、培育数字新产业、推动数字新融合，加强工业
互联网、人工智能、大数据、平台经济等领域应用场景建设，加快建设数字
经济发展高地。依托现有生物医药产业基础，持续在健康制造和健康服务两
个领域做优做强，加快建设大健康产业基地。特别是加快建设全国一流仿制
药生产基地、国家原料药集中生产基地、湖北省创新药前沿基地、鄂西南医
疗应急物资生产基地；加快培育定制健康管理、康复健身、健康养老、健康
教育、医疗旅游等业态，提升健康服务供给水平，推动康养产业与特色农业、
乡村旅游、食品饮料产业等互促发展。依托"两坝一峡"山水旅游资源和屈
原、王昭君等人文资源，建设世界级旅游景区和世界级旅游度假区，打造长
江国际黄金旅游带核心城市，加快建设世界旅游目的地。围绕主导产业建立
全链条科技创新体系，积极推动清洁能源就地消纳，大力发展其他优势特色

产业。

2. 做美城市。一是推进山水融城。按照"北岸控密度、南岸控高度、滨江控宽度"的建设标准，加快制定主城滨江地区风貌管控规划，保护"一半山水一半城"的城市风貌。以长江为主轴，坚持"品位高、品质好、品相美"原则，加快建设世界一流、独具魅力的滨江公共空间，打造"万里长江最美滨江"。二是优化功能布局。以"繁荣在主城、实力在新城"的思路确定中心城市功能布局。坚持"西部生态、中部生活、东部生产"功能侧重，形成1个主城、1个新城（东部未来城）、3个副城（宜都、枝江、当阳）的空间格局，推动城市"组团式"发展。分级分类管控全域产业用地和产业园区，在城与山水和谐相融上谱新篇。三是提升城市品质。加快建设"城市大脑全、行业小脑强、神经末梢灵"的智慧城市。建设宜昌长江大保护典范城市数字化综合平台。以数字化赋能基层社会治理和城市安全发展，实现"一屏观全域、一网管全城"。强化优质服务供给，建设青年友好活力之城；打造"全生命周期"教育服务体系；打造区域医疗中心。加快县域城镇化进程，推动人口集中、产业集聚、功能集成、要素集约，形成繁华都市、秀美县城、特色小镇、美丽乡村相得益彰的城乡融合新格局。大力弘扬长江文化，讲好三峡故事，全面增强城市文化软实力。巩固全国文明城市、全国综治"长安杯"等创建成果，打造信仰之城、文化之城、好人之城、志愿之城，争创全国文明典范城市。积极推动县市建设全国文明城市，全力打造湖北省首个"全国文明城市群"。

（四）"四举"之三：地方立法与地方执法并举

1. 进行流域立法执法。2018年2月，《宜昌市黄柏河流域保护条例》颁布实施。以黄柏河流域为试点，宜昌在湖北省率先实施流域综合执法改革，建立了以党政领导为核心的责任制体系，建立"跨区域、跨部门、跨层级"流域综合执法体制，破解"九龙治水"难题；独创水质改善情况与奖补资金、磷矿开采指标"双挂钩"生态补偿新机制。黄柏河流域综合治理获"湖北改革奖"。此外，宜昌市还组建环保警察队伍，创新环保执法机制，在流域综合执法方面探索新模式。

2. 出台和落实议案。2020 年初，在宜昌市六届人大五次会议上，16 名人大代表联名提出《关于全面加强长江岸线宜昌城区段生态修复和治理、打造特色滨江长廊的议案》。议案建议交办之后，宜昌市政府提出打造最美滨江生态长廊。为深入贯彻党的二十大和湖北省第十二次党代会、市委七届三次全会精神，大力推动宜昌建设长江大保护典范城市，2022 年 10 月，宜昌市第七届人大常委会第五次会议表决通过《宜昌市人民代表大会常务委员会关于大力推动建设长江大保护典范城市的决定》。该决定正在实施中。同时，宜昌与荆州、荆门、恩施和神农架林区人大常委会围绕生物多样性保护开展跨区域协同立法，表决通过《宜昌市人民代表大会常务委员会关于加强生物多样性协同保护的决定》。2023 年 2 月，宜昌、荆州、荆门三地同时颁布施行《关于加强生物多样性协同保护的决定》。这是湖北省首部关于生物多样性保护的法规性决定，也是率先在国内生物多样性保护领域探索跨区域协同立法的尝试。此外，海绵城市建设管理立法工作已纳入宜昌市人大 2023 年立法工作计划。

3. 查处违纪案件。宜昌市纪委监委针对破坏生态环境的案件暴露出的监管漏洞，督促相关部门完善监管机制，严防以工程项目为名违法采矿、破坏生态环境问题再次发生。同时，加大对群众反映强烈的生态环保问题的查处力度，五年来追责问责 324 人次，处分 124 人次，以铁纪倒逼相关地方和职能部门把好"环保关"，答好"生态卷"。

4. 公正司法。2022 年 9 月，宜昌市中级人民法院出台《关于发挥审判职能为宜昌建设长江大保护典范城市提供司法服务和保障的实施意见》，从政治责任、审判职能、联动机制、工作保障四方面提出 22 条具体举措。宜昌市中级人民法院联合荆州、荆门、恩施的中级人民法院签订"宜荆荆恩"司法协作协议，与重庆、恩施法院共同构建长江三峡库区生态环境司法保护协作机制，同时发布长江大保护环境资源审判白皮书和典型案例 6 件，并成立 6 个环境资源或生态环境保护巡回法庭，建立 8 个生态环境司法保护基地。宜昌市人民检察院设立了 16 个长江大保护检察工作办公室，持续开展长江流域生态保护公益诉讼专项监督。2020 至 2022 年间，共审查起诉破坏长江生态环境资源案件 154 件 249 人，监督公安机关立案 14 件 16 人，建议行政执法机关移送 5 件 7 人，督促修复被毁损林地 403 亩、治理河湖水域 5900 余亩、清理各类污染物 2400 余吨、增殖放流鱼苗 150 余万尾；同时把恢复性司法理念运用于生态环境司法保护实践，推动生态修复治理，在多个基层检察院设立了补植复绿基地、增殖放流基地。对涉长江大保护的案件强化源头预防，推动溯源治理。与恩施州、荆州市检察机关分别签署《关于建立长江保护跨区域协作机制的意见》，加强内外协作，推动多元共治。

（五）"四举"之四：强化机制与强化能力并举

1. 强化机制。一是强化生态补偿机制。宜昌市探索建立具有长江三峡特色的生态产品目录清单，推广流域生态补偿做法，2018 年以来，已先后在黄柏河、玛瑙河、柏临河实施了生态保护补偿机制。2022 年 11 月，宜昌市又联合恩施州，在长江恩施州至宜昌段、清江，建立了跨市州河流横向生态保护补偿机制。二是强化"河湖长＋""林长＋"协作机制。宜昌市全面建立市县乡村四级河湖长制，推行"河湖长＋警长""河湖长＋检察长""河湖长＋民间团体"模式，打造升级版河湖长制。建立和完善城区山长制，全面推行林长制，不断深化"林长＋"协作机制，打造"林长＋"特色典型。此外，还探索林业碳汇计量、核算、交易机制。三是强化长江大保护工作机制。完善统筹发展和安全工作机制，坚持总体国家安全观，强化底线思维，增强风险意识，实现高质量发展和高水平安全良性互动。严格实行城建约束管控机制，实行开发负面清单制度。深化与三峡集团战略合作机制，在装备制造、数字经济、三峡旅游、绿电利用、科技创新、生态环保等领域与三峡集团开展全方位、深层次、多维度战略合作。深化区域发展合作机制，认真落实全省区域发展布局，引领带动宜荆荆都市圈协同发展。强化工作保障机制，健全党委领导、政府主导、企业主体、社会公众共同参与的工作体系；加大制度创新和政策供给力度，完善考核奖励机制和容错纠错机制。

2. 强化能力。一是强化领导干部学习、谋划、执行和专业化能力。要求领导干部勤于学习、善于学习，学习马克思主义中国化最新成果，学习党和国家法律法规和重要文件，学习国内外成功经验，等等。精于谋划，增强"谋"的意识，完善"谋"的方法，追求"谋"的实效。牢固树立"项目为王"理念，始终高扬"以项目论英雄"风向标，坚决扭住项目建设这个"牛鼻子"，一项目一方案，一难题一对策。长于执行，善作善成，加快推动典范城市建设成势见效。勤掸思想尘、力破心中贼、革除负资产，用科学态度、先进理念、专业知识建设典范城市。坚持目标导向、问题导向、结果导向，坚决杜绝随意决策、急功近利，多做可复制、可推广、可持续的工作，创造出经得起实践、人民、历史检验的实绩。二是强化领导干部治理能力。要求领导干部经受严格的思想淬炼、政治历练、专业训练和实践锻炼，增强防风险、迎挑战、抗打压能力。提高工作效率和质量，提升调查研究和群众工作能力，提升改革攻坚和抓落实能力，提升科学决策和应急处突能力，提升依法治理和智慧治理能力，昂扬精神持续竞进，激发"拼"的干劲，加大"抢"的力度，发扬"实"的作风，保持"快"的行动，提升"精"的追求，只争朝夕、挺膺担当、奋勇向前，以"功成不必在我"的精神境界和"功成必定有我"的历史担当，在基层治理中发挥先锋作用。三是强化共同缔造能力。坚持生态教育从娃娃抓起，全方位多层次开展生态好公民建设，精心组织长江大保护可持续实践艺术展。大力建设节约型机关、绿色家庭、绿色社区、绿色交通，持之以恒提升全社会生态文明意识。系统重塑基层治理体系，大力实施"筑堡工程"，深入开展美好环境与幸福生活共同缔造活动，建设和谐社区、幸福家园，打造全省共同缔造标杆。

经过奋发努力，宜昌市建设长江大保护典范城市初见成效。截至2022年10月初，全市已完成长江、清江流域1973个入河排污口的现场调查、监测、溯源、命名等工作，"一口一策"整治1677个入河排污口，整治完成率85%。长江干流宜昌段水质稳定达到Ⅱ类标准。大批珍稀鸟类齐聚宜昌，长江宜昌段越冬候鸟种类明显增加。以前只有在7月份出现的江豚，如今在宜昌江段长期安顿下来了，葛洲坝下游水域全年可见，数量由2015年的5头，增加到2022年的23头。2022年，宜昌市空气质量优良天数311天，优良天数比例达到 85.2%。宜昌先后入选全国 21 个地下水污染防治试验区建设城市（全省唯一）、"十四五"时期"无废城市"建设名单。继入选 2020 年度中西部唯一的全国健康城市建设样板市后，宜昌市 2021 年度再次斩获该项殊荣。截至 2022 年，宜昌已获命名 4 个"国家生态文明建设示范区"（宜昌市、五峰土家族自治县、远安县、秭归县），2 个"两山"基地（宜昌市环百里荒乡村振兴试验区、五峰土家族自治县），10 个省级生态文明建设示范市县区；建成 6 个国家级生态乡镇和 3 个国家级生态村，87 个省级生态乡镇和 520 个省级生态村。

2022 年，宜昌全市地区生产总值迈上 5500 亿元台阶。宜昌发展正在实现由"量"到"质"、由"形"到"势"的根本性转变。宜昌生态文明建设，正在持续发力；宜昌长江大保护的画卷，已经愈来愈美。

第一章 贯彻绿色理念

上升到理性高度的观念即为理念，作为思想理论的"头"，它是规律性认识的凝练与升华。发展理念是发展行动的先导，是发展思路、发展方向、发展着力点的集中体现。本章所述理念是绿色发展理念，它是马克思主义生态观、发展观同中国经济社会发展实际相结合的创新理念，既是习近平生态文明思想的核心内容之一，又是习近平经济思想中新发展理念的重要组成部分，而新发展理念又是习近平经济思想的最重要、最主要内容。习近平经济思想和习近平生态文明思想都归于习近平新时代中国特色社会主义思想。中共十八大以来，宜昌市认真贯彻新发展理念，抓住机遇直面挑战，坚定不移走绿色发展之路，构建绿色空间格局，调整产业结构，推行绿色生产方式和生活方式，完善绿色发展体制机制，在探索"两山"转化路径、开展"双碳"行动、提高资源利用效率方面狠下功夫，加快建设长江大保护典范城市，打造世界级宜昌。

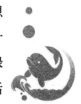

一、遵循绿色发展理念

中共十八大提出了推进绿色发展，2015 年出台的《中共中央 国务院关于加快推进生态文明建设的意见》把绿色发展作为推进生态文明建设的基本途径。在中共十八届五中全会上，习近平提出创新、协调、绿色、开放、共享的新发展理念。它是为破解发展难题、厚植发展优势而来的，是奔着推动高质量发展而去的。新发展理念中的绿色发展，就其要义来讲，是要解决好人与自然和谐共生的问题。所以，这是站在人与自然和谐共生的高度谋划发展。概言之，绿色是永续发展的必要条件，绿色发展是顺应自然、促进人与自然和谐共生的发展，是用最少资源环境代价取得最大经济社会效益的发展，是高质量、可持续的发展。绿色发展的目的是改变传统的"大量生产、大量消耗、大量排放"的生产模式和消费模式，使资源、生产、消费等要素相匹配相适应，实现经济社会发展与生态环境保护协同共进，为人民群众创造良好生产生活环境。它建立在生态环境容量和资源承载力的约束条件下。越来越多的人类活动不断触及自然生态的边界和底线，因而要为自然守住安全边界和底线。它要求正确处理经济发展和生态环境保护的关系，让良好生态环境成为人民生活的增长点、经济社会持续健康发展的支撑点、展现我国良好形象的发力点。

绿色发展理念有着深厚的中华历史文化渊源，是中国传统生态观的创新性发展。它继承了马克思主义的自然辩证法，阐明了环境保护和经济发展等关系，丰富了马克思主义发展观，开辟了马克思主义中国化的新境界；它体现了以人民为中心的发展思想，回应了人民群众对优美生态环境的新期待。

绿色发展理念标志着中国共产党对经济社会发展规律认识的深化，彰显了中国对全球生态安全的责任和担当，对开创社会主义生态文明新时代，更好实现人民富裕、国家富强、社会和谐、中国美丽，实现中华民族永续发展，具有重要意义。

绿色发展既是理念又是举措。习近平总书记强调，绿色发展是生态文明建设的必然要求，是最有前途的发展领域。习近平出席 2019 年中国北京世界园艺博览会开幕式，在题为《共谋绿色生活，共建美丽家园》的重要讲话中提出，绿色发展"追求人与自然和谐""追求绿色发展繁荣""追求热爱自然情怀""追求科学治理精神""追求携手合作应对"。他在中共十九大报告、二十大报告中，反复强调贯彻绿色发展理念。如何贯彻呢？2023 年 7 月，习近平总书记在全国生态环境保护大会上指出，我国经济社会发展已进入加快绿色化、低碳化的高质量发展阶段，要加快推动发展方式绿色低碳转型，坚持把绿色低碳发展作为解决生态环境问题的治本之策，加快形成绿色生产方式和生活方式，厚植高质量发展的绿色底色。这是贯彻绿色发展理念的根本点。归结起来，具体有以下观点：一是加深对自然规律的认识，自觉以对规律的认识指导行动，把绿色发展理念贯穿到生态保护、环境建设、生产制造、城市发展、人民生活等各个方面。二是保持加强生态文明建设的战略定力，以经济社会发展全面绿色转型为引领，以能源绿色低碳发展为关键，坚定不移走生态优先、绿色低碳的发展道路，建立绿色低碳发展的经济体系，加快发展方式绿色转型，在经济发展中促进绿色转型，在绿色转型中实现更大发展。三是持续深入打好污染防治攻坚战，坚持山水林田湖草沙一体化保护和系统治理，统筹产业结构调整、生态保护、应对气候变化。四是提升生态系统多样性、稳定性、持续性，推进绿色低碳科技自立自强，实施生态环境科技创新重大行动，依靠科技创新破解绿色发展难题，形成人与自然和谐发展新格局。五是增强全民节约意识，反对奢侈浪费和不合理消费，倡导简约适度、绿色低碳的生活方式，广泛开展创建绿色机关、绿色家庭、绿色社区、绿色出行等行动。六是提高生态环境治理体系和治理能力现代化水平，健全党委领导、政府主导、企业主体、社会组织和公众共同参与的环境治理体系；深入推进生态文明体制改革，强化绿色发展法律和政策保障，完善绿色低碳发展经济政策。七是积极参与应对气候变化全球治理，积极稳妥推进碳达峰碳中和，推进共建绿色"一带一路"，广泛开展双多边国际合作。

绿色已成为新时代中国的鲜明底色，绿色发展成为中国式现代化的显著特征。为贯彻绿色发展理念，宜昌市坚持以人民为中心的发展思想，坚持生态优先、绿色低碳原则，着眼可持续发展，按照系统观念统筹推进，坚定不移走绿色发展之路，从几个方面狠下功夫。

（一）谋求绿色空间格局

《宜昌市城市总体规划（2011—2030年）》于2012年公布，城市发展总目标之一为创建人与自然和谐共处的集约、高效、生态型发展新模式，把宜昌打造成为可持续发展、环境协调、景观优美的生态型城市。它将市域划分为4个生态区：西南部森林生态功能区、西北部森林生态功能区、中部生态建设区和东部平原丘陵生态建设区。规划空间结构为"一带三区"（即长江城镇聚合带，西北部生态城镇区、中部核心城镇区、东南部产业城镇区），中心城区形成"沿江带状多组团"的空间布局结构。该规划在实施中有调整，直至《宜昌市国土空间总体规划（2021—2035年）》《宜昌市国土空间生态修复规划（2021—2035年）》出台。宜昌市依托"一江两山衔城，五水一库济原"的自然地理格局，在构建"两江四河、一带四廊"（即长江宜昌段、清江宜昌段，香溪河、沮漳河、黄柏河、渔洋河，长江城镇聚合发展带，香溪河、沮漳河、清江、渔洋河四条流域发展廊道）的国土空间总体格局时，划定主体功能分区，维护"两脉青山、两江四河"（两脉青山即秦巴山区、武陵山区）的生态保护格局，统筹划定生态保护红线，构建流域综合治理新体系，打造"万里长江最美滨江"。宜昌城区强化特色风貌管控，塑造"山水一幅画"的国际滨江山水城市意象，守护"一半山水一半城"的独特风貌，江南打造"城在山中"、江北打造"山在城中"的整体景观格局；依托自然山体水系增补城市公园、郊野公园、社区公园、口袋公园等各类公园绿地，重点建设"八大公园、六大水系"（即磨基山公园、东山公园、城东公园、柏临河湿地公园、求雨台公园、卷桥河湿地公园、半岛公园、小溪塔森林公园，运河、柏临河、黄柏河、卷桥河、五龙河、沙河水系），优化城市绿地布局格局。2023年8月，中共宜昌市委七届五次全会暨市委经济工作会议又明确提出，坚持"优化、集约、聚集、融合"发展思路，突出江城、山城、水城特色，优化城市空间布局，构建"一城一区"空间形态。核心主城区着力打造西陵、伍家岗城市"双中心"，纵深带动点军、龙泉、小溪塔三个区域协调发展，总体形成"五个组团"集中发展的城区布局。东部产业新区加快建设白洋、顾家店、姚家港核心区域，与猇亭、鸦鹊岭现有工业片区融合聚力发展，打造宜昌产业发展新引擎、产城融合示范区。

（二）优化产业结构

在经济多变格局中，宜昌谋远思变，转型竞进，加速登高，培育和发展战略性新兴产业。"十三五"期间千亿元规模的长江绿色发展投资基金成功落户。"十四五"时期，宜昌优化产业结构着力点，构建以生物医药、新材料、航空航天、清洁能源、新一代信息技术、智能及新能源汽车产业、节能环保等战略性新兴产业为引领，以精细化工、装备制造、建筑、食品饮料、绿色建材和轻工纺织等先进制造业为主导，文旅、现代物流、健康、金融和大数据等现代服务业繁荣发展的现代产业体系。"十三五"期间，高新技术企业新增367家、达到640家，科技创新能力综合排名稳居全省第2位。2022年，宜昌市国家高新技术企业突破1000家。2023初，全市在建、拟建亿元以上新能源、新材料类项目53个，总投资超过2500亿元。新能源电池产业聚点成链，形成涵盖正负极材料、电解液、隔膜的新能源电池产业闭环，在电池组装、市场应用终端更具话语权。宜昌抢先布局"电化长江"，计划建设中国新能源船舶制造之都。宜昌生物医药总产值在湖北省仅次于武汉，从药包材、药用辅料到原料药、制剂全领域的产业链更加完整。宜昌紧随国家"东数西算"工程战略步伐，联合三峡集团全力争取全国算力枢纽节点落户宜昌，着力培育数字经济发展新动能，打造绿色零碳数据中心示范工程，总投资300亿元的三峡大数据中心正在加快建设。宜昌抓紧布局，规划抽水蓄能站点15个，总装机容量超2000万千瓦，资源总量相当于再造一个三峡工程。宜昌引导资源型产业有序发展，2022年，传统化工再"上新"，精细磷化中心建设跑出"加速度"。"十四五"时期，宜昌实施产业集聚优化工程，构建"一极一带三区"（城区工业增长极，沿长江产业发展带，中部两业融合发展示范区、东部产业转型提升区、西部低碳绿色可持续发展区）产业空间布局。2023年8月，中共宜昌市委七届五次全会暨市委经济工作会议又提出，以集中集聚理念构建现代产业格局：坚持"工业强市、产业立市"，实施"双千引领、产业倍增"工程，聚焦现代化工新材料、生命健康、新能源及高端装备、大数据及算力经济、文化旅游"3+2"主导产业布局，着力构建"12520"产业体系。

（三）推行绿色生产方式

在促进传统产业绿色转型方面，宜昌"十三五"时期整体退出煤炭开采行业。化工产业是宜昌的支柱产业，"十三五"时期，宜昌印发《宜昌市化工产业绿色发展规划（2017—2025年）》，以壮士断腕的决心破解"化工围江"

难题，截至 2022 年底，134 家沿江化工企业"关改搬转治绿"任务基本完成。全市精细化工占化工产业的比重由 2017 年的 18.6% 提高到 2022 年的 42.1%。"十四五"时期宜昌重点培育磷化工、煤化工、盐化工、硅化工等产业链，打造湖北省万亿现代化工产业的核心区和增长极，建设长江经济带化工绿色转型升级示范区。在推动能源绿色低碳发展方面，宜昌大力开发清洁能源，构建清洁能源体系，以全国 0.2% 的土地，装备了全国 7% 的水电装机容量。2022 年有水电站 468 座，全市水电发电量达到 1320.54 亿千瓦时（2021 年数据），占全市发电量的 93.85%；协同发展光电、风电等清洁能源，新能源年发电量达到 12.8 亿千瓦时；7 个抽水蓄能站点纳入国家规划，全市谋划装机容量总规模达到 2020 万千瓦。宜昌着力调整能源消费结构。淘汰燃煤锅炉，超额完成湖北省蓝天保卫战目标任务。实施"气化乡镇"，40 个乡镇开通天然气，全市居民气化率提高到 95%。推进"电化长江"，成立全国首家岸电运营公司，打造三峡坝区岸电实验区示范样板，在长江流域率先实现港口岸电全覆盖。在构建绿色交通运输体系方面，宜昌在湖北省率先建成 BRT 快速公交系统，荣获"2016 年世界可持续交通奖""中国城市公共交通创新奖"，公共交通机动化出行分担率提升至 60.62%，新增及更换的公交车全部为新能源车。"十四五"时期，宜昌加快高铁建设，融入国家"八纵八横"高铁网，打造全国性综合交通枢纽。加快渝宜重载铁路建设研究，加快三峡枢纽茅坪港疏港铁路（原江南翻坝铁路一期）、江南翻坝运输管道建设，启动白洋港国家物流枢纽、宜昌国际货运枢纽平台等项目谋划研究，完善三峡综合交通运输体系。加快高速公路网建设，加强与周边城市的联系。宜昌还加快推进清江旅游航道、江南成品油翻坝码头和枝江绿色服务区项目，加快推进铁水联运码头、换乘中心、物流园建设。在推进资源节约集约利用方面，宜昌市推动土地更集约、更高效、更可持续利用，密集出台一系列规范性文件，在提升工业用地经济密度，鼓励地下空间开发利用，推动化工企业腾退土地再开发等方面进行了有益探索和大胆创新，2021 年宜昌市亩均生产总值达到 29.55 万元。全面实施最严格水资源管理制度和国家节水行动方案，到 2025 年，全市用水总量控制在 22.4 亿立方米以内，用水效率达到全市

"十四五"目标。2015 年至 2020 年，全市单位生产总值能耗下降 20.5％。"十四五"时期，出台节能减排综合工作方案，严格能耗管控政策；建立以资源节约、环境友好为导向的采购、生产、营销、回收及物流体系，推动上下游企业共同提升资源利用效率。

（四）倡导绿色生活方式

在生态文明教育方面，2018 年 4 月，中共宜昌市委、宜昌市人民政府决定，将生态文明教育纳入地方课程，当年 9 月，宜昌《生态小公民》系列读本免费发放到全市 885 所中小学、幼儿园的 40 多万名学生手中。为提升宜昌市公众对生态文明知识的知晓度，增强公众生态文明意识，宜昌市生态环境局编制了《宜昌市生态文明建设读本》。2021 年 6 月，《宜昌市"美丽中国，我是行动者"提升公民生态文明意识行动方案（2021—2025)》印发。在绿色生活创建方面，宜昌有序推进全市城乡绿色人居环境提升，推进城乡生活污水治理，倡导健康文明生活方式，持续推动生活垃圾分类投放、分类收集、分类运输、分类处理。2019 年 10 月，《宜昌市生活垃圾分类管理办法》出台。2020 年，城区生活垃圾分类覆盖率已达 85％，公共机构覆盖率达到 100％。2021 年 2 月，中共宜昌市委文明办印发《关于进一步深化精神文明教育大力倡导文明健康绿色环保生活方式的通知》。"十四五"时期，宜昌开展节约型机关、绿色家庭、绿色学校、绿色社区、绿色出行、绿色商场、绿色建筑七大创建行动，打造宜昌长江经济带生活垃圾"零填埋"示范城市。在绿色产品消费方面，宜昌建立健全绿色采购管理制度，推广节能家电、高效照明产品、节水器具、绿色建材等绿色产品，扩大绿色产品消费，开展绿色产品宣传月活动，吸引广大群众前来参观、购买。

（五）完善绿色发展体制机制

在加强法治建设方面，2016 年 12 月，宜昌市人民代表大会常务委员会颁布实施《宜昌市城区重点绿地保护条例》。2017 年 11 月，湖北省第十二届人民代表大会常务委员会第三十一次会议通过《宜昌市黄柏河流域保护条例》。2019 年 12 月，宜昌市人民代表大会常务委员会颁布实施《宜昌市扬尘污染防治条例》。"十四五"时期，宜昌继续推进生态环境保护地方立法，整合相关部门执法职能，建立健全跨区域全流域综合执法体制机制。严格落实环境保护党政同责、一岗双责、失职问责、终身追责，实行环境保护"一票否决"。在强化监督管理方面，2017 年 5 月，中共宜昌市委办公室、宜昌市人民政府办公室印发《关于全面推行河湖长制的实施方案》。同年 12 月，中共宜昌市委办公室、宜昌市人民政府办公室印发《宜昌市绿色发展指标体系》《宜昌市生态文明建设考核目标体系》《宜昌市环境保护"一票否决"实施办法》。2018 年 4 月，宜昌市人民政府办公室印发《宜昌市突发环境事件应急预案》；12 月，中共宜昌市委办公室、宜昌市人民政府办公室印发《黄柏河东支流域生态补偿方案》。2019 年 8 月，宜昌市创建国家级生态文明建设示范市工作领导小组成立，中共宜昌市委办公室、宜昌市人民政府办公室印发《宜昌市创建国家级生态文明建设示范市工作领导小组组成人员及工作职责》。2020 年 6 月，宜昌市人民政府办公室印发《宜昌市自然资源统一确权登记实施方案》。"十四五"时期，宜昌健全生态环境监管机制，运用智慧环保系统，严格监测排污源头；在主要流域全面推行水质与矿产开采量（企业排污量）、生态补偿资金"双挂钩"；健全企业环境信用评价制度，实施环保信用评价和信息强制披露，推进生态环境损害赔偿制度实施。在健全市场化机制方面，宜昌复制推广黄柏河流域综合执法及生态补偿模式，健全"污染者付费＋第三方治理"等机制，推动环境治理向市场化、专业化、产业化发展。探索"资源环境产权制度""税收政策引导""资源环境价格改革""市场主体培育""发展绿色金融"等环保机制。

二、探索"两山"转化路径

宜昌古称夷陵，因"水至此而夷，山至此而陵"得名，清朝雍正年间改称"宜昌"，取"宜于昌盛"之意。宜昌位于湖北省西南部，处长江上游与中游之接合部、鄂西武陵山脉和秦巴山脉向江汉平原之过渡地带，"上控巴蜀，下引荆襄"。全市辖5县3市5区，2022年末常住人口392万人，2022年生产总值5502.69亿元。宜昌面积21230平方公里，地跨北纬29°56′—31°34′、东经110°15′—112°04′，东西最大横距174.08公里，南北最大纵距180.6公里。东邻荆州市和荆门市，南抵湖南省石门县，西接恩施土家族苗族自治州，北连神农架林区和襄阳市。市域总面积中，山区占69%，丘陵占21%，平原占10%，构成"七山二丘一平"的地貌特征，素有"七山二水一分田"之称。境内海拔1000米以上的山峰有960座（其中海拔2000米以上的山峰54座），分布在五峰、长阳、秭归、兴山、夷陵、远安等县（区）的52个镇（乡），最高峰仙女山海拔2426.9米。因而，宜昌具备"两山"转化的自然条件。

党的十八大以来，宜昌市认真践行习近平生态文明思想，贯彻"绿水青山就是金山银山"理念，统筹经济高质量发展和生态环境高水平保护，持续做好生态修复、环境保护、绿色发展"三篇文章"，打造长江经济带绿色发展示范城市和国家生态文明建设示范市，建设三峡安全生态屏障。在"两山"转化路径方面，宜昌进行了以下探索。

（一）持续推进国土绿化

宜昌全市林业用地面积153.6万公顷，森林覆盖率69%，进入中国"绿都"2022年度综合评价前20名。"十三五"时期，全市推进绿满荆楚、绿化美化、精准灭荒、长江两岸造林、全域复绿等行动，累计完成人工造林2.19万公顷、封山育林7.76万公顷、森林抚育1.82万公顷。2021年，宜昌全面推行林长制，共有各级林长8132人，市级县级林长至少每季度开展一次巡林，镇级村级林长至少每月开展一次巡林。宜昌严格落实防火责任、"六包责任"和"山头包保责任"，2021年实施七大专项行动和"六查六看六到位"明察暗访，抓牢森林防火。宜昌大力发展柑橘、茶叶、核桃等重要经济林，积极探索生态价值转化机制，持续培育发展林下药材、木本油料、花卉苗木、林下经济、森林康养等林业特色产业。2022年，宜昌实施天然林保育增景、人工林抚育添彩、道路水系森林景观提升、城镇村庄森林景观营建、节点片林森林景观打造等五大工程，打造森林景观示范带。2021 年，宜昌打造"两山"示范基地 23 个共 7.3 万多亩；2022 年，建设省级"两山"转化示范基地 22 个共 4.2 万亩。截至 2022 年底，全市经济林总面积达到 464 万亩，经济林果产量达 400 余万吨。2022 年全市实现林业总产值 620.34 亿元，同比增长 12.83%。

（二）构建生态产品价值实现机制

2021 年 4 月，中共中央办公厅、国务院办公厅印发《关于建立健全生态产品价值实现机制的意见》。2022 年 3 月，经湖北省人民政府同意，省发展改革委正式印发《湖北省建立健全生态产品价值实现机制实施方案》。根据上级文件精神，宜昌市 2022 年完成生态价值转化路径研究，构建政府主导、社会参与、市场化运作、可持续的生态产品价值实现机制。其重点任务，一是建立生态产品调查监测机制（有序推进自然资源确权登记、实施生态产品信息普查等）；二是建立生态产品价值评价机制（开展生态产品价值核算研究、制定生态产品价值核算规范、强化生态产品价值核算评估结果应用）；三是健全生态产品经营开发机制（发展优质生态农业、绿色低碳工业、生态文化旅游，探索生态资源权益交易等）；四是健全生态产品保护补偿机制（包括纵向生态保护补偿制度、横向生态保护补偿机制、生态环境损害赔偿制度等）；五是完善生态产品价值实现保障机制（包括生态产品价值考核评价、生态环境保护利益导向机制等）。2023 年打造若干生态产品价值转化示范项目，拟在 2025 年初步形成生态产品价值实现的制度框架，有效解决生态产品"难度量、难抵押、难交易、难变现"等问题，发展壮大一批生态产业，探索一条具有地方特色的生态价值实现路径，形成一套可复制推广的经验和模式。

（三）争创国家"两山"实践创新基地

宜昌市在夯实绿色发展根基、保值增值自然资产、促进生态惠民富民、保障"两山"持续转化等领域不断探索，涌现出五类试验区"两山"转化典型案例，蹚出了一条"生态赋能、农旅互促"新路。2021 年五峰土家族自治县获评宜昌市首个国家"绿水青山就是金山银山"实践创新基地；2022年环百里荒乡村振兴试验区又被授予"绿水青山就是金山银山"实践创新基地称号。五峰土家族自治县地处湘鄂西交界的武陵山区，是三峡库区重要生态屏障。作为国家重点生态功能区的五峰始终把生态作为立县之本，依靠得天独厚的生态资源优势，探索出独具五峰特色的"两山"转化模式，即"农文旅产业融合发展模式""林药蜂立体林业经济发展模式""专业合作社生态产业扶贫模式""绿色康养生态资源价值转化模式""生物多样性科普教育研学模式"。2022年，五峰全县拥有茶园22万亩，综合产值突破40亿元；中药材35万亩，综合产值超10亿元；中蜂10万群，综合产值达亿元以上。据中国环科院定量评估，五峰生态价值达5000亿元。2022年12月，中共五峰土家族自治县第十五届第四次全会审议通过了《县委 县政府关于创建全国"两山"实践创新示范县 助力宜昌建设长江大保护典范城市的实施方案》，提出要抓牢创建全国"两山"实践创新示范县的五大着力点：实施"生态立县"战略，护佑"绿水青山"；实施"旅游活县"战略，激活"金山银山"；实施"农业稳县"战略，坚持"靠山吃山"；实施"工业强县"战略，大胆"借力出山"；实施"人才兴县"战略，推进"强县工程"。该方案要求围绕"土、凉、茶、氧、健、康"六大特色优势，做靓生态品牌，做优全域旅游，做特"一茶两中"，做大"飞地经济"，做强县城能级，推动山水人产城融合发展，打造"山清水秀、天蓝地绿、人城相融、游人如织"的世外桃源，到2035年，全国"两山"实践创新示范县创建成功，在生态保护、生态治理、生态发展、生态共富、生态合作等方面争当先行示范。环百里荒乡村振兴试验区是以夷陵区百里荒为核心，向四周辐射形成的地跨当阳、远安、夷陵3个县级行政单元的独立区域（覆盖6个镇和街道、43个村），总面积769平方公里，总人口9.18万人。2020年以来，宜昌市谋划建立了"一区两带五园"（乡村振兴试验区，柏临河生态经济带、普百路生态经济带，三峡橘都国家现代农业产业园、三峡草食畜牧业综合产业园、三峡花木产业园、试验区生态农业物流园、宜昌半高山有机农业示范园）等一批重大项目库，总投资70.8亿元。环百里荒乡村振兴试验区以农为经，以旅为纬，把支撑点放在绿色发

展上，把落脚点放在生态共富上。对标有机农业标准，建设有机种养基地，打造全市有机农产品核心产地、国家有机农业示范基地，试验区形成了"山上牛羊、山腰果蔬、山脚粮油"的农业产业布局。百里荒景区、百里荒度假区、龙潭河景区、百宝寨滨水休闲区遥相呼应，北部的山地风情线、东部的滨水娱乐线、南部的温泉休闲线，颔首相望，年游客接待超 200 万人次，旅游综合产值突破 6000 万元。下一步，宜昌将继续按照生态环境部关于"两山"基地的要求，聚焦生态农业、生态旅游、生态文化，持续深化"两山"转化模式，形成可推广、可复制的"两山"实践经验。

（四）打造 "两山" 示范县

2020 年 12 月，湖北省正式启动"绿水青山就是金山银山"（简称"两山"）示范县创建工作，择优选定首批 7 个示范县创建单位和 7 个支持创建单位，其中，宜昌市秭归县被选定为示范县创建单位，五峰土家族自治县被选定为支持创建单位。作为屈原故里、三峡工程坝上库首县，秭归县的地形地貌为"八山一水一分田"。为提升绿水青山"颜值"，实现金山银山"价值"，该县走出了一条"植被恢复—植被恢复产业化—产业生态化—生态景观化—景观产业化—产业融合发展"的新路子。在植被恢复方面：20 世纪 90 年代前，秭归县森林覆盖率不到 24%，森林蓄积量不足 100 万立方米，水土流失面积达 1408 平方公里。20 世纪 90 年代以来，秭归县依托国家退耕还林、天然林保护及长江中上游防护林体系建设等重点生态工程，加大三峡库区生态保护修复及小流域治理力度，2022 年森林覆盖率达到 79.6%，森林蓄积量达到 1056 万立方米，水土流失面积、土壤侵蚀模数大幅下降，平均每年少向长江排放泥沙 46 万吨。全县已建成高效经济林基地 82.1 万亩，人均经济林 2.3 亩，海拔 700 米以下山地实现了林果叶全覆盖，三大主导产业年产值已突破百亿元。在植被恢复产业化方面：秭归在中国林科院专家团队的帮助下，构建"山下生态景观林带，山中生态经济林带，山上生态公益林带"的流域生态经济型防护林体系建设，重点将柑橘、核桃、茶叶、"三木"药（杜仲、厚朴、黄柏）等列为生态经济兼用林，形成"三带"绿色产业，即低山脐橙带，中山茶叶、板栗带，高山核桃、林下中药材带，为后续产业发展奠定坚实基础。在产业生态化方面：秭归大力发展生态种植业、生态养殖业、生态林业、生态旅游业、生态加工业，通过奖补政策支持种养大户及社会化服务组织加强生态农业转型发展。例如，屈姑国际农业集团实现了对脐橙"从花到果、从皮到渣、吃干榨尽"的"零废弃"综合利用，推出了100多个精深加工品种系列，年产值逾5亿元。在生态景观化方面：秭归因地制宜选择配置树种，将景观设计融入生态恢复过程中，考虑树木形状、枝叶颜色、花果实形态与颜色、芬芳气息等多方面因素，对不同的乔木、灌木、草本或者不同季相树种进行科学搭配，重点建设徐家冲港湾、木鱼岛、天问公园、望江公园景观节点，形成屈原故里至三峡翻坝物流园滨江景观带，与三峡大坝、高峡平湖融为一体。在景观产业化方面：秭归统筹山水林田湖草建设，对泗溪、九畹溪等景区和部分村庄实施退耕还林，打造三峡竹海、九畹溪景区、茅坪万亩茶园、杨林桥核桃长廊、秭归脐橙四季采摘游等一批景观节点和特色乡村。在芝茅公路沿线连片发展茶叶、核桃、猕猴桃、柿子、蔬菜等经济作物，高品质建设农家乐等旅游服务业，为巩固脱贫攻坚成果、实现乡村振兴提供产业支撑。在产业融合发展方面：秭归乘湖北省"两山"示范县建设之势，以原有生态产业基础为抓手，延伸产业上下游链条，重点推进"生态＋旅游＋体验＋文化"融合发展，建设了脐橙文旅小镇、茶博园等重点项目，依托屈原故里、三峡大坝，以及"屈原文化""峡江文化""脐橙文化""森林文化"等资源禀赋和文化底蕴，推动旅游产品从以观光为主向观光、休闲度假、森林康养、体验田园野趣为一体的复合型转化。2021年，尽管受疫情影响严重，秭归生态旅游产业仍实现总收入80亿元。"十四五"时期，秭归县以体制机制改革创新为核心，着力构建绿水青山转化为金山银山的政策制度体系，积极探索政府主导、企业和社会各界参与、市场化运作、可持续的生态产品价值实现路径。一是深入实施"生态立县"战略，构建区域生态格局，严控大气污染，加强水环境保护，加强土壤环境保护，完善环境风险防控能力，培育壮大节能环保产业、清洁生产产业、清洁能源产业，推进资源全面节约和循环利用，完善生态环保体制机制，打造全国生态文明示范区、三峡

库区绿色发展样板区。二是深入推进县、乡、村三级林长制，创新"林长＋两长八员"管林护林机制，深化"两山"转化组织体系和制度体系建设，构建"两山"转化保障体系。三是大力实施创新驱动发展战略，引进高端智力，培养乡土专家，重视科技兴林，为"两山"转化提供科技支撑。四是以促进产业提档升级和提质增效为着力点，大力推进脐橙、核桃、茶叶产业标准化建设，启动林业资产评估、森林资源交易平台建设，培育市场主体，打通"两山"转化关键节点。

三、开展"双碳"行动

为完整、准确、全面贯彻新发展理念，做好碳达峰、碳中和工作，2021年9月，《中共中央 国务院关于完整准确全面贯彻新发展理念做好碳达峰碳中和工作的意见》出台（10月正式公布），除提出总体要求和主要目标外，意见强调推进经济社会发展全面绿色转型，深度调整产业结构，加快构建清洁低碳安全高效能源体系，加快推进低碳交通运输体系建设，提升城乡建设绿色低碳发展质量，加强绿色低碳重大科技攻关和推广应用，持续巩固提升碳汇能力，提高对外开放绿色低碳发展水平，健全法律法规标准和统计监测体系，完善政策机制，切实加强组织实施。同年10月，国务院印发《2030年前碳达峰行动方案》，确定碳达峰总体要求、主要目标、重点任务、国际合作和政策保障。上述两个文件为实现"双碳"目标作出顶层设计，明确了碳达峰碳中和工作的时间表、路线图、施工图。此后，一系列文件构建起目标明确、分工合理、措施有力、衔接有序的碳达峰碳中和"1＋N"政策体系，形成各方面共同推进的良好格局。宜昌认真落实中央精神，积极开展"双碳"行动。

（一）系统谋划碳达峰工作

2021年9月，宜昌市举行碳达峰、碳中和专题研讨会。会上，宜昌市主要负责人指出，宜昌正处于工业化中后期、城市化滞后于工业化的发展阶段，如期实现碳达峰、碳中和目标面临着不少挑战和压力，我们唯有主动应对、奋起而行，才能抢占先机、赢得未来。全市上下要全面分析、精准研判、系统谋划，统筹抓好产业结构、能源结构、交通结构等优化调整，科学制定宜昌碳达峰行动方案，以壮士断腕的勇气摆脱对传统经济发展方式的路径依赖，以一往无前的决心推动碳达峰、碳中和变革在宜昌落地生根，努力为全国全省如期实现碳达峰、碳中和目标作出宜昌贡献。

宜昌市把系统观念贯穿"双碳"工作全过程，注意处理好发展和减排的关系、整体和局部的关系、长远目标和短期目标的关系。宜昌在湖北省率先启动碳达峰行动方案编制工作，坚持全市"一盘棋"，围绕宜昌市碳达峰总体行动方案，编制实施能源、产业、交通、建筑、农业、林业、金融、科技等领域专项碳达峰行动方案，构建"1＋N"政策体系，推动全面实现碳达峰目标。早在 2017 年，长阳土家族自治县就已入围第三批国家低碳城市试点地区。"十三五"以来，长阳围绕构建产业体系、能源结构、节能降耗、建筑领域、交通领域、森林碳汇、低碳生活、近零试点示范八项重点任务，开展了一系列低碳创建工作，成效明显。长阳依托绿色新材、清洁能源、文化旅游大健康等三大支柱产业，探索出一种绿色低碳发展新模式。作为湖北省唯一一个国家批复的低碳城市试点示范县，长阳提出到 2024 年左右实现碳达峰目标，在宜昌市率先编制发布《长阳土家族自治县碳排放达峰三年行动方案（2022—2024 年）》。兴山县积极争创全国"双碳"先行示范区，在低碳园区、低碳城镇、低碳社区等领域不断创新，探索绿色低碳发展机制模式和实践经验。西陵区、远安县等地同步开展低碳示范区创建。同时，开展"低碳生活、绿建未来"等主题活动，向市民普及碳达峰、碳中和、碳减排、碳汇等知识，推广绿色低碳生活方式，营造绿色低碳发展氛围。为深入推动绿色低碳发展，宜昌突出重点，推动化工产业转型，打造清洁能源之都，大力发展绿色建筑，构建绿色交通体系。

根据中央和湖北省相关文件精神，2021 年 12 月，中共宜昌市第七次党代会提出，深入实施"双碳"战略，坚定不移走生态优先、绿色低碳发展之路，建好守好三峡生态屏障。要求把碳达峰、碳中和纳入经济社会发展全局，科学制定碳达峰时间表路线图，确保安全降碳。实施工业、交通、建筑等重点领域减污降碳行动，提高清洁能源比重。更多依靠市场机制促进节能减排，加大绿色低碳产业、技术研发等支持力度，引导企业掌握主动、顺势而为、绿色发展。持续优化重大基础设施、重大生产力和公共资源布局，构建有利于碳达峰、碳中和的国土空间开发保护新格局。拓宽"两山"转化路径，提升生态系统碳汇增量，实施生态价值工程，推动生态资本的度量、核算、交易。

（二）实施多领域碳达峰行动

1. 建筑领域。 2021 年 7 月，宜昌市发布《宜昌市建筑领域碳达峰行动实施方案（2021—2030）》，确立了"绿色建筑""绿色建造""绿色建材"三位一体的总体实施路径。宜昌建筑领域实施碳达峰行动，主要采取提升新建建筑能效、高质量发展绿色建筑、实施既有建筑绿色改造、可再生能源建筑应用、推广应用绿色建材、大力实施绿色建造（以推广装配式建筑为重点）、提升建筑运行管理、推进农村建筑节能八大措施。宜昌建筑领域碳达峰行动分为"起步（2021—2025 年）、达峰（2026—2028 年）、巩固（2029—2030 年）"三个阶段实施。建筑领域碳达峰计算范围包括施工、运行和拆除三项内容。该实施方案是国内建筑领域首个碳达峰行动实施方案，正在付诸行动。

2. 新能源与新材料领域。 2021 年 7 月，中共宜昌市委六届十五次全会强调，抢抓"双碳"机遇，持续推进新能源和绿色产业发展，加快光、风、水、储一体化建设，打造清洁能源之都。宜昌页岩气储备丰富，已列入国家鄂西页岩气勘探开发综合示范区建设总体方案。截至 2020 年底，宜昌已建成光伏电站 422 个，总装机容量 32.42 万千瓦，2020 年发电 2.65 亿千瓦时；力争"十四五"期末全市发电和光伏风电总装机容量达到 200 万千瓦以上。2022 年，中清智慧光伏一期建成投产；"电化长江"加快实施，纯电动游轮"长江三峡 1 号"投入运营。2023 年，宜昌开展猇亭、秭归整区（县）屋顶分布式光伏开发试点，加快兴山 500 兆瓦太阳能光伏发电项目建设，支持当阳打造光伏全产业链集群。宜昌风电总装机容量 67.3 万千瓦，2021 年累计发电 9.641 亿千瓦时。"十四五"期间，宜昌市继续有序推进风电发展。宜昌境内水能可开发利用量达 3000 万千瓦，多个抽水蓄能电站已签订开发协议，2022 年长阳清江、远安抽水蓄能项目开工建设，2023 年开工建设五峰太平、宜都潘家湾抽水蓄能项目。宜昌化工产业基础好，副产氢气资源丰富，现有制氢企业 6 家，产能每年 42 亿立方米，为多能互补、各类能源融合发展奠定了基础。

3. 林业领域。2022 年 3 月，宜昌市碳汇专班到市三峡大老岭保护区，以"碳汇专家＋开发企业＋国有林场"碳汇项目开发路径，开展国有林场碳汇开发项目研讨交流。而后，大老岭保护区先行先试，努力做好全市首个国有林场碳汇开发项目。同年 6 月，林业碳汇专班深入兴山、远安、当阳等地开展林业碳汇"四送"活动，即送信息（将"双碳"政策，国内外碳市场发展情况，国家核证资源减排量开发、林业碳汇开发现状和碳汇资源谋划、绿色金融、项目试点相关最新信息送到基层），送数据（将核算出来的四地林业碳汇值免费提供给基层），送方案（结合各地实际情况，解读《宜昌市林业碳汇行动方案（2021—2030)》），送服务（提供碳汇造林和森林经营碳汇项目设计文件资料清单，开展步骤推演，现场研判等服务）。《宜昌市林业碳汇行动方案（2021—2030)》的重点行动，包括实施林业碳汇试点示范建设行动、森林生态系统碳汇能力巩固提升行动、林业碳汇计量监测体系行动、林业碳汇试点示范建设行动、林业碳汇开发利用行动、林业碳汇科技支撑行动等。2023 年 1 月，《宜昌市天然林生态系统服务功能价值》正式发布。据测定，全市天然林年生态系统服务功能价值达到 1064.96 亿元。通过持续加强天然林保护，宜昌未来生态价值增量将非常可观，林业碳汇开发潜力和储备林建设空间较大。下一步，宜昌市将加快构建健康稳定、布局合理、功能完备的天然林生态系统，不断增加天然林碳汇能力，为建设长江大保护典范城市作出新贡献。

4. 公共机构节能领域。2022 年 5 月，《宜昌市公共机构节约能源资源"十四五"规划》公开发布，根据《湖北省公共机构能耗定额标准》，以能源资源消耗定额与一定下降率相结合的方式对各单位下达目标；提出到"十四

五"末，全市公共机构能源资源消费以 2020 年能源资源消费为基数，2025 年人均综合能耗下降 6％，单位建筑面积能耗下降 5％，人均用水量下降 7％，单位建筑面积碳排放下降 7％；基本任务确定为完善制度标准，强化目标管理，提升保障能力。实施 9 项绿色低碳转型行动：能效提升行动，绿色化改造行动，优化用能结构行动，节水护水行动，生活垃圾分类行动，反食品浪费行动，绿色办公、低碳生活行动，示范创建行动，数字赋能行动。2022 年，市、县（市、区）级 75％以上的党政机关建成节约型机关；2025 年，争取实现 100％建成节约型机关或节能、节水示范单位。

5. 工业领域。 2022 年 6 月，《宜昌市工业领域碳达峰实施方案》印发，提出到 2025 年，单位工业增加值能耗和二氧化碳排放确保完成省下达目标，为实现碳达峰奠定坚实基础；到 2030 年，全市单位工业增加值能耗和二氧化碳排放完成省下达目标，如期实现碳达峰目标。该方案确定的重点任务是：优化提升产业结构（严格控制"两高"项目盲目发展，加快传统产业提档升级，大力发展战略性新兴产业，做优做强主导产业，融合发展生产性服务业）；着力强化节能降碳（优化能源消费结构，推进节能改造升级，强化节能管理）；提高资源利用效率（持续优化原料结构，推动工业固体废物源头减量和综合利用，加强再生资源循环利用）；推动数字化转型（实施数字新基建，推动数字新融合，推进"工业互联网＋绿色制造"）；构建绿色制造体系（建设绿色工厂，开发绿色产品，建设绿色园区，打造绿色供应链）；研发应用绿色低碳技术（加强绿色低碳关键技术攻关，加强绿色低碳技术推广示范应用）。确定在化工、建材、钢铁等重点行业开展碳达峰行动，并通过强化统筹协调、强化责任落实、强化配套机制、强化宣传引导保障方案实施。

2022 年 11 月，《宜昌长江经济带降碳减污扩绿增长十大行动方案（2022—2025 年）》印发，方案坚持突出"绿"的底色、强化"新"的引领，提升"带"的优势、传承"江"的文化，践行"绿水青山就是金山银山"理念，重点谋划实施 50 个事项、60 个项目，总投资 2141.8 亿元，以引领宜昌经济社会高质量发展，推进长江大保护典范城市建设。它从十个方面对工作进行部署：推动降碳减污协同增效，建立健全生态产品价值实现机制，建设绿色制造体系，加强绿色技术创新引领，提升水资源节约集约利用水平，推进综合交通绿色发展，推动长江中游城市群协同发展，深化长江大保护金融创新实践，提升城乡绿色人居环境，推进长江文化旅游建设。该方案还公布了宜昌长江经济带降碳减污扩绿增长十大行动重要事项责任清单、重大项目责任清单，确定了宜昌长江经济带降碳减污扩绿增长十大行动指挥部和专项行动指挥部组成人员名单。该方案正在全面推进中。

（三）加快三峡地区绿色低碳发展示范区建设

2022年12月，中共宜昌市委召开专题会议，研究加快三峡地区绿色低碳发展示范区建设工作。会议强调，要完整、准确、全面贯彻新发展理念，深入贯彻落实党的二十大精神，充分领会省委战略意图，站位全局，认真谋划，在政策依据上加强研究，努力推动三峡地区绿色低碳发展示范区建设被纳入国家发展战略，为长江经济带高质量发展作出更大贡献；要在"两山"转化上加强研究，在绿色转型、区域协同、乡村振兴等方面加强探索，摆脱传统路径依赖，找到推动区域协调发展的驱动力量，切实把生态环境保护好，把发展模式探索好，把人民群众利益维护好；要在流域综合治理上加强研究，与重庆地区、三峡集团深度合作，建立完善快速运转、一体联动的体制机制，形成强大工作合力，共同推进上下游、干支流、左右岸综合治理，共同争取国家层面的支持，推动三峡地区长治久安；要与智囊团队深度合作，巧借外力、善用"外脑"，为示范区建设提供有力支撑。

2023年8月，中共宜昌市委七届五次全会暨市委经济工作会议强调，要深刻认识和把握三峡工程转入运营期后的新形势，争取中央、湖北省支持宜昌建设三峡地区绿色低碳发展示范区，打造以宜昌为中心的绿色低碳发展高地。构建绿色低碳循环发展经济体系；建立完善对口支援、鄂渝协作、央地合作机制；将宜荆荆都市圈建设成为长江中上游重要增长极。

四、提高资源利用效率

在贯彻绿色发展理念方面，提高资源利用效率是宜昌的特色工作，故专设一目推介。除了前述增强全民节约意识、节约集约利用土地、实施最严格水资源管理制度和国家节水行动方案、降低单位生产总值能耗等之外，这里着重推介宜昌的"无废城市"建设和资源循环利用体系构建。

（一）建设 "无废城市"

"无废城市"是以新发展理念为引领，通过推动形成绿色发展方式和生活方式，持续推进固体废物源头减量和资源化利用，最大限度减少填埋量，将固体废物环境影响降至最低的城市发展模式。2022 年 4 月，生态环境部发布了"十四五"时期"无废城市"建设名单，宜昌成功入选。之所以能入选，是因为宜昌已经做了这些工作：

1. 工业危废物就地处理。2018 年 10 月，枝江姚家港化工园引进北控城市资源集团，投资 6 亿元，建设工业危废处置及资源化项目；2020 年 1 月，项目正式投产，年处理能力达到 10 万吨。宜都化工园建设了七朵云宜昌工业废物集中处置中心，项目设计年处理能力 9.1 万吨；2022 年 3 月，七朵云与园区宜昌华昊新材料科技有限公司、宜都市华阳化工有限责任公司、湖北新洋丰肥业股份有限公司等投产企业达成合作协议，就近处理工业废弃物。宜昌还因地制宜，以磷石膏综合利用为重点，实施工业固体废物综合治理，制定并落实"以销定产"和配套奖励措施，磷石膏综合利用率从 2018 年的 20.4% 提升至 2021 年的 52.3%，宜昌因此获批为全国唯一以磷石膏单一资源为处置目标的工业资源综合利用基地。

2. 生活垃圾资源化利用。2018 年 3 月初，宜昌城区启动餐厨垃圾集中收运处理。位于猇亭区的宜昌市餐厨垃圾处理厂（2015 年 12 月 29 日投产运营），当时是宜昌市唯一的餐厨垃圾无害化处理特许经营企业，处理规模每天200 吨。据统计，在其服务的 2145 天中，累计收运餐厨垃圾 17.1 万吨。通过无害化处理，餐厨垃圾资源化利用率达到 90%。2019 年，宜昌高新区生活垃圾资源化处理站在引进处理设备基础上，还开发了智能云平台，从周边分类收集、分类运输而来的厨余垃圾，由工作人员进行分拣，遇到分类不规范的厨余垃圾，工作人员通过扫描垃圾袋上的二维码即可得知垃圾由谁产出，进而通过平台对其发出微信提醒，促进市民规范垃圾分类行为。2020 年 5 月，夷陵区新建的专业餐厨垃圾处理站试运行，2021 年正式投用。2020 年以后，宜昌以全国垃圾分类重点城市试点为契机，设置分类投放网点 3437 个，建成分类小区 1303 个，覆盖率 100%。2022 年 6 月，宜昌市厨余垃圾资源化处理项目在猇亭区开工，该项目建设的厨余垃圾处理中心，主要包括预处理系统、厌氧发酵系统、污水处理系统、沼气净化系统、除臭系统及相关辅助配套设施，处理工艺主要路线为"预处理＋厌氧发酵＋沼气利用＋污水处理＋臭气处理"。项目建成后，将补齐宜昌生活垃圾末端处理短板，每年可资源化利用和无害化处理厨余垃圾 7.3 万吨。

3. 建筑垃圾资源化利用。2017 年 11 月，根据国家相关法律法规和《宜昌市城区建筑垃圾管理办法》，宜昌市住房和城乡建设委员会、宜昌市城市管理委员会印发关于促进宜昌市建筑垃圾资源化利用的通知。2019 年 12 月，又印发《市住建局 市城管委关于加强和规范城区建筑垃圾资源化利用管理的通知》。各地已按通知要求认真落实。宜昌还在已建成 3 个综合处理项目基础上，远期规划建设一个百万吨级建筑垃圾综合处理项目。

4. 健全农业废弃物回收体系。秸秆是粮食作物收割后留下的农业废弃物，宜昌对其进行综合利用，一方面向农户宣传秸秆综合利用、安全生产等知识和相关政策，另一方面开展秸秆饲料精细加工研究，再一方面加大龙头企业培育力度，使秸秆饲料化、肥料化、原料化、基料化、能源化。2021 年，全市农作物秸秆综合利用量 188.93 万吨，综合利用率 95.78%。宜昌在全市范围内推进标准地膜示范项目，建立农膜回收利用数据采集平台，2021 年回收农膜 2921 吨，回收率 83.9%；积极推进农药包装废弃物回收，2021 年布设农药包装废弃物回收点 2840 余个，回收农药包装废弃物 78.7 吨。

宜昌入选"十四五"时期"无废城市"建设名单后，启动"无废城市"

建设，于 2022 年 9 月印发《宜昌市"十四五"时期"无废城市"建设实施方案》（10 月公开发布）。按照"总体部署、分类施策，问题导向、重点突破，政府主导、多方参与"的原则，宜昌中心城区先行先试，2023 年底前率先达到"无废城市"建设目标，其他县市复制经验，统筹推动"无废城市"建设。主要任务有 6 项：一是推行工业绿色生产，降低工业固体废物处置压力；二是推动绿色农业发展，提升农业固体废物综合利用水平；三是践行绿色生活方式，推动生活垃圾资源化利用；四是加强全过程管理，推进建筑垃圾综合利用；五是防范环境风险，强化危险废物全过程精细化管控；六是加强体系建设，提升系统保障能力。宜昌"无废城市"建设方面的特色工作主要体现在破解磷石膏综合利用难题、推进待闸船舶污染物闭环监管、开展小微企业危废集中收运试点、推进锰污染治理和风险防控、全面推动"无废细胞"建设等五个方面。到 2025 年底实现以下目标：全市"无废城市"相关制度体系更加完善，市场体系和技术体系建设取得初步成效；绿色制造体系进一步完善，一般工业固体废物产生强度下降，一般工业固体废物综合利用率达到60%，新增磷石膏综合利用率达到 100%；工业危险废物产生强度进一步下降，小微企业危险废物集中收集转运体系覆盖率达到 100%，危险废物综合利用率达到 40%；城市居民小区生活垃圾分类收运系统 100%覆盖，生活垃圾回收利用率达到 45%；绿色建筑占新建建筑面积比例达到 100%，建筑垃圾资源化利用率达到 60%；秸秆综合利用率不低于 95%，畜禽粪污综合利用率不低于 90%，农膜回收率达到 85%；"无废细胞"建设成效显著，形成全社会共同参与"无废城市"建设的良好氛围。

（二）构建资源循环利用体系

循环经济是在生产、流通和消费等过程中进行的减量化、再利用、资源化活动的总称。它是以资源高效利用、循环利用为核心，以低消耗、低排放、高效率为特征，符合可持续发展理念的经济活动和经济增长模式。构建资源循环利用体系，是大力发展循环经济题中应有之义。宜昌构建资源循环利用体系，主要从以下两方面着力：

1. 建设再生资源回收体系。 为加快推进资源全面节约和循环利用，提高再生资源回收利用水平，宜昌充分发挥政府监管引导和市场配置资源的作用，鼓励现有企业做大做强，引进培育再生资源行业龙头企业，发挥其带动和集聚效应，推动再生资源回收体系和制度保障措施不断完善。选择条件比较成熟的县（市、区）先行先试，探索形成在全市可复制、可推广的经验，以点带面，推动再生资源回收工作规范有序开展。运用大数据、物联网、互联网等新技术，全面提升再生资源回收智能化水平，推动再生资源行业转型升级。政府完善监管机制，加大执法力度，持续开展再生资源行业清理整顿和提档升级工作，全面规范市场秩序。2022 年 12 月，《宜昌市再生资源回收体系建设三年行动方案（2023—2025 年）》印发（2023 年 1 月公开发布）。该方案确定了 8 项任务：建立行业规范标准；完善行业体系建设；规范回收站点建设；建设县域分拣中心；加强循环园区建设；完善转运体系建设；建设信息管理系统；发挥行业协会作用。该方案还发布了宜昌市再生资源回收体系建设重点任务清单（重点事项及任务共 15 项）、宜昌市再生资源回收体系建设部门责任清单。方案实施分为准备工作、试点建设、全面建设、巩固提高四个阶段。2023 年 1 月，宜昌市启动再生资源回收体系建设，力争到 2025 年底，再生资源绿色回收站点在宜昌城区社区及县域乡镇覆盖率达到 100%，绿色分拣中心在县（市、区）覆盖率达到 100%，回收信息化在全市覆盖率达到 100%。

2. 建设废旧物资循环利用体系。 2022 年 7 月，国家发展改革委等七部门联合印发通知，宜昌被纳入全国废旧物资循环利用体系建设重点城市。之所以被纳入，是因为宜昌市沿江磷化工循环基础好，"十三五"以来加快建立健全绿色低碳循环发展经济体系，扎实推进"无废城市"建设，着力提高资源循环利用水平。例如：推进快递包装回收循环利用，鼓励邮政、京东、顺丰等有条件的企业发挥行业"领头羊"作用，扩大可循环快递包装箱使用范围，同时引导快递网点现场回收快递包装，将未污损的瓦楞纸盒经消毒处理后直接再利用。宜昌市先后被确定为国家餐厨废弃物资源化利用和无害化处理试点、全国首批园区环境污染第三方治理试点、国家磷石膏综合利用基地，基本构建了废旧物资循环利用体系。2022 年 11 月，《宜昌市废旧物资循环利用体系建设实施方案》印发。其重点任务，一是健全废旧物资回收网络体系。包括优化废旧物资交投设施布局，完善废旧物资回收网点体系，新建、改造提升绿色分拣中心，健全废旧物资转运体系，建立废旧物资逆向回收体系，加快废旧物资回收行业智慧化建设，推动废旧物资回收专业化。二是提升再生资源加工利用水平。包括促进再生资源加工利用产业集聚化发展，推进再生资源高效高值化利用，支持低值可回收物回收利用，培育壮大再生资源利用市场主体，提高再生资源加工利用技术水平。三是推动二手商品交易和再制造产业发展。包括畅通二手商品流通交易渠道，完善二手商品交易管理制度和管理机制，规范二手商品流通市场和交易行为，推动二手商品诚信体系建设，壮大再制造产业链体系，加强再制造产品准入、认证与推广应用，推进再制造产业高质量发展。四是丰富废旧物资循环利用模式。包括推进大件二手家具循环利用模式，废旧纺织品循环利用模式，废旧动力电池循环利用模式；支持行业龙头企业采用"互联网＋资源回收"新模式，创新"多网融合"模式，将快递包装回收与商务、城管、供销、民政、红十字会等领域回收系统有机融合，形成全市废旧回收"一盘棋"。五是强化全要素保障。包括加大财税政策支持力度，加大投资金融政策支持力度，加强土地要素支持力度，加强行业监督管理力度，完善废旧物资统计体系，构建废旧物资循环利用数智监管体系。《宜昌市废旧物资循环利用体系建设实施方案》已经付诸实施，预计到 2025 年，全市将形成比较完善的废旧物资循环利用政策体系，基本建成废旧物资回收网络体系，基本建成废旧物资循环利用数智监管体系，现代化循环型产业体系和再生资源利用产业体系基本建立，形成具有宜昌特色的"全品类、全覆盖、一体化＋精准分类指导"的多网融合模式，回收主体更加专业化、多元化、市场化，城乡居民二手商品交易渠道和形式更加丰富，二手商品交易更加规范便利。

第二章　开展顶层设计

　　宜昌市是一座依长江而建、因三峡而兴、与山水共荣的城市。中华人民共和国成立后，宜昌借力长江航运、三线建设、葛洲坝工程和三峡工程建设，从小城市发展为中等城市、大城市。中共十八大以来，宜昌市坚持以习近平新时代中国特色社会主义思想为指导，牢记习近平总书记考察长江、视察湖北时的殷殷嘱托，勇担共抓长江大保护历史使命，持续做好生态修复、环境保护、绿色发展"三篇文章"，大幅提升了生态竞争力、产业辐射力、城市影响力。按常住人口统计，2022 年人均地区生产总值达到 14.037 万元。同年，宜昌综合实力列全国百强城市第 54 位，获评国家生态文明建设示范区。

　　1992 年宜昌地、市合并以后，宜昌始终重视顶层设计，先后制定《宜昌市城市总体规划（1992—2010 年）》《宜昌市城市总体规划（2005—2020 年）》《宜昌市城市总体规划（2011—2030 年）》《宜昌市全域规划》等系列规划。"十四五"以来，宜昌坚持规划引领不动摇，根据本市独特的区位和资源优势、鲜明的历史文化，学习借鉴发达地区的经验和路径，锚定中共湖北省委赋予的建设长江大保护典范城市、打造世界级宜昌的目标，谋划建设世界级宜昌新中心，高标准规划建设城市新区，选准产业赛道引领产业升级，全面系统做好城市建设与发展的顶层设计。

一、坚持党委、政府统筹全局

　　建设长江大保护典范城市、打造世界级宜昌是一个全新课题，没有成功先例可以借鉴。面对这一历史课题，中共宜昌市委、宜昌市人民政府多次召开市委常委会会议、市委市政府专题会议深入研究，原原本本学习习近平生态文明思想、学习习近平总书记关于推动长江经济带发展的重要论述和考察湖北重要讲话精神，组织市委政研室、市生态环境局、市自然资源和规划局、市文化和旅游局、市水利和湖泊局等诸多部门进行基础性调研，邀请中国城市规划设计院、国家宏观经济研究院等专家团队来宜指导，寻找建设长江大保护典范城市、打造世界级宜昌的理论源头和实践经验，并顺应宜昌在长江流域中的独特地理位置，结合前期产业发展基础和自然基底、山形水势，制定了详细工作方案，为推动城市发展提供了施工图。

（一）七届三次全会引领典范城市建设

2022 年 9 月 5 日，中共湖北省委书记签批同意中共宜昌市委关于建设长江大保护典范城市的工作报告，并给予充分肯定。2022 年 9 月 16 日，中共宜昌市委七届三次全会通过了《中共宜昌市委、宜昌市人民政府关于建设长江大保护典范城市的意见》，会议确立了建设典范城市的"三步走"战略、"四个典范"内容、"三组关系"、"四个着力"、"五大机制"等方面内容，通过确定一系列的工作要求、基本原则，有效指引典范城市建设。

1. 确立"三步走"战略。 明确分三个阶段推进长江大保护典范城市建设：到 2025 年，生态环境治理、产业绿色转型、城市空间拓展等方面取得重大进展，长江大保护典范城市建设取得阶段性成效；到 2030 年，三峡生态屏障更加安全稳固，城市空间格局更加科学合理，城市功能品质全面优化提升，生产生活方式全面绿色转型，长江大保护典范城市建设取得一批具有示范引领作用的标志性成果；到 2035 年，长江大保护典范城市基本建成，在长江生态保护修复、城与山水和谐相融、产业绿色发展、美好环境与幸福生活共同缔造方面成为全国典范，建成"山水辉映、蓝绿交织、人城相融"的长江大保护典范城市。

2. 界定"四个典范"内容。 一是打造长江生态保护修复的典范。推进长江生态修复是国之大者、省之要事。宜昌市牢记习近平总书记殷切嘱托和"把长江生态修复放在首位"的政治规矩，完整准确全面贯彻新发展理念，自觉扛起上游城市担当，把长江大保护作为关键任务，从源头上系统开展生态环境保护和修复工作，推进生态治理现代化，努力在长江生态保护修复上创造更多可复制可推广可借鉴的成功经验。二是打造城与山水和谐相融的典范。山水城和谐发展考验城市治理水平。宜昌市坚持尊崇宜昌自然基底和山形水势，注重把城市轻轻安放在山水之间，既做治山理水，又做美城靓水，更做显山露水的好事实事，切实在维护"一半山水一半城"良好风貌的基础上打造国际化滨江山水城市。三是打造产业绿色发展的典范。产业是城市发展的核心支撑。宜昌市坚持绿色、循环、低碳发展方向，推动高新技术与绿色低碳产业深度融合，提高绿色低碳产业在经济总量中的比重，着力提升产业的含金量、含新量、含绿量。四是打造美好环境与幸福生活共同缔造的典范。美好环境与幸福生活既是城市发展的目的，也是城市发展的路径。宜昌市坚持以人民为中心的发展理念，用好共同缔造这个认识论和方法论，系统重塑"纵向到底、横向到边、共建共治共享"的基层社会治理体系，按照"决策共谋、发展共建、建设共管、效果共评、成果共享"的方式，发动人民群众深度参与长江大保护典范城市建设的火热实践。

3. 厘清"三组关系"。一是厘清长江大保护典范城市与"六城五中心"的关系。中共宜昌市第七次党代会系统架构了"六城五中心"的发展目标，市委七届三次全会在遵循"六城五中心"的逻辑基础上，适时提出建设长江大保护典范城市发展目标，对"六城五中心"发展战略进行再聚焦再深化，推动城市发展战略靶点更加聚焦、路径更加明确、思想更加统一。二是厘清发展与保护的关系。生态文明建设是关系中华民族永续发展的千年大计。处理好发展与保护的关系，是建设长江大保护典范城市、建设美丽中国必须解决好的重大课题。没有产业支撑的绿色发展缺乏持续后劲，不顾生态环境的消耗发展缺乏历史责任。宜昌市坚持在抓好长江大保护的前提下，确定做优主城、做美滨江、做绿产业的发展思路，赋予了长江大保护典范城市深刻内涵。三是厘清全局和局部的关系。不谋全局者不足以谋一域，不谋万世者不足以谋一时。宜昌市将唯物辩证法融入建设长江大保护典范城市的全领域，自觉将施政纲领落实到省委统一部署上来，科学确定生态修复、产业布局、城市建设等重要工作，合理划分区域发展定位。各县市区在遵循全市统一规划的基础上，合理确定县城发展定位，明确发展路径，有效实现整体与局部发展的系统联动。

4. 坚持"四个着力"。 一是着力做优主城。坚持一体推进治山、理水、营城的理念，综合全市产业空间结构、山形地貌、人文需求等因素，以科学理性的态度规划城市，坚持"西部生态、中部生活、东部生产"的功能侧重；按照"繁荣在主城、实力在新城"的思路，集约高效拓展空间骨架，推动城市"组团式发展"。结合古人智慧和现代城市规划建设治理经验，确定城区"北岸控密度、南岸控高度、滨江控宽度"的建设标准，最大程度保持"一半山水一半城"的山水和谐风貌。二是着力做美滨江。长江横贯宜昌城区，滨水地区是宜昌市最稀缺最宝贵的资源，也是城市辨识度的重要标志。宜昌市致力打造"最美河岸"，突出"品位高、品质好、品相美"，大力解决城区沿江大道城市生活与滨江亲水割裂的问题，提升了滨水空间的可达性、贯通性、游赏性。统筹实施流域综合治理，科学划分三级流域单元，制定流域治理规划，推进洪涝海绵化、黑臭清洁化、雨水资源化，实现流域统筹、单元控制、系统均衡。推动生态产品价值转换，各地持续把生态产品融入市场经济体系，建立保护成效与资金分配挂钩的激励约束机制，探索水资源向水资产、水资本转化的新路径。三是着力做绿产业。落实"双碳"战略，把建设精细磷化中心、数字经济发展高地、大健康产业基地、世界旅游目的地作为产业绿色发展的主攻方向，形成主导产业顶天立地、特色产业多元支撑的现代产业体系。四是着力做好合作。对接三峡集团，持续在绿电资源应用、科技创新能力提升、生态环境保护等方面进行深度合作，让三峡集团更好赋能典范城市建设。积极扛起推进宜荆荆都市圈建设的责任，充分发挥核心引领作用，以宜荆荆都市圈发展规划和重大项目清单为统领，持续推进交通同网、产业同链、生态同治、民生同保，合力建设"当枝松宜"全省首个百强县域聚集区，以区域协同发展提升典范城市创建质效。

5. 完善"五大机制"。 一是完善统筹发展和安全工作机制。坚持总体国家安全观，强化底线思维，增强风险意识，实现高质量发展和高水平安全良性互动。严守耕地保护红线，深入实施"藏粮于地、藏粮于技"战略，稳定粮食播种面积，坚决遏制耕地"非农化"、防止"非粮化"。严格落实政府债务限额管理和预算管理，防范化解政府性债务和地方金融风险。完善应急管理体系，加强安全生产风险评估和隐患排查整治，提升突发事件应对能力。二是严格实行城建约束管控机制。加强城市空间立体性、平面协调性、风貌整体性、文脉延续性等方面的规划管控，实行开发负面清单制度，对城区实行"三度"（北岸控高度、南岸控高度、滨江控宽度）管控。在严格执行约束性管控的同时，从绿色低碳、文化铸魂、智慧赋能等方面制定城市发展倡导性原则。三是深化与三峡集团战略合作机制。对接三峡集团，在装备制造、数字经济、三峡旅游、绿电利用、科技创新、生态环保等领域开展全方位、多层次、多维度战略合作。推动双方共建高端装备产业园、三峡生态环保产业园、三峡数谷等产业合作平台。四是深化区域发展合作机制。深化与荆州、荆门等地交流协作，着力引领宜荆荆都市圈协调发展。协调推进沿江城市污染防治和生态修复，强化重点流域生态环境保护联合执法。五是完善工作保障机制。健全党委领导、政府主导、企业主体、社会公众共同参与的工作体系。健全多元化资金投入保障机制，完善配套奖励政策，用足用活长江绿色发展投资基金。建立完善长江大保护典范城市建设专家咨询委员会。完善长江大保护典范城市指标体系，将重要指标纳入各地各部门目标管理综合考评。

（二）七届五次全会勾勒世界级宜昌

2023年4月，中共湖北省委书记在宜昌调研时强调，宜昌市要深入学习贯彻党的二十大精神和习近平总书记关于湖北工作的重要讲话、重要指示批示精神，进一步提高站位、解放思想，进一步明确目标、狠抓落实，全力建设长江大保护典范城市、打造世界级的宜昌，为湖北加快建设全国构建新发展格局先行区、加快建成中部地区崛起重要战略支点作出宜昌贡献。为全面贯彻中共二十大精神和中共湖北省第十二次党代会决策部署，切实担负省委赋予宜昌高质量发展的重大使命，2023年8月，中共宜昌市委七届五次全会暨市委经济工作会议通过了《中共宜昌市委、宜昌市人民政府关于推动城市和产业集中高质量发展，加快建设长江大保护典范城市、打造世界级宜昌的实施意见》（以下简称《实施意见》）。《实施意见》从历史方位、时代方位、发展方位三个方面客观分析了建设长江大保护典范城市、打造世界级宜昌的基础优势，指出宜昌拥有世界级的自然生态和特色禀赋，位于长江经济带核心节点，是长江经济带发展、中部地区崛起等一系列重大战略的交会承载地，宜昌有条件、有优势在国家战略布局调整中，主动作为、奋发有为。同时指出，按照"三新一高"（立足新发展阶段、贯彻新发展理念、构建新发展格局，推进高质量发展）要求，宜昌发展仍存在一系列挑战，要加快转变发展理念和方式，按照"城市集聚、产业集群、布局集中、功能集成、要素集约"的要求，加快推动城市和产业集中高质量发展，切实提高发展质效。核心内容有：

1. 坚持五个基本原则。坚持生态优先、绿色低碳，坚持世界眼光、国际标准，坚持集中集约、内生驱动，坚持开放协作、创新引领，坚持共建共享、精细治理。

2. 锚定一种战略路径。以全省流域综合治理和统筹发展规划纲要为总抓手，以城区 300 万人口、350 平方公里建成区面积为量级标准，以世界级的自然生态和特色禀赋为依托，以建设长江经济带核心枢纽城市、国家区域性中心城市、世界文化旅游名城为着力点，深入实施"双碳引领、枢纽赋能、强产兴城"发展战略，全面提升国家战略承接能力、创新驱动发展能力、国际要素聚集能力、全球目光吸引能力，加快建设长江大保护典范城市、打造世界级宜昌。

3. 提出三个阶段目标。《实施意见》将阶段性任务和长久性目标统筹起来，一步一个台阶，久久为功，按照近期 2023 年到 2025 年、中期 2026 年到 2035 年、远期 2036 年到 2050 年，分阶段提出了具体建设目标。第一阶段是奠定基础，提出在生态环境治理、产业绿色转型、枢纽经济发展、城市品质提升、现代化治理等方面取得阶段性成效，国家区域性中心城市建设取得重要进展，宜荆荆都市圈核心城市首位度大幅提升，为建设世界级宜昌奠定坚实基础。第二阶段是取得一批具有示范引领作用的标志性成果，提出宜昌要成为生态环境优美、城市功能完备、产业特色鲜明、具有重要影响的国家区域性中心城市，在绿色低碳转型发展、清洁能源开发利用等领域发挥世界级标杆引领作用。第三阶段是建设长江大保护典范城市、打造世界级宜昌的目标全面实现，提出把宜昌建设成更具竞争力、更可持续发展、具有国际影响力的长江大保护典范城市，成为向世界展示生态文明、美丽中国、绿色发展的重要窗口。

4. 推进五项重点任务。一是依托世界级生态环境，打造更高水平的国家生态文明建设示范区。包括高水平建设长江生态保护修复新样板，建设三峡地区绿色低碳发展示范区，推动经济社会发展全面绿色转型，建设人与自然和谐共生的美丽乡村。二是依托世界级自然风貌，打造人城景业融合共生的绿色低碳城市。包括以集中集约理念引领城市规划建设，以国际化标准完善城市功能。三是依托世界级战略资源，打造高端化智能化绿色化的现代产业体系。包括以集中集聚理念构建现代产业格局（即构建"12520"产业体系：1个世界级产业集群，2个千亿级企业集团，5个千亿级产业，20个百亿级企业），建设高质量供应链物流体系，强化科技创新策源功能。四是依托世界级重大工程，打造内畅外联的高能级综合交通枢纽。包括建设综合立体交通走廊，打造更高势能对外开放平台。五是依托世界级长江三峡，打造具有独特魅力的世界文化旅游名城。包括建设世界级旅游目的地，打造高品质文化地标，举办高水平节会活动。

"世界级"是宜昌永不止步的追求、领导干部的壮心，是历史的选择、城市的梦想、人民的期盼。中共宜昌市委七届五次全会暨市委经济工作会议作出的全面部署，是今后一个时期宜昌推动高质量发展的行动纲领，全市上下正以世界级的理念标准提升城市世界级影响为内在要求，以深化拓展既定目标为战略定位，脚踏实地把梦想蓝图变为美好现实。

二、强化城市规划引领

"十二五"时期，在湖北省城镇体系和生态环境战略格局中，宜昌市是湖北省域副中心城市，是长江经济带的重要节点，也是鄂西生态文化旅游圈生

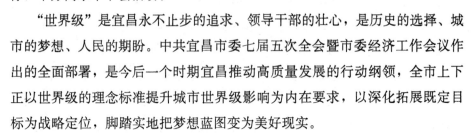

态文明建设的龙头城市和重要支点。为保障城市环境安全、维护生态系统健康、促进人与自然和谐发展，《宜昌市环境总体规划（2013—2030年）》出台。它将宜昌市48.83％的国土划定为生态功能红线区，将29.99％的国土划定为水环境质量红线区，将16.65％的国土划定为大气环境质量红线区，实施生态环境分级管控，确保三峡库区及长江中上游生态环境安全。"十三五"时期，为深入推进"共抓大保护、不搞大开发"，加快长江全域生态修复，《宜昌市全域生态复绿总体规划（2018—2020年）》印发，规划内容包括长江干流及支流岸线复绿、公路绿色通道提升、精准灭荒、关停废弃矿山和工程临时占地复绿等。此外，还编制了若干专项规划。

"十四五"以来，为进一步将党中央关于推进长江大保护的决策部署落到实处，宜昌市结合工作实际，编制了《宜昌市创建国家生态文明建设示范市规划（2021—2027年）》《宜昌市国土空间总体规划（2021—2035年）》《宜昌市生态环境保护"十四五"规划》。同时，在深度调研的基础上，结合建设长江大保护典范城市在不同生态环境保护场景中的需要，有针对性制定不同类型的工作规划，诸如对标《湖北省流域综合治理和统筹发展规划纲要》，制定《宜昌市流域综合治理和统筹发展规划》，有效统筹长江大保护与经济社会发展；为锚定国土空间生态环境修复，制定《宜昌市国土空间生态修复规划（2021—2035年）》；根据城区绿地建设需要，征集《宜昌城市中央绿心片区概念规划》，面向全国范围开展"宜昌城市中央绿心片区概念规划方案征集"活动，规划实施后将建成面积约63.8平方公里的城市中心绿地，覆盖西陵区、夷陵区、高新区和伍家岗区围合的中心地带；结合打赢蓝天、碧水、净土保卫战，出台《宜昌市土壤污染防治"十四五"规划》；为全面贯彻落实"两个坚持、三个转变"的防灾减灾救灾总要求，保障人民生命财产安全，保护地质环境，维护社会安定，促进经济社会可持续发展，出台《宜昌市地质灾害防治"十四五"规划》。其中引领宜昌未来发展的《宜昌市流域综合治理和统筹发展规划》有效落实《湖北省流域综合治理和统筹发展规划纲要》的底线管控要求，并依据地方发展特点，因地制宜制定"四化同步"发展战略，做好系统支撑，构建理想空间格局，丰富省域构建流域综合治理和统筹发展规划体系。探索以流域为单位的市级治理方式，量化考核目标和指标，明晰责任主体和事权范围，明确重点任务和实施机制，形成全市一盘棋的发展指导思想和行动指南，有效统筹宜昌未来一段时期的保护与发展工作。

（一）明确发展目标

明确到 2025 年，宜昌引领宜荆荆都市圈打造长江中上游重要增长极的省域副中心城市建设取得突破，辐射鄂西、渝东、湘西区域影响力大幅提升。城市经济总量、产业增量、城市体量实现跨越发展，经济总量达到 7000 亿元，规模以上工业企业达到 2000 家，规模以上工业总产值向万亿行列不断迈进，城镇化率达到 65.5%，特别是安全底线更加牢固、新型工业化取得新成效、信息化发展水平大幅提升、新型城镇化质量和水平有所提升、农业现代化水平明显提高、支撑体系能力和水平显著提升。到 2035 年，宜居、宜业、宜游的国土空间格局全面形成，经济实力稳居全省第二，长江中上游区域性中心城市和省域副中心城市的地位更加凸显，在长江生态保护修复、城与山水和谐相融、产业绿色发展、美好环境与幸福生活共同缔造四个方面成为全国典范。

（二）明确底线管控

宜昌市在落实省控安全底线要求的基础上，进一步细化市控安全底线清单，通过点线面要素结合，空间与质量共约束的方式，明确水安全、水环境安全、粮食安全、生态安全等四类安全底线，确定流域综合治理的"底图单元"，以形成发展底图。其中水安全突出健全防洪排涝保障体系、织密空间均衡的水资源配置网、保障重点河湖的生态流量，确保标准内洪水下流域防洪安全，水库、堤防等水利工程防洪安全，蓄滞洪区安全有效运行；水环境安全突出加强"三磷"污染防治、降低水污染风险，强化船舶与港口污染防治，加强水生态保护修复，加强水环境安全保障，确保河湖水质优良占比不降低、水质不恶化，集中式饮用水水源地安全；粮食安全突出稳定粮食播种面积、推进高标准农田建设、健全种粮收益增长机制，确保守住耕地保护红线、粮食产量稳定；生态安全突出统筹推进区域生态保护与修复、加强水土流失和石漠化综合治理、加强地质灾害防治与矿山修复、推进生态产品价值实现，确保生态功能不降低、面积不减少、性质不改变，稳步提升生态服务保障能力。

（三）明确发展指引

确定走中国特色新型工业化、信息化、城镇化和农业现代化道路，推动信息化与工业化深度融合、工业化和城镇化良性互动、城镇化和农业现代化相互协调的"四化同步"发展道路。新型工业化方面要着力引导各流域产业特色化发展，优化产业布局，推动制造业绿色低碳发展，做强数字经济产业；新型信息化方面要完善数字公共基础设施体系，发展数字经济，加快智慧城市建设，深化信息技术在农业现代化领域的应用，提升城市治理数字化水平；新型城镇化方面要做强1个主城、1个新城、3个副城，完善城镇化空间格局，实施城市更新行动，探索因地制宜的城镇化发展路径；农业现代化方面，要提升农业综合发展能力，提升农业产业化水平，推进乡村振兴，促进城乡公共服务均等化，推进美丽乡村建设和美好生活共同缔造。

（四）明确支撑体系

立足宜昌区域发展和区域生态保护的责任，以综合交通体系、现代物流体系、能源保障体系、教育科技人才体系支撑"四化同步"发展。其中综合交通体系以建设宜荆荆全国综合性交通枢纽为重点，增强综合交通线网供给规模和交通枢纽服务水平。现代物流体系要发挥三峡咽喉枢纽优势，依托长江黄金水道和焦柳铁路，建设宜昌港口型国家物流枢纽和国家骨干冷链物流基地，以现代物流体系服务促进城乡要素高效流通。能源保障体系要抓紧能源保障项目的投资和建设，稳定能源供给能力，支撑"高质量""现代化"的社会经济发展，将宜昌打造成清洁能源之都、中国动力心脏。教育科技人才体系要围绕主导产业建立全链条科技创新体系，推动产业裂变升级，建设长江中上游区域性科技创新中心。

三、实施攻坚专项行动

落实顶层设计，需要有攻坚方案，主要体现在若干专项行动上。特别是2018年以来，宜昌市按照"专项行动克难、攻坚行动起效、法治行动护航"思路，提出和实施不同类型的工作行动，优质高效地将典范城市建设的宏伟蓝图项目化、制度化，有条不紊地推动典范城市建设一年筑基、三年变样、五年见效。

（一）专项行动克难，有效破解实际难题

宜昌市根据习近平总书记视察湖北重要讲话精神和湖北省关于推进长江大保护工作的相关安排，坚持全面发力、重点突破原则，聚焦生态环境修复、减污降碳增绿、资源循环利用等方面，有效破解一批生态环境难题，推动全市生态环境局面全面好转。

1. 开展生态修复行动。在全市范围内围绕化工产业专项整治及转型升级、河道非法采砂专项整治、尾矿库综合治理、长江沿线港口岸线资源清理、长江干线及支流非法码头专项整治、饮用水水源地保护、长江入河排污口整改提升等方面进行攻坚，启动矿山整治专项行动，中华鲟自然保护区全面禁捕，长江流域禁捕水域垂钓管控，定期开展河湖安全保护专项执法巡查，长江生态环境有效修复。自2018年启动长江大保护行动以来，宜昌荣膺全省长江大保护十大标志性战役考核"三连冠"。宜昌2022年度长江高水平保护十大攻坚提升行动在全省17个市州排名第一，被评定为优秀等次。

2. 启动防污减污行动。持续做好城区黑臭水体整治、农业面源污染整治、船舶污染防治、非法排污整治、固体废物污染治理、城乡生活污水治理、城乡生活垃圾无害化、农村人居环境整治、"厕所革命"等污染物防污减污工作，启动城乡生活垃圾无害化处理全达标三年行动、宜昌城区污水处理提质增效三年行动，重新划定高污染燃料禁燃区，着力化解存量、遏制增量。2022年，长江干流云池断面总磷浓度0.045毫克/升，较2016年下降

66.7%。城区生活垃圾实现全收集、全处理，有毒有害垃圾处理能力全面提升，无害化处理率达到 98% 以上。城乡污水厂稳定运行率大于 90%，污水处理率大于 75%，乡镇生活污水污染问题得到有效解决。被誉为长江流域生态环境"指标生物"的江豚长期安居宜昌，已由 2015 年的 5 头增长到 2022 年 4 个家族 23 头。

3. 实施"双碳"战略行动。坚持全市"一盘棋"，围绕宜昌市碳达峰总体行动方案，编制实施能源、产业、交通、建筑、农业、林业、金融、科技等领域专项碳达峰行动方案，构建"1＋N"政策体系，推动全面实现碳达峰目标。制定《宜昌长江经济带降碳减污扩绿增长十大行动方案（2022—2025年）》《宜昌市工业领域碳达峰实施方案》，在高耗能高排放项目源头管控、建立健全生态产品价值实现机制，重点行业绿色化改造、交通行业节能减排等方面出招用力，推动单位生产总值能源消耗降低、二氧化碳和主要污染物排放显著下降。《宜昌长江经济带降碳减污扩绿增长十大行动方案（2022—2025年）》重点谋划实施 50 个事项、60 个项目，总投资 2141.8 亿元，部署推动降碳减污协同增效、建立健全生态产品价值实现机制、建设绿色制造体系、加强绿色技术创新引领、提升水资源节约集约利用水平、推进综合交通绿色发展、推动长江中游城市群协同发展、提升城乡绿色人居环境、推进长江文化旅游建设等。2022 年，宜昌市大力实施绿色低碳转型行动，2022 年底前，市、县（市、区）级党政机关 75% 以上建成节约型机关。

4. 实施城市增绿行动。坚持"人在城中、城在林中"理念，出台《宜昌城区城市建设绿色发展三年行动方案》《宜昌市全面加强长江岸线宜昌城区段生态修复和治理打造特色滨江长廊工作方案》《宜昌城区实行"山长制"落实保留山体生态修复及管护责任工作方案》，按照屋顶绿化、悬挂绿化和垂直绿化的理念，全面推进城区绿地、公园、山体、边角地的绿化建设，围绕 2 个环城森林圈、2 大城市绿心、3 个城市绿楔、5 个郊野公园做好保绿扩绿行动，实现"300 米见绿、500 米见园"的绿化效果。到 2020 年，宜昌市城市公园绿地服务半径覆盖率达到 85% 以上，建成区绿地率达到 35% 以上，人均公园绿地面积不少于 14.6 平方米，老城区人均公园绿地面积不少于 5 平方米，人均绿地面积达到国家规定的指标要求。2023 年 1 月，《宜昌市增花添彩行动实施方案》印发，实施"增量提质、立体绿化、串园连山、花漾宜昌"四大行动，全市 2023 年谋划实施增花添彩项目 1116 个，上半年累计完工919 个，增花添彩行动成势见效。

5. 深化资源回收行动。围绕资源循环利用，宜昌市出台《宜昌市生活垃圾分类三年行动方案（2018—2020 年)》《宜昌市生活垃圾分类三年行动方案(2021—2023 年)》《宜昌市再生资源回收体系建设三年行动方案（2023—2025 年)》《宜昌市畜禽养殖废弃物资源化利用工作实施方案》《宜昌市"十四五"时期"无废城市"建设实施方案》《宜昌市废旧物资循环利用体系建设实施方案》《关于深入开展废弃汽车治理工作的通知》，全面加快资源循环利用步伐，最大程度降低单位生产总值能耗。全市废旧物资年回收量 85.27 万吨（其中废旧钢铁 62 万吨，废纸 8 万吨，废塑料 7.6 万吨，其他废旧物资7.67 万吨）。2022 年，宜昌市废旧物资循环利用谋定 4 大方面 17 项主要任务，扎实推进总投资 247.4 亿元的 39 个重点项目。通过建设资源循环利用体系，全市已形成每年利用废旧动力电池 50 万吨、废弃汽车 6 万辆、废纸 30万吨、废钢 5 万吨的能力，上下游产业聚集成链、初具规模。宜昌市城区生活垃圾分类覆盖率达到 90%，建成了垃圾分类示范大片区。公共机构和相关企业垃圾强制实现分类全覆盖，实现生活垃圾无害化处理全达标。全市畜禽养殖废弃物资源化综合利用率达到 75% 以上。一般工业固体废物综合利用率达到 60%，小微企业危险废物集中收集转运体系覆盖率达到 100%，再生资源绿色回收站点在宜昌城区社区及县域乡镇覆盖率达到 100%，绿色分拣中心在县市区覆盖率达到 100%，回收信息化在全市覆盖率达到 100%，形成了布局合理、运营规范、智慧高效、环境友好、居民满意的再生资源回收体系。

（二）攻坚行动起效，迅速开创工作新局面

为全面落实中共宜昌市委七届三次、四次全会精神和《中共宜昌市委、宜昌市人民政府关于建设长江大保护典范城市的意见》，宜昌市印发了《宜昌市建设长江大保护典范城市三年行动方案（2023—2025 年)》，明确到 2025

年，三峡生态屏障更加稳固，天蓝、水清、森林环绕的国家生态名城初步建成；"一主一新三副"城市骨架初步形成，"显山见水透绿"的蓝绿空间初步显现，城市更加宜居、坚韧、智慧；产业绿色化、数字化、高端化转型全面推进，高效、清洁、低碳、循环的绿色制造体系基本形成，高新技术产业增加值占比 23%以上；成功创建全国文明典范城市和全国市域治理现代化城市；在生态修复、环境治理、城市建设、产业转型、"两山"转化、共同缔造等方面形成一批标志性成果。

1. **坚持高水平推进长江生态环境保护与修复。**落实流域综合治理和统筹发展规划纲要，划定 12 个三级流域管控单元和 27 个四级流域实施水体，打造"西水东引、南北共济、河库联调、水润宜昌"的现代水网。启动全流域入河排污口排查、溯源、整治工作，加强三峡大坝等漂浮垃圾聚集区管理和港口船舶污染治理，抓好工业源、移动源、生活源、扬尘源等大气污染源治理，开展山水林田湖草系统修复治理，拓展"两山"转化新路径，长江生态环境保护与修复取得有效进展。

2. **高品质建设美丽滨江山水城市。**城市建设立足"东进、北拓、中优"思路，高标准启动建设"三城两岛一湾区"建设，"1+1+3"（1 个主城、1 个新城、3 个副城）空间格局加速形成，小溪塔与龙泉、鸦雀岭组团融合发展速度加快，城市空间布局有效优化。城市管网、海绵城市建设步伐有效加快，建成投运宜昌、枝江、兴山生活垃圾焚烧发电和宜昌厨余垃圾资源化处理项目，城市基础设施提档升级。高标准建设大剧院、美术馆、科技馆、会展中心、档案馆等公建项目，打造特色商业街区，建设武汉协和宜昌医院，城市功能品质有效提升。以生态园林城市建设为引领，推进环城森林圈、绿道系统建设，构建"郊野公园—城市公园—社区公园—口袋公园"四级公园体系，柏临河、沙河、运河等水系景观改造提速。按照"北岸控密度、南岸控高度、滨江控宽度"管控标准，打造五百里滨江画廊。宜都市、枝江市百强经济规模稳步提升，当阳市冲刺全国县域经济百强后劲不断增强，"当枝松宜"百强县市聚集区影响力和经济联动效益不断增强，县域城镇化水平大幅度提升。

3. 高质量构建绿色低碳产业体系。 持续推动磷矿—磷肥—新能源材料—动力总成和高端装备制造"三级迭代",全力打造世界级动力电池产业集群和核心基地。依托湖北三峡实验室,突破磷基、硅基、氟基等一批"卡脖子"技术难题,建强全国第二个电子化学品专区,推动化工产业链向高端纺织面料、工程塑料、医药中间体延伸拓展,全国精细磷化中心建设取得有效进展。以宜昌生物产业园、宜都生物医药产业园、枝江医用纺织产业园为依托,培育壮大医药产业;推动建设康养小镇、旅游区、社区,打造国家级三峡康养产业试验区,大健康产业基地建设水平有效提升。高质量推进城市数字公共基础设施建设,加强5G等新型基础设施建设布局和融合应用,上线智慧教育、智慧交通、智慧医疗、智慧旅游等应用场景,培育发展数据标注、清洗、挖掘、应用等细分产业,数字经济发展形成良好态势。实施葛洲坝、高坝洲水电站扩机及隔河岩水电站增容改造工程,大力推进长阳清江、远安宝华寺、五峰太平等抽水蓄能项目建设,加快鄂西页岩气勘探开发综合示范区建设,建设"源网荷储"一体化绿色供电园区,清洁能源之都建设取得显著成效。推进三峡大坝、三峡人家、三游洞等景区提质升级,推动玉泉山关陵、昭君村、柴埠溪国家级5A景区创建,高水平办好中国长江三峡国际旅游节、长江钢琴音乐节等节庆活动,拓展世界级旅游目的地影响力。

4. 高标准推进美好环境与幸福生活共同缔造。 开展文明城市"十大提升行动",打造文明典范城市;组织开展"总裁说宜昌""天下宜昌人说宜昌"系列传播活动,推进"一句话叫响宜昌""一首歌唱响宜昌"等创作、征集活动,城市品牌影响力不断扩大。大力推进乡村建设三年行动和农村人居环境整治提升五年行动,建立县域"多规合一"乡村建设规划体系,鼓励群众通过让地让利、投工投劳、出资出物等方式建设共享设施,美好环境与幸福生活共同缔造质量显著提升。

(三)法治行动护航,切实稳定建设预期

宜昌市根据推进长江大保护工作需要,坚持科学立法、民主立法、依法立法的原则,健全"党委领导、人大主导、政府协同、各方配合、公众参与"

的立法工作体制，围绕守护城镇绿地、保护河流生态、防治大气粉尘、养成文明素养、保护生物多样性等领域，先后出台了《宜昌市城区重点绿地保护条例》《宜昌市黄柏河流域保护条例》《宜昌市扬尘污染防治条例》《宜昌市人民代表大会常务委员会关于加强生物多样性协同保护的决定》《宜昌市非物质文化遗产保护条例》《宜昌市文明行为促进条例》等规范性文件，为推进长江大保护、统筹经济发展与生态环境保护提供了法律保障，为全国同类城市统筹发展与安全提供宜昌法治样板。

1. 立足守护城镇绿地，出台《宜昌市城区重点绿地保护条例》。 自2017年1月1日起施行的《宜昌市城区重点绿地保护条例》是宜昌市人大常委会制定的第一部实体性地方性法规，是全面贯彻"党委领导、人大主导、政府协同、各方配合、公众参与"立法工作体制的重要成果。条例共二十一条，主要解决城区重点绿地保护工作中"护什么""谁来护""怎么护"和"如何控""如何做""如何治"等六大问题，有效引领、推动全市绿地保护工作步入法治化轨道。

2. 着眼保护河流生态，出台《宜昌市黄柏河流域保护条例》。 黄柏河是宜昌市境内长江中游左岸的一条一级支流，发源于宜昌市夷陵区的黑良山，东西两支于夷陵区黄花镇两河口汇合为干流，于葛洲坝三江上游引航道汇入长江。黄柏河东支自上而下分布玄庙观、天福庙、西北口、尚家河、汤渡河5座水库以及东风渠、宜昌运河2个人工渠，西支自上而下建有7座引水式电站。流域面积1902平方公里，流经远安县、夷陵区的7个镇（街道），承担着枝江市、当阳市、远安县、夷陵区、西陵区、伍家岗区、猇亭区等7个县市区的200万人饮水、100万亩农田灌溉的重任，是宜昌市的母亲河，是宜昌市的生命之源、生态之基、生产之要。宜昌市着眼贯彻落实新发展理念和"共抓大保护、不搞大开发"的精神、聚焦保障人民生命健康安全、水生态安全和生产安全的大局，在学习借鉴外地经验的基础上，从分区保护、管理体制、生态补偿、社会监督、流域规划、资源保护与利用措施、水污染防治措施、法律责任等方面为黄柏河流域保护提供了详细规范。

3. 防范大气粉尘污染，出台《宜昌市扬尘污染防治条例》。 扬尘是影响

宜昌市环境空气质量的主要污染源之一，也是宜昌市大气污染防治的重点工作。宜昌市在全面梳理、摸排粉尘引起原因的基础上，2020年3月1日起正式施行《宜昌市扬尘污染防治条例》，条例共五章二十九条，从总则、防治措施、监督管理、法律责任、附则等五个方面为扬尘污染戴上"紧箍"，从此宜昌市大气粉尘防治进入依法治理、精细管控新阶段。

4. 引导文明素养养成，出台系列文明法规。良好的文明素养是推进长江大保护的重要助力。宜昌市围绕建设文明典范城市、促进文明素养养成，出台《宜昌市文明行为促进条例》《宜昌市非物质文化遗产保护条例》等地方性法规，有效引领宜昌精神文明建设，为凝聚长江大保护提供强大思想共识。2019年6月1日施行《宜昌市非物质文化遗产保护条例》，条例从政府主导与社会参与、经费保障与激励机制、分级分类保护制度、文化生态保护区、动态管理制度、利用与发展等方面有效规范非物质文化遗产保护。2021年12月31日起全市施行《宜昌市文明行为促进条例》，条例主要从规范文明行为、治理不文明行为、文明行为的促进与保障、法律责任等方面倡导社会文明价值观念。

5. 着眼生态跨界保护，加强区域立法合作。积极加强与荆州、荆门、恩施、神农架等地立法合作，为推进长江生态跨界保护提供法治支持。2021年5月12日，宜荆荆恩四地人大会议讨论通过了《湖北省宜荆荆恩城市群区域协同立法框架协议》。2023年2月2日，宜昌、荆州、荆门三市和恩施土家族苗族自治州人大常委会同时颁布施行《关于加强生物多样性协同保护的决定》。一系列跨区域法律文件的出台，为推进生态环境跨界保护提供了强有力的法治支撑。

四、提升城市治理能力

推动城市和产业集中高质量发展，加快建设长江大保护典范城市、打造世界级宜昌，不是轻轻松松、敲锣打鼓就能实现的，需要全市各级各部门深学细悟笃行习近平新时代中国特色社会主义思想，紧跟时代发展趋势，牢固树立正确政绩观，坚持目标导向、问题导向、结果导向，尊重城市发展规律，尊重自然生态环境，尊重历史文化传承，尊重群众实际需求，勤掸思想尘、力破心中贼、革除负资产，提升城市治理能力，创造出经得起实践、人民、历史检验的实绩。为此，宜昌督促全市干部敢闯敢为勇争一流、全力当好排头尖兵。

（一）突出一个 "聚" 字，推动人才扩容

事业兴旺，唯在聚才。宜昌市委多次召开专题会议，对全市人才工作进行整体谋划和系统布局。2021 年 12 月，宜昌出台《关于进一步优化人才生态加快人才集聚打造区域性活力中心的实施意见》《宜昌市产业领军人才 "双百" 计划实施办法》《宜昌市人才安居暂行办法》《宜昌市人才分类服务保障暂行办法》《城市场景营城工作实施方案》等 "1＋4" 人才新政，涵盖政策创新点 78 项，5 年拿出 70 亿元真金白银投入人才工作，有力推动全市人才工作发生深刻变化，取得显著成效。2022 年，宜昌市共派发了 5.86 亿元 "人才大礼包"，兑现各类政策资金 1.01 亿元，享受各类政策人才达 7.71 万人次。2023 年 4 月，宜昌市又发布 "1＋4" 人才政策 3.0 版，出台了《关于支持拔尖创新人才创新创业的若干措施》《关于聚集新生代劳动力人口来宜留宜就业创业的若干政策措施》等人才新政策，同时对《人才分类服务保障暂行办法》《宜昌市产业领军人才 "双百" 计划实施办法》《宜昌市高层次和急需紧缺人才引进办法》等原有政策进行了系统优化和全面升级。新政策将中专、技校毕业生也纳入宜昌人才分类，全面取消学历、年龄等方面的限制，进一步扩大政策覆盖面，进一步推出了支持拔尖人才在宜昌创新创业等更多有针对性的内容。截至 2023 年 6 月底，"1＋4" 人才政策实施一年半，宜昌新引进各类人才超 11.08 万人。其中，35 岁以下年轻人才占比 66.09％，大学生占比 57.86％，市外户籍人才占比 67.73％。

（二）抓实一个 "学" 字，强化观念革新

提升城市治理能力，首在学习，重在观念。宜昌坚持用创新理论武装干

部头脑，推动常态化理论学习，强化干部观念革新。

1. 分类研学。各地、各部门根据工作差异和实践需要，分别结合本地区、本系统工作实际、实践特点，选择更具精准性、针对性的内容，通过集中培训、工作例会、支部主题党日活动等各种方式组织开展不同类型的理论辅导，有效提升理论武装针对性，推动长江大保护的系列理论在不同部门落地生根。

2. 网络导学。根据领导干部级别和岗位类别，借助湖北省干部学习在线平台、学习强国、法宣在线平台等各类渠道，分级分类开设在线学习班次，实现线下学习与线上学习的有机对接，推动理论教育成色更足、效果更佳。

3. 个人自学。引导党员干部个人结合组织需求、岗位特点、知识短板等实际状况，常态化开展理论自学，有效提升党员干部个人理论素质。

4. 外出求学。注重以流动党校形式组织党员干部前往先进地区进行深度求学，切实将外地之先化为本地之优。借助湖北省集中组织干部前往沪浙跟班学习契机，轮次组织干部前往上海、浙江等地进行深度研学、挂职锻炼。2023年5月，市委书记和市长率宜昌市党政代表团赴厦门、深圳、东莞、广州，学习考察四地在改革开放、科技创新、产业发展、城市规划建设、基层社会治理等方面的先进经验和做法，谋划推进中国式现代化的宜昌实践。

（三）聚焦一个"训"字，致力能力迭代

宜昌市把学习贯彻习近平生态文明思想、习近平总书记关于推进长江大保护的重要指示批示精神作为提升治理能力的政治责任、中心任务，主动通过各种形式推动政治轮训，确保党员干部在思想和行动上自觉对标对表。

1. 大员上阵辅导。充分发挥党校主渠道主阵地作用，市委书记、市长围绕推进绿色发展、狠抓长江大保护、建设长江大保护典范城市等战略，深入党校主体班讲授专题党课；借助市党代会、市委全会、市委各类专题会议，市委书记解读绿色发展理念的重要意义，明确推动长江大保护的价值要求，引导党员干部跳出宜昌看宜昌，跳出问题看问题，传导推动长江大保护的示范效能。市委、市政府领导班子依次选择不同主题为党校学员进行专题讲授，推动全市党员干部自觉将思想和行动聚焦到践行绿色发展理念、建设长江大保护典范城市的部署上来。

2. 分类集中轮训。 中共二十大以来，宜昌市委集中时间分批对县级干部全员集中轮训（共举办 12 期轮训班），培训县处级领导干部、乡镇（街道）主职干部 5160 人。高质量举办政治轮训专题研讨班，灵活采取集中培训、专题研讨、辅导讲座等多种方式，分层分批对全市干部进行全员轮训，将践行绿色发展理念、推动长江大保护的政治要求讲清楚、讲明白。着眼建设长江大保护典范城市，开办"生态修复""生态城市""美丽乡村"等 17 个专题班，培训干部 1005 人。紧扣高质量发展，开办"创新驱动""实体经济""现代服务业"等 23 个专题班，培训干部 1865 人。

3. 抓住青年骨干。 把抓好青年干部轮训作为提升城市治理能力的关键一环，市委围绕提升年轻干部在推动绿色发展中的"七种能力"组织开办各类专题班、业务能力提升班，推动青年干部思维迭代、方式迭代、本领迭代。特别是坚持在一线锻炼、培养年轻干部，把重担压到有潜力的优秀年轻干部身上，为优秀年轻干部成长提供多岗位锻炼机会，推动年轻干部"自找苦吃"，主动锤炼担当和斗争精神，构建"全周期"培养体系。2023 年宜昌市开办首轮全市年轻干部综合能力提升班，按专业知识、专业能力、专业作风、专业精神等 4 个主题，确定 26 项培训清单，实行项目化推进，使培训跟着项目走，项目跟着战略走，变碎片化"零食"为科学化营养"套餐"。

4. 融入实践锻炼。 常态化安排党员干部前往化工企业"关改搬转"最前沿、污染防治第一线等急难险重环境中进行实践历练，推动干部在大战大考中磨砺筋骨。实施"双十"党外干部挂职计划（即选派 10 名党外干部到乡镇挂职锻炼，10 名党外干部到市直部门挂职锻炼）；实施"5＋2"挂职计划（即选派干部到重点产业、项目建设、脱贫攻坚、招商引资、信访维稳等五个一线挂职锻炼，同步实施"走出去"和"请进来"挂职计划），切实在不同层级、不同岗位上锤炼干部，提升党员干部在不同场景中履职尽责的硬核能力。

（四）围绕一个 "制" 字， 鼓励担当作为

1. 完善体制机制。构建"领导小组＋指挥部＋工作专班"的协调推进机制，建立全市重大决策事项、重大产业项目、重大工程项目、重大节会活动推进落实机制，健全市领导牵头的重点任务定点联系、现场办公、蹲点调研、实地督导的常态化机制，以制度推动明责定责履责。

2. 鼓励干事创业。深入实施激励干部敢闯敢为担当作为"1＋3"政策举措〔"1"是指《中共宜昌市委关于进一步激励广大干部敢闯敢为担当作为的意见》，"3"是指《关于加强正向激励和反向约束推进干部能上能下的若干措施》《宜昌市容错纠错实施办法》《宜昌市督查问效实施办法（试行）》3 个配套文件〕，引导广大党员干部始终保持创新求变的勇气、敢为人先的锐气、蓬勃向上的朝气，形成正向激励想干事、容错纠错敢干事、专业精准干成事、严格约束不出事的生动局面。

3. 推进正风肃纪。以"三不"一体的理念推进正风肃纪反腐，扎实推进清廉宜昌建设。此外，还修订《宜昌市城市综合管理评估办法》，以评估为抓手，深入推进城市管理标准化、精细化、智慧化、社会化，提升城市治理能力。

第三章　共抓长江保护

长江大保护是习近平总书记亲自谋划、亲自部署、亲自推动的事关中华民族永续发展的重大战略。2018年4月，习近平总书记在湖北宜昌考察时强调，要坚持把修复长江生态环境摆在推动长江经济带发展工作的重要位置，共抓大保护，不搞大开发。共抓大保护、不搞大开发，不是说不要大的发展，而是首先立个规矩，把长江生态修复放在首位，保护好中华民族的母亲河，不能搞破坏性开发，要走生态优先、绿色发展之路。中共十八大以来，宜昌市完整、准确、全面贯彻新发展理念，努力学习、宣传、践行习近平生态文明思想，牢记习近平总书记嘱托，扛牢长江大保护政治责任，扎实做好生态修复、环境保护和绿色发展"三篇文章"，持续改善长江生态环境，筑牢三峡生态屏障，推动绿色低碳发展。十年间，宜昌生态文明建设和生态环境保护迈上新台阶，生态环境质量大幅提升，绿色发展迈出坚实步伐，为湖北建设全国构建新发展格局先行区、推进中国式现代化贡献宜昌力量。根据《宜昌市2022年国民经济和社会发展统计公报》数据，2022年，宜昌中心城区优良天数比例达85.2%，$PM_{2.5}$平均浓度38微克/米^2。全市地表水环境质量总体状况为"优"，主要河流监测断面水质达标率为98%。其中，宜昌城区长江干流监测断面水质类别为Ⅱ类，水质状况为"优"；全市纳入国家考核的16个断面水质优良率为100%；34个省控断面水质优良率为100%。

一、扛牢长江大保护政治责任

（一）战略布局上持续谋划长江大保护

宜昌市2014年提出建设山绿水清天蓝城美宜人之城的目标；2016年率

先启动"生态三峡·宜昌试验",为长江大保护提供区域样卷;2018年提出突出保护修复长江生态环境和高质量发展两大重点,做好生态修复、环境保护、绿色发展"三篇文章";2021年,中共宜昌市第七次党代会确立了"六城五中心"(加快建设世界旅游名城、清洁能源之都、长江咽喉枢纽、精细磷化中心、三峡生态屏障、文明典范城市,全面提升区域科创中心、金融中心、物流中心、消费中心、活力中心功能)的奋斗目标;2022年7月,宜昌市坚持中共湖北省委赋予的战略定位,启动长江大保护典范城市建设,并争创三峡地区绿色低碳发展示范区。2023年4月,湖北省主要领导在宜昌调研时强调,要抢抓机遇,奋发作为,着力打造世界级宜昌;要扛牢共抓长江大保护的政治责任,坚持省负总责、市县抓落实,实施好流域综合治理和统筹发展规划纲要,牢牢守住水安全、水环境安全底线。中共宜昌市委、宜昌市人民政府动员全市上下围绕"打造世界级宜昌"积极出谋划策、献计献策,站位全局谋划推动长江大保护典范城市建设,以实际行动答好省委赋予的新考题。2023年8月,中共宜昌市委七届五次全会暨市委经济工作会议通过《中共宜昌市委、宜昌市人民政府关于推动城市和产业集中高质量发展,加快建设长江大保护典范城市、打造世界级宜昌的实施意见》,分阶段提出了具体建设目标。

(二) 实施系列重大举措推进长江大保护

中共十八大以来,宜昌市开展了长江宜昌段生态环境修复和三峡生态治理试验,持续实施长江大保护十大标志性战役、宜昌长江经济带绿色发展十大战略性举措,2022年升级启动长江高水平保护十大攻坚提升行动、宜昌长江经济带降碳减污扩绿增长十大行动等。长江大保护十大标志性战役蝉联湖北省考核"三连冠",2022年度长江高水平保护十大攻坚提升行动以全省市州排名第一的成绩获评优秀等次。2023年5月,宜昌市发布了2023年度推进长江大保护需完成的十件大事:(1)举办全国磷石膏综合利用现场交流会和2023年中国(宜昌)磷化工产业发展大会;(2)基本完成长江、清江入河排污口整治任务;(3)成立绿色智能船舶研究工作室,建成地方港航首艘电动工作艇；（4）沿江大道污水压力备用管道全线贯通，实现主城区污水干管一备一用；（5）宜昌市生活垃圾焚烧发电项目建成并投入运行，宜昌城区原生生活垃圾实现"零填埋"，生活垃圾资源化利用率达到65%；（6）争创国家生态园林城市，创建湖北省森林城镇1个、森林乡村10个；（7）开展水产养殖尾水治理，完成集中连片池塘改造和尾水治理面积2万亩；（8）开展流域治理型全域国土综合整治试点，积极谋划推动当阳市申报为流域治理型全县域国土综合整治试点县市；（9）开展全市河湖碧水保卫战"幸福安澜河湖共同缔造"活动；（10）在长阳土家族自治县开展生态系统生产总值（GEP）核算试点，研究出台县级GEP核算导则。

（三）聚焦解决问题，推进生态文明建设示范区创建

2013年，宜昌入选全国首批生态文明建设先行示范区。2018年以来，宜昌市高位推进创建国家生态文明建设示范区，成立以市委书记为第一组长、市长任组长的"双组长制"创建工作领导小组。先后颁布实施《宜昌市生态文明建设示范市规划（2018—2024年)》《宜昌市创建国家生态文明建设示范市规划（2021—2027年)》《宜昌市创建国家级、省级生态文明建设示范县（市、区）奖励办法》《宜昌市申报国家级、省级生态文明建设示范县和"两山"实践创新基地推选工作流程》等一系列生态文明建设政策，出台生态文明建设三年行动计划及各年度实施方案，常态化落实生态文明建设各项工作。针对生态本底值存在的差距和短板，下大力气狠抓问题整改。

1. 狠抓空气质量改善。 针对宜昌化工产业占比较重，加上受襄荆荆宜大气传输通道影响空气质量改善压力巨大的问题，坚决落实"4+1"大气污染防治联防联控机制和环境空气质量"日调度、周会商、月通报"督办机制，即使春节期间也是"调度不打烊"。进一步强化"工业、移动、扬尘、生活"四源监管执法，工业污染减排"一行一策""一企一策"持续推进，秸秆禁烧持续加力，"一控两禁"全市推广，扬尘管控不断加力，各类污染源得到有效控制。截至2022年11月，宜昌市环境空气优良天数比例达到87.2%，跃居全省第4位（仅次于神农架、恩施、十堰），排名比2021年上升7位，比

2019 年上升 11 位。

2. 狠抓不达标指标攻坚。针对"环境空气质量""城镇人均公园绿地面积""一般工业固体废物综合利用率"等指标达标不易问题，依托长江高水平保护十大攻坚提升行动，宜昌市强力调度、抢抓工期，高标准完成了长江岸线、卷桥河生态湿地、沙河公园、灯塔广场等一批生态修复和城市公园项目，新增城镇绿地面积 412.97 公顷。同时，用共同缔造理念全面推进众多口袋公园建设，组织"山长"单位将保护山体进行公园化改造，做到"推窗见绿、出门见园、四季见彩"，宜昌人均公园绿地面积从 2018 年的 14.98 平方米增至 2022 年的 16.31 平方米。针对磷石膏综合利用率尚未根本解决的问题，强力推进磷石膏综合治理，市委书记和市长多次深入研究，推动制定出台《关于加强磷石膏综合治理促进磷化工产业高质量发展的实施方案》，推进"前端减量、中端提级、末端应用、全程治理"模式，磷石膏综合利用率从 2021 年的 52.3% 提升至 2022 年的 83.5%。

3. 狠抓环保督察典型问题整改。针对 2021 年第二轮中央生态环境保护督察和长江经济带生态环境警示片暗访工作组提出的 6 个方面问题，宜昌市立查立改，避免了负面典型案例上榜。受益于从严整改，宜昌在中央生态环保督察典型案例中成功销号。

2022 年 11 月，宜昌市被授予"国家生态文明建设示范区"称号，这是宜昌自启动建设长江大保护典范城市以来，获得的首块国家级金字招牌；环百里荒乡村振兴试验区被授予"两山"实践创新基地称号。湖北五峰后河国家级自然保护区生态保护"施创新之举，护自然本真"案例入选 2022 年生物多样性保护优秀案例。全市共创建国家生态文明建设示范区 4 个（宜昌市、五峰县、远安县、秭归县），"两山"实践创新基地 2 个（五峰土家族自治县、环百里荒乡村振兴试验区），国家级生态乡镇 6 个、生态村 3 个、省级生态文明建设示范市县 6 个、生态乡镇 87 个、生态村 520 个，生态示范创建继续保持在全省第一方阵。

二、修复长江生态环境

（一）积极推动落实绿色发展战略

自习近平总书记 2016 年提出"共抓大保护，不搞大开发"以来，特别是习近平总书记 2018 年在宜昌为长江大保护立下规矩、划定红线以来，宜昌全市上下更加深刻认识到保护与发展的辩证统一关系，努力在保护修复长江生态环境上打头阵，在推动高质量发展上争一流，确保一江清水东流、一库净水北送。

1. 加强战略谋划。 2018 年 5 月，中共宜昌市委六届七次全会提出"在保护修复长江生态环境和推进高质量发展上走在全省前列"。2021 年 12 月，中共宜昌市第七次党代会提出加快全面绿色转型，守牢高质量发展生态底色，建好守好三峡生态屏障。2022 年 9 月，中共宜昌市委七届三次全会审议通过了《中共宜昌市委、宜昌市人民政府关于建设长江大保护典范城市的意见》，使长江大保护的战略目标更加清晰，谋篇布局更加科学，绿色发展导向更加鲜明。

2. 落实战略举措。 积极践行"双碳"战略，将碳达峰碳中和纳入城市建设发展整体布局，在湖北省率先启动碳达峰行动方案编制工作，构建"1＋N"政策体系，稳步推进碳市场创新试点，开展低碳示范区创建，营造绿色低碳发展氛围。突出绿色发展重点，加快推动化工产业转型，打造清洁能源之都，大力发展绿色建筑，构建绿色交通体系，加快推进生态产品价值转换。按照"三年打基础、五年见成效、十年树标杆"的战略步骤，从长江生态修复、城与山水和谐相融、产业绿色发展、美好环境与幸福生活共同缔造四个方面发力，加快建设长江大保护典范城市。

（二）致力区域长江生态系统的修复保护

1. 还岸于民，坚持生态复绿。 统筹上下游、左右岸、干支流，大力建设长江两岸连续完整的绿色生态屏障，坚持"四季挖窝、三季种树"，岸线实现应绿尽绿。2018—2020 三年间，累计复绿长江岸线 97.6 公里、支流岸线 196 公里，全域复绿 5.27 万亩。以长江、清江干流沿线 48 个乡镇（街道）为重点，实施两岸生态修复及重要节点绿化，完成造林绿化 0.43 万亩、森林抚育 3.9 万亩、退化林修复 5.9 万亩，打造重要节点绿化工程 34 项，植树 16.47 万株，创建省级森林城市 1 个、森林城镇 3 个、森林乡村 23 个。按照《宜昌市"串园连山"生态绿道建设规划》，加快构建市域"一廊两环十带"和中心城区"一轴一环九线"绿道体系。2023 年 5 月，全市共有 221.35 万人参与义务植树 907.36 万株，形成了共同缔造长江大保护典范城市的良好氛围，书写了社会各界广泛参与全民义务植树的宜昌篇章。

2. 做美滨江，加快水系生态廊道建设。科学实施长江岸线整治修复（柏临河入江口—猇亭古战场）、滨江绿道（镇江阁—白沙路段）、西陵峡片区生态修复、清江岸线增绿增彩等国土绿化项目。2020—2022 年，以两江干流沿线 48 个乡镇（街道）为重点，投资 8.58 亿元，累计完成"两江四河"（指长江宜昌段、清江宜昌段，香溪河、黄柏河、沮漳河、渔洋河）生态廊道生态保护修复任务 27.34 万亩，实施"两江四河"重要节点绿化项目 84 个，完成绿化面积 1.54 万亩，陆续建成枝江滨江生态廊道、猇亭区 424 公园、秭归木鱼岛、宜昌城区滨江走廊等"宜昌美岸"。长江岸线实现了"一带串十景"的华丽蝶变，成为广大市民休闲娱乐的网红打卡点。

3. 生态治理，实施湿地保护修复。湿地是长江流域生态系统的重要组成部分，长江宜昌段包含兴山—秭归香溪河、远安—夷陵黄柏河、长阳—宜都清江等数个支流，湿地网格纵横。宜昌有国家重要湿地 1 处（远安沮河）、省级重要湿地 3 处（当阳青龙湖、长阳清江、枝江金湖）、国家湿地公园 8 个（当阳青龙湖、宜都天龙湾、远安沮河、夷陵圈椅淌、长阳清江、枝江金湖、五峰百溪河、秭归九畹溪）、省级湿地公园 1 个（枝江玛瑙河）。全市湿地总面积 8.24 万公顷。宜昌市坚持以《中华人民共和国湿地保护法》为引领，完善湿地保护制度，持续强化湿地保护和修复力度，各湿地公园将湿地保护和生态修复与山水林田湖草项目、流域治理、城市综合治理、乡村振兴等工作有机融合，坚持自然恢复为主、自然恢复和人工修复相结合的原则，科学开展湿地保护和生态修复，湿地保护率达到 58.42%。例如，卷桥河是长江的支流，卷桥河湿地作为近江湿地，承担着蓄洪防汛、净化水质等作用。由于耕地和居民建筑的不断扩张，自 20 世纪 50 年代起，卷桥河湿地逐步遭到破坏，生态功能和水利功能消失殆尽。卷桥河湿地公园项目是长江三峡地区山水林田湖草生态保护修复工程试点实施规划项目，通过采取植物、生物清淤及自然护坡等工程措施，恢复河滩自然湿地，重构岸线生态系统，植入以湿地生态、生物多样性和自然生态为主的科普功能，提升了河流自净能力。卷桥河湿地公园（规划面积 178 公顷）于 2022 年 10 月向公众开放，已成为市民亲近自然的好去处。

4. 根除乱象，加强非法码头整治。以生态修复和岸线资源保护为出发点，将加强岸线资源保护与管理作为首要任务，科学编制《宜昌港总体规划（2035 年）》。该规划将宜昌港划分为主城港区、秭归港区、兴山港区、宜都港区、枝江港区和长阳港区 6 个港区，将上一轮规划的 42 个作业区优化调整为 11 个，规划港口岸线 78.34 公里，相比上一轮规划减少港口岸线 42 公里，减幅 35%。针对非法码头乱象，宜昌市多次开展全市非法码头清理整顿专项行动。2018 年以来，全市共取缔、拆除码头 216 个，其中长江干线上 184 个，支流上 32 个。一是全面落实"四个到位"工作措施。严格按照取缔码头设施设备拆除到位、现场清理到位、防反弹措施到位、植树复绿到位"四到位"要求，通过取缔、整合、集并等，共拆除生产作业设备 650 余台，清运砂石约 360 万吨。为了给水中"大熊猫"中华鲟让路，增加投资 4 亿元，完成保护区内码头整治 110 个，建设 25 公里滨江绿色生态廊道，非法码头全部清零。二是集中布设公务码头。为有效解决涉水行政部门随意设置码头、占用岸线资源的现象，宜昌市对主城港区滨江岸线整治范围内的 11 家公务执法码头进行迁移，集中布设在 900 米岸线范围以内，并统一开展灯光布局设计、施工，亮化、美化了滨江岸线，打造了宜昌长江夜游名片。三是初步建立长效管理机制。宜昌市人民政府办公室印发《关于建立非法码头长效治理机制的通知》，巩固专项整治成果。建立岸线巡查报告制度、有奖举报制度、公示公开制度。岸线集约利用水平进一步提高，沿江景观大幅改善，滨江水岸形象更优，实现了"碧波翠岸，还岸于民"。

（三）加快推进绿色矿山建设和废弃矿山生态修复

1. 大力建设绿色矿山。宜昌市 2012 年启动绿色矿山创建试点工作，率先开启绿色矿山建设，夷陵区、兴山县成功入选全国 50 个绿色矿业发展示范区，全市 25 家大中型矿山进入国家绿色矿山名录库。2021 年，宜昌市六届人大六次会议将"大力推动绿色矿山建设"列为人大议案，宜昌市人民政府对此高度重视，由市长领办议案，多次主持召开专题会议，成立了以市长为组长的大力推动绿色矿山建设领导小组，印发了《宜昌市大力推动绿色矿山建设工作方案》以及《全市绿色矿山建设三年行动方案和年度实施方案》，进一步明确目标任务，力争经过三年努力，实现绿色矿山建设"一年有突破、两年见改观、三年出成效"，基本形成管理规范、节约高效、环境优良、矿地和谐的矿业发展新格局。经市、县两级共同努力，2021 年、2022 年分别完成 8 家、24 家绿色矿山建设任务，矿山开采秩序、矿区生产生活环境和矿山生态情况得到明显改善。截至 2022 年底，宜昌市在册矿山 178 家，已建成绿色矿山 46 家。2023 年 6 月，《宜昌市矿山整治专项行动年工作方案》印发，明确重点工作任务：排查矿山领域问题（矿山开采管理、矿山生态环境、矿山安全生产、矿山水土保持、矿山林地保护、项目涉矿管理、绿色矿山建设、矿山税费征缴）；明确整治内容（矿业权清理整治、矿山问题整治、绿色矿山建设问题整治）。在长效管理方面，健全露天矿山准入机制，探索建立绿色矿山奖励机制，建立矿山智慧管理机制。2023 年，全市正常生产的矿山全部达到绿色矿山建设标准。

2. 持续推进废弃矿山生态修复。矿山生态修复方式分为自然修复和工程治理。宜昌市制定了废弃矿山生态修复行动计划，分年度对 192 家废弃矿山实施生态修复。一是坚持生态优先、节约优先、保护优先、自然恢复为主的方针，辅之以必要的人工措施，坚持"一矿一策"，分类施策，"宜耕则耕、宜林则林、宜建则建"，兼顾生态效益、社会效益和经济效益。二是按照"谁破坏、谁治理"的原则，明确矿山生态修复的责任主体、任务和时限，科学编制矿山地质环境治理恢复方案。三是有明确责任主体的矿山由责任主体自筹资金实施矿山恢复治理，无明确责任主体的矿山采取中央和省财政奖补、地方财政配套、吸引社会资本的措施，由地方政府来统筹开展恢复治理工作。2021年，宜昌市全面完成长江干支流两岸十公里范围内废弃露天矿山生态修复项目和长江沿线地质灾害治理项目，修复面积2704.35亩，防治水土流失面积8760亩。截至2022年底，宜昌市192家废弃矿山中的102家已完成生态修复，修复面积达230公顷。

（四）实施排污口源头管控净化长江清江

1. 协调推进溯源整治。宜昌市通过"资料溯源、调查溯源、攻坚溯源"等方式，建立责任清单，开展污染源排查溯源，查清排污口对应的排污单位及其隶属关系。宜昌市生态环境局结合各部门已有的污水处理提质增效三年行动、港口码头整治专项行动、农村环境综合整治、"厕所革命"等工作，协同推进排污口整治工作，率先制定了入河排污口整治标准，聚焦"位置关系、手续核发、达标排放"三个关键要素，印发《宜昌市长江和清江入河排污口排查整治工作方案》《宜昌市长江、清江入河排污口分类标准》《溯源核查方案》《分类整治标准》《排污口整治工作指南》等配套制度。根据分类及溯源情况，宜昌市进一步编制完成了《宜昌市长江、清江入河排污口基础信息档案》，做到"一口一档"。

2. 多举措筹集资金。部门间的联手协作，让排污口整治顺利走上"快车道"。为解决资金困境，宜昌积极引入市场力量，与三峡集团签署《共抓长江大保护 共建绿色发展示范区合作框架协议》，共同推进"四水共治"，启动投资103.8亿元的宜昌城区污水厂网与生态水网项目，从根本上解决城市雨污分流和污水错接、混接、乱接问题。宜都市将排污口整治纳入河道治理环境综合整治工作内容，与三峡集团开展长江大保护战略合作，投入资金3000万元用于入河排污口专项整治工作。此外，宜昌市统筹资金200万元开展排污口水质监测，落实专项资金50万元，用于开展入河排污口规范化建设工作。

对工业企业、污水处理设施、港口码头以及排放量大、环境影响较大的排口，由市级统一设置二维码和标识牌，方便后续日常管理和公众监督。

3. 聚焦截污治污，创新整治"不留死角"。宜昌猇亭区通过可视化的水环境安全监管平台将重点排污企业、污水管网、污水厂、入江排污口等的水质水量纳入管控。通过实施"污水厂网、生态水网"共建项目，推进区域入河排污口整治工作。"两网工程"是政府和社会资本合作（PPP）项目，是长江大保护先行先试项目之一，总投资 9.56 亿元。猇亭区依托项目的实施，配套建设污水收集管网，切实解决市政雨洪排污口的雨污合流、溢流污染等问题。猇亭区的典型经验，是宜昌探索排污口整治方法的一个缩影。为长效管控排污口，宜昌市重点关注污水直排问题，不断完善整治措施，促进水生态环境质量持续改善。

2019 年以来，宜昌市以开展入河排污口整治为重要抓手，全面推进流域综合治理，加快推动长江大保护典范城市建设成势见效。截至 2022 年 5 月全面排查长江、清江 1973 个入河排污口，截至 2023 年 5 月整治完成 1838 个，整治完成率为 93.2%，其中 9 个排污口整治工作案例入选全国典型案例。2020 年宜昌入河排污口排查整治工作获得生态环境部通报表扬，2021 年湖北省入河排污口溯源整治现场会在宜昌召开，宜昌市连续 4 年入河排污口整治工作在全省排名第一。2023 年 3 月在西安召开的全国入河入海排污口排查整治培训会议上，宜昌向全国推广排污口整治经验。

（五）全面取缔网箱养殖，实施"十年禁渔"

1. 如期拆除养殖网箱。治水先治渔，网箱养鱼是农民致富的重要产业，却是水质污染的重要源头。为根治"清江不清"的顽疾，2016 年，宜都、长阳两地启动清江库区网箱拆除工作。宜都市先后投资 2.1 亿元，清理境内清江和渔洋流域宜都段养殖面积 86 万平方米、网箱 4 万多个；长阳县对境内 143 万平方米的养殖面积实施拆除，共计清理 7 万多只网箱、865 个工作用房、504 艘渔船。夷陵区筹资 300 多万元，取缔西北口水库网箱 42 户 764 个、台网 79 个，拆除水库周边 500 米范围内违规养殖场。

2. 实施最严"禁渔令"。2021 年 1 月 1 日起，对长江干流宜昌段 232 公里五个水生生物保护区、兴山香溪河水域、长阳高坝洲库区与宜都中华倒刺鲃保护区一体水域实施全面禁捕，共涉及 12 个县市区，江河湖库网箱养殖被全面取缔，共退捕渔船 1878 艘、渔民 3678 人；投入 830 万元打造视频监控"天网"，组建 147 人长江护渔巡护队伍，严厉打击非法捕捞犯罪行为，2022 年组织禁用渔具集中销毁活动 8 次，判处实体刑罚 12 人；在长江干支流实行增殖放流，累计向长江投放中华鲟、胭脂鱼共 500 余万尾，投放青鱼、草鱼等各类经济鱼苗 1 亿余尾。2021 年 5 到 7 月，中国水产科学研究院长江水产研究所进行了长江中游水生生物资源监测。监测显示，随着长江全面禁捕工作的推进落实，长江鱼类资源有恢复的趋势，长江生态环境中尚存的小型受威胁鱼类种群有恢复的迹象，长江宜昌段江豚群体出现的频率明显增加。鳡鱼是一种消失多年的鱼类，2017 年 6 月，仅在长江湖北洪湖段监测到一尾鳡鱼，2020—2021 年，多年不见的鳡鱼监测频次从少见到常见，出现区域呈多点开花的态势。国家和省媒体多次关注宜昌市禁捕工作，其中环球时报整版推介我国禁渔工作时重点聚焦宜昌市。秭归禁捕照片入选《丰收》画册，宜都白水港村长江水生生物保护修复案例入选全国优秀案例。

三、统筹山水林田湖草一体化保护

山水林田湖草是生命共同体。粗放型经济增长方式一度让宜昌在增加经济总量的同时陷入"化工围江"的困境，山水林田湖草各自然要素相互割裂，出现"九龙治水"而水不治的局面。自 2018 年长江三峡地区入选国家山水林田湖草生态保护与修复第三批试点工程以来，宜昌市从生态系统的整体性和长江流域的系统性出发，提出建设"三峡生态屏障"的战略目标，探索出一条山水林田湖草一体化保护与修复的"宜昌路径"，其典型经验在全国推广。

（一）着眼全局，开展全地域、全方位、全过程治理

2018 年习近平总书记视察宜昌后，宜昌市不断强化"中游区位、上游意

识"，在长江大保护上坚持系统思维，注重一体化推进。

1. 坚持规划引领，优化国土空间布局。根据《全国重要生态系统保护和修复重大工程总体规划（2021—2035年）》和《湖北省国土空间生态修复规划（2021—2035年）》要求，宜昌市围绕总体发展定位和国土空间总体规划目标，建立统一的国土空间生态修复规划体系和开发保护格局，编制完成《宜昌市国土空间生态修复规划（2021—2035年）》，系统治理生态问题，全面提升山水林田湖草各类生态系统整体质量。依托"一江两山衔城，五水一库济原"的自然地理格局，宜昌市以统筹山水林田湖草沙一体化保护和修复为主线，守护"两江四河"空间布局，筑牢"保护两江、保育两山、修复五廊、维育多点"生态保护修复体系，构建"两江两山四河，一库一城多廊"的国土空间生态修复总体布局，坚持生态优先、节约集约、绿色低碳发展，保护好"一半山水一半城"的城市风貌，建设"山水辉映、蓝绿交织、人城相融"的绿色宜昌、和谐宜昌，筑牢三峡生态屏障。

2. 坚持省市县合力，争取国家试点工程。依托省级联席会议制度，搭建共抓长江大保护综合信息平台，建立"书记挂帅、政府操盘、领导包保、专班推进、专家咨询"的推进机制，形成"共商、共治、共建、共管、共享、共赢"的治理格局。推进形成"两江四河"的生态格局，强化国土空间规划和用途管制，对接"三区三线"管控边界，支持夷陵区、兴山县、秭归县、五峰土家族自治县和长阳土家族自治县生态功能区建设，把重点放到保护生态环境、提供生态产品上，加强三峡库区环境治理与生态建设。构建以长江流域、大巴山脉、武陵山脉等为基本骨架的生态保护格局，争取国家试点工程，推进全市生态空间保护。2018年，宜昌联合荆州、荆门等地申报国家山水林田湖草生态保护与修复第三批试点项目。当年12月，国务院正式批复《湖北长江三峡地区山水林田湖草生态保护修复工程实施方案》。2020年5月，《湖北省长江三峡地区山水林田湖草生态保护修复试点工程实施规划（2019—2021年）》获湖北省政府批复。试点工程明确了七大任务、九大工程和63个重点项目，总投资103亿元，获中央财政奖补资金20亿元，省级配套资金24亿元，其中宜昌市规划57个项目，投资81.5亿元。经过三年建设，宜昌市在 2022 年财政部组织的试点工程绩效评估中排名第一，在财政部 2022 年 6 月召开的全国山水林田湖草沙一体化保护和修复工程推进会上代表湖北省作经验交流。湖北省三峡地区山水林田湖草生态保护修复工程试点案例进入 2022 年 10 月召开的联合国《生物多样性公约》第十五次缔约方大会（COP15）"中国馆"向世界展示。

3. 坚持"规建管"一体，全程把控。 编制工程试点实施规划，整合目标相同、区域重叠、内容相近的项目，高标准规划 18 个大工程。将工程试点与长江大保护十大标志性战役、长江大保护 PPP 项目协同推进，最大限度聚合各地各行业各部门力量"各炒一盘菜、共办一桌席"。

4. 坚持"政企社"一体，多方投入。 创新融资模式，引导企业、社会资本积极参与，实现资金投入多渠道、多层次、多元化。2017 年 1 月，湖北省第一个黑臭水体治理 PPP 项目在沙河公园正式落地。随后，沙河公园一期、欧阳修主题公园、长江岸线、东山公园、滨江公园等 15 个公园城市建设项目融合各类社会资本共同推进。2021 年，宜昌城区新增公园绿地约 126 公顷。

5. 坚持"点链面"一体，标本兼治。 在抓实试点项目"点"的同时，更加注重产业转型"链"的升级和体制机制"面"的拓展。比如：聚焦"磷矿绿色化工—新能源材料—动力总成和高端装备制造"的迭代路径，系统谋划"风光水储一体化"清洁能源链条，加快布局"电化长江"特色发展面，全力建设精细磷化中心、清洁能源之都。

（二）把握动态，推进源头治理

宜昌市紧紧把握生态环境治理所处的不同阶段、具体任务和重点内容，以源头治理为核心，不断调整治理重点与治理方向。

1. 腾出发展空间，以"壮士断腕"的勇气"关改搬转"。 2016 年以来，宜昌市制定化工污染整治工作方案。2018 年，宜昌沿江化工企业"第一爆"在兴瑞第一热电厂点燃，随着烟囱倒下，沿江环境治理开启源头治理"第一关"；随后，关停年销售额 3 亿元、有着 47 年历史的田田化工；否决投资 30 亿元、选址距离长江只有 1 公里的宜化煤气化改造项目。从 2018 年起，连续三年安排 5 亿元专项资金支持沿江化工企业"关改搬转",设立 1 亿元资金优先支持化工企业技改,推动沿江 134 家化工企业完成"关改搬转"任务,实现沿长江 1 公里范围内化工企业"清零",精细化工占化工产业比重由 2017 年的 18.6% 提升到 2022 年的 42.1%,化工产业向新能源电池、动力总成、储能新材料持续攀升。短短四年,宜昌取缔非法码头 216 个、采砂场 134 家,腾退港口岸线 42.7 公里。

2. 注入发展动能,以转型升级推动化工产业裂变。因为关停化工厂,2017 年宜昌市生产总值增速一度跌落至 2.4%。通过不断调整发展方式,推动化工企业向绿色化工方向转型升级,全力打造精细磷化工中心,宜昌市走出一条高质量绿色发展的道路。三年间,宜都、枝江两个化工园区的精细化工占化工产业的比重从 18.6% 提高到 36%,被国务院通报表彰并在沿江 11 个省市推广。2022 年,宜昌市绿色化工、装备制造、生物医药、新材料增加值在工业中的占比提高到 50.9%,单位生产总值能耗、碳排放强度则分别下降 20.5%、28.8%。从昔日的"化工围江"到今天的"江豚逐浪",宜昌化工产业走上了"腾笼换鸟、凤凰涅槃"之路。

3. 提升发展品质,一体强化生态环境修复。宜昌市坚持一体推进"治水、治岸、治绿",打造绿色宜昌城市亮丽名片。完成长江、清江 1973 个入河排污口监测、溯源,推行长江干支流船舶污染物水上接收转运处置全覆盖;统筹水域与岸上执法监管,建立打击非法捕捞全产业链监管体系。打造长江宜昌段 232 公里生态廊道;全域生态复绿 5.27 万亩,修复长江岸线 97.6 公里、支流岸线 196 公里。经过水、岸、绿一体治理,长江干流宜昌段水质稳定达到 Ⅱ 类标准,出境断面总磷浓度下降至 0.045 毫克/升,较 2015 年下降 65.65%。修复后的磨基山公园、滨江公园等一批新晋网红打卡点,成为市民休闲、健身的好去处。

4. 注重发展安全,坚持全程管理,清除遗留风险。针对"关改搬转"的企业,宜昌坚持全过程管理,杜绝环保事故与环境风险发生。严格监督指导企业主要装置、设备和设施等拆除活动,加强关停、搬迁化工企业遗留场地土壤污染状况调查、治理,建立土壤、地下水环境质量档案,为工业场地的土地开发利用等提供土壤环境质量数据，并严格污染地块再开发利用准入管理，确保土壤环境安全和再利用安全。

（三）注重 "联" 与 "共"，推动综合治理

宜昌市在"联"与"共"上做文章，推动生态环境治理联防联控联治、共创共建共享。

1. 立足防治重点，构建联防机制。为打好污染防治三大攻坚战，宜昌市积极推进"宜荆荆恩"城市群区域协作机制共建，引领开展城市群生态环境联保共治规划编制，在大气污染防治、流域水环境保护领域，联合开展生态环境要素成本分担机制研究，探索城市群环境资源产权、碳排放和排污权交易体系。制定城市群大气污染联防联控实施办法，建立重污染天气应急联动响应机制，开展区域间大气污染物防治合作。协同推进长江、清江、沮漳河等流域环境综合治理，在黄柏河流域探索建立横向生态补偿机制和突发水污染事件联防联控机制。

2. 立足流域系统，强化联治手段。统筹推进长江、清江、沮漳河流域及三峡库区生态环境系统保护与修复。充分发挥各地生态环境禀赋优势，共同创建申报美丽河湖、"两山"实践创新基地，打造鄂西南生态文明建设示范区。

3. 立足防治难点，推动共享共治。针对原来大气、水环境、土壤等质量监测点多头重复设置的情况，宜昌市协同荆州、荆门加强环境管理等自动监测站点及人工监测数据信息共享，为宜荆荆都市圈环保产业协同发展搭建平台。针对土壤污染隐蔽性强、防治难度大的特点，不断完善城市间固废（危废）运输、处置联合监管模式，构建都市圈固废（危废）综合利用、处置统筹协调机制，实现处置设施资源共用互补和跨区域全过程监管。

4. 立足防治效果，实施综合执法。宜昌市针对重点行业、重点领域生态环境问题，开展交叉执法及专项帮扶行动，共同打击跨区域环境违法犯罪行为。针对流域综合治理，成立河流水生态保护综合执法局，下设流域水生态保护综合执法支队，集中环保、水利、农业、渔业、海事等部门执法权，承

担流域水生态保护职责，破解"九龙治水"困境。统筹水域与岸上执法监管，建立打击非法捕捞全产业链监管体系，渔政、长航公安、海事在水域，地方公安机关在岸上，市场监管局在市场，公检法在庭上，形成水上查、岸上管、联合打的监管体系和工作格局；以渔政为基础，社会力量为补充，构建起全民参与、"人网""天网""法网"三网合一的体系，推进宜昌长江禁渔由"扫面拔点"向"破网断链"转变。

（四）完善制度，巩固治理成效

事物发展有其规律性，而将治理规律转化为法律法规和制度方案，则有利于巩固已有治理成效。宜昌市及时对统筹推进山水林田湖草一体保护系统治理的"宜昌路径"进行总结。比如：开展地方立法，制定出台《宜昌市黄柏河流域保护条例》，为流域保护工作提供科学权威、坚强有力的制度保障，巩固深化已有治理成效，为其他流域治理提供了借鉴参考。2022 年 9 月，中共宜昌市委七届三次全会通过《中共宜昌市委、宜昌市人民政府关于建设长江大保护典范城市的意见》，围绕"山水辉映、蓝绿交织、人城相融"目标，将绿色经济、绿色城市与绿色长江深度融合统筹谋划，努力打造长江生态保护修复新样板、城与山水和谐相融新画卷、产业绿色发展新动能、美好环境与幸福生活共同缔造新家园。2023 年 7 月，《宜昌市山区县生态产品总值（GEP）核算技术规范》通过专家评审，这是湖北省首个针对山区县的 GEP核算技术规范，标志着宜昌市绿水青山价值度量有据可依，"两山"转化基础工作进一步夯实。

四、完善长江沿线协同治理

（一）加强协同顶层设计

宜昌、荆州、荆门三市彼此之间距离 100 公里左右，山水相连，风俗相近，人缘相亲，文化一脉，交流频繁。近年来，三地积极对接湖北省区域发展战略布局，从 2021 年"一主引领、两翼驱动、全域协同"区域发展战略要求，到 2022 年建设武汉、襄阳、宜荆荆三大都市圈发展战略，在产业合作上逐步深化，一体化发展态势明显；同时，在生态环境保护上加强合作，开展协同治理。

1. 加强合作促一体化发展。2021 年 5 月 26 日，宜昌、荆州、荆门、恩施召开"宜荆荆恩"城市群一体化发展联席会第一次会议，四个市州政府代表共同签署《"宜荆荆恩"城市群一体化发展合作框架协议》。随后宜昌会同三地起草"宜荆荆恩"城市群一体化发展的实施意见、三年行动方案、协调机制等文件，搭建起城市群一体化发展的总体框架。

2. 对接落实三大都市圈战略布局。为落实中共湖北省委建设武汉、襄阳、宜荆荆三大都市圈区域发展战略布局，宜昌市牵头编制《宜荆荆都市圈国土空间规划（2021—2035 年）》。通过规划同编、机制同建、生态同保、资源同享，以国土空间资源合理配置为切入点和重要抓手，深化四地在空间发展规划方面的合作，从区域整体布局生态保护修复工作。对接湖北省生态环境厅、湖北省环科院，以长江、清江、沮漳河等流域为纽带，在湖北省三大都市圈中，率先完成宜荆荆都市圈生态环境联保共治规划和三年行动方案。

3. 积极推动《宜荆荆都市圈发展规划》出台。宜荆荆都市圈核心区范围包括：宜昌市辖区、宜都市、枝江市、当阳市、远安县和秭归县，荆州市辖区、松滋市、公安县、江陵县和荆门市全域；恩施土家族苗族自治州和宜昌、荆州两市其他区域为协同发展区。《宜荆荆都市圈发展规划》构建起"一轴两带、三角绿心、四大组团"的空间结构，形成三角合围、绿心镶嵌、组团串珠、山水城田有机共生的都市圈空间形态和理想格局，重点建设宜昌东部未来城、宜昌高铁新城、荆州经开区、荆州高新区、荆州关沮新城、荆门高新区、漳河新区等 7 个关键节点，要求加速构建现代化产业体系，着力优化都市圈产业结构，转换发展动能，合力培育先进制造业产业集群，打造长江中上游先进产业聚集区。到 2027 年，共同培育绿色化工、新能源汽车、装备制造、生命健康 4 个国家级产业集群，将宜荆荆都市圈建设成全国先进制造业绿色高质量发展引领区。该规划提出推动宜荆荆都市圈发展五大核心任务之一，即是统筹开展流域综合治理，确保江河安澜，守牢经济社会安全发展底线。

4. 探索开展区域协同立法。 2021年5月12日，"宜荆荆恩"城市群区域协同立法第一次联席会议召开，四地共商协同立法促进生态环境联保共治，会上讨论通过了《湖北省宜荆荆恩城市群区域协同立法框架协议》。根据框架协议，四地人大常委会在生态环境、产业协作、交通互联、文化旅游等重点领域，一致提出关联度高且需多方协同的立法建议提交联席会议，以区域协同立法推动区域经济高质量发展。2022年以来，在湖北省人大常委会统筹协调指导下，宜昌市人大常委会牵头，与荆州、荆门、恩施州、神农架林区人大常委会围绕生物多样性保护开展协同立法，加强沟通协调；12月28日，省十三届人大常委会第三十五次会议审议并批准宜昌市、荆州市、荆门市、恩施土家族苗族自治州人大常委会分别同时报请的《关于加强生物多样性协同保护的决定》。此外，神农架林区人大常委会也作出相关决定。2023年2月2日，第27个世界湿地日，宜昌、荆州、荆门三市和恩施土家族苗族自治州人大常委会同时颁布施行《关于加强生物多样性协同保护的决定》，这是全省首部关于生物多样性保护的法规性决定，率先实现在国内生物多样性保护领域探索跨区域协同立法。该决定突出协同编制保护行动计划，突出优化空间格局，紧盯底数不清实际开展本底资源调查，实施重点物种、种群动态监测，探索可持续的生态产品价值实现路径，激发生物多样性保护内生动力。

（二）强化生态环保联防联控

1. 积极开展流域共治。 从2015年起，宜昌、恩施两地将每年的9月12日设立为"清江保护日"，环保、水利部门轮流举办保护日活动，共同保护清江母亲河。2021年9月，"宜荆荆恩"城市群分别召开了水利协同发展联席会议，并达成共识协议书，城市群生态体系协同治理取得实质性突破，有了制度保障。协议书所达成的共识包括：实施长江高水平保护十大攻坚提升行动，推进山水林田湖草示范工程，打造长江经济带绿色发展先行区；建立大气污染防治、流域生态环境联防联控机制；建立区域地质灾害协同预警机制，提升地质灾害防治和应急处理能力等。2021 年 10 月 19 日，宜昌、荆门、荆州三地会同湖北省漳河工程管理局联合开展水库水政监察执法行动，这是"宜荆荆恩"城市群水利协同发展三年行动方案中实施联防联控的重要内容。

2. 推进生态共建。 生态共建的显著特征是共同谋划实施长江三峡山水林田湖草生态保护与修复试点工程。以宜昌为主体谋划申报"宜荆荆恩"城市群、宜荆荆都市圈建设暨清江、沮漳河流域山水林田湖草生态修复项目，开展长江干流及主要支流整体保护、系统修复、综合治理，如利川、巴东、长阳和宜都的清江流域综合治理及长江宜昌段治理。同时，联动"襄十随神"城市群开展沮漳河流域防洪治理。投资 600 亿元的引江补汉工程成为两大都市圈水资源共享的纽带（引江补汉输水线路沿线补水工程涉及宜昌、荆门和襄阳的 14 个县市区）。

3. 生态环境联保共治。 早在 2014 年，宜昌、恩施两地就共同编制了《清江流域水污染防治规划》《清江流域水生态环境信息共享机制》，建立起清江流域水污染防治联席会议制度，迈出了建立流域上下游协调机制的第一步。2022 年 2 月，宜昌与恩施签订《共同应对跨界流域（区域）环境污染及突发环境事件框架协议》，全面建立清江流域联防联控工作机制。2021 年 12 月 3 日，"宜荆荆恩"城市群生态环境联保共治首次联席会议在宜昌召开，审议通过了《宜荆荆恩城市群生态环境联保共治联席会议制度》《宜荆荆恩城市群生态环境联保共治实施方案》《宜荆荆恩城市群大气污染联保共治实施方案》等文件，提出共保自然生态系统、共防跨界大气污染、共防跨界流域污染、共治土壤环境污染、共谋基础设施建设和共建区域协作机制等六个方面的重点任务。四地生态环境局还共同签署了《"宜荆荆恩"城市群生态环境联保共治合作协议书》，在大气联防联控、流域综合治理与横向生态补偿、土壤污染风险管控和治理修复、合力实施山水林田湖草示范工程、区域环保数据信息共享、区域联动执法、示范建设共创、协作机制共建等八个方面达成共识，加强合作。

4. 建立跨市州流域生态补偿机制。 2018 年 2 月，《湖北省人民政府办公厅关于建立健全生态保护补偿机制的实施意见》出台，要求到 2020 年省内重要生态区域的生态保护补偿机制与政策全覆盖，跨地区、跨流域补偿试点示范取得明显进展。2018 年以来，宜昌已先后在黄柏河、玛瑙河、柏临河试点建立生态保护补偿机制，流域水生态保护取得明显成效。2020 年 1 月 1 日，《湖北省清江流域水生态环境保护条例》正式实施，要求受益地区与生态保护地区、流域上游与下游之间实施横向生态保护补偿，在此基础上，加强上下游统筹、左右岸协同、干支流互动。宜昌市主动对接恩施州，探索跨市州流域横向生态补偿。2022 年 11 月，宜昌市联合恩施州制定出台《长江（恩施—宜昌段）和清江流域生态保护补偿方案》，在长江恩施至宜昌段、清江建立了跨市州河流横向生态保护补偿机制，实现了全省跨市州流域横向生态保护补偿机制零的突破。该方案将出入境断面水质作为考核依据，采用水质保证金、水质基本补偿金和水质变化补偿金三部分进行考核补偿。在两地共同努力下，清江流域水环境质量改善取得积极成效，2022 年，清江获评水利部第二届"最美家乡河"（全国仅 11 条河流上榜，清江为湖北省唯一入选河流）。清江流域考核断面水质优良比例达 100%，清江干流入长江口断面达到 I 类水质。清江持续改善生态环境质量，加速推动绿色低碳发展，为长江大保护提供了强有力支撑。

五、实施长江保护法

《中华人民共和国长江保护法》（以下简称《长江保护法》）自 2021 年 3 月实施以来，宜昌市委、市人大、市政府及各部门高度重视，深学笃用习近平生态文明思想和习近平法治思想，把践行习近平生态文明思想同践行习近平法治思想有机统一起来，认真贯彻习近平总书记关于推动长江经济带发展的重要论述和指示要求，坚持"共抓大保护、不搞大开发"，始终胸怀"国之大者"，始终把长江流域生态环境保护与修复摆在压倒性位置，坚决筑牢三峡生态屏障。《长江保护法》对长江流域资源保护、水污染防治、生态环境修复、绿色发展等作出法律规定，其核心是长江流域整个生态环境的修复。因本章第二部分已对宜昌进行长江流域生态环境修复的主要做法进行详细介绍，这里将从党委政府重视、规划体系完善、法治宣传教育三个方面介绍宜昌实施《长江保护法》的主要做法和成效。

（一）坚持党政同责，把长江大保护摆在重要位置

宜昌市始终把共抓长江大保护作为"国之大者"，多次召开市委常委会、生态环保督察整改会等会议，安排部署落实《长江保护法》等相关工作。2021年12月，中共宜昌市第七次党代会将"建设三峡生态屏障"作为打造"六城五中心"的重要内容，体现"共抓大保护、不搞大开发"的坚定决心。2022年9月，中共宜昌市委七届三次全会通过了《中共宜昌市委、宜昌市人民政府关于建设长江大保护典范城市的意见》，全力打造长江生态保护修复、城与山水和谐相融、产业绿色发展、美好环境与幸福生活共同缔造典范，以建设长江大保护典范城市统领宜昌绿色高质量发展全局。2022年10月28日，宜昌市第七届人大常委会第五次会议提出"高水平建设长江生态保护修复新样板"，自2023年起，宜昌将每年4月24日设为"宜昌长江保护日"，进一步推动长江保护法的贯彻落实。立足宜昌在全国全省生态格局中的重要地位，宜昌市人大主动担当作为，发挥职能优势，强化法治保障，通过持续听取和审议相关报告、组织专题调研和视察、开展执法检查、跟踪督办议案建议等，打出一系列"组合拳"，全面深入贯彻实施长江保护法。例如：以一揽子严审议推动破解"化工围江"；以跟踪督办全市贯彻实施《中华人民共和国大气污染防治法》执法检查情况，助力打造长江生态屏障；以跟踪督办议案建议添彩长江生态美。宜昌市人民政府将深入推进长江大保护写入政府工作报告，召开深入推进长江大保护专题新闻发布会，坚持水资源、水环境、水生态、水安全共治，大力推进污染防治攻坚战、长江高水平保护十大攻坚提升行动、中央环保督察反馈问题整改等重点工作，努力在保护修复长江生态环境上打头阵，在推动高质量发展上争一流。

（二）完善规划体系，促进《长江保护法》实施落地

宜昌市坚持以规划引领，系统贯彻落实长江大保护要求，统筹推进高质

量发展与高水平保护，坚持山水林田湖草共治。

持续贯彻落实《宜昌市城区重点绿地保护条例》《宜昌市黄柏河流域保护条例》《宜昌市扬尘污染防治条例》《长阳土家族自治县河流保护条例》《宜昌市人民代表大会常务委员会关于加强生物多样性协同保护的决定》等地方性法规。强化空间管控。将长江生态环境治理与修复纳入《宜昌市国民经济和社会发展第十四个五年规划和二〇三五年远景目标纲要》，编制《宜昌市国土空间生态修复规划（2021—2035年)》，为流域国土空间合理利用提供基础保障，制定关于加强山体保护、水域保护、河道采砂管理、固体废物管理的规范性文件，科学划定"三区三线"，系统优化提升生产生态生活空间，在全省率先实施"三线一单"生态环境分区管控制度。在全国率先实行河湖长制，深化环保执法改革，"宜昌模式"入选全国河湖长制典型案例。

（三）加强宣传教育，持续推动《长江保护法》深入人心

各级各部门将《长江保护法》纳入党委（党组）理论学习中心组学习的重要内容，并组织干部职工开展学习讨论，在全市范围内掀起学习贯彻《长江保护法》的热潮。宜昌市流域水生态保护综合执法支队严格落实"谁执法谁普法"普法责任制，将普法融入执法全过程，通过日常监督执法、案件办理、公开听证等环节宣传《长江保护法》，着重向企业宣讲污染环境、破坏生态、违法利用、占用长江流域河湖岸线等的法律责任，压实企业履行污染防治主体责任。以"世界水日""中国水周"和"世界环境日"为载体，扎实开展《长江保护法》进企业、进机关、进校园、进家庭、进农村、进社区"六进"活动，广泛利用网站、微信公众号、微博等平台，宣传推介《长江保护法》及相关工作成效。成立长江大保护志愿服务队，鼓励广大市民朋友通过微信"宜昌志愿"小程序因地制宜参与志愿服务活动。举办2023年"长江大保护可持续实践艺术展"，广大人民群众及社会各界对长江大保护的关注度、参与度、期待值持续高涨，近50万人次现场观展。开展2023年"美好生活·民法典相伴"主题宣传月活动，宜昌市生态环境局、宜昌市农业农村局、长江航运公安局宜昌分局代表全市长江大保护执法力量发出"守护长江 法治

同行"倡议，展出"我眼中的长江"青少年法治主题作品、长江大保护法治实践成果，现场发放法律宣传资料 500 余份，开展法律咨询 200 余人次。在各种形式的宣传教育中，逐步增强市民依法治水、惜水护水意识，引导市民参与共建长江大保护典范城市。

2023 年 8 月，中共宜昌市委七届五次全会暨市委经济工作会议提出，依托世界级生态环境，打造更高水平的国家生态文明建设示范区。要高水平建设长江生态保护修复新样板，以"立规之地"的政治担当持续深入打好蓝天、碧水、净土保卫战。深入实施流域综合治理，健全"三级强管控、四级重实施、五级治末梢"的传导机制，统筹推进"四水共治"，坚决守牢水安全、水环境安全、粮食和能源安全、生态安全"四条底线"，坚持用最严格制度最严密法治保护生态环境。践行习近平生态文明思想，建设三峡地区绿色低碳发展示范区，推动经济社会发展全面绿色转型。大力实施强县工程，建设人与自然和谐共生的美丽乡村。全市上下积极贯彻会议精神，驰而不息共抓长江大保护，全面推进美丽宜昌建设，加快推进人与自然和谐共生的现代化。

第四章　进行环境治理

　　良好生态环境是实现中华民族永续发展的内在要求，是增进民生福祉的优先领域，是建设美丽中国的重要基础。坚决向污染宣战，让中华大地天更蓝、山更绿、水更清、环境更优美，是中共十八大以来以习近平同志为核心的党中央作出的重大战略决策，也是宜昌市建设长江大保护典范城市坚定不移的民生选择。进入"十四五"时期，坚持科学治污、精准治污、依法治污，持续深入打好污染防治攻坚战，为人民群众提供更优质的生态产品和更优美的生态环境，建设人与自然和谐共生的现代化，是建设长江大保护典范城市、打造世界级宜昌的重要任务。通过科学治污、精准治污、依法治污，宜昌市建立了完善的执法监管长效机制，确保环境整治措施和要求落实到位，为加快建设全国构建新发展格局先行区，建设美丽湖北作出贡献。

一、打赢蓝天保卫战

　　空气、水是人类赖以生存的物质基础，是最普惠最公平的民生福祉。空气质量的好坏不仅关乎整个生态系统安全，而且关乎人类生存质量。中共十八大以来，宜昌市为切实解决好空气污染对人民群众的健康危害、对社会经济发展的影响，认真落实"大气十条"，坚决打赢打好"蓝天保卫战"，探索出空气污染"四源"协同治理的"4＋1"联动机制，空气质量得到显著改善。2022 年宜昌市国家考核区域优良天数 311 天，优良天数比例全省排名从 2021 年的第 13 位跃升至第 6 位，全年未出现酸雨天气。

　　宜昌市空气污染具有明显的"冬高夏低"季节性特征，一季度、四季度为宜昌市大气污染较严重的季度。SO_2、NO_2、CO 等常规污染物基本可控，

但 PM_{10}、$PM_{2.5}$ 和 O_3 成为宜昌市大气污染治理的难点所在。从污染来源看，人为污染源主要集中在工业源、扬尘源、移动源和生活源这四类。其中，工业污染源中，水泥、医药、化工、汽修、包装印刷、工业涂装等成为空气污染重点行业；移动污染源中，机动车船尾气排放是重点。宜昌市秋冬季受北方供暖形成的输入性污染影响频繁，主要集中在 11、12 月和 1、2 月（冬防期），其中 1 月最为严重。从污染物构成看，$PM_{2.5}$、PM_{10}、O_3、NO_2、SO_2 和 CO 是宜昌空气主要污染物，其中 O_3 是夏季主要污染物，PM_{10}、$PM_{2.5}$ 是秋冬季主要污染物。从气候条件和地形地貌等因素看，宜昌属亚热带季风气候，常年主导风向夏季为东南风、冬季为东北风，当东部地区重化工企业形成的大气污染物向西部迁移扩散时，因宜昌典型的"口袋形"地貌，污染物扩散比较缓慢，雾霾频发且治理难度大。针对空气污染明显的"冬高夏低"季节性特征，宜昌市采取四项主要举措，坚决打赢打好"蓝天保卫战"。

（一）突出 "四源" 重点协同治理

宜昌市聚焦工业源、扬尘源、移动源和生活源这四类重点污染源，探索建立由生态环境、住建、城管、公安等部门联防联控的大气污染防治"4＋1"工作机制，对四大污染源实行专项管控。

1. 抓好工业源减排。 为贯彻落实《中华人民共和国国民经济和社会发展第十三个五年规划纲要》关于工业污染源全面达标排放的有关要求，做好"十三五"期间环境保护重点工作，2017 年，宜昌出台《宜昌市工业污染源全面达标排放计划实施方案（2017—2020 年)》，通过污染源排查评估、超排整治、监管执法、打击偷排偷放、在线监控监管、信息公开等系列举措，推动全市工业企业全面实现了达标排放。

达标排放只是工业源污染治理的第一步，减量排放才是重点和难点。对此，宜昌市一方面加大中央大气项目谋划力度，积极向上争取中央大气污染防治专项资金，引导企业通过设施设备更新、技术改造、工艺改良和流程再造等，推动生产绩效提级，减少排放。另一方面聚焦工业企业监管，深入推进"帮扶＋执法"模式，实施"一企一策"，帮扶指导企业开展挥发性有机物、工业炉窑整治等深度治理；推进水泥、汽修等行业"一行一策"，严格落实水泥行业错峰生产，强化污染源监管，规范环境管理，提升绩效评价等级。

2. 加强扬尘源管理。修订《宜昌市建设工程扬尘防治导则》（试行），《宜昌市建设工地文明施工手册》《宜昌市建筑渣土精细化管理规范》等制度，持续推进工地标准化达标创建，推动全市建筑施工扬尘管控做到"六个100％"，即施工工地周边100％围挡、物料堆放100％覆盖、拆迁工地100％湿法作业、施工现场地面100％硬化、出入车辆100％清洗、渣土车辆100％密闭运输。坚持科技助力，用好智慧工地、渣土车监管平台、扬尘源在线监控等信息化监管手段，对建设项目实行分级评价、分级减排，进一步提升建筑行业精细化管理水平。加大建设工地监管执法力度，严厉打击渣土车超载、带泥上路和沿途洒漏等违法行为。2022年共发布文明施工"红黑榜"22期，曝光黑榜项目152个，依法查处扬尘污染违法行为468起。同时，积极推进城乡绿化建设，通过植树造林、复垦复绿等修复保护工程，加强对扬尘源的吸附力度。

3. 强化移动源执法。开展柴油货车、非道路移动机械、机动车环检机构和汽修企业的联合专项执法行动，依法查处违法行为并予以曝光。一是加强路检路查。常态化开展上路行驶机动车排气污染抽测和遥感检测，公安交管部门依法处罚超标排放车辆，2022年共查处排放不达标车辆45台次。二是加强入户抽测。定期对柴油车用车大户企业开展入户抽测，督促指导运输企业对抽测不达标车辆开展维修治理并上线复检。三是加强非道路移动机械监管。定期加大对禁用区内使用高排放或未经编码登记的非道路移动机械检查力度，对排放不合格或在禁用区内使用高排放非道路移动机械的依法予以查处，仅2022年即查处排放不达标非道路移动机械5台次。通过联合专项执法行动，移动源排气污染监管工作形成常态化机制，基本消除排气管口黑烟污染现象。

4. 抓好生活源治理。针对生物质污染源占比居高不下的难题，宜昌把生活燃烧源"一控两禁"（即控柴、禁煤、禁烧烤）列为大气污染防治工作的重中之重，通过柴改气、煤改气等清洁能源替代行动，从根本上解决生物质、煤等燃烧带来的大气污染问题。同时，公安、应急、市场监管、环保等部门协调配合，推广文明祭祀，抓好"禁燃禁售"监管；针对重点餐饮单位必须安装高效的油烟净化设施，同时开展强制检测，达不到排放标准的必予处罚。

此外，针对农村根深蒂固的"烧火粪"习惯，宜昌市从影响航班起降、引发呼吸疾病、导致森林火灾等多角度，向群众全方位宣传讲解秸秆焚烧对生态环境的影响，提高村民的禁烧意识，并探索出"土办法＋高科技"的处置方法。"土办法"就是针对低秆农作物产生的少量秸秆，采取就近挖坑积肥回归自然；针对高秆农作物产生的大量秸秆，则通过打包收集后集中处置，实现农作物秸秆循环利用。"高科技"就是建立宜昌市秸秆禁烧智能监控平台，将每个监控点位接入平台系统，利用大数据监测、人工智能识别、热成像探测等技术手段，实现对焚烧火点、烟雾、人物行为、秸秆堆等特征图像的自动识别、AI智能预警、预警信息自动推送、处置信息及时反馈的全流程闭环管理，基本实现秸秆露天禁烧重点区域全覆盖，在全省率先实现了地市级秸秆禁烧智能预警系统一网统管。

（二）做实内源减排精准治理

秋冬季是宜昌市重污染天气的高发期，冬防压力巨大。对此，宜昌市统筹环境容量，实施内源减排精准治理，确保冬季不出现重污染天气。

1. 落实"五个清单"，精准防控。在加强监测预警，深入分析环境空气质量和大气污染变化趋势的基础上，聚焦"五个清单"，精准落实应急减排措施。通过重污染天气应急减排清单，对排污大户、重点工地实施限产限排、停工停产，将减排措施落实到生产线、到工地、到监管人员。通过监管工业企业清单，对排污大户实行分片包保、专人跟踪、在线监测、依法查处。通过重点减排项目清单，加强对项目的跟踪监管，实现污染物总量减排，腾出更多环境容量，为新上项目落地提供要素保障。通过企业绩效提标创建清单，对工业企业实行绩效分级管控、分级减排，引导行业绿色发展。通过工业企业错峰生产清单，既有效控制了减排总量，又推动了企业自觉履行环保责任。

2. 开展监测执法，精准管控。推行"大数据＋网格化"管理模式，配置

PID、FID、红外热成像仪等执法专用设备开展巡查检查，实现移动执法系统建设和应用线上线下全覆盖。2022 年冬防专项攻坚行动中，通过大气环境走航车参与现场核查，准确锁定大气污染源位置、强度和时间，有效提升了现场监督帮扶的力度和精准度。与此同时，充分发挥大气超级站、乡镇子站等的监测预警和调度作用，为污染源排查溯源提供强有力的技术支撑。从 2022 年大气超级站监测数据来看，实施精准减排后，纳入减排的水泥、陶瓷、煤制氮肥等行业特征离子均有明显下降，"四源"减排效果明显。

3. 用好环保智库，精准帮扶。 建立生态环境专家库，面向社会聘请在线监测运维巡查、环评审批、环境应急、环保法律法规等领域具有较强专业知识和丰富经验的专家，指导企业规范做好废气治理设施及自动监控设备运行维护等工作，为企业绿色健康发展提供咨询服务。充分应用大气超级站、乡镇子站等设备设施，不断提升空气质量预警预报水平，通过工业企业用电量、挥发性有机物在线监控等技术手段，提高重污染天气应急响应的精准性、时效性，坚决避免"一刀切"，以最小的经济成本换取最大的环境效益。

2022 年底，宜昌市运用大数据分析找到 4 个重污染天气高发时段，与 102 家重点企业开展三轮"一对一"对接，提前制定务实、科学的减排方案。与此同时，宜都市宜昌长江陶瓷有限责任公司、湖北艾迪普生物科技有限公司、湖北兴发化工集团股份有限公司（以下简称兴发集团）、湖北新洋丰肥业股份有限公司、葛洲坝当阳水泥有限公司等一批工业企业积极响应，主动提级减排，当阳市 31 条陶瓷生产线主动停产。结合数据精准分析研判后的应对策略，提前为重污染天气腾出了环境容量，实现了应急减排从"两难"到"双赢"的转变。据在线监测数据分析，2023 年 1 月 1 日，宜昌市涉气企业二氧化硫、氮氧化物和颗粒物排放量分别较预警前降低 31.5%、43.9% 和 37.2%，内源减排精准防控经验做法在全省推广。

（三）强化区域协同联保共治

大气污染防治具有明显的区域性特征，推动区域联防联控是宜昌大气污染治理的必由之路。2021 年 12 月，宜昌市牵头，推动"宜荆荆恩"生态环境联保共治首次联席会议在宜昌召开。会议审议通过了《宜荆荆恩城市群生态环境联保共治联席会议制度》《宜荆荆恩城市群生态环境联保共治实施方案》《宜荆荆恩城市群大气污染联保共治实施方案》，共同签署了《"宜荆荆恩"城市群生态环境联保共治合作协议书》，建立起"宜荆荆恩"城市群生态环境联保共治机制。

《"宜荆荆恩"城市群生态环境联保共治合作协议书》明确了八个方面的合作。其中，大气污染治理主要是在制定区域大气联防联控工作机制、统一城市群机动车尾气排放检测标准、加强区域大气污染物传输通道研究和大气污染监测基础设施建设等方面开展合作；监管执法方面，主要是通过建立区域联动执法机制，开展交叉执法及专项帮扶行动，共同打击跨区域环境违法犯罪行为；协作机制方面，主要是加强生态环保领域立法调研，开展生态环境要素成本分担机制研究，推动区域环保业务通办，建立城市群生态环境联保共治联席会议制度。

建立"宜荆荆恩"城市群生态环境联保共治机制，强化区域协同已经在矿山复绿、扬尘治理上迈出合作步伐。与此同时，宜昌市在全省统筹下，积极加入"襄荆荆宜"传输通道城市大气污染防治区域协作小组，在建立协调小组工作机制、全力推进重污染天气应对、强化区域联防联控方面，坚持开展会商预警，实施应急管控，较好规避了特殊地形地貌面对输入性大气污染时的治理痛点，确保了空气质量进一步改善。

（四）推动减污降碳源头治理

达成"十四五"时期生态文明建设目标和实现碳达峰碳中和目标，推动减污降碳协同增效，是宜昌市坚定不移的选择和责任。2021年3月，《宜昌市2021年大气污染防治及应对气候变化工作实施方案》印发，围绕空气质量改善、大气主要污染物总量减排、单位生产总值二氧化碳排放降低比例、声环境质量改善等4项工作目标，细化了9项28条具体措施。

2022年11月，《宜昌长江经济带降碳减污扩绿增长十大行动方案（2022—2025年）》印发，围绕落实碳达峰碳中和目标，进一步明确了时间表，规划了路线图，制定了阶段性目标。同时，细化具体措施，制定出台《宜昌市应对气候变化项目工作方案》《宜昌市碳达峰碳中和重点工作任务的通知》，推动"双碳"工作落细落实。

宜昌市从树立绿色低碳发展意识入手，多次就减污降碳组织开展业务培训，深入学习国家碳减排政策以及实现碳达峰碳中和的路径要求，不断提升做好碳达峰碳中和工作的能力。鼓励各县市区、各企业先行先试，在减污降碳上选树一批典型，发挥了较好的示范带动作用。比如：兴山县积极争创全国"双碳"先行示范区，长阳县郑家榜村成功入选国家级绿色低碳典型案例，西陵区白龙井社区、长阳经济开发区入围省级近零碳排放区试点示范项目。同时，积极推进碳排放交易，2021 年 8 月，湖北三宁化工股份有限公司（以下简称三宁化工）完成全国首单碳质押融资，获抵押贷款 1000 万元。2021 年 9 月，央视《焦点访谈》关注全国碳排放权交易，将华润电力（宜昌）有限公司作为典型案例进行宣传报道，有力促进了各地减污降碳协同增效和高质量发展。

二、狠抓工业污染治理

工业污染是工业生产过程中所形成的废气、废水和固体排放物及各种噪声对环境的污染，"三废"（废水、废气、废渣）是生态环境的主要污染源。据《宜昌市第二次全国污染源普查公报》《2016—2019 年宜昌市生态环境统计公报》显示，非金属矿采选业、化学原料和化学制品制造业这两大行业，在水污染物和大气污染物工业源排放总量中稳居前三，与宜昌市磷矿资源丰富，沿江化工产业布局密集的现实情况相吻合。

2018 年 4 月，习近平总书记视察宜昌，强调首先立个规矩，把长江生态修复放在首位，保护好中华民族的母亲河，不能搞破坏性开发。宜昌市牢记习近平总书记殷殷嘱托，坚持生态优先，一手抓工业污染治理，一手抓转型升级绿色发展，正确处理好发展与保护的辩证关系，使长江实现从"化工围江"到"江豚逐浪"的完美蜕变，典型经验被国务院通报表彰并在沿江 11 个省市推广。

（一）堵住直排污口，确保一江清水东流

1. 把好入河关，抓好排污口溯源整治和管网清疏。宜昌有长江、清江流域的入河排污口 1973 个，数量居湖北省第一。2018 年以来，宜昌市始终高度重视入河排污口整治工作，采取以下举措把好入河关，抓好排污口溯源整治和管网清疏：一是排查排污口，掌握基本信息。2019 年起通过"无人机排查、人工排查、攻坚排查"等手段，摸清境内长江、清江入河排污口情况，建立基础信息档案。二是制定方案和相关标准并组织实施。出台《宜昌市长江和清江入河排污口排查整治工作方案》及若干配套文件，2019 年起打响入河排污口排查专项整治战。三是统筹部门协调，推进整治工作。生态环境部门持续做好环境执法监管工作，打击环境违法行为；住建部门开展城市排水系统雨污分流，片区清污分流改造等工作；城管部门加强污水管网和沿江排口排查，定期对截污管道组织清淤；农业部门开展测土配方施肥，大力发展大水面生态渔业模式；交通部门结合船舶污染防治专项工作，解决船舶码头生活污水、含油废水的收集处理问题；水利部门推进河港、沟渠类排口整治工作。四是进行工作督导，确保整治成效。宜昌市市长和相关县市区政府主要负责人调研长江、清江入河排污口整治工作情况，开展现场核查，要求各地高位推进、部门协同，对照整治标准，按照责任分工明确工作要求，倒排时间节点，确保整治工作取得突出成效。五是引入市场力量，合作推进"四水共治"。与三峡集团签署《共抓长江大保护 共建绿色发展示范区合作框架协议》，启动宜昌城区污水厂网与生态水网项目，实施市政管网清疏。六是进行在线监测，接受公众监督。实现水质情况 24 小时在线监测，从根本上解决市民关注度比较高的污水直排问题。工业企业、污水处理设施、港口码头等以及排放量大、环境影响较大的排口，全部由市级统一设置二维码和标识牌，方便后续日常管理和公众监督。七是落实共商共治制度，及时组织验收。宜昌市生态环境局切实履行牵头部门职责，加强与住建、城管、水利、农业、交通等部门沟通衔接，落实共商共治制度，及时研究解决入河排污口整治工作中发现的重要问题或疑点难点，加大整治投入，确保按时序推进。对已完成整治及规范化建设的排污口及时组织验收，严防问题反弹，确保长江流域水质持续向好。2023年底，宜昌基本完成长江、清江入河排污口整治任务。

2. 把好许可关，推动排污权有偿使用和交易。 实行排污许可制度是强化固定污染源管理的根本性举措。宜昌市扎实推进固定污染源排污许可一证式管理改革，规范有序核发排污许可证，建立排污许可联合审核机制；将排污许可融入智慧环保建设体系；全面衔接整合总量控制制度、环境影响评价制度及排污权有偿使用和交易等制度；加强排污许可证后监督管理，从强化信息公开和社会监督等五个方面进一步明确了重点任务。各县市区分别建立健全排污许可服务机制，加强事前审批和事中事后监管衔接，形成建设项目从审批、建设到运营的全流程闭环管理；精准服务企业排污许可申报，围绕办理流程、操作规范及企业办理排污许可过程中经常遇到的问题，制作排污许可申报资料汇编，在线为申请排污许可证的企业提供政策和技术咨询服务，提高企业排污许可证办理效率和填报信息准确度；指导企业严格按照排污许可证后管理要求，规范记录排污单位基本信息、污染治理设施正常和异常情况，并开展企业排污许可证执行情况检查、环评制度执行情况现场检查及排污许可证核发质量检查等，建立排污许可审核发证"现场核查""送证上门""证后监管"一条龙服务机制，有力推动了排污许可管理工作制度化、规范化。

在抓实排污许可管理工作的基础上，《宜昌市2017年排污权有偿使用和交易工作方案》明确将排污权核定结果落实到排污许可证上，并在排污许可证上载明排污单位有偿使用和交易情况，推动排污许可与排污权有偿使用和交易融合衔接。探索推行新项目新政策，老项目老政策，凡企业新改扩建项目需新增主要污染物排放总量的，必须通过排污权交易市场购买获得排污权，在全社会树立起"资源有价、环境有偿"的理念，标志着宜昌市市场化治污成为现实。同时，宜昌市更好发挥污染物总量控制制度作用，开展总量指标预算管理与收储工作，设立排污权储备资金，回购排污单位"富余排污权"，既有力推动了排污单位进行排污权有偿使用改革，又充分激发了排污单位治理污染腾出排污指标的积极性。截至 2022 年底，宜昌市先后组织 79 家排污单位参与 30 批次排污权交易活动，交易金额达 1433.33 万元，固定污染源系统化、科学化、法治化、精细化、信息化的"一证式"管理，有效化解了"九龙治水"的尴尬局面。

与此同时，宜昌市精减排污审批流程，将建设项目环评和入河排污口设置论证审批事项进行整合，对新建、改建、扩建的入河排污口同步进行设置审批和建设项目环评审批，把入河排污口设置相关内容纳入建设项目环评报告书的地表水环境影响评价中进行同步论证，改"串联审批"为"并联审批"，既减轻了企业负担，也从源头进一步把好了排污许可关。

3. 把好转运关，妥善处理船舶污染。 受三峡大坝、葛洲坝两座船闸通行能力的制约，长江流域宜昌段绝大多数船舶选择待闸锚地交付污染物。据测算，近坝水域待闸船舶日均 600 艘，年过闸船舶约 5 万艘，待闸时间 5 至 7 天，每年产生生活垃圾约 4 万吨、生活污水约 25 万吨、含油污水约 6 万吨……这些既是典型移动污染源，也是长江面临的直接污染源，给宜昌船舶污染物接转处带来相当大的压力。

为保护一江清水，2019 年，宜昌市启动防治船舶污染专项整治活动。历时两年，投资 7.2 亿元，完成 11 个船舶污染物接收转运码头、12 处船舶污染物接收转运设施、50 艘污染物接收转运船舶建设工作，实现全市 678 公里干支流通航水域船舶污染物接收转运设施全覆盖。污染物接收转运船舶在完成接收作业后，船舶生活垃圾、生活污水和含油污水可通过船舶污染物接收转运设施分别转运至城市垃圾、污水处理系统和危废处置企业完成后续处置流程。2021 年，辖区 90 艘港作船和常年到港货船、滚装船等均已完成"零排放"改造，实现水污染物"船上储存、交岸处置"，长江船舶污染治理在长江宜昌段得到闭环处置。

在散货码头都已具备岸电供电能力基础上，宜昌市加快推进规范化岸电改造，并实施船舶受电设施改造，完成 76 艘货船改造并验收，改造待验收货船 130 艘，不仅降低了废气排放，解决了噪声污染，优化了水域环境，还降低了用电成本，提高了供电效率。截至 2021 年，73 个普通客货码头全部完成规范化改造，具备岸电供电能力，实现了港口岸电使用 100% 全覆盖，每年可减少燃油消耗 5057 吨，减少各类气体排放 1.5 万吨。

三峡坝区是中国著名旅游景区，坝区水域旅游客船居多，载客定额数量大、船舶航程时间长、产生的水污染物多。对此，三峡坝区探索并实施客船水污染物"1 个承诺、2 个定期、3 个全覆盖"监管措施，即签订一个"零排放"承诺书；定期进行船旗国安全检查，定期提交水污染物清单资料；对首次到港客船开展防污染专项检查并确保客船防污染监管"一船一档"资料全覆盖，全年对到港客船现场监督抽查全覆盖，对客船的生活污水直排阀铅封达到全覆盖，严格落实待闸船舶生活垃圾和生活污水免费接收转运处置。截至 2022 年上半年，三峡坝区累计接收船舶生活垃圾 764.7 吨，生活污水 62587.5 吨，含油污水 3642.1 吨；坝区水域常年上线运营的 56 艘旅游客船全部完成生活污水排放阀"双铅封"，实现水污染物"零排放"。

污染物接收流程中，微信小程序"净小宜"时刻发挥作用。船舶接单、分类转运、污染处置……"净小宜"监控着协同治理成效，并适时作出评价："船船协同率 94.31%""船岸协同率 97.44%""岸岸协同率 99.75%"。这不仅通过线上全流程实现了污染物闭环管理，还为"接收区域船舶数量与提交污染物数量""码头接收能力""污染物处置情况"等板块提供了数据支撑，提升了航运效率。截至 2023 年 6 月 9 日，"净小宜"接收成交单次数累计突破 50 万。自 2019 年 11 月 28 日"净小宜"系统正式上线运行以来，宜昌江段累计接收长江船舶污染物 494552 吨；累计转运船舶污染物 489689 吨，处置船舶污染物 488025 吨，转运率、处置率高达 99%、98.6%。

4. 把好拆除关，取缔非法码头，推动岸线复绿。 治水必先治岸。长期以来，长江岸线码头林立，无序竞争，随意排放，污染严重。为此，宜昌将治理区域由长江干线延伸到清江、香溪河等长江支流，将治理重点由非法砂石码头延伸到污染严重、不符合环保要求的溜槽码头。至 2021 年，共拆除非法码头 216 个、采砂场 134 家，拆除生产作业设备 500 余台，清运砂石约 290 万吨；腾退港口岸线 42.7 公里，修复长江岸线 97.6 公里、支流岸线 196 公里，实施全域生态复绿 3513 公顷。

通过岸上岸下协同治理，2022 年，长江干流宜昌段水质稳定达到地表水Ⅱ类标准，全市 16 个国考核断面水质优良率为 100%，34 个省控断面水质优良率为 100%，19 个县级以上集中式饮用水水源地水质达标率 100%，均达到国家和省级考核要求。

（二）实施技术改造，确保空气净化排放

宜昌市大气污染物中，化工行业与水泥行业是两大重点工业源。化工产业作为宜昌市第一个产值过千亿元的产业，曾贡献了全市近三分之一的工业产值、全省近三分之一的化工产值，解决了本地大量就业问题，但因其导致的长期气味刺鼻、积灰难除，让沿江居民不敢开窗晒衣。为减少工业废气产生，防治废气污染，宜昌市将企业技术改造融入废气污染治理全过程。

1. 严格源头治理。采用自动化、智能化喷涂设备，选用粉末、水性、高固体分、辐射固化等低 VOCs（挥发性有机物）含量的涂料以及低 VOCs 含量、低反应活性的清洗剂，替代溶剂型涂料、清洗剂，从源头减少 VOCs 产生。

2. 加强过程管控。注重在 VOCs 物料储存、输送、使用、处置等环节实施全过程控制，强化废气收集处理系统运行管理力度，及时更换破损阀门，确保作业车间门窗密闭，杜绝收集处理物料储存设施、工艺过程逸散点废气跑冒，确保"应收尽收"。充分考虑生产工艺、操作方式、废气性质、处理方法等因素，对 VOCs 废气进行分类收集，并按规范要求实施密封点 LDAR（泄漏检测与修复）。结合全市开展的"一企一策"，支持华新水泥、金宝乐器等一批重点企业重点项目开展大气污染物深度治理，规范全市汽修行业 VOCs 污染整治，禁止露天喷涂作业，使用低挥发性水性漆、烤漆房 VOCs 收集处理设施及规范内部管理，开展提标改造、挥发性有机物综合治理、错峰生产等，确保废气排放既达到"国标"，又让"民标"认可。

3. 强化末端治理。鼓励企业不断升级改造各项 VOCs 治理设施，淘汰单一活性炭吸附、光氧催化、低温等离子等治理技术。针对不同治理技术明确具体要求，VOCs 排放量达到 2 千克/时的企业，除确保排放浓度稳定达标

外，去除效率不得低于 80%。采用活性炭吸附技术的企业要选用碘吸附值符合要求的优质活性炭，按期更换并做好台账记录。同时，规范设置废气治理设施及废气排口，做好治理设施运行维护，确保治理设施与生产同步运行。

4. 实施系统治理。进一步规范日常管理，避免发生因管理不善而引起的无组织泄漏等问题。切实履行治污主体责任，完善管理制度和台账资料，持续提升大气治理绩效和评级。通过强化 VOCs 排放控制，有效提升 VOCs 收集率、治理率、治理设施同步运行率。

2018 年 4 月，《宜昌市深化工业技术改造推动工业经济高质量发展三年行动方案》出台，首轮工业技改三年行动投资超过 2400 亿元，技改面由 2018 年的 7.1% 扩大到 85.5%，有效实现污染物减排。2021 年宜昌市抢抓湖北省"技改13条"和新一轮"技改提能 制造焕新"三年行动等政策机遇，大力实施新一轮技改三年行动，共实施工业技改项目 1276 个，完成工业技改投资 739 亿元。2022 年全市共实施工业技改提能项目 1305 个，完成工业技改投资 778.2 亿元。2023 年上半年，全市实施工业技改项目 726 个，完成工业技改投资 269.65 亿元（总量居全省第二位）。

（三）强化综合处置，推动"无废"城市创建

宜昌市一般工业固体废物主要来源于磷石膏、尾矿、炉渣、粉煤灰和污泥。其中，磷石膏产生量最大。2020 年宜昌磷石膏产生量达 1247.23 万吨，占全省的 42%。大量堆存的磷石膏不仅侵占了土地资源，而且对长江水环境安全构成较大风险隐患。针对工业固体废物治理，宜昌市响亮提出建设"无废"城市目标，以工业绿色生产推进固体废物源头减量和资源化利用，降低工业固体废物处置压力。

1. 推进工业固体废物源头减量。鼓励"三磷"企业改进磷酸生产工艺，提高磷资源回收率。优先选择选矿效率高且对矿区生态破坏小的采选生产工艺技术和设备，从源头削减电解工序锰渣产生量。推广余热余压回收、水循环利用、重金属污染减量化、有毒有害原料替代、废渣资源化等绿色工艺技术装备，提升重点行业清洁生产水平。制定绿色矿山建设情况评估体系，建

立绿色矿山管理台账，确保新建矿山正式投产一年后全部达到绿色矿山建设标准。推动绿色矿山建设全过程监管，完善用地、用矿、生态修复等激励政策，落实绿色矿山奖励开采指标。

2. 推进工业固体废物资源利用。推进尾矿、粉煤灰、冶炼渣、工业副产石膏、化工渣等大宗工业固体废物规模化综合利用。推动水泥窑、化工装置等协同处置固体废物，提升大宗工业固体废物综合利用水平。全面推行磷石膏无害化处理，鼓励和支持磷石膏产生企业配套建设无害化处理设施；深化与三峡大学合作，推动磷石膏综合利用技术攻关，加快新技术产业转化，推进磷石膏资源综合利用；建设磷石膏新型建材产业基地，拓宽磷石膏规模化利用市场渠道。推动新能源电池全生命周期管理，探索推广"互联网＋回收"新型商业模式，鼓励产业链上下游共建共用回收渠道；推动废旧动力电池在储能、备电、充换电等领域的规模化梯次应用，加速新兴产业固体废物综合利用。

3. 补齐工业固体废物处置短板。统筹工业固体废物处置设施建设，依托水泥、生活垃圾焚烧等企业开展低值工业固体废物协同处置，提升工业固体废物无害化处置能力。加快推进华新水泥厂污泥干化二期扩容项目建设，推动城镇污水处理厂污泥源头减量。循环利用安琪酵母股份有限公司（以下简称安琪酵母）、宜昌三峡制药有限公司等企业产生的有机废渣、食品厂果胶泥和果渣、酒厂酒糟等重点有机固体废物，推进有机废物资源化处理厂规模化建设，构筑一二三产业融合的产业链发展新模式，使全产业链受益，提升有机固体废物处置设施规模化建设水平。

4. 提升工业固体废物管理效能。制定《宜昌市工业固体废物管理办法》，从固体废物类别清单、具体信息到分类贮存、运输、利用、处置等全过程，健全线上线下监管机制，推动全程规范化管理。建立磷石膏产生企业电子台账，加强磷石膏库环境监管信息化建设；利用处置台账并安装视频监控设施设备，规范一般工业固体废物全过程管理。推动大宗工业固体废物堆场整治，以历史遗留固体废物堆场和尾矿库为重点，建立更新固体废物堆存场所清单，"一企一档"制定整治方案和整改台账，建立长效整治机制。定期对工业企业工业固体废物排污许可实施情况进行检查核实，加大固体废物违规违法行为查处力度，督促企业自觉履行生态环境保护义务和责任。

全过程的工业固体废物管理，推动了其综合利用水平的不断提升，宜昌市获批为国家工业资源（磷石膏）综合利用示范基地，磷石膏综合利用率由2018年的20.4%提升到2022年的83.5%，处于全省领先水平。

（四）坚持标本兼治，助力企业绿色转型

工业污染物治理是治标，降低污染物产生、推动企业绿色转型则是治本。

1. 关闭拆除一批高污染高能耗落后产能。宜昌市坚持监测执法与服务帮扶相结合，通过深入推进"一行一策"，在湖北省率先主动全面退出煤炭生产，历时3年分批关闭121家煤矿企业，2018年全面退出历经200多年的煤矿开采行业。退出的落后产能涉及砖瓦、制浆造纸、水泥、燃煤锅炉蒸汽产能、煤气化合成氨等产业，为产业转型升级打下了坚实基础。

2. 聚焦主导产业建设一批绿色工厂绿色园区。以技术创新带动绿色工程、绿色产品、绿色园区和绿色供应链有序发展。兴发集团、宜昌人福药业有限责任公司（以下简称人福药业）、三宁化工等一批企业建成绿色工厂，枝江姚家港化工园和宜都化工园完成国家绿色化工园认定，全市国家级和省级开发区全部纳入循环化改造，猇亭化工园、枝江经开区纳入国家循环化改造重点支持园区并完成循环化改造。

3. 推动化工行业转型升级。研究制定宜昌化工产业绿色制造体系建设实施方案，推进化工行业绿色转型。在提升传统磷化工产业链上下功夫，着力推动传统磷肥产能提质增效，向高端专用肥方向延伸。推进兴发集团磷—硅新材料项目建设，支持硅橡胶、硅油、硅树脂、白炭黑等一体化发展。推进"磷—煤—盐—硅—氟"协同发展，延伸三宁化工乙二醇、己内酰胺产业链，磷系有机农药及医药中间体等精细化工产品体系，"宜荆荆"磷化工产业集群、绿色化工产业生态圈逐渐形成。

4. 优化能源结构绿色转型。宜昌市坚持稳妥发展水电，大力发展风、光发电和风光水储一体化及多能互补，鼓励生物质能发电；依托现有产业基础，

超前布局氢能源。持续推进新能源和绿色产业发展，大力实施"以电代煤、以电代油"替代工程，有力推动了全市工业企业对自备燃煤电厂和陶瓷窑炉实施燃气替代工程。

"十三五"期间，宜昌市单位生产总值能耗下降 20.5%。2021 年宜昌市单位生产总值能耗、碳排放强度分别下降 20.5%、28.8%；2022 年继续保持下降，有力实现了绿色转型跨越。

三、开展农业面源污染治理

农业面源污染是指农村地区在农业生产和居民生活过程中产生的、未经合理处置的污染物对水体、土壤、空气及农产品造成的污染。其主要来源于农药化肥、农膜、水产养殖、畜禽粪便和固体废弃物。因具有分散性、隐蔽性、不确定性、不易监测等特点，农业面源污染治理难度较大。2017 年，宜昌市全面打响农业面源污染攻坚战，并融入农村人居环境整治三年行动一体谋划系统治理，探索出一套农业面源污染的"加减乘除"法，有力推动了宜昌农业向现代绿色农业的转型发展及农村人居环境的持续改善。

（一）污染治理做 "加" 法

1. 加强治污领导。宜昌市完善市委市政府负主责、县市区抓落实的工作推进机制，加强宣传引导，强化监督工作，坚持一张蓝图绘到底，上下行动"一盘棋"。在全域推进农村人居环境整治三年行动取得阶段性成果后，又启动农村人居环境整治提升五年行动。先后出台美丽乡村建设五年规划等系列文件，将农村人居环境整治作为乡村振兴的切入点和主要抓手，推动各县市区、各部门齐抓共管，社会各界积极参与，明确任务书、路线图、项目单、进度表，切实做到工作开展有遵循、有规范，提升了治理成效与治理效益。

2. 加大治污力度。宜昌市坚持"全域整治、示范创建、精品引领"的治理思路，按照东部生产、西部生态、中部生活格局，做好村庄分类布局，推动建立县域内多规合一的乡村建设规划体系，做到县乡村一个规划管总，一体化推进建设，一个标准从严管控，以规划引领农业面源污染治理。鼓励各县市区争创全国农村人居环境整治先进县、国家农业面源污染治理示范县。截至2022年，累计命名2个国家级"两山"基地、4个国家生态文明建设示范区、6个国家级生态乡镇、3个国家级生态村。在已创建300个美丽乡村示范村的基础上，探索创新平台载体，一方面以村为主向村湾、屋场拓展；另一方面以村为主向纵深区域、流域拓展，突出农村污水资源化利用这一重点，吸纳社会资本参与建设。同时，充分尊重农民主体地位，不再将所有的农村生活污水"大包大揽"，而是有重点、有选择地优先推进，坚持数量服从质量、进度服从实效、求好不求快的原则，以点带面，组织带动农民群众参与治理全过程，变"政府办群众看"为"大家一起干"，共同缔造美好环境与幸福生活。

3. 加大治污投入。2018—2020年，宜昌全域推进农村人居环境整治三年行动，累计投入35.2亿元用于农村人居环境整治和美丽乡村建设，争取落实中央、省级畜禽粪污资源化利用项目资金2.72亿元。2021年，宜昌市又争取上级资金1200万元，完成了10个县市区15处的统筹整村推进农村厕所粪污与生活污水一体化治理和资源化利用项目试点建设。2022年争取中央预算内资金4000万元，助力农村人居环境整治提升。在农村人居环境整治三年行动中，11个县市区均获评优秀等次，枝江、当阳两个县级市分别荣膺2019年度、2020年度全国村庄清洁行动先进县。

（二）农业生产做 "减" 法

1. 以绿色防控项目为抓手，推进农药减量控害。通过安装太阳能杀虫灯，挂粘虫黄板、捕食螨、大实蝇诱球和诱剂等，采用物理和生物方法防治病虫害，减少化学农药用量，保障农产品质量安全。当阳市通过建立全国水稻绿色防控示范点，以生物防治为核心，确保绿色防控技术到位率达95%以上、化学农药使用量减少20%以上、综合防治效果达85%以上，大力推广集成水稻全程绿色防控模式，辐射带动面积达到20000亩以上。

2. 以耕地质量提升为重点，推进化肥减量增效。根据土壤养分情况、作物生长需求，科学制定配方施肥方案，实现精准施肥，发挥肥料效应、减少浪费、减轻污染；同时，建设水肥一体化系统，肥、水同时施用，促进作物根系吸收，提高肥料利用率，减少施肥用工投入；开展生草栽培试验，将生草植株还田作有机肥，减少化肥用量，培肥地力，改良土壤。

3. 以清洁养殖为重点，推进水产污染治理。 推广健康标准化养殖技术。建立宜昌市级标准化基地2个（当阳智攀、当阳飞龙），申报省部级健康养殖示范场3个（浅水湾、龙润天时、康元农场）。推广稻鱼综合养殖7100亩。启动全市水域滩涂养殖规划编制工作，按照省部相关要求，科学划定水产养殖区、限养区、禁养区。全面取缔网箱及珍珠蚌养殖。全市围网养殖强制拆除工作已基本完成，同时落实监管职责，健全长效机制，严防反弹。

4. 以生态拦截系统为阻断，推进污染减量排放。 宜昌市通过农业面源污染监测点建设，摸清全市不同种植模式氮磷流失底数，结合实际精准实施生态拦截，有效阻断径流水中的氮、磷等污染物进入水环境。比如：在杨家榜、车溪人家、嘉馥、玛瑙河等基地里，通过种植植物篱、建设生态沟渠和渗水坝等生物隔离带和工程措施，来控制氮、磷的径流迁移，显著降低了径流的污染物含量；针对全市橘园种植面积较大的实际，创新橘园农业面源污染综合治理技术，通过橘园生草栽培、护坡植特篱生态拦截、地表径流拦截再利用、测土配方施肥、有机肥替代化肥、水肥一体化、病虫害绿色防控、柑橘"七园三改六推"（"七园"即衰老园、低产园、密植园、混杂园、丰产园、精品园、幼龄园，"三改"指改观柑橘园相、改良柑橘品种、改善柑橘品质，"六推"指推行柑橘隔年交替结果技术、水肥一体化技术、平衡施肥技术、绿色防控技术、大枝修剪技术、标准化采摘技术）等八大技术的综合应用，既减少了化肥农药的用量，又减少了橘园氮磷流失，还提高了园地耕地质量。更为重要的是，项目实现了农业污染治理与产业绿色发展的高度融合，果品质量安全水平达到实实在在的绿色食品标准，外在品质和内在品质均得以大幅提升，亩均增收达1000元以上，实现了经济、社会、生态效益的协调统一。

同时，宜昌市不断探索水环境生态修复，通过生态浮床技术净化水环境，浮床上植物可供鸟类休息，下部植物根系形成鱼类和水生昆虫生息环境，同时能吸收引起富营养化的氮和磷，实现水环境修复。坚持开展农田生态景观建设，着眼于长远的自然景观保护和生态平衡，在田埂、荒坡、裸露地等处种植生态景观植物，丰富生物多样性，既保护修护农田生态，又美化绿化了农田环境。坚持开展各基地环境监测，掌握土壤环境质量、作物品质、农药残留情况，推行绿色食品生产标准，推广生态环境友好农产品。

（三）废物利用做"乘"法

1. 推进畜禽粪污循环利用。 2018年，宜昌市制定了畜禽养殖废弃物资源化利用三年行动方案，编制了《宜昌市畜禽养殖"三区"与区域布局方案》和《深入打好畜禽养殖污染防治攻坚战工作方案》，形成了粪污防治的路线图和时间表，对禁养区的散养户、限养区和适养区不需关停的养殖户进行全面治理。组织院士专家团队指导养殖场户推广应用一批节水、节粮、减药、减臭、生态养殖技术或标准，实现了养殖粪污源头减量。针对畜禽养殖粪污，在前端建设污水收集池和干粪棚，在中端建设化粪池和沼气池，在末端建设田间沼液贮存池并配套安装沼液管网，与茶园、果园、农田连接，形成猪—沼—茶（果、菜）循环利用模式。同时，在全市范围内推介全量收集处理就近就地还田粪水肥料化利用、农牧结合粪污专业化能源利用、生物发酵床3种处理技术，不断完善畜禽粪污资源化利用体系，探索推广了县域"大循环"、乡镇"中循环"、场区"小循环"3种畜禽粪污处理模式，已建成县域"大循环"1个、乡镇"中循环"12个、场区"小循环"100多个。经过三年努力，全市畜禽粪污治理任务基本完成；2022年全市畜禽粪污综合利用率达到92%，规模养殖场粪污处理设施装备配套率达到100%。

2. 推进秸秆还田综合利用。 宜昌市一手抓秸秆禁烧，一手抓综合利用，立足肥料化、饲料化、能源化、基料化、原料化，推动秸秆"变废为宝"。针对秸秆资源底数不清的情况，宜昌市2020年开展入户数据调查，科学采集秸秆相关数据，精准填报农作物秸秆资源台账；并对区域内86家从事秸秆"五化"利用的市场主体进行普查，摸清"家底"，建设秸秆资源数据库，为秸秆综合利用政策制定、产业布局等提供数据支撑。加大项目资金争取力度，根据投资方向及时调整申报内容，精心编制项目建议书，2020 年争取到两个批次中央秸秆项目资金 1400 万元，长阳、当阳成为省秸秆综合利用重点县。在优惠政策的激励下，俏牛儿牧业有限公司制造出了动物压缩饼干，受到客户喜爱，年秸秆利用量从 1.5 万吨增加到 3 万吨；长阳平丰环保有限公司将畜禽粪污与秸秆一起发酵，生产出了沼气和有机肥；五峰东恒环保科技有限公司以秸秆为原料生产的生物颗粒，正作为清洁能源畅销于当地的茶企之间……一批社会资本投向秸秆综合利用领域，涌现出一批示范企业和专业合作社，初步形成了"政府＋市场＋农户"多轮驱动的秸秆"五化"利用体系，打造出一整套"村有收储点、镇有收储站、县有收储转运中心"的服务体系。2022 年，宜昌市农作物秸秆收集量 190.78 万吨，利用总量 182.13 万吨，综合利用率达 95.47%，秸秆高值化利用的"宜昌经验"通过农业农村部在全国推介。

3. 推进塑料废弃物回收利用。 长期以来，塑料废弃物是农村白色垃圾重要污染物。宜昌市充分发挥政府引导和市场主导作用，加强塑料废弃物回收政策宣传，鼓励和引导农膜使用大户养成自觉收集的好习惯，严禁私自焚烧和随意丢弃塑料废弃物。全市范围内推进标准地膜示范项目，建立农膜回收利用数据采集平台，布设 200 个采集点，形成监测网络。2021 年，全市回收农膜 2921 吨，回收率 83.9%。远安县是湖北省香菇生产大县，每年春、秋两季香菇种植共产生废弃农膜 420 多吨，占全县总量的 90% 以上。2019 年以来，远安县在食用菌行业试点废弃农膜回收利用模式，动员全县 13 家食用菌企业和种植基地代收菇农脱袋旧膜，通过"政府＋市场"的方式，解决了废弃农膜随地扔弃、随处焚烧等问题，也为菇农增加了收入。

在回收农药包装废弃物等白色垃圾方面，宜昌市将焚烧处理与超市回收充分结合起来。一方面，推动塑料、纸张等可燃物进入水泥窑炉高温处理后作为水泥窑燃料，并应用先进处理系统，对有机废气进行多次分解和提纯处理，转化成塑料制品印刷必备的有机溶剂，既减少了资源浪费和空气污染，又通过附加值提升增加生产效益，实现垃圾进厂"变废为宝"。另一方面，通过"绿色超市"有序开展农药包装废弃物和可回收物积分兑换，从源头推动生产生活垃圾资源化和无害化工作处置。截至2021年，宜昌市在农药生产企业、经营门店、合作社等地布设2840余个回收网点。2021年全市回收农药包装废弃物78.7吨。

（四）农村环境做 "除" 法

1. 除生活垃圾。针对农村生活垃圾产生量大、处理不够彻底，对农村水体污染较大的现实，宜昌市建立并完善"户分类、组保洁、村收集、镇转运、县处理"农村生活垃圾治理处理体系。按照全域覆盖、城乡联动工作思路，全面推动城乡垃圾治理精细化管理工作落小、落细、落实、落地。截至2022年，全市农村地区配置各类垃圾收集设施14万个，建成乡镇垃圾中转站121座，配备农村保洁员1.2万人。全市已形成从生活垃圾产生到终端处理全过程的城乡一体、全域覆盖的链条式管理体系。同时，深入推进农村生活垃圾源头分类试点工作。按照"先点后面、先易后难、先试点后推开"的原则，积极推广枝江"一坑两桶三上门"（"一坑"为沤肥坑；"两桶"为在农户门口设置有害垃圾和其他垃圾两类收集桶；"三上门"为农村卫生保洁员、公路养护员、水利设施管护员"三员"合一，打通使用，定时上门清收）和秭归山区"三山三料"（结合农村高山、半高山、低山不同生产生活特点，开展低山"公益创投积分制"模式、半高山"二次四分法"模式、高山"三料利用"模式）垃圾分类模式，2022年全市农村地区垃圾分类覆盖率已达到50%。

2. 除黑臭水沟。宜昌市采取四个强化措施稳步推进农村黑臭水体治理，取得明显成效。一是强化统筹引导。坚持科学编制农村生活污水治理规划，在全市范围内开展农村黑臭水体排查，最终核定上报农村黑臭水体21条，其中14条纳入"国家清单"，7条纳入"省级清单"。二是强化科学治理。自2020年推进农村黑臭水体治理工作以来，在不断提升专业治理能力的基础上，以点带面逐步推广黑臭水体治理技术。枝江市在水体治理过程中使用环保绞吸清淤、土工管袋原位脱水固结、污泥管袋原位护坡筑岛施工等方法，从根本上避免了传统污染水体治理中污泥外运导致的二次污染和污泥堆存场环境安全问题。宜都市采用清淤疏浚、控污截流、驳岸整治、水体生态修复等手段开展整治。蜂巢约束护坡系统、土工管袋原位处理底泥技术的使用，有效兼顾了防护与环境，河岸生态环境得到改善，生物多样性增加，生态稳定性增强。三是强化资金保障。抢抓中央农村环境整治资金正式将农村黑臭水体治理纳入支持范围的机遇，指导县市区谋划编制以农村生活污水和黑臭水体治理为主要内容的农村环境整治项目。2021年以来，全市新增进入中央农村环境整治资金项目储备库3个项目，总投资1.08亿元。同时，大力整合农业农村、住建、水利、生态环境等各部门资金，推进无害化卫生厕所建设与农村环境整治有机结合，有效解决了部门资金来源单一分散、投入效益低下问题。四是强化运维管护。全面推进河湖长制工作向农村黑臭水体治理工作延伸，建立"渠长制""塘长制"，并依托村规民约，引导村民逐步提升农村生态环境保护意识，进一步完善管护机制。"十四五"期间，14条"国家清单"农村黑臭水体已累计完成治理销号7条（至2022年5月），2023年初全市21条农村黑臭水体还剩10条。

3. 除私搭乱建。宜昌市将村容村貌与农业面源污染治理紧密结合，拆除私搭乱建，打造宜居和美乡村。通过加强"三线"（电力线、电视线、通信线）管控，大力整治户外广告；开展水旁、路旁、村旁、宅旁"四旁"植树，推动乡村"增绿、增景、增效"；进一步夯实"扫干净、收通豁、码整齐、畅沟渠、修缓坡、固陡坎、顺线杆"的建设基点；进一步提升"耕地集、择水居、县城聚、感党恩、守法纪、睦邻里"的创建水平。已初步实现了"田地不撂荒、田间机器响、房前花果香、屋后树映房"的美好环境与幸福生活共同缔造场景，推动了农业面源污染取得实质性成效。

四、防控环境风险

宜昌市是过渡地形生态环境的典型代表，也是多条河流的汇水区，环境敏感性强。在全国生态重要性、脆弱性评估中，处于中等到较高级别水平；在全国自然灾害危害性评估图上，处于中等级别。西部山区地质灾害问题较为突出，水利水电资源开发利用所导致的次生地质灾害频发。总体来看，宜昌市生态环境敏感性及脆弱性特征比较突出，自然灾害及地质灾害风险不容忽视。为提高精准防控能力，夯实安全发展底盘，宜昌市重点抓好以下四类风险防范。

（一）严防＋创新，筑牢固体废物安全防线

1. 防范"三磷"环境风险。"三磷"产生的环境风险主要集中在两个方面：一是含磷废水及地表径流等进入水体，会造成总氮、总磷浓度超标，使水体富营养化，进而暴发蓝藻，造成各类水生物死亡。二是磷石膏库的渗透，加上雨水和洪灾作用，不仅会污染周边水体和居民生活用水，还会对土壤及地下水造成严重污染。因此，宜昌强力推动"三磷"产业绿色低碳转型。

为配合"三磷"专项整治工作，宜昌市围绕化工园区、矿山开采区、水源地补给区等重点区域，组织开展全域综合地质调查、重点污染源和地下水型饮用水源地监测现状调查，全面掌握地下水环境基础信息。针对废弃煤矿山地下水质量状况，对 70 多个废弃煤矿区、200 余家废弃矿山进行调查评估，提出"源头消减＋污染途径阻控＋末端治理"的有效防治对策；针对香溪河流域广洞湾废弃硫铁矿地下水污染防控与修复示范工程，提出"源头阻隔、清污分流"的治理思路，探索出人工干预和生态修复综合治理新模式，并获批国家实用新型专利 1 项。

针对磷石膏堆场给水体带来的环境风险，宜昌市通过"发现险情—启动预案—及时处置"等全过程的应急演练，检验各磷石膏渣场汛期应急救援预案的适用性和符合性，提高各公司应对汛期磷石膏渣场突发紧急情况时的应急组织和处置能力，减少或避免环境污染。同时，加大对磷石膏库的安全监管工作力度，要求必须按设计堆排，确保坝体稳定。针对新建磷石膏库，严格执行"三个一律"用地审批，要求将安全生产在线监测系统和主体工程同时设计、同时投入运行；针对达到设计库容、不再排放作业的磷石膏库果断实施闭库治理，并完成土地复垦及修复。加大磷石膏库安全生产在线监测系统建设力度，加强水环境质量监测预警，确保所有在用磷石膏库安全生产在线监测系统与省应急管理厅综合信息平台联网。通过"三磷"整治及风险排查，有力推动了地表水与地下水、土壤与地下水、区域与场地地下水污染协同防治，确保了水环境安全。

2. 创新小微企业危险废物收集试点"3＋1"范式。宜昌市针对小微企业危险废物的管理处置，严格执行《宜昌市小微企业危险废物收集试点工作方案》，通过遴选评审并报省生态环境厅同意备案，最终确定宜昌康源环保科技有限公司、宜昌七朵云再生资源有限公司、宜昌碧华环保科技有限公司三家企业为宜昌市小微企业危险废物收集省级试点单位。确定由三峡云环境科技（湖北）有限公司牵头，会同三家试点单位，量身打造"统一管理、规范运行、应收尽收、末端兜底、市场有序"的宜昌市小微企业危险废物收集"3＋1"运行管理范式，危险废物利用处置能力稳定可靠。湖北七朵云环保科技有限公司作为小微企业危险废物收集试点单位，在2022年新冠疫情高峰期，及时启动应急处置程序，积极开展医疗废物及有害垃圾收运处置工作，做到了"日收日清"，完成了处置任务。

3. 规范处置防范医疗废物风险。宜昌市加强医疗废物全过程闭环管理。在程序上，严格做到专人管理、及时收集、建立台账、分类收集，协调处置单位及时收集处置医疗废物，确保程序规范精细；在处置环节，对医疗污水严格消毒杀菌，确保污水达标排放，污水池污泥按照医疗废物规范处置，防止病毒通过医疗废水等扩散。同时，严格依法对医疗单位及隔离点环保设施加强监管，重点督促医院规范运行污水处理设施和在线监控设施，传染病污水严格预处理后进入污水处理站二次处理后达标排放。在执法环节，加强日常管理风险研判，科学合理调整现场管理机制；通过对监控视频信息技术应用，做到源头监管有迹可循；强化现场工作人员培训和督导，提高操作规范性和风险防范意识，确保医疗废物及时、有序、高效和安全处置，坚决杜绝疫情隔离点环节的疫情传播链条。在整改环节，执法部门针对整改事项，及时开展"回头看"，时刻查漏补缺、举一反三，严防和杜绝因处置不规范、落实不到位造成二次污染。

隔离点医疗废物问题是医疗废物处理的最大风险点，宜昌市严格按照隔离点医学观察场所技术规范，明确医疗废物收运处置、生活污水消杀处理要求。针对少数隔离点生活污水消杀剂滴速不规范、废水余氯值浓度达不到标准要求、个别隔离点下水道粪污堵塞严重等问题，宜昌市明确专班人员每天值守，全程对涉疫场所开展精细化监督，加强问题隐患检查抽查，严防病菌和危险废物"跑冒滴漏"，确保不留"死角"。

强化环境风险防范和应急管理。坚持预防为主，构建环境风险防控体系，加强危险废物、持久性有机污染物等污染防范与治理，开展土壤污染防治监管执法、固体废物大排查，严厉打击危险废物非法转移、倾倒、利用处置以及非法排放有毒有害污染物和违法违规存放危险化学品等犯罪活动。做好新建项目涉环保邻避问题防范与化解工作。启动大宗固体废物堆存场所风险排查整治工作，组织对存在风险的堆存场所开展土壤环境风险评估，完善防扬散、防流失、防渗漏等设施，制定环境整治方案并有序实施。

（二）力度＋温度，严控噪声污染风险

随着城市化进程的加快，噪声污染成为宜昌市受理投诉最多的环境风险。2022 年 9 月，12345 政务服务便民热线有关城区夜间施工噪声的投诉达 1408件。新修订的《中华人民共和国噪声污染防治法》施行后，宜昌市迅速组建由城管、住建、生态环境等部门参与的噪声污染治理工作专班，从 2022 年 9月开始，持续开展城区夜间施工噪声专项执法行动。

在开展联合执法时，宜昌市坚持疏堵结合，既体现执法力度，又体现服务温度。一方面，将监督执法与科技治理相结合。委托噪声治理专业机构全面监测厂区噪声，精准排查噪声源，重点加强对低频噪声的排查和治理。另一方面，主动对接企业提供精准服务。例如：宜昌市"两网"（污水厂网、生态水网）一标段项目部曾因无证施工被立案查处，原因是使用直流电，导致龙门吊在启动时声响大。城管部门在执法过程中，帮助项目部及时补办证明，企业按要求降低了夜间施工的频次，还更换了设备、改进了工艺，降低了夜间施工对周边居民的影响。通过夜间施工噪声专项执法行动，噪声污染投诉率大大降低。

（三）统筹＋联动，紧盯环境领域安全生产

为守牢全市生态环境安全底线，坚决遏制重特大突发环境事件发生，宜昌市紧扣"防风险，除隐患，遏事故"主题，组织开展"安全生产楚天行"专项活动，抓好环境领域安全生产。

1. 全域统筹，共下"一盘棋"。 宜昌市结合安全生产重点领域和重点任务，坚持统筹部署生态环境风险隐患排查整治工作，明确工作任务、实施步骤和工作要求，坚持日常监管执法与重大节假日专项整治有机结合，推动环境领域安全生产全方位覆盖。开展环境安全与应急管理业务培训，提升执法队伍专业能力；通过会议形式组织全市企业开展生态环境领域安全生产管理工作专项培训，并组建专班深入企业继续开展安全生产宣传教育，强化安全意识，筑牢安全红线。开展"环境安全宣传咨询日""安全生产公众日"等系列活动，邀请市民、学生、志愿者、媒体等公众代表走进企业，参观安全生产和污染防治设施、生产运行流程等，近距离感受环境保护与安全生产的规范性与重要性，营造全社会参与生态环保的良好氛围。

2. 地方联动，聚焦重点风险排查整改。 各县市区根据全市统一部署，集中力量加强对危险化学品生产、运输、储存、使用单位，危险废物经营单位，渣场、尾矿库、辐射环境安全及其他较大以上环境风险等级企业单位等重点风险源的排查。针对排查出来的问题，扎实开展风险研判，建立问题清单和整改措施清单，跟踪整改销号。2022 年，市、县两级生态环境部门累计派出 133 个检查组，排查企业 205 家，排查风险隐患 296 处，已完成整改 290 处。不定期现场核查督办，组织对全市 12 个重点尾矿库（磷石膏库）开展风险隐患现场核查工作和汛期安全生产检查工作，针对发现的风险隐患及时下达《关于环境风险隐患问题现场核查交办的函》，督促企业整改落实，着力消除环境风险隐患。认真落实节假日重点安全风险管控措施，做好应急准备以及值班值守工作。2022 年，宜昌市未发生突发环境事件，生态环境领域总体安全生产形势持续稳定向好。

3. 企业参与，共筑环境风险防线。 宜昌市在加强对企业安全生产宣传、培训、检查、执法的基础上，指导企业修改建立全员安全生产责任制，建立

健全单位主要负责人及全员安全生产岗位责任制；在企业内部组织开展专项培训及测试。将安全生产纳入重大节假日前后、春节后复工复产培训第一课必学内容，纳入员工安全生产教育培训重要内容，组织开展专题培训测试。建立监督考核机制，严格考核奖惩，促进全员安全生产责任制落实。对事故易发的 10 类危险作业等建立健全安全生产管理责任制，落实现场安全风险管控责任。组织开展环境安全应急演练，进一步查漏补缺，完善应急预案，补充完备环境应急物资，提升企业及员工的环境安全应急处置能力。

（四）应诉＋回诉，妥善处理环境信访风险

宜昌市针对环境投诉及信访问题，始终遵循四个"第一"：第一时间受理、第一时间调查、第一时间处置、第一时间反馈。针对大气污染问题，坚持重心前移，变事后处理为超前管理，对敏感源企业的"三同时"验收、污染治理设施运行情况、污染物排放情况进行摸排核查，及时了解现状，分析原因，提出对策，力争早发现、早处置、早防范。针对疑难重点案件，特别是群众反映强烈的热点、难点环境问题，综合运用执法和监测两把利刃，严查环境违法行为，倒逼企业对治理设施进行升级改造。针对餐饮油烟、扬尘、噪声等群众重复多次反映的信访问题，坚持"社区吹哨，部门报到"，加强和街办、社区的信息沟通，并强化与城管、住建、交通等相关职能部门的联动，成立工作专班，制定工作方案，细分工作任务，通过部门联动协作形成环境整治的高压态势，确保长期困扰群众的突出环境问题得到妥善解决。

宜昌市通过"四个第一"工作法，针对群众投诉的各类环境污染问题，坚持做到事要解决、案要办结，能够解决的及时解决，不能立即解决的说明理由，争取当事人的理解，支持限期解决，应诉＋回诉的闭环方法，有效保障了人民群众的合法环境权益，得到了群众的高度认可与支持。

第五章　强推化工转型

　　宜昌是长江流域最大的磷矿基地、全国八大磷矿基地之一。20 世纪 50 年代中期，宜昌启动磷矿勘查工作；60 年代末，国家陆续在宜昌兴建了一批大中型化工企业；70 年代，宜昌开始磷矿资源开发利用；80 年代中后期和 90 年代初期，我国最早的磷酸一铵和黄磷生产加工企业成立，实现了磷化工的历史性起步；90 年代后期，宜昌市磷化工产业迅速发展，初步形成磷矿采选、化肥、基础磷化工、精细磷化工等产业链，化工产业为宜昌经济社会发展作出了巨大贡献。进入 21 世纪后，宜昌化工产业全面快速发展，产业链不断延伸，产业规模持续扩大，逐步形成了以磷化工、煤化工、盐化工为主导，硅化工、氟化工为补充的产业格局，涌现出了一批国内外颇具影响力的企业和产品，创造了大量税收和就业机会。2012 年，宜昌市化工产业总产值达到 1211.53 亿元，成为宜昌首个千亿产业；2016 年达到 1906.29 亿元，化工产业产值占宜昌工业产值比重达到 30.6%，占湖北省石化行业近三分之一。2016 年，宜昌市规模以上化工企业 261 家，长江宜昌段 230 多公里的岸线上，分布的沿江化工管道达 1020 公里以上、压力容器 1.72 万余台。化工产业带来的环境压力持续增长，工业废水直排长江、化工企业偷排或超标排污等环境污染问题时有发生，推动化工产业转型已经是宜昌面对的一道必答题。2016 年 1 月，习近平总书记在重庆召开推动长江经济带发展座谈会时强调，要把修复长江生态环境摆在压倒性位置，共抓大保护，不搞大开发。为坚决贯彻落实习近平总书记的重要指示精神，着力解决全市化工行业存在的突出问题，宜昌走上化工产业转型升级之路。2017 年，沿江一公里化工企业"关改搬转"启动，全市化工产业规模企业由 2016 年 261 家减少到 118 家，化工产业总产值下降到 716.8 亿元。经历阵痛，化工产业涅槃重生。2020 年，全市规模以上化工企业 77 家，完成工业总产值 650.9 亿元，当年化学原料和化学制品制造业、化学纤维制造业总产值 746.84 亿元；2022 年，宜昌化工总产值重回千亿元，且精细化工占比由 2017 年的 18.6% 提高到 42.1%；2022年，宜昌绿色化工产业链完成工业总产值 1502.5 亿元，同比增长 29.1%，实现 "V" 形反转。

一、强推化工企业 "关改搬转"

（一） "化工围江" 态势严峻

"十二五" 时期，宜昌的化学工业和全国化学工业一样爆发式增长（化工产业总产值年均增长率达 22.8%），2011 年完成化工产业总产值 879.29 亿元，是 2006 年的 5 倍。而后，宜昌市化工产业总产值呈逐年增加的态势（见表 1），占湖北省化工产值的三分之一。宜昌市化工产业成为全市工业经济发展最快的支柱产业，全市 9 家产值过百亿元的企业中化工企业有 5 家，并且有 4 家跻身中国企业或中国制造业 500 强。全市 7 个县市区已形成 14 个化工园区、化工生产企业集中区，宜昌磷化工产业集群已进入湖北省重点成长型产业集群，宜昌经济开发区猇亭园区、宜昌姚家港化工园入选国家园区循环化改造示范试点园区。但宜昌市化工产业总体上尚未摆脱高投入、高消耗、高排放的发展方式，发展层次较低，全市化工产业仍以氮肥、磷肥等初级产品为主，高端化学品和化工新材料占比小，产业结构性矛盾突出。全市 14 个化工园区，仅 3 个园区初步具备园区化发展特点，其余均处于一厂（一企）一园状态，一体化水平不高。全市中小型化工企业普遍存在经营管理粗放、技术水平较低等问题，技术创新能力不足。受宜昌市地理条件限制和前期发展理念陈旧影响，全市多数园区发展空间不足。部分园区和企业的环保安全资金投入不足、配套设施不完善，管理水平不高、措施不到位、治污效果难保证等问题突出，行业安全、环保意识有待提高。同时随着产业规模的持续扩大，环境压力也持续增大。"三废" 排放量较高（见表 2），尤其是很多污水直接排入长江，长江岸线化工企业排污口呈泛滥之势，化工企业和园区也出现了大量的磷石膏堆积区，为长江生态环境埋下了安全隐患。"化工围江"

态势严峻，最近的化工企业距离长江不足 100 米，化工厂排放大量工业废气，导致宜昌一度雾蒙蒙，人民群众对空气质量颇有意见，环保部门也因水质问题暂停宜昌新增化工项目审批。2017 年初，宜昌因"化工围江"被中央环保督察组点名批评。

表 1　2012—2016 年宜昌市化工产业总产值和生产总值（单位：亿元）

年份	化工产业总产值	生产总值
2012 年	1211.53	2508.89
2013 年	1393.26	2818.07
2014 年	1588.33	3132.21
2015 年	1748.56	3384.8
2016 年	1906.29	3709.36

资料来源：三峡日报社、三峡智库研究院《宜昌绿色化工产业发展报告 2022》，中国三峡出版社，2022 年 6 月。

表 2　2012—2016 年宜昌市"三废"排放量

年份	工业废水排放量 （万吨）	工业二氧化硫排放量 （吨）	工业烟（粉）尘排放量 （吨）
2012 年	20635	65349	15083
2013 年	18419	55077	13998
2014 年	17763	5969	23993
2015 年	18130	72771	30060
2016 年	5919	25996	14959

资料来源：三峡日报社、三峡智库研究院《宜昌绿色化工产业发展报告 2022》，中国三峡出版社，2022 年 6 月。

（二）破解 "化工围江" 主要做法

2016 年 1 月 5 日，习近平总书记在重庆召开推动长江经济带发展座谈会，强调"保护生态环境、建立统一市场、加快转方式调结构，这是已经明确的方向和重点，要用'快思维'、做加法。而科学利用水资源、优化产业布局、统筹港口岸线资源和安排一些重大投资项目，如果一时看不透，或者认识不统一，则要用'慢思维'，有时就要做减法。"这"一快一慢"告诉我们经济发展与环境保护之间怎样取舍。宜昌市深入贯彻习近平生态文明思想和习近平总书记的重要指示精神，坚决落实中共湖北省委、湖北省人民政府部署要求，以壮士断腕的决心，积极探索、先行先试，在长江沿岸率先启动化工企业搬迁整治和化工产业转型升级，破解"化工围江"，推动化工产业高端化、精细化、循环化、绿色化、国际化发展。

1. 统一思想，高位推进。宜昌市坚持把推进长江大保护和生态修复治理作为重要的政治任务，统一思想、凝聚共识、周密部署、高位推进。2017年8月8日，中共宜昌市委常委会（扩大）会议召开，要求严格落实省委、省政府关于"沿长江、汉江、清江1公里范围内，不再布局重化工及造纸行业企业；1公里至15公里范围内，禁止没有环境容量和减排总量项目"的规定，以壮士断腕的决心推进化工产业转型升级。2017年9月，宜昌市委、市政府印发《关于化工产业专项整治及转型升级的意见》，明确要通过专项整治，优化空间布局，调整产业结构，引导化工产业向精细化、高端化、绿色化方向发展；力争通过3年努力，基本建成产业布局合理、技术管理先进、比较优势明显的现代化工产业转型发展示范基地。为实现上述目标，该意见提出了八项工作任务：严格管控产业空间布局，严格执行产业发展政策，严格落实生态环保要求，严格落实安全生产条件，严格规范磷矿开采管理，严格防范磷石膏环境污染，支持化工产业向高端发展，支持化工园区提档升级。宜昌市委多次召开常委会会议研究破解"化工围江"难题，讨论研究相关工作方案，制定出台相关政策；市委主要领导率先垂范，到一线督办推进化工企业"关改搬转"工作，现场研究解决推进中的困难和问题；市政府成立了市长任组长的化工产业专项整治及转型升级工作领导小组，定期分析形势、研究问题、督办进度、部署工作。

2. 规划引领，规范入园。宜昌市编制出台了《宜昌市化工产业绿色发展规划（2017—2025年）》《姚家港化工园总体规划（2017—2030年）》《宜都化工园总体规划（2017—2030年）》等20多个规范性文件，引领化工产业向高端化、精细化、绿色化发展。加强对全市化工园区的规范化管理，对标世界一流循环化工园标准，加快产业集群和园区升级改造，实行"总量控制，集中发展"，制定高标准项目准入条件，严格项目入园评审。《宜昌市化工产业绿色发展规划（2017—2025年）》遵循"产业发展与生态保护相结合、转型发展与内涵发展相结合、规模效应与资源约束相结合、市场导向与政策导向相结合"的原则，其发展目标是：到2025年，宜昌市化工产业绿色发展水平大幅提高，形成以磷矿绿色开发产品为引领，以硅、氟系产品为特色，以化工新材料和高端专用化学品为重点，以宜昌姚家港化工园和湖北宜都化工园为核心的绿色化工产业集群，综合竞争力显著增强，将宜昌市打造成全国绿色发展化工示范区。其主要任务为：整合资源建设绿色矿山，优化工业布局，规范园区建设（优化提升区、控制发展区、整治关停区和禁止发展区），调整产业结构，确保安全发展，加强环境保护。2022年7月，《宜昌市化工产业项目入园指引》公开发布，《市人民政府办公室关于印发宜昌市化工产业项目入园指南的通知》《市人民政府办公室关于印发〈宜昌市化工产业项目入园评审规则〉的通知》同时废止。

　　3. 制定方案，"关改搬转"。根据《国务院办公厅关于石化产业调结构促转型增效益的指导意见》《湖北省人民政府办公厅关于促进全省石化产业转型升级绿色发展的实施方案》文件精神，按照中央环保督察反馈意见整改要求，2017年10月，《宜昌化工产业专项整治及转型升级三年行动方案》印发。其工作目标是：到2020年，全市化工产业结构调整和转型升级取得重大进展，实现高端化、精细化、绿色化、集聚化、循环化发展，基本建成产业布局合理、技术管理先进、比较优势明显的现代化工产业基地。其主要行动，一是优化产业布局，包括优化园区布局、规范园区建设、严控沿江布局。二是调整产业结构，包括加快淘汰落后和化解过剩产能、着力发展高端产能、完善技术创新体系、推动企业兼并重组。三是推进绿色转型，包括加快先进技术改造提升、加快节能减排循环利用、加快推进磷石膏生态堆存和综合利用、强化安全生产。四是实施"五个一批"专项行动：关停一批（对处于长江及其支流1公里范围内、饮用水水源保护区范围内等8种情形的化工企业或装置，坚决依法依规予以取缔和关闭）；搬迁一批（对符合国家产业政策、产品有市场、技术工艺水平较高的，且具有处于城镇人口密集区生产危险化学品等5种情形之一的化工企业，限期搬迁转移进入优化提升区或外地化工集中区）；改造升级一批（对符合产业政策、区域产业定位和区域或园区功能定位达到安全、环保、消防等方面要求的化工企业进行工艺绿色化升级改造）；国际合作一批（发挥本市化工产业比较优势，加快国际产能合作，开拓新兴市场）；实施一批环保、安全和技术改造重大项目。宜昌沿江134家化工企业，计划关停34家、就地改造57家、搬迁入园36家、转产7家。2017年9月17日，湖北香溪化工启动拆除，成为沿江化工产业转型升级行动的"第一拆"，拉开了宜昌化工企业"关改搬转"的大幕。2018年2月9日，投资100亿元的湖北三宁搬迁转型项目在宜昌姚家港化工园开工。同年4月，兴发集团实施沿江区域"关停、搬迁、转型、治污、复绿"等五大工程，腾退复绿900米长江岸线；7月30日，兴发集团宜昌新材料产业园内，有机硅技术改造升级、氯乙酸醋酐催化连续法技改等一批转型升级项目开工。同年12月，宜昌市首个污染土地修复项目——宜昌田田化工有限责任公司遗留工业污染场地修复项目完工。2019年4月，湖北宜都化工园区内，宜都市华阳化工有限责任公司年产1.5万吨紫外线吸收剂项目，湖北新洋丰肥业股份有限公司磷酸铵、聚磷酸铵及磷资源综合利用项目施工进度稳步推进。同年10月，位于宜昌姚家港工业园区的宜昌聚龙环保科技有限公司新厂正式建成投产，成为宜昌启动沿江化工产业专项整治和转型升级行动以来，首家投产的搬迁入园化工企业。截至2020年底，宜昌沿江134家化工企业累计完成"关改搬转"任务124家（其中关停38家、就地改造60家、搬迁19家、转产7家）。

4. 政策引导，资金支持。一是加大财政金融扶持力度。宜昌市人民政府统筹安排10亿元化工产业转型升级引导基金，采取股权投资的方式支持化工园区企业实施技术改造、装备升级等。从2018年开始，市级财政每年设立2000万元的磷石膏综合利用专项补助资金，2020年增加到4500万元，大力推进磷石膏综合利用；设立1亿元工业技术改造专项补助资金，优先支持化工企业技术改造升级。市政府从污染物排放总量指标调剂、强化用地保障、用能权有偿使用、专项资金支持等方面制定扶持政策，从2018年开始，市财政3年安排5亿元专项资金支持化工企业"关改搬转"。推进绿色化工产业金融合作创新工程，拓宽融资渠道，大力发展绿色债券、绿色信贷、绿色基金等绿色金融。二是积极争取上级政策。支持符合条件的项目争取国家、省级

有关专项资金、地方债券、投资基金等。推动重点化工企业与发电企业直接
交易，支持有条件的化工企业参与区域电网试点和增量配电业务。化工企业
自备燃烧发电机组符合环保等要求的，在按规定承担并足额缴纳政府性基金、
政策性交叉补贴和系统备用费的条件下，其自用有余的上网电量可与公用燃
烧发电机组同样享受超低排放电价支持政策。三是加强土地政策支持。国土
资源部门下达年度新增建设用地计划指标时，根据搬迁改造实施方案确定的
规模和时序，向搬迁改造企业承接地适当倾斜。严格执行工业用地最低出让
价标准，探索工业用地弹性年期出让和租赁制度。四是落实税收优惠政策。
五是妥善解决职工安置。2017—2021 年，宜昌市出台的涉及化工产业绿色发
展的相关政策文件见表 3。

表 3 2017—2021 年宜昌市出台的涉及化工产业绿色发展的政策文件

发布日期	文件名称	核心内容
2017 年 10 月 10 日	《宜昌化工产业专项整治及转型升级三年行动方案》	优化产业布局、调整产业结构、推进绿色转型、实施"五个一批"专项行动、加大政策支持，到 2020 年，全市化工产业实现高端化、精细化、绿色化、集聚化、循环化发展，基本建成产业布局合理、技术管理先进、比较优势明显的现代化工产业基地。
2017 年 10 月 11 日	《宜昌市磷产业发展总体规划（2017—2025 年）》	提高磷资源开发利用水平，加快淘汰落后和化解过剩产能，重点发展高端产品，提高资源综合利用水平，实现绿色发展。
2018 年 1 月 9 日	《宜昌市化工产业绿色发展规划（2017—2025 年）》	整合资源建设绿色矿山、优化工业布局、规范园区建设、调整产业结构、确保安全发展、加强环境保护等，到 2025 年将宜昌市打造成全国绿色发展化工示范区。
2018 年 4 月 3 日	《宜昌市深化工业技术改造推动工业经济高质量发展三年行动方案》	以化工产业转型升级为重点，围绕有机硅材料和磷精细化工等优势产品，扩大产能，延伸产业链；加强宜昌姚家港化工园和湖北宜都化工园规划建设；支持园区公共服务平台升级改造和公共基础设施建设，引导园区主导产业发展壮大。

续表

发布日期	文件名称	核心内容
2018 年 4 月 8 日	《宜昌市化工企业搬迁入园配套政策》	加强污染物排放总量管理，搬迁入园企业原有污染物排放总量指标保留，由"飞出地"直接调剂至"飞入地"，增加部分通过排污权交易获得。保障入园项目用地，优化供地方式，实行土地出让价格优惠。
2020 年 6 月 12 日	《市人民政府办公室关于加强磷石膏建材推广应用工作的通知》	加快推进磷石膏建材研发、生产和供应，强化技术攻关，实施试点示范，分类分区域推进磷石膏建材产品应用，开展环境影响评价。
2021 年 6 月 28 日	《宜昌市大力推动绿色矿山建设工作方案》	到 2023 年，全市正常生产的矿山符合宜昌市绿色矿山标准的比例达 100%，全面进入绿色矿山时代。
2021 年 10 月 8 日	《支持沿江化工企业腾退土地再开发利用的若干措施》	进一步推动全市化工企业转型升级，支持沿江化工企业腾退土地节约集约再开发利用，促进经济高质量发展。
2021 年 10 月	《宜昌市化学工业"十四五"发展规划》	培育石化产业高质量发展新优势，坚持把调结构、补短板、增动能作为主攻方向，围绕产业基础高级化、产业链现代化，加紧布局建设一批重大项目，突破一批关键核心技术，加快培育一批有影响力和竞争力的产业集群，促进石化产业绿色发展、集聚发展和高质量发展。

5. 改革创新，多措并举。研究制定化工产业投资项目负面清单。建立多部门联合执法机制，严格常态化执法和强制性标准实施，加大处罚力度。组建黄柏河流域综合执法局，集中行使水利、环保、渔业、海事等多个部门执法职能，进行统一执法、统一服务，打破行政边界，提高执法监督效率。创新生态补偿机制，以水质"约法"，将水质改善成效与生态补偿资金、磷矿开采计划分配"双挂钩"，对水质达到目标要求的区域给予资金补偿和磷矿开采计划奖励，不达标的则扣缴其水质保证金、削减磷矿开采总量计划。完善资源管控办法，制定出台磷矿开发标准，大力推广绿色生态开采。磷矿开采总

量控制在 1000 万吨以内。建立磷石膏综合利用水平与企业磷矿资源配置规模相挂钩的约束机制和磷石膏综合利用鼓励机制。创新资金筹措机制，按照"财政补助资金＋基金＋绿色债券＋金融"模式，积极筹措化工产业转型升级资金，着力缓解企业转型升级资金压力。

6. 上下联动，共同发力。一是市县联动。市、县两级成立领导小组、工作专班，建立政府引导、市场主导、企业主体的推进机制，形成党政统一领导、相关部门各负其责、全社会共同参与的工作格局。各县市区政府是化工产业专项整治及转型升级的责任主体和实施主体，设立相应领导机构和工作专班，制订具体实施方案；加强同市直有关部门的衔接，落实有关支持政策；负责做好相关稳定工作。市直有关部门各司其职，各负其责，落实专班人员，细化工作措施，加强指导服务，积极支持配合各县市区的化工产业专项整治及转型升级工作。二是政企联动。各级政府做好战略引导，充分激发企业转型发展的内生动力。坚持"一线工作法"，一企一策一专班，全方位、深层次了解企业需求，帮助企业找出路、想办法、解难题。三是区域联动，引导生态脆弱地区到规划的专业园区新建优质项目，发展"飞地经济"。此外，加强宣传动员引导，畅通舆论监督渠道，在全社会营造积极支持、合力推进化工产业专项整治及转型升级的良好氛围。

（三）破解 "化工围江" 主要成效

经过多年的艰苦努力，宜昌化工产业专项整治及转型升级工作得到了上级党委、政府和社会各界的充分肯定。2018 年 4 月，习近平总书记在深入推动长江经济带发展座谈会上对宜昌化工产业转型升级给予了高度评价。2018 年 11 月，国务院通报表彰宜昌破解"化工围江"典型经验做法。2019 年 7 月，国家推动长江经济带发展领导小组在沿江 11 省市推广宜昌破解"化工围江"的典型经验做法。湖北省人民政府连续三年在宜昌召开长江大保护现场推进会，对宜昌化工企业专项整治及产业转型升级给予充分肯定。截至 2022 年底，沿江化工企业"关改搬转治绿"基本完成，化工产业迈向绿色化、精细化、高端化。

1. 化工产业结构实现历史性转变。 化工企业通过"关改搬转",从根本上改变了资源粗放利用的局面,彻底摒弃以要素投入为主导的老路,逐渐转向创新引领的新路上来,宜昌化工产业结构实现历史性转变,精细化工占化工产业产值的比重由 2017 年的 18.6% 提高到 2022 年的 42.1%,呈现绿色发展态势。兴发集团研究开发的"芯片用超高纯电子级磷酸及高选择性蚀刻液生产关键技术"获得国家科学技术进步奖二等奖,实现了产品从"论吨卖"(普通黄磷 1 吨卖 2 万多元)到"论克卖"(黑磷制品每克价格达到 5000 元);湖北宜化新材料科技有限公司年产 2 万吨三羟甲基丙烷(TMP)、宜都市华阳化工有限责任公司年产 1.5 万吨紫外线吸收剂等一批化工新材料项目建成投产,工艺设计进一步优化,产品附加值不断提升。

2. 专业化工园区承载能力有效提升。 坚持高标准设计、全要素配套理念,全力推进宜昌姚家港化工园(调整后园区规划面积 74.81 平方公里,建成面积 22 平方公里,现有工业企业 87 家,2022 年园区实现工业总产值 716 亿元)、湖北宜都化工园(调整后园区规划面积 49.68 平方公里,一期已建成 15.7 平方公里,已有 11 家搬迁入园企业建成投产)等专业园区"环保安全、产业发展、公用工程、物流输送、管理服务"的五个"一体化"建设。加强对全市化工园区的规范化管理,不断优化化工产业布局,加快推进化工园区基础设施规范化建设,不断完善各园区供水、供电、供气、供热、污水处理、消防救援、道路封闭管理、智慧监管指挥平台等要素配套,所有园区均已实现双水源双管网供水,具备双电源或双回路供电条件,全市化工园区承载能力得到有效提升,为化工产业转型升级预留了较足的发展空间。全市化工园区规划总面积 176.9 平方公里,已建成面积 73.4 平方公里。

3. 磷石膏综合利用成果明显。 宜昌市磷石膏综合利用率从 2018 年的 20.4% 逐年提升,2021 年达到 52.3%,2022 年上升到 83.5%,处于全省领先水平。磷石膏综合治理工作在全国形成一定影响力。2019 年宜昌获批为国家工业资源磷石膏综合利用基地,成为全国唯一以磷石膏单一资源为处置目标的国家级基地。2020 年以来,全国磷资源开发及磷石膏利用相关的学术会议、论坛等重大活动连续四年在宜昌举办。本章第四部分将对磷石膏综合利

用进行重点介绍。

4. 长江生态环境修复成效显著。"十三五"期间，宜昌积极实施企业"关停搬转"后长江岸线生态修复，全市累计复绿 5.27 万亩、长江两岸造林绿化 1.34 万亩，累计修复长江干流岸线 97.6 公里、支流岸线 196 公里，全市森林覆盖率达到 69%，居全省市州前列。宜昌纳入国家"水十条"考核的 9 个地表水断面水质达标率、优良率均为 100%，"十三五"以来长江干流宜昌段水质首次全部达到地表水 Ⅱ 类标准。

二、推动化工产业向新能源新材料裂变跃升

2021 年 6 月，中共宜昌市委六届十五次全会暨经济工作会议明确提出，要加快推进化工产业向高端化、精细化、循环化、绿色化、国际化发展，建设精细磷化中心。同年 12 月，中共宜昌市第七次党代会将加快建设精细磷化中心作为今后五年的奋斗目标之一，强调推动化工产业链迈向中高端，向精细化工转型升级，向新能源电池、动力总成、储能新材料持续攀升，向高端纺织面料、医药中间体延伸拓展，实现指数级增长，打造技术先进的化工产业航母，建设世界一流的电子化学品基地、新能源新材料制造业基地。随后，宜昌市以《宜昌市化学工业"十四五"发展规划》《宜昌市新材料产业发展"十四五"规划》《宜昌市建设全国精细磷化中心工作方案》等为引领，加快推动精细磷化中心建设，引导化工产业加速向新能源、新材料裂变升级，同时，不断修订完善新能源电池材料发展规划，着力构建"两园区三基地多聚点"的"2+3+N"产业发展格局。2023 年 8 月，中共宜昌市委七届五次全会暨市委经济工作会议明确提出，做强现代化工新材料产业，力争五年内培育一个世界级产业集群——磷系新材料产业集群。

（一）把握裂变跃升的基础

1. 矿产资源富集。宜昌是湖北省磷矿石的重要生产地、长江流域最大的磷矿基地，位于全国八大磷矿区第二位。宜昌探明地质储量 43.85 亿吨，占

湖北省磷矿资源储量的 54.16%。同时，宜昌累计查明石墨资源储量约 2370 万吨，约占全国查明资源储量的 10%，品位为 4.45%—12.43%，可选性好、易于提纯，大鳞片率较高，石墨化度高，适合于负极材料、石墨烯等高附加值产品深加工。

2. 创新基础扎实。宜昌磷化工领域现有 2 家国家技术创新示范企业、2 家国家级企业技术中心、1 家国家磷产品质量监督检验中心。龙头企业主导制定国际标准和国家、行业标准 49 项。一批关键技术获得国家科学技术进步奖、省部级科技进步奖，黄磷清洁技术生产工艺、草甘膦生产工艺等一批工艺技术全国领先。

3. 产品竞争力强。宜昌是全国重要的磷化工生产基地，主要磷化工产品产能在全省全国占有重要份额。其中，食品级三聚磷酸钠、六偏磷酸钠、次磷酸钠产销量全球第一；草甘膦产量稳居世界第二、全国第一；磷酸铵装置生产能力占全省四成以上；磷复肥生产能力位居国内前三强。

4. 绿色发展领先。宜昌市磷石膏治理工作走在全国前列，拥有全国唯一以磷石膏单一资源为处置目标的国家工业资源综合利用基地。同时，宜昌磷化工与其他化工细分产业链之间实现了副产废弃物循环利用。宜昌高新区荣获"全国精细磷化工知名品牌示范区"，宜昌经济开发区猇亭循环经济示范园区成功入选首批国家级示范试点园区，宜昌姚家港化工园、湖北宜都化工园荣膺工信部"绿色工业园区"称号，宜昌姚家港化工园跻身"国家智慧园区"行列。

（二）明确裂变跃升的方向

化工是宜昌的传统优势，是湖北省重点打造的五大万亿产业之一，必须开拓新的重大增长点，重构竞争优势，实现规模与质效双提升。《宜昌市国民经济和社会发展第十四个五年规划和二〇三五年远景目标纲要》明确提出，实施产业基础再造工程、产业链提升工程、产业集聚优化工程、市场主体培育工程、绿色安全升级工程，推动精细化工绿色转型，重点培育磷化工、煤化工、盐化工、硅化工等产业链，打造全省万亿现代化工产业的核心区和增长极；力争到 2025 年，全市精细化工产业产值达到 1800 亿元，把宜昌建设成全国精细磷化工中心；发展磷基新材料、有机硅新材料、高性能氟材料、石墨新材料等产业。2023 年 8 月，中共宜昌市委七届五次全会暨市委经济工作会议要求，依托世界级战略资源，着力构建"12520"产业体系，其中包括做强现代化工新材料产业——推动磷化工向新能源电池材料和食品级、医药级、电子级磷酸盐等升级，推动煤化工向聚酯、聚酰胺、聚乙烯等延伸，推动盐化工向氯系有机合成及医药中间体等延伸，推动硅化工向精细有机硅、硅材料等方向发展；促进现代化工新材料产业与生命健康、新能源及高端装备、纺织轻工等产业耦合发展；全力打造世界级磷化工产业集群、国家磷复肥保供基地、国家工业资源（磷石膏）综合利用基地，力争 2025 年现代化工新材料产业规模突破 2500 亿元。这为宜昌市化工产业发展指明了方向和路径。

（三）丰富裂变跃升的举措

1. 提升本地企业。 一是塑造磷化企业新优势。宜昌支持湖北宜化集团有限责任公司（以下简称宜化集团）借搬迁契机，与头部企业合作换道新能源材料，全面做优新肥料、新能源、新材料三大板块，在搬迁中实现转型。2023 年 8 月，中共宜昌市委、市人民政府主要领导在宜化集团专题办公，希望宜化集团聚焦目标强信心，抢抓沿海产业转移、国家生产力布局调整、宏观政策利好等机遇，尽心竭力谋发展，真抓实干促转型，聚焦主业强实力，聚焦发展强责任，聚焦党建强治理，在推进高质量发展中当先锋，加快向千亿企业集团迈进。兴发集团是国内磷化工行业龙头企业，2022 年该集团实现营收 303.11 亿元，同比增长 26.81%；归母净利润 58.52 亿元，同比增长 36.67%。在 2023 年《财富》中国 500 强排行榜上，兴发集团位列第 427 位，较 2022 年上升 50 位。宜昌支持兴发集团依托黄磷和无水氟化氢，与全球电解液龙头天赐材料合作发展六氟磷酸锂、双氟磺酰亚胺锂等新型电解质产品；支持兴发集团以兴镍万吨镍盐为基础，大力发展镍钴锰原料、三元前驱体、三元正极材料产业；支持三宁化工与天锡材料合作生产磷酸铁，推动宜都容汇加快电池级碳酸锂、氢氧化锂建设，配套生产磷酸铁锂材料。二是改造本地种子赋能。湖北江宸新能源科技有限公司、湖北江升新材料有限公司、湖北江为新能源有限公司、欧赛新能源科技股份有限公司、湖北睿赛新能源科技有限公司、湖北宇隆新能源有限公司是本地优秀的新能源动力电池产业链企业，宜昌坚持一企一策，加大支持力度，帮助企业引入外部资金和智力支持，快速提升技术水平，占领细分市场，成为头部企业在宜昌快速扩能的合作对象，跻身主流供应链，使本地种子长成参天大树。

2. 产业全链布局。一是提升传统磷化工产业链。围绕农用肥料、精细磷酸盐、新能源材料、黑磷、氟资源回收及深加工产品、磷石膏综合利用等重点方向全面提升宜昌磷化工产业整体实力和综合竞争力。二是打造现代煤化工产业链。以宜化集团、华强化工等的一批煤化工转型项目为支撑，发展以三宁化工为龙头的碳一化工制造产业链，形成现代煤化工向下游精深加工发展新材料的格局。三是升级盐化工产业链。依托氯碱项目，利用煤化工及石油化工中间产品、成品，形成"卤—盐—两碱—精细化工—盐化工新材料"产业链。四是延伸硅化工产业链。依托现有技术力量和市场优势拓展有机硅产业链，推动有机硅单体生产向精细有机硅、各种助剂、硅材料等深加工方向发展。五是突破氟化工产业链。围绕磷矿伴生氟资源的优势，发展以兴发集团为龙头的氟基新材料产业链，扩大无水氟化氢产品的规模，配套开发下游含氟精细化学品、氟碳化学品、含氟聚合物等。六是大力发展化工新材料产业。面向国家重大需求和人民生命健康需要，围绕航空航天、交通设备、电子信息、生物医药、环保节能及其他战略性新兴产业等领域发展电子化学品、新能源储能材料、高性能纤维、生物基可降解材料、医药化工产品及其他重点化工新材料。

3. 借力抱团发展。更大力度统筹全市资源，招引头部企业来宜建链强链。深入研究与三峡集团合作发展新能源路径，促进三峡集团、宁德时代、国家电网与本地化工企业深入合作。开展区域产业协同行动。发挥宜昌化工示范引领作用，在宜荆荆合作建设国家磷化工产业集群基础上，深度推进规划协同、产业链耦合、园区联合、协同创新、分工协作。荆州建设全国"碳

—磷—硅—盐"化工融合发展产业基地、荆门建设国家绿色化工示范基地、恩施建设国家页岩气产学研用高地。四地在推动传统化工裂变升级、推进化工绿色低碳发展方面积极探索，全力打造高效协同、绿色低碳、安全智能的世界级绿色化工产业集群。

三、做强精细磷化工产业

"十四五"以来，磷化工产业进入高质量发展关键期，加强技术创新、业态模式创新、政策创新，推进产业协同发展成为磷化工业内共识。宜昌市抢抓新能源电池迅猛发展的机遇，加快构建磷矿资源、化工原料、新能源材料、新能源电池、新能源装备全产业链，全力推动绿色化工产业裂变升级，着力打造世界动力电池产业集群和核心基地。2021年10月，《宜昌市化学工业"十四五"发展规划》印发，明确要提升传统磷化工产业链。该规划明确提出：着力将宜昌市磷化工产业打造成高端产业集聚、绿色转型突出、比较优势明显的现代磷化工产业集聚地。重点建设全国磷精细化工示范基地、国家磷复肥保供基地、国家工业资源（磷石膏）综合利用基地、全国精细磷化创新中心、全国磷化产品交易中心、全国磷化产品检验检测中心、电子化学品专区，建成全国精细磷化中心。力争到2025年，全市规模以上磷化产业产值突破1000亿元。其发展方向为农用肥料、精细磷酸盐、新能源材料、黑磷、氟资源回收及深加工产品、磷石膏综合利用。2022年4月，《宜昌市建设全国精细磷化中心工作方案》印发。宜昌做强精细磷化工产业，主要发力方向有：

（一）加快磷化产品裂变升级，打造全国磷精细化工示范基地

一是立足现有基础，加快调整优化磷化产品结构，着力向磷系新能源、新材料方向转型，重点发展以磷酸铁、磷酸铁锂、六氟磷酸锂、聚偏氟乙烯等为代表的磷系新能源材料，延伸发展储能系统、动力电池、新能源汽车等产业，构建矿产资源—化工原料—新能源材料—新能源电池—新能源装备

（设施）全产业链。二是巩固兴发集团精细磷酸盐的国内龙头地位，重点发展三聚磷酸钠、六偏磷酸钠、次磷酸钠等食品级、医药级、电子级精细磷酸盐。三是推进磷矿伴生氟资源综合利用，扩大无水氟化氢产能，配套开发下游氟树脂、氟橡胶、含氟精细化学品等项目。四是优化升级生产工艺，大力开发阻燃剂新品种，发展高纯 TCPP、BDP、TEP 等高附加值产品，提高应用服务能力和市场知名度。表 4 为宜昌精细磷化产品重点发展方向。

表 4　宜昌精细磷化产品重点发展方向

发展方向	主要产品	重点依托企业	重点对标企业
磷系新能源材料	磷酸铁、磷酸铁锂、六氟磷酸锂、聚偏氟乙烯	兴发集团、宜化集团、三宁化工、史丹利、睿赛新能源、欧赛新能源	德方纳米、湖南裕能、国轩高科、多氟多、宁德时代、天赐材料、巴斯夫
精细磷酸盐	三聚磷酸钠、六偏磷酸钠、次磷酸钠等食品级、医药级、电子级精细磷酸盐；功能性磷酸盐、复配磷酸盐、聚磷酸、聚磷酸铵	兴发集团	美国伊诺福、比利时普瑞扬、德国布登海姆、以色列化工集团、德国巴斯夫、韩国 LG 化学
化工新材料	硅橡胶、硅油、硅树脂、白炭黑、氟橡胶、氟涂料、含氟精细化学品	兴发集团、宜化集团	巴斯夫、杜邦、索尔维、沙特基础工业
磷系阻燃剂	高纯 TCPP、BDP、TEP	远安吉星化工、磷化工研究院、富彤化学	拜耳、德固赛、陶氏、万盛股份

（二）推动磷资源梯级高效利用，打造国家磷复肥保供基地

一是集约节约利用磷矿资源，加大对中低品位磷矿利用，将入选品位降低 2—3 个百分点，达到 18％ 左右，提升磷矿资源综合利用效率。二是推动兴发集团、三宁化工、宜化集团对外开展资产并购、产业整合，促进优质资源向优质企业集聚，形成 2—3 家具有国际竞争力的行业领航企业，提高主体保供能力。三是以推动发展磷酸铁锂正极材料、配套消纳磷酸渣酸为重点，稳步发展本市磷复肥，有序推动肥料产品结构向新型肥、专用肥、特种肥转型，不断优化肥料产品结构。到 2025 年，宜昌市磷复肥产能产值占全国的比

重提高到 20% 左右。

（三）推动磷石膏综合利用治理，建设国家工业资源（磷石膏）综合利用基地

2019 年 10 月，宜昌市获批为国家工业资源（磷石膏）综合利用基地，为进一步推动基地建设，宜昌通过实施源头减量化、磷石膏无害化、应用规模化、创新标准化等工程，努力蹚出磷石膏综合治理、系统治理、协同治理新路，到 2025 年将宜昌建成全国有影响力的磷石膏综合治理示范城市。

（四）攻克面向重大需求的"卡脖子"技术，建设湖北电子化学品专区

围绕打造国际一流、国内领先的电子化学品研发生产基地的目标，主要依托兴发集团和湖北三峡实验室，攻克一批面向重大需求的"卡脖子"技术，实施一批重点产业化项目。大力发展湿电子化学品、电子级特种气体、电子级电镀液、电子级研磨液、电子级前驱体、电子级封装材料等高端电子化学品，大幅提高中国电子化学品产业的自给率，为湖北省"光芯屏端网"产业集群提供重要支撑，成为国内重要的电子化学品研发生产基地。

（五）推进精细磷化创新中心建设，促进磷化产业裂变升级

依托湖北三峡实验室，逐步整合现有科技创新资源，着力解决磷化工技术发展的瓶颈问题和共性难题。特别是针对磷石膏治理难题，成立磷石膏利用研发中心，力争在磷石膏利用技术和产业化应用方面取得实质性突破。湖北三峡实验室主要承担实验室磷石膏综合利用方向的基础研究、应用基础研究和关键核心技术研发及其成果转移转化工作；相关高校、固体废物研究机构、大型环保集团和宜昌市磷石膏综合利用产业协会等单位参与磷石膏利用研发中心组建，推动磷石膏利用技术成果产业化。

（六）推进磷化产品检验检测中心建设，搭建宜昌磷化产业技术平台

以三峡检验检测中心为主体，逐步整合计量、标准、信息化等同类质量基础设施资源，建设集标准制定、专利研究、技术咨询、技术服务、计量检测为一体的"一站式"质量基础设施服务平台；发挥国家磷产品质量检验检测中心作用，提升涉磷产品全项检测能力，逐步扩大服务范围，实现立足宜昌、辐射湖北、服务全国。力争到 2025 年成为具有全国影响力的公共检测服务平台。

（七）建设全国磷化产品交易中心，提升宜昌磷化产业的辐射带动能力

借鉴中国（太原）煤炭交易中心模式的成功经验，结合磷资源特征和宜昌市的区位特点，通过线上线下场景化分阶段推进，建设"一平台四中心"，即磷矿石和磷产品现货数字交易平台、即时信息中心、仓储物流中心、金融服务中心和检验检测中心，促进磷资源整合优化、产业提质增效、管理数字赋能、金融服务和技术服务的系统性功能提升，力争到 2025 年形成 5000 亿级服务规模的综合性数字化交易平台，将宜昌打造成为面向全国的磷矿石及磷产品集散交易中心。

四、开展磷石膏综合利用

磷石膏是磷化工生产过程中产生的伴生物，每生产 1 吨磷肥，就会副产 5 吨磷石膏。大量磷石膏的堆积不仅占用土地资源，还存在安全和环保隐患，提高其综合利用率是全球面临的共同难题。中国现有磷石膏堆存量约 10 亿吨，磷石膏综合利用率达 50% 以上，远高于世界平均水平，但由于集中产生、大量堆存、复杂难用，磷石膏已成为长江经济带大宗工业固体废物综合利用的痛点和难点。湖北是磷化工大省，磷矿保有资源储量、磷矿年开采量、

磷化工规模、磷肥产量均居全国第一，磷石膏堆存量约 3000 万吨。加大磷石膏综合治理，推进磷石膏综合利用，既是湖北省磷化工产业转型升级的艰巨任务，也是坚持生态优先、绿色发展的必由之路。为破解磷石膏综合利用这一难题，湖北省先后出台了《关于加强磷石膏综合治理促进磷化工产业高质量发展的意见》《湖北省磷石膏污染防治条例》《湖北省磷石膏无害化处理技术规程（试行）》等文件，推进全链条治理、综合性防治，促进磷石膏污染防治和综合利用。宜昌市围绕"前端减量、中端提级、末端应用、全程治理"的要求，全面加快磷石膏资源综合利用和升级改造，推进磷石膏利用规模化和产业化，积极创建磷石膏综合治理样板城市。"十三五"时期，宜昌市多措并举破解磷渣难题：一是出台相关政策。《关于促进磷石膏综合利用的意见》《宜昌市磷石膏综合利用三年行动计划（2018—2020 年）》《市人民政府办公室关于加强磷石膏建材推广应用工作的通知》等一系列指导性文件相继印发，宜昌磷石膏综合利用的路径得以明晰。二是设立专项补助。宜昌市级财政每年安排 2000 万元专项补助资金，2020 年再增加 2500 万元，支持企业加大磷石膏综合利用、创新成果转化及市场推广应用。三是建立奖励制度。建立磷石膏综合利用、磷矿绿色矿山建设与磷矿资源奖励相挂钩的激励机制。2020年在全市磷矿开采总量控制计划中预留 50 万吨作为磷石膏综合利用、磷矿绿色矿山建设奖励指标，并兑现到位。四是成立产业协会。2020 年 8 月，45 家磷石膏产业链上下游企业、研究机构组建宜昌市磷石膏综合利用产业协会，加强行业自律和关键共性技术攻关。2018 年，宜昌磷石膏产生量 526.76 万吨，磷石膏综合利用量 107.46 万吨，综合利用率 20.4%；2020 年，宜昌磷石膏产生量 1247.23 万吨，磷石膏综合利用量 512.6 万吨，综合利用率 41.1%。"十四五"以来，宜昌为加快推进磷石膏综合利用，采取了如下举措：

（一）构建治理体系

中共湖北省委、湖北省人民政府《关于加强磷石膏综合治理促进磷化工产业高质量发展的意见》出台后，宜昌市迅速出台实施方案，市委、市政府多次召开会议研究磷石膏综合治理工作，主要负责同志多次深入磷矿产区、磷化工企业开展实地调研。成立宜昌市磷石膏综合治理攻坚指挥部，由市政府分管副市长担任指挥长，同时相关县市区比照成立磷石膏综合治理工作机构，形成"企业主体责任、属地政府管理责任、部门分工负责"的推进机制。2022 年 7 月，宜昌市印发《关于加强磷石膏综合治理促进磷化工产业高质量发展的实施方案》，提出确保三年之内实现当年产生的磷石膏当年全部综合利用、力争历年结存的磷石膏五年内全部消化。

（二）强化科技创新

持续建设高能级科创平台。依托湖北三峡实验室，宜昌市成立了磷石膏利用研发中心，聘请中国地质大学（武汉）王焰新院士等为首席科学家，研发团队成员超 40 人，围绕磷石膏源头减量、过程净化、综合利用、无害化处置和土壤改良五个重点方向，着力解决磷化工技术发展的瓶颈问题和共性难题。依托三峡公共检验检测中心和重点企业，成立国家磷产品质量检验检测中心和 4 个省级磷石膏资源综合利用创新中心。加快构建磷石膏标准体系。在宜昌市标准创新服务平台开辟"工业资源磷石膏综合利用"专题板块，全市企事业单位参与制（修）订磷石膏各级各类标准 16 项，立项 7 项。其中，国家级团体标准《公路路面基层用磷石膏矿渣水泥稳定材料应用技术规程》《道路过硫磷石膏胶凝材料稳定基层技术规程》填补了国内磷石膏道路材料应用标准空白。至 2022 年底，宜昌市拥有磷石膏综合利用领域相关专利 234 件。

（三）坚持全程治理

按照"前端减量、中端提级、末端应用、全程治理"原则，蹚出一条符合宜昌实际的磷石膏综合治理新路。一是前端减量管控。坚持以磷矿开采减量化促进磷石膏减产和磷矿资源利用效率提升，全市磷矿采矿权总数控制在 39 家以内，开采总量控制在 1000 万吨以内；支持和鼓励生产企业采用先进选矿技术，严格尾矿管理，加快推进 20 家磷矿矿山物理选矿厂项目建设，大力推动绿色矿山建设。二是中端优化提级。推广半水—二水法等先进磷化工艺，实现磷石膏减量和品质提升；加快推进精细磷化中心建设，不断优化调整磷化产品结构，着力向磷系新能源、新材料裂变转型；同步推进磷石膏减害、无害化工艺应用，支持宜化集团、兴发集团、三宁化工等磷石膏产生企业加快建设无害化处理装置。三是末端应用拓面。围绕磷石膏规模化、工业化利用，谋划建筑材料、路基材料、磷石膏制酸等三大综合利用方向，同时狠抓综合利用装置能力建设。

（四）加强政策引导

宜昌市财政连续三年共安排 8500 万元磷石膏专项补助资金，对技术创新、综合利用产品制造、新建综合利用装置、市场推广应用等进行补助，县市区财政予以配套补助。积极争取国家、省专项资金 3900 万元支持磷石膏综合利用项目建设。支持湖北三峡实验室成功申报 2022 年度国家重点研发计划"磷石膏源头提质及规模化消纳技术及集成示范"重点专项，获批中央财政资金 2800 万元。11 个项目成功申报 2022 年度省级磷石膏综合治理专项资金 4205 万元。建立黄柏河流域水质达标、绿色矿山建设与磷矿资源相挂钩的激励约束机制，每年在全市磷矿开采总量控制计划中安排 50 万吨作为磷石膏综合利用奖励指标，安排 100 万吨作为黄柏河流域水质达标奖励指标。

（五）推进信息化监管

全市 10 家磷石膏产生企业和 91 家磷石膏相关企业在湖北省磷石膏信息化监管平台完成注册，市相关主管部门指导督促磷石膏产生企业及其相关生产经营者规范建立磷石膏管理台账，据实在平台上进行填报，初步实现了磷石膏产生、收集、贮存、运输、利用、处置等全过程监管信息可追溯、可查询。

（六）强化治理氛围

2020 年（第三届）全国利废新材料科技大会暨长江经济带磷石膏综合利

用技术交流会、2021 年长江经济带绿色发展高峰论坛、2022 年第三届中国磷资源开发学术研讨会暨磷石膏综合利用技术高峰论坛、第十六届全国石膏技术交流大会及展览会暨第十二届中国建筑材料联合会石膏建材分会年会、2023 年全国磷石膏综合利用现场交流会等重大会议（活动）在宜昌成功举办，宜昌磷石膏综合治理工作在全国形成一定影响力。

宜昌市 2021 年磷矿总生产规模 3295 万吨/年，磷矿物理选矿总选矿规模 790 万吨/年，磷石膏实际产生量 1243 万吨，实际综合利用量 651 万吨，综合利用率 52.3％。截至 2022 年底，全市培育集聚了磷石膏综合利用产品生产企业 29 家，已建成磷石膏综合利用装置能力 1837 万吨/年。磷石膏综合利用装置能力已超过全市磷石膏产生规模，处于全省领先水平。在建（拟建）磷石膏综合利用项目 18 个，计划总投资 66 亿元，可新增综合利用能力 3000 万吨/年。2022 年全市磷石膏产生量 1191.426 万吨，磷石膏综合利用量 993.5 万吨，综合利用率 83.4％，较 2021 年提升 31.1 个百分点，《2022 年宜昌市磷石膏综合治理重点工作任务清单》完成率达 100％，宜昌磷石膏综合利用处于全省领先水平。2022 年，宜昌市 16 个国考断面水质优良率 100％，34 个省控断面水质达标率 100％，长江宜昌段水质稳定达到Ⅱ类标准，出境断面总磷浓度较 2017 年下降 57％。

第六章　开发清洁能源

中共十八大以来，我国能源发展进入新时代，"四个革命、一个合作"能源安全新战略（推动能源消费革命、能源供给革命、能源技术革命、能源体制革命和全方位加强国际合作）为新时代中国能源发展指明了方向，开辟了中国特色能源发展新道路。在中国能源高质量发展新阶段，宜昌深入贯彻习近平生态文明思想，坚持创新、协调、绿色、开放、共享的新发展理念，以经济社会发展全面绿色转型为引领，以能源绿色低碳发展为关键，构建新发展格局，更好服务美丽中国、健康中国建设。宜昌市清洁能源资源丰富，水能资源开发利用率居世界第一，还拥有丰富的抽水蓄能、页岩气资源储量。2022年宜昌拥有清洁能源产业链规模以上工业企业27家，清洁能源产值298亿元。"十四五"以来，宜昌抢抓"双碳"机遇，发挥清洁能源富集优势，持续推进清洁能源和绿色产业发展，加快"风光水储"一体化建设，构建清洁低碳安全高效能源体系，努力打造清洁能源之都、中国动力心脏，为长江大保护典范城市建设、打造世界级宜昌提供强有力的能源支撑。

一、建设清洁能源之都

（一）构建清洁能源发展格局

1. 深入挖掘资源潜力。宜昌市清洁能源资源品种和开发量均丰富，主要包括水能、抽水蓄能、风能、太阳能、氢能、页岩气和地热能等。全市水电站468座（含三峡、葛洲坝电站），以全国0.2%的土地装备了全国7%的水电装机容量；抽水蓄能资源丰富，资源潜力超过3000万千瓦，"十四五"时期重点实施项目规模达 480 万千瓦，位列湖北省地级市第一位、中部地区地级市第一位、全国地级市第四位。宜昌页岩气远景区资源储量超 7 万亿立方米，具备建成 100 亿立方米产能的资源基础，已列入国家鄂西页岩气勘探开发综合示范区建设总体方案。太阳能、风能资源良好，具有较高的开发利用价值，近期技术可开发量近千万千瓦。宜昌是全国重要精细化工产业基地，副产氢气资源丰富，拥有工业副产氢提纯和电解水制氢的天然优势，为多能互补、各类能源融合发展奠定了基础。浅层地热能资源分布广泛，目前尚处于科学开发利用初级阶段，未来开发潜力巨大。宜昌正围绕"产、供、消"三端协同发力，全产业链推进清洁能源之都建设。"产"，就是发展清洁能源产业；"供"，就是优化能源供给结构；"消"，就是推动能源消费升级。

2. 形成"一轴一区一面多点"产业格局。坚持能源开发靠近禀赋所在地，能源装备制造业向工业园区集中布局的原则，结合全市清洁能源发展实际，以及已建、在建和规划的重点项目情况，进一步优化清洁能源产业项目落地与空间布局。在"十四五"期间引导形成"一轴一区一面多点"的"伞状"清洁能源产业格局。长江清洁能源产业综合发展轴主要包括长江干流沿线的宜都市、枝江市、宜昌城区、秭归县等区域，综合发展轴内是宜昌主要的城镇化区域，在现有三峡水电站、葛洲坝水电站等基础上，积极发展风电、太阳能发电，培育壮大发展锂电、氢能等产业，以及清洁能源材料、装备等制造产业，集聚清洁能源生产企业和综合消纳企业，大力开展清洁能源应用示范。东部锂电氢能产业集聚区包括宜昌城区、枝江市（含白洋区域）、当阳市、夷陵区等区域，重点发挥交通便利优势和现有产业基础优势，培育壮大锂电和氢能产业，延伸发展电动船舶、汽车、氢能船舶等装备制造产业，引导清洁能源消纳产业集聚。西部风光水储一体化伞面包括宜都市、五峰土家族自治县、长阳土家族自治县、秭归县、兴山县、远安县、夷陵区等区域，重点依托西部山区丰富的水能、风能、太阳能资源优势，建设多能互补基地，推进风光水储一体化发展。建设多处重要清洁能源项目点，姚家港化工园重点发展锂电池材料产业，大力发展磷酸铁锂、三元材料等正极材料，补齐电解液、隔膜等本地化配套能力，加快推进宜昌天赐、宜昌海科等重点项目建

成达效。白洋工业园重点发展清洁能源材料、装备制造产业，加快推进宁德时代一体化电池材料项目和中化新材料产业园项目落地建设。双莲工业园重点发展光伏产业和氢能产业，推进光伏玻璃、光伏组件、光伏电站建设运维等光伏全产业链发展；加快推进氢燃料电池核心材料及关键装备发展，完善"制—储—运—加—用"产业链。猇亭工业园重点发展新能源锂电池及其应用和配套产业，建设锂电池产业园和新能源汽车产业园，布局新能源船舶动力电池产业，其中锂电项目、氢能源项目、风光水互补项目与能源消纳项目为本阶段重点。

（二）落实清洁能源三大行动

1. 优化供给结构，推动水电基地向清洁能源基地升级。以常规水电挖潜和抽水蓄能电站建设为抓手，以风能、太阳能开发利用为重点，以多能互补、源网荷储一体化等基地开发为核心，以氢能、页岩气、地热能等资源开发为战略方向，建立清洁多元能源供应体系，全面升级能源供给结构，提高能源安全保障。

2. 推动消费升级，开创清洁高效能源消费新局面。坚持清洁高效优先，强化引导和约束机制，提高能源利用效率，实施"气化宜昌""电化宜昌""氢化宜昌"策略，加快推广新能源汽车、绿色建筑等，打造"双控、节能、去煤、减油"的能源消费体系，开创能源消费清洁高效新局面。

3. 培育低碳产业，打造绿色低碳经济发展新动能。依托丰富的磷矿、石墨、砂岩矿等资源优势，规模化、集约化开发磷酸铁锂电池、氢燃料电池、太阳能光伏板等各具特色的清洁能源产业。围绕"制—储—运—加—用"产业链，稳妥布局氢能产业发展。依托"世界水电之都"优势以及抽水蓄能电站陆续建设实施，带动区域旅游业等相关产业拓展，形成"三峡＋""抽蓄＋"低碳产业集群。

（三）加大清洁能源推广力度

1. 领导重视高位推进。中共宜昌市委六届十五次全会明确提出，宜昌要加快建设"一江两岸、主城引领、产业兴旺、功能强大、人气鼎盛"的滨江宜业宜居宜游之城,奋力实现六大目标定位,建设清洁能源之都为宜昌第二大目标。2021年12月,中共宜昌市第七次党代会绘就了"六城五中心"的发展蓝图,谋划了"强产兴城"的发展路径,明确了"能级跨越"的发展目标,要求加快建设清洁能源之都。2022年9月,中共宜昌市委七届三次全会强调坚持绿色、循环、低碳发展方向,做绿产业;实施重点产业裂变升级行动,将宜昌建成世界级清洁能源生产基地;围绕清洁能源推广应用,建设中国清洁能源第一市、中国最具韧性的清洁能源之都。市委市政府主要领导多次带队,赴国家相关部委汇报工作,积极争取支持。2023年10月11日,中国(宜昌)绿色能源发展大会在宜昌召开,宜昌市人民政府、三峡集团、中国能源研究会三方正式签署协议,合力打造清洁能源之都、中国动力心脏、全球低碳样板。

2. 政策规划把关定向。组织相关职能部门和研究机构深入开展调查研究,撰写和提交《绿电应用研究》《关于宜昌市新能源调查及抽水蓄能电站电力通道研究的报告》等调研报告;编制印发《宜昌市能源发展"十四五"规划》,谋划清洁能源项目47个,总投资超1000亿元;起草印发《宜昌市"十四五"电动汽车充电基础设施专项规划》《宜昌清洁能源之都规划》《宜昌市氢能产业发展规划》《宜昌市电化长江工作实施方案》《宜昌市绿色智能船舶产业发展五年行动方案(2022—2026年)》等一系列文件。

3. 加大产业链招商力度。建立常务副市长领衔、市发展改革委牵头、中国长江电力股份有限公司为链长企业的"三合一"清洁能源产业链招商工作机制,成立市发展改革委主任任组长的宜昌市清洁能源产业链招商专班。2022年以来,宜昌坚持项目为王,深入推进产业链招商、专题招商、驻点招商;积极寻求新风口、转换新赛道,聚焦生物医药、装备制造、新能源新材料等产业,加大招引力度。制定全市清洁能源产业招商工作方案,编制产业链招商地图、宣传画册和推介PPT,组建宜昌市清洁能源专家顾问团,组织召开全市清洁能源产业链招商推进座谈会,积极争取产业链上下游企业落户宜昌。2022年相继签约楚能年产150吉瓦时新能源电池、欣旺达东风宜昌动力电池、山东海科新能源电解液溶剂等百亿元级项目，中清能源等一批头部企业落户宜昌。

（四）完善清洁能源配套政策

1. 完善能耗管控机制。在湖北省首创"用能权有偿使用"制度，对高耗能项目实行有偿使用、差别收费，对关停企业用能权进行收储。强化能耗强度降低约束性指标管理，对能耗总量实行弹性管理，全力保障符合国家产业政策、节能环保等要求的项目落地建设，坚决遏制"两高"项目盲目发展。深入探索开展区域节能评估，提升能耗管控信息化水平。

2. 完善系列支持政策。引导和引进金融机构，大力发展绿色贷款、绿色股权、绿色债券、绿色保险、绿色基金等金融工具，为碳达峰行动提供长期稳定融资支持。完善和落实有利于绿色低碳发展的节水、资源综合利用等税收政策体系。定期向金融机构推荐一批绿色低碳重点项目，争取绿色信贷支持，优先推荐争取中央、省预算内资金支持。

3. 完善考核评价体系。坚决贯彻落实"新增可再生能源和原料用能不纳入能源消费总量控制"要求，对完成能耗强度考核目标的地区能耗总量在五年规划当期内免予考核。压实工业、交通、住建、商贸、农业、公共机构等六大重点领域责任，形成节能降碳工作合力。加强固定资产投资节能审查项目事中事后监管，坚决查处违法违规用能行为。

二、推进风光水储一体化

2020 年底宜昌市风力发电装机容量规模达到 24.25 万千瓦，年发电量 2 亿千瓦时；全市建成光伏电站 422 个，总装机容量 32.42 万千瓦，当年发电 2.65 亿千瓦时。宜昌市从 2008 年开始开展抽水蓄能电站普查工作，至 2022 年，初步确定一批装机容量规模超过 30 万千瓦的站点资源，总装机容量 2010 万千瓦（相当于再造一个三峡工程）。2022 年 5 月，湖北远安抽水蓄能有限公司、湖北长阳清江抽水蓄能有限公司揭牌成立。至 2022 年 6 月，宜昌已有 7 个抽水蓄能电站纳入国家《抽水蓄能中长期发展规划（2021—2035年)》，其中长阳清江、远安宝华寺和五峰太平抽水蓄能列入"十四五"实施项目。所有这些，为宜昌推进风光水储一体化奠定了基础。

2022 年 4 月和 6 月，中共宜昌市委、宜昌市人民政府两次召开专题会议，研究部署风光水储一体化建设，强调要进一步发挥自然优势、资源优势、产业优势，系统谋划推进"风光水储一体化""源网荷储一体化"发展，不断丰富清洁能源之都的内涵，加快推进产业转型升级、迭代跃升；要抢抓窗口机遇，千方百计攻核准，集中火力抓前期，能快则快早开工，为宜昌未来发展储备更多战略性、基础性资源。

宜昌"风光水储一体化"以电源基地开发为重点，结合资源条件和能源特点，因地制宜采取风能、太阳能、水能等多能源品种发电互相补充，并适度增加一定比例储能，统筹各类电源的规划、设计、建设、运营；遵循国家发展改革委、国家能源局《关于开展"风光水火储一体化""源网荷储一体化"的指导意见（征求意见稿)》中提出的新型电力系统建设方向，坚持合作共享互利共赢理念，持续推进能源供给侧结构性改革，提高各类能源互补协调能力，促进能源转型和经济社会发展。

（一）有序开发利用太阳能

1. 当阳华直、宜昌孚尧、兴山普安等光伏电站相继建成。宜昌迄今建成的最大光伏电站是当阳华直光伏电站，总装机容量为 80 兆瓦，设计年限为25 年，每年发电量可稳定在 9300 万千瓦时左右；以供电标准煤耗 320 克/千瓦时计算，相当于每年可节约标准煤 2.9 万吨，减排二氧化碳 7.26 万吨。华直光伏电站的电不上网，直供华强化工。华强化工是当阳市龙头企业，每年需要的电能超过 6 亿千瓦时，华直光伏电站为华强化工的发展提供了能源支持，为企业未来能源供给转型争取了空间。华直光伏电站还是一座"农光互补"电站，整个项目面板安装高度最低 2.2 米（坡顶处），最高 5 米，平均高度 3 米。抬高后的面板下可种植农作物的选择更多。将面板下的土地流转给专业的农业开发公司，可最大限度提高土地利用率，实现发电、种植、旅游

"一地三用、一光三照"。

2. 兴山县道阳坪等光伏项目正在加紧推进。2022 年 4 月，宜昌发布 2022 年省市级重点项目建设计划清单，在 167 个项目中，光伏项目有 4 个：当阳市 3 个（项目总投资超过 150 亿元），兴山县 1 个（项目总投资约 25.81 亿元）。2022 年 8 月，三里荒光伏电站（一期）已经实现了全容量并网发电，实时负荷达到 13540 千瓦。该光伏电站采用目前工艺最先进的单晶硅太阳能光伏板，该光伏板单块受光面积约 2.5 平方米，使用寿命可达 25 年以上。在完成全容量并网发电后，年发电量 2000 万千瓦时，总经济收入约 1200 多万元，实现了对刘草坡和白沙河工业园区的电力直供，为磷酸铁锂项目提供了有力支撑。全年可减少二氧化碳排放 159.52 吨，减少二氧化硫排放 480 吨，减少氮氧化物排放 240 吨，项目年减排达到 6400 多吨标准煤，将助推兴山县在清洁能源领域多元化发展。

3. 分布式光伏已拉开序幕。分布式光伏系统是指在用户场地附近建设，一般接入低于 35kV 及以下电压等级的电网，所发电以就地消纳为主，且以配电系统平衡调节为特性的光伏发电设施。分布式光伏主要用于户用、工商业建筑屋顶，具有投资小、建设快、占地面积小、政策支持力度大等特点。旭昌新能源承建的宜昌市首个尝试屋顶光伏发电的大型商业综合体，是宜都解放大厦 60 千瓦分布式光伏电站。该建筑为商住综合体，屋顶安装光伏发电项目于 2017 年并网，采用自发自用、余电上网的消纳模式。2021 年 6 月，国家能源局发布了《关于报送整县（市、区）屋顶分布式光伏开发试点方案的通知》，正式拉开了整县推进屋顶分布式光伏开发的大幕。2021 年 9 月，国家能源局公布，列为整县（市、区）屋顶分布式光伏开发试点的县（市、区）共有 676 个，猇亭区和秭归县纳入国家整县屋顶分布式光伏开发试点。

（二）因地制宜开发风电

1. 大力发展高山风力发电产业。风能是重要的能源，风力发电可以有效解决我国的能源供应问题，以及有效减少环境污染和二氧化碳排放。"十三五"以来，宜昌坚持生态优先、绿色发展理念，因地制宜大力发展高山风力发电产业，以清洁能源助力低碳减排。在湖北省 2017 年风电开发建设方案中，宜昌市有 7 个项目被纳入，分别为国家电投宜昌百里荒风电场、宜昌云台荒风电场、湖北能源集团远安茅坪风电场、长阳大岭风电场、长阳小峰垭风电场、长阳火烧坪风电场以及中节能五峰牛庄风电场。2018 年 10 月，湖北省发展和改革委员会批复了华润当阳景山风电场项目（该项目于 2020 年 9 月开工建设）。2021 年宜昌七大风电场（总装机容量 67.3 万千瓦）累计发电 9.641 亿千瓦时，同比增长 377.98%。

2. 风电项目建设成效显著。 百里荒风电场位于夷陵区、远安县交界处，是宜昌首个风电项目，2014 年 10 月正式开工，分两期建设，总装机容量 89.8 兆瓦，2023 年 4 月发电量达 2373.73 万千瓦时，同比增长 24.57%，刷新该风场建成投产以来单月发电最高纪录。云台荒风电场位于湖北省宜昌市 秭归县、长阳县交界处，共装机 82 台风电机组，装机容量 180 兆瓦，年设计发电量 3.5 亿千瓦时。云台荒风力资源充沛，孕育风电项目由来已久。2010 年以前就有相应的风电规划出台，2012 年进入风力测试阶段。2015 年，国家电投集团湖北长原新能源有限公司接手，项目进入实操阶段。2017 年 12 月 19 日，云台荒风电场开工。云台荒项目由长原公司投资 14.4 亿元建设营运，开创了秭归和长阳的风电时代，其中长阳范围内装机容量 100 兆瓦，秭归境内装机容量 80 兆瓦。2020 年 1 月 10 日，云台荒项目首台机组并网发电，2020 年 12 月 31 日，二期风电场顺利并网发电。2023 年 5 月，湖北五峰牛庄 120 兆瓦风电项目通过竣工验收（安装 60 台单机容量为 2 兆瓦的风力发电机组）。"十四五"期间，宜昌市坚持"集中为主，分散为辅"布局原则，充分利用山区风力资源，统筹风电项目开发和配套电网建设，保障风电高效利用、电力系统安全稳定。依托中国节能、国家电投、湖北能源等骨干企业，以五峰土家族自治县、长阳土家族自治县、秭归县、远安县、当阳市、夷陵区等为重点区域，进一步挖掘宜昌市风能利用潜力；按照"本地开发、就近消纳"的原则编制风电发展规划，积极落实规划内项目电网接入、市场消纳、土地使用等建设条件，确保风电有序开发建设，为实现"碳达峰、碳中和"目标贡献"宜昌力量"。

（三）积极稳妥发展水电

1. 深度挖掘水能资源潜力。 宜昌山地多，落差大，适合抽水蓄能电站的发展。抽水蓄能电站不同于传统电站，它由上下两个水库组成，在用电负荷低谷时，用电把水从下库抽到上库储存，等用电高峰时，从上库向下库放水发电。循环往复，为电网削峰填谷。宜昌已有 7 个抽水蓄能电站纳入国家《抽水蓄能中长期发展规划（2021—2035 年）》，项目总装机容量 1060 万千瓦，占全省总装机容量的 27%，总投资约 685 亿元。2022 年 6 月，兴山县抽水蓄能电站项目签约，估算投资约 80 亿元，装机容量为 120 万千瓦。长阳清江抽水蓄能电站项目（总投资 80.88 亿元，装机容量 120 万千瓦）和远安宝华寺抽水蓄能电站项目（总投资超过 82 亿元，装机容量 120 万千瓦）已于2022 年开工建设。2022 年 11 月，五峰太平抽水蓄能电站项目正式获批（总投资 150.23 亿元，装机容量 240 万千瓦）；2023 年 5 月，《湖北五峰太平抽水蓄能电站可行性研究报告》通过了水电水利规划设计总院审查，标志着该项目前期工作基本完成。

2. 清洁电力助力低碳减排。 从电力供给端看，2022 年，宜昌市清洁电力（含水电）总量为 1033.84 亿千瓦时，占全市总发电量 1112.27 亿千瓦时的 92.95%。其中，水力发电 1017.98 亿千瓦时，占 91.52%；光伏发电 2.98亿千瓦时，占 0.27%；风力发电 12.38 亿千瓦时，占 1.11%；生物质发电0.5 亿千瓦时，占 0.04%。从消费端看，2022 年宜昌市电力消费 256.61 亿千瓦时，减去火电发电量 78.43 亿千瓦时，宜昌地方电网清洁能源消费占比约为 69.44%。

3. 实施水电扩机增容工程。 进一步发挥现有水电优势，支持长江电力等大中型水电企业开展节能发电技术研发应用，优化提升水电发电效率。积极开展水电机组现代化增容改造，提高机组安全可靠性，增加发电容量，提高机组效率，"十四五"时期重点实施葛洲坝、高坝洲水电站扩机及隔河岩水电站增容改造工程，有序推进一批具备扩机条件的全市重点小水电站扩机。通过创新开发模式，逐步增加已建大中型水电站丰水期本地消纳份额，争取水电增容改造新增电能留存本地消纳,不断提高区域水能资源利用率。

三、发展氢能、生物质能等新能源

(一)超前布局氢能产业

1. 充分利用氢气资源,打造氢能产业链。宜昌化工副产氢气资源丰富,全市化工产业基础良好,拥有副产制氢企业 5 家,产能 42 亿立方米/年。依托兴发集团、宜化集团、湖北和远气体股份有限公司等企业,利用市内工业副产氢优势,围绕氢能"制—储—运—加—用"产业链,以煤制氢、化工副产气制氢、电解水制氢为主要技术路线,以制氢、储氢、加氢、氢燃料电池为重点方向,加快氢能源产业化步伐,吸引一批国内创新研发、生产制造、工程建设、检验检测龙头企业,打造零排放、零污染、可持续的全链条氢能产业,建设氢能源研发、生产、供应、示范应用基地,积极参与以武汉市为龙头的"1+6+N"国家燃料电池汽车示范城市群建设,融入"武汉＋宜荆荆黄"氢能制造带。2023 年 4 月,《宜昌市氢能产业发展规划(2023—2035年)》(以下简称《规划》)印发,指明氢能产业四大发展方向为氢气制备与提纯、氢气储运与加注、氢燃料电池产业、氢能化工产业,提出按照"核心承载、三翼齐飞、多点支撑"的产业空间布局,打造以宜昌城区为载体的氢能产业发展核心承载区,建设当阳坝陵化工园等氢气制备及核心装备产业集聚区、宜都化工园等氢气储运产业集聚区、宜昌船舶工业园等氢能船舶研发及制造产业集聚区,依托三峡坝区码头、景区、矿区等地建设多个氢能应用示范点。《规划》提出,到 2025 年,宜昌车用高纯氢气产能达到 3000 吨/年;到 2035 年,宜昌将建成具有全国影响力的"中部氢谷"。

2. 抓住市场需求潜力,培育企业发展。从宜昌产业链布局现状看,化工、交通、储能等领域对氢能有着巨大的需求潜力。楚能新能源(宜昌)锂电池产业园、邦普新能源电池一体化、欣旺达东风宜昌动力电池生产基地、东阳光低碳高端电池铝箔、天赐磷酸铁新能源材料、海科新能源电解液溶剂、兴发新能源电池等一批百亿元以上的项目相继开工建设，湖北江宸新能源科技有限公司、湖北江升新材料有限公司、宜昌容汇、兴镍新材料、新成石墨、欧赛新能源科技有限公司、湖北睿赛新能源科技有限公司等宜昌本地相关企业的发展壮大，意味着氢能产业在宜昌具有广泛的应用前景。

3. 聚焦氢能产业发展五大重点任务。 一是打造制氢供氢示范基地，围绕猇亭化工园等园区，加快发展制氢提纯。二是建设高质量燃料电池产业体系，招引龙头企业打造氢能产业特色园区，培育孵化创新型本地企业。三是依托"氢化长江"、氢燃料电池公共交通等示范应用工程，引领长江中上游氢能示范应用。四是推动高质量创新载体、中西部（宜昌）氢能运营管理平台和精准氢能产业人才培育平台建设。五是强化与宜荆荆都市圈、"武汉＋宜荆荆黄"氢能制造带等省内跨区域产业链协同发展。其中，在建设高质量燃料电池产业体系方面，围绕氢能电池在汽车和储能电站领域的应用，布局发展氢燃料电池系统集成。2023年1月，国内首个内河码头型制氢加氢一体站建设项目——长江电力"中国三峡绿电绿氢示范站"投产，设计加氢能力约500公斤/天。2023年7月，国内首艘氢燃料电池动力船"三峡氢舟1号"运抵湖北宜昌杨家湾码头，"三峡氢舟1号"氢燃料电池船氢能动力约4000千瓦时，最大续航里程200公里，主要用于三峡库坝区巡库巡航、海事执法等公务活动。2023年8月19日，"中国三峡绿电绿氢示范站"为"三峡氢舟1号"注入第一方氢能。2023年10月11日"三峡氢舟1号"成功首航，标志着氢燃料电池技术在内河船舶应用上实现零的突破。未来在氢燃料电池主要零部件领域，要布局发展一批氢燃料电池电堆系统、燃料电池电站系统、系统辅件及相关零部件等产品；加强产学研合作，组建集研发设计、生产制造、投资融资、公共服务于一体的氢燃料电池产业联盟，突破氢燃料电池电堆控制系统、氢气制备、燃料电池零部件、加氢、储氢罐等关键核心技术，打造燃料电池系统研发和产业化聚集区。

（二）合理有序布局垃圾发电项目

1. 走"综合利用、多元发展、政府扶持、市场推动"的道路。 以生物质能资源的循环利用和清洁利用为重点，按照"减量化、资源化、无害化"处理原则，因地制宜、多元化发展生物质能源。积极推动垃圾焚烧发电项目建设，重点实施宜昌城区、枝江市、兴山县等生活垃圾焚烧发电项目。鼓励建设垃圾焚烧热电联产项目。因地制宜发展沼气发电，为农村居民供暖、炊事等提供清洁能源，促进农业农村废弃物资源化利用，实现供气、发电、企业自用等多元化利用。

2. 投产焚烧发电特许经营项目。 生活垃圾分类处置的重点工作就是宜昌市生活垃圾焚烧发电特许经营项目，该项目占地约 168 亩，是三峡集团投资建设的第一个生活垃圾焚烧发电项目，也是宜昌主城区首个垃圾发电项目，由长江环保集团长江清源节能环保有限公司、湖北省生态环保有限公司、上海康恒环境股份有限公司，与宜昌城市发展投资集团有限公司联合组成 SPV 项目公司——宜昌市三峡环清能源有限公司，负责项目的投资、建设和运营。宜昌市生活垃圾焚烧发电特许经营项目概算总投资 11.05 亿元。2023 年 6 月，湖北省宜昌市生活垃圾发电特许经营项目投产，进入稳定运行期。该项目设计处理生活垃圾总规模为 2250 吨/日，预计每年可处理宜昌市主城区生活垃圾 55 万多吨、年上网电量 1.71 亿千瓦时，相当于节约标准煤 6.9 万吨，其发电量可供 20 多万人一年生活使用。它采用国际领先的机械炉排炉焚烧工艺；烟气净化采用先进的"6 步法"，排放指标达到欧盟标准；垃圾渗滤液经深度处理后全部回用，实现污水"零排放"；焚烧后的炉渣可制成环保砖等建筑材料，实现再利用。

（三）有效推进生物质能资源综合利用

1. 全面推行"五种模式"建设沼气工程。 宜昌市在生物质能资源综合利用方面进行了有益的探索，主要做法是以小型沼气工程、沼气循环农业示范点项目、秸秆综合利用项目为抓手，有效推动各类生物质能资源市场化和规模化利用，在无害化、减量化处置前提下，将其变废为宝。一般是先对其进行资源化和高附加值利用，对不具备高资源化和高附加值利用条件的废弃物再进行能源化利用。宜昌全面推行"五种模式"建设沼气工程，即：以肥为主，围绕"三园"建设沼气工程，实行沼气综合利用的绿色发展模式；以气为主，围绕农户集中聚居地建设的生态能源型模式；以农业废弃物无害化处理为主，依托养殖场建设的生态环保型模式；种养结合、建管一体的生态家园高效循环利用模式；乡村振兴融合和精准扶贫工程相结合的能源工程模式。近年来，宜昌以实施农村沼气工程为纽带，扎实推进畜禽粪污沼气化处理、资源化利用。截至 2022 年，全市沼气用户达 40.78 万户，拥有大型沼气工程 26 处，小型沼气工程 1228 处。

2. 大力发展生态循环农业。 宜昌以沼气为纽带的生态循环农业模式正迸发出巨大的活力与生命力。利用畜禽粪尿发酵生产沼气、沼肥，沼气提供能源和照明，沼液、沼渣当肥种庄稼，循环往复。以解决畜禽废弃物处理和资源化问题为导向，宜昌市围绕果园、菜园、茶园和农民聚居地，强力推进以沼气为纽带的循环农业示范点建设，共建成夷陵区嘉馥农业公司"菜—沼—猪"等 40 个生态循环农业示范点，全市生态循环推广面积超过 200 万亩。依托大型养殖基地，构建了"果（菜、茶）—沼—畜"的循环经济链条，形成区域范围内的养殖基地、农户、农业大循环格局。2022 年，宜昌市又大力推进以沼气为纽带的循环农业示范区创建，围绕蔬菜、水果、药材等重点产业，分别在宜昌高新区、枝江市、远安县创建了 3 处循环农业示范区，可年消纳粪污 1.3 万吨以上，沼气供应农户 120 余户，沼液、沼渣可为 4000 余亩农田提供有机肥。

3. 秸秆综合利用成绩突出。 宜昌加大龙头企业培育力度，通过产学结合、技术普及等方式，推进秸秆综合利用。开展秸秆饲料精细加工研究，俏牛儿牧业有限公司制造出了动物压缩饼干，受到客户喜爱，年秸秆利用量从 1.5 万吨增加到 3 万吨；长阳平丰环保有限公司将畜禽粪污与秸秆一起发酵，生产出了沼气和有机肥；五峰东恒环保科技有限公司以秸秆为原料生产的生物颗粒，作为清洁能源畅销于当地的茶企之间。饲料化、肥料化、原料化、基料化、能源化"五化"齐头并进。2021 年，宜昌市秸秆综合利用率达 95.78%，秸秆综合利用工作经验被农业农村部在全国推介。2022 年，夷陵区"多点齐发力 推动秸秆高值化利用"典型经验作为湖北省唯一入选农业农村部第一批农作物秸秆综合利用典型案例在全国推广。2023年5月，宜昌市召开秸秆综合利用现场推进会，现场推介当阳市农作物秸秆综合利用经验。2022年，当阳市农作物秸秆综合利用率达95.89%，综合利用量达54.43万吨，其中离田利用达12万吨，形成了以饲料化利用为主，肥料化、燃料化利用为辅的秸秆利用体系。

四、推进页岩气综合利用

页岩气是从页岩层中开采出来的非常规天然气，成分以甲烷为主，常规条件下长期富集在含有机质黑色页岩储层中，是一种清洁、低碳、高效的能源资源和化工原料。但页岩气的页岩储层致密性强，常规钻井无法实现其有效开采，需要借助高压等特殊作业方可获取工业产值，其勘探开发兼具技术要求高、产能衰竭快、开采周期长等特点。我国自2008年开始进行页岩气资源潜力评价，2011年国务院将页岩气认定为中国第172个矿种，2017年纳入国家战略性新兴产业。宜昌地区页岩厚度大、分布广、有机质含量高，为页岩气形成创造了条件。2017年7月，中国地质调查局在北京发布重大成果：位于宜昌市点军区的"鄂宜页1井"经过测试，单井每日获得产量6.02万立方米、无阻气量每日达到12.38万立方米的高产页岩气流。根据该井参数，专家预测宜昌页岩气资源量超5000亿立方米。这一发现实现了中国页岩气勘查从长江上游向长江中游的战略拓展，对形成南方页岩气勘探开发新格局、支撑长江经济带战略和油气体制改革等具有重大意义。2019年10月，鄂西页岩气勘探开发综合示范区建设总体方案获自然资源部批复。2022年5月，省发展改革委制定了《鄂西页岩气勘探开发"十四五"推进方案》，已经省政府主要领导签批同意组织实施。

（一）加强页岩气勘探

1. 开展页岩气资源公益调查和商业勘探。 宜昌页岩气储量7.42万亿立方米，占鄂西探明储量的63.5%。2011年以来，中国地质调查局、中石化江汉油田分公司、中石油浙江油田分公司等多家单位，先后在鄂西地区开展页岩气资源公益调查和商业勘探。2017 年 6 月，中国地质调查局成立南方页岩气调查科技攻坚战宜昌地区现场联合攻坚指挥部，牵头组织鄂西页岩气公益调查。调查证实，宜昌广泛或局部分布 3 套含页岩气层系，即震旦系陡山沱组、寒武系牛蹄塘组、奥陶系五峰组-志留系龙马溪组，均具有形成页岩气的良好物质基础，页岩气勘探潜力较大。鄂西地区具备建成年产 100 亿立方米页岩气产能的资源基础，相当于一个年产 1000 万吨石油的大型油田，每年可为 5000 万至 8000 万用户提供生活用气。

2. 规划先行，做好区块设置。2018 年 2 月，鄂西地区页岩气资源潜力评价成果通过了院士、专家鉴定，预测"远景区、有利区、目标区"地质资源量分别为 11.68 万亿立方米（宜昌 7.42 万亿立方米）、3.27 万亿立方米、0.86 万亿立方米。2019 年底，中国地质调查局公益调查项目现场工作全部结束，转入区块设置阶段。宜昌共设置区块 9 个，总面积约 8500 多平方公里，分别为：当阳-枝江区块（常规油气及页岩气）位于当阳王店镇、两河镇、河溶镇、半月镇，夷陵龙泉镇、鸦鹊岭镇及枝江大部，面积 3491 平方公里；远安区块（常规油气及页岩气）位于远安茅坪场镇、花林寺镇、河口乡、旧县镇、夷陵龙泉镇、分乡镇，当阳庙前镇、淯溪镇、玉泉街办、坝陵街办一带，面积 2504 平方公里；点军区块位于点军土城乡、桥边镇、联棚乡及长阳高家堰镇一带，面积 284 平方公里；夷陵区块位于夷陵龙泉镇、黄花镇、鸦鹊岭镇一段，面积 582 平方公里；长阳区块位于宜都市枝城镇、聂家河镇、姚家店镇、高坝洲镇、红花套镇一带，面积 375 平方公里；秭归区块位于秭归县梅家河乡、磨坪乡、两河口镇、郭家坝镇、杨林桥镇和长阳贺家坪镇一带，面积 551 平方公里；宜昌北区块位于远安县旧县镇、嫘祖镇、洋坪镇一带，面积 221 平方公里；长阳西区块位于长阳龙舟坪镇、高家堰镇、贺家坪镇及秭归九畹溪镇一带，面积 265 平方公里；宜昌东区块位于当阳淯溪镇、庙前镇一带，面积 272 平方公里。

（二）合力开发页岩气

1. 试采工作推进顺利。中国地质调查局、中石化江汉油田分公司、中石油浙江油田分公司先后在当阳-枝江、远安、点军、夷陵等8个区块勘探、试采，部署各类钻井64口，其中，当阳-枝江区块3口、远安区块14口、点军区块8口、夷陵区块6口、长阳区块7口、秭归区块14口、宜昌北区块8口、长阳西区块4口。中国地质调查局在点军土城的"鄂宜页1井"获得6.02万立方米/日页岩气流，在夷陵龙泉的"鄂宜页2井"测试产量3.15万立方米/日，在长阳贺家坪的"鄂阳页1井"测试产量7.83万立方米/日、"鄂阳页2井"测试产量5.53万立方米/日；中石油浙江油田分公司在远安茅坪场的"宜探1井"获得4万—5万立方米/日页岩气流；中石化江汉油田分公司在夷陵龙泉的"宜志页1HF井"获得5万立方米/日工业气流。据初步统计，2011年以来，中国地质调查局、湖北省自然资源厅、中石化江汉油田分公司、中石油浙江油田分公司等单位在宜昌累计投入各类勘探开发资金约17.2亿元，其中当阳-枝江区块完成投资3.6亿元，远安区块完成投资10亿元，点军、夷陵、长阳西等6个区块累计完成投资3.6亿元。

2. 产能建设初见成效。中石化江汉油田分公司在当阳-枝江区块的夷陵龙泉已完成试采地面工程建设，建成高压供电系统、站内试采流程、输气管线3.4公里，有两口井投入试采，一是夷陵龙泉镇的"宜志页1HF井"，2021年1月通过输气管线向宜昌城区进行商业供气，累计出气量约500万立方米；二是当阳王店镇的"宜志页2HF井"，2021年4月完成钻井，2022年3月完成试采地面工程建设，日产页岩气1.7万—2万立方米，通过管道向宜昌城区供气，累计供气约300万立方米。"宜志页3HF井"2022年完成钻井。

（三）强化页岩气商业运作

1. 学习涪陵页岩气商业化经验。页岩气产业具有较长的产业链，包括页岩气勘探开发、管道建设、车船应用、化工产业、装备制造等，当今世界上仅有美国、加拿大和中国实现了商业开发。2021年，我国页岩气产量230亿立方米。涪陵是我国页岩气商业化探索中的先行者和样板区。涪陵页岩气田自2012年从零起步，跨越发展，创造了多项全国第一，既是中国页岩气商业化开发的发端，也是中国首批设立的国家级页岩气示范区和勘查开发示范基地，更是页岩气开发的"中国样板"。2022年12月，《中国石化涪陵页岩气田勘探开发十周年社会责任报告》显示，十年中，涪陵页岩气田累计提交页岩气探明储量8975.24亿立方米，含气面积824平方公里；年产气量从2013年的1.42亿立方米提高至2021年的85.13亿立方米；截至2022年11月底，涪陵页岩气田累计生产页岩气531.56亿立方米，创造中国页岩气田累产新纪录；截至2022年11月底，涪陵页岩气田累计缴纳税费82.94亿元。瞄准国家重大需求和目标，以企业为主体，聚集全国优势力量攻坚克难；敢于挑战、敢于担当、敢于创新，以科技创新驱动高效、高质、安全和绿色发展，多项开发技术领先于国际水平，是涪陵页岩气田征服页岩气田开发领域的成功经验。

2. 商业化运作迈出第一步。宜昌东区块已进入实质性运作阶段，2023年2月，自然资源部与湖北宜昌城发集团正式签署湖北宜昌东区块页岩气勘查探矿权出让合同。这是全国地级市平台类企业取得的第一单油气资源出让合同，需要抓住机遇，集中力量，重点发力，积极推进，力争实现局部突破。随着该区块勘探工作全面展开，宜昌市将加快完成经验和技术积累，为后续页岩气发展奠定坚实基础。宜昌按照年产页岩气50亿立方米产能，如果其中50%加工生产液化天然气、25%管网直销、25%仓储销售，据初步估算，全年工业产值和销售收入可达300亿元以上，利税50亿元以上，增加就业岗位5000个以上。2023年6月18日，由宜昌城发集团投资的湖北宜昌东区块页岩气勘查建设项目正式开工。

（四）抢抓页岩气政策支持

1. 抢抓国家政策机遇，推动页岩气尽快实现商业化开采。国家在页岩气开发方面有一定的政策支持。2020年7月，财政部发布《清洁能源发展专项资金管理办法》，对页岩气等非常规天然气开采利用给予奖补，按照"多增多补"的原则分配，实施期限为 2020 年至 2024 年，到期后还可申请延期。此外，页岩气田区块公平开放改革也成为其增储上产的关键节点，对于页岩气在"十四五"期间的规模化发展至关重要。2021 年 10 月，国务院印发《2030 年前碳达峰行动方案》。方案提出，加快推进页岩气、煤层气、致密油（气）等非常规油气资源规模化开发。2022 年 7 月，国家能源局组织 2022 年大力提升油气勘探开发力度工作推进会，提出要大力推动海洋油气勘探开发取得新的突破性进展，大力推动页岩油、页岩气成为战略接续领域，坚定非常规油气发展方向，加快非常规资源开发。这些政策支持对宜昌而言，是大力发展页岩气产业的重大战略机遇。

2. 争取中央、省各级部门的支持和企业参与。 为加快鄂西页岩气勘探开发综合示范区建设，需要自然资源部尽快推进区块划定和资源出让工作，争取中国石油天然气集团有限公司、中国石油化工集团有限公司、中国长江三峡集团有限公司等参与开发建设，推动页岩气开发进入实质性运作阶段。对当阳-枝江、远安 2 个已取得油气勘查探矿权证的常规石油天然气（页岩气）区块，要积极争取中石化、中石油继续加大技术攻关和投资力度，通过多开井口、规模化产气来降低单口井的投入成本，达到商业开采要求，提高规模化效益，力争到 2025 年形成 3.5 亿立方米产能；对距离三峡大坝较远的宜昌东、宜昌北、长阳区块（宜都境内），要积极争取自然资源部和省自然资源厅加快区块出让工作；对距离三峡大坝较近的点军、长阳西、秭归等区块，要继续开展公益性调查评价，完善区块基础数据，条件具备后通过竞争性出让确定开发企业。

五、实施"电化长江"行动

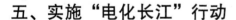

2021 年 3 月，《中华人民共和国长江保护法》实施，长江成为国家污染防治的主战场之一。在长江大保护实践中，开展以船舶电动化、港口岸电建设、港口电气化为主要内容的"电化长江"建设，通过"以电代油"提升船

舶和港口电气化水平，能极大助力长江流域减污降碳增效。宜昌航运地理区位独特，各类资源条件较好，干支兼备，客货并行，船型种类丰富，航线网络发达，为宜昌先行实施船舶电化提供了丰富的对象、场景选择空间。2022年6月，中共宜昌市委召开专题会议，要求找准"电化长江"的产业化路径，努力争当"电化长江"的技术创造者、标准制定者、市场引领者，在换赛道中构筑发展新优势。同年，《宜昌市电化长江工作实施方案》出台，提出强力推进"电化长江"，发展专业化船舶检验机构，建设内河新能源游轮船舶制造基地，推动建设新能源船舶制造中心。2023年1月，宜昌市《政府工作报告》提出，深入实施"电化长江"五年行动，加快公务船、旅游车船、运矿车船、港口作业船舶电动化替代更新，推动绿色智能船舶产业发展，携手打造电化长江先导区。

（一）积极推动船舶电动化

1. 打造新能源船舶宜昌样本。宜昌市与船舶修造企业、科研院所、设计单位紧密合作，积极推动传统船舶制造业转型，研发、设计、建造新能源船舶。船舶燃油动力的替代选择主要包括液化天然气动力、甲醇动力、太阳能动力、纯电池动力以及燃料电池动力等方式，其中海上运输电气化的最大增长潜力在于近海的短途航行船舶，如渡船、拖船和食品运输船。这些船可以完全依靠电池供电，在港口闲置时使用可再生能源进行充电。此外，技术和电池的改进可以使更大的船只能够使用全电力或混合电力在更长的航线上运行。2022年，宜昌新造船舶125艘、36万总吨，占湖北省一半以上，其中新能源船舶28艘，占湖北省新造新能源船舶的56%。一批大型化、标准化代表船型相继在宜昌建造下水，包括全球载电量最大的纯电动船舶——"长江三峡1号"，全国首艘油气双燃料三峡船型示范船舶——"帆盛102号"，全国首艘油气电三能源混合动力船舶——"理航渝建1号"，全国首艘液化天然气动力三峡船型示范船舶——"长航货运2号"。这些船舶的建造、下水、营运，为保护长江母亲河、推广绿色新能源船舶提供了宜昌样本。

2. 引入纯电动船舶项目。积极参与工信部高技术船舶科研项目和交通运输部交通强国试点项目，由宜昌城发集团所属湖北三峡旅游集团和三峡集团所属长江电力共同投资建造全球载电量最大的纯电动船舶"长江三峡1号"。该船舶一次充电可续航100公里，每年可替代燃油530吨，减少有害气体排放1660吨。

3. 打造智能船舶的示范应用场景。 宜昌已经印发了《宜昌市绿色智能船舶产业发展五年行动方案（2022—2026年)》，打造智能船舶的示范应用场景是重点任务之一。当前重点推进四个方面的场景应用：一是游船电动化；二是货船电动化；三是公务船电动化；四是清江船舶电动化。2023年3月，宜昌城发集团与秭归县政府、中船七一二研究所签署《百亿级三峡库区绿色智能船舶产业创新试点示范基地项目战略合作协议》，该项目已列入《宜昌市绿色智能船舶产业发展五年行动方案（2022—2026年)》，建成后将推动形成绿色智能船舶研发、设计、建造集群。

（二）建设"电化长江"产业先导区

1. 出台电化长江实施方案。 2023年9月，宜昌市政府印发《宜昌市电化长江实施方案》，重点建设"三基地三廊道三中心"，为全国提供可复制可推广的"宜昌样板"。"三基地"指建设船舶电动化示范基地、港口岸电示范基地、新能源船舶研发示范基地，"三廊道"指打造长江绿色航运廊道、长江绿色旅游廊道、长江绿色矿运廊道，"三中心"指构筑中部地区新能源动力电池生产中心、长江经济带新能源船舶制造中心、长江中上游新能源航运总部中心。此外，全面系统推进应用场景、岸电设施、产业转型及配套体系"四大工程"建设，确保"电化长江"成势见效。

2. 充分发挥船舶制造产业优势。 宜昌在船舶制造板块具有较强的产业基础，拥有中国船舶重工集团公司第七一○研究所、宜昌船舶柴油机有限公司、宜昌江峡船舶用机械有限责任公司、宜昌达门船舶有限公司、宜昌鑫汇船舶修造有限公司、湖北中南鹏力海洋探测系统工程有限公司、中船重工海声科技有限公司等龙头企业。现有船舶修造企业19家，其中一级二类修造资质3家（达门船舶、葛洲坝机械船舶制造、宜昌船厂）、一级三类修造资质1家

（枝江鑫汇船舶），一级资质船企可以制造电动船舶。2023年上半年，全市绿色智能船舶制造设计、研发、建造、应用等领域已取得重要突破。三峡绿色智能船舶研究院挂牌成立，短距电动船舶运输示范线、电动旅游观光船舶示范区电动船舶建设等项目有序推进，积极贯彻船舶修造资质新标准，已有9家企业通过现场评审；宜昌全力抢占绿色智能船舶产业新赛道，18家船企新接订单140艘。

3. 打造绿色智慧船舶产业园区。 宜昌基于现有船舶制造优势基础，积极谋划绿色智慧船舶产业园布局和推进工作。《宜昌清洁能源之都规划》明确提出建设宜昌船舶工业园枝江园区、宜昌船舶工业园宜都园区、新能源船舶产业创新秭归示范基地、新能源船舶长阳维保基地"两区两基地"。其中，宜昌船舶工业园枝江园区位于宜昌市下辖县级市枝江市长江堤防外滩，占地4000亩，标准化多用途船舶制造规模居全国前列，拥有可用于船舶制造的长江岸线3000多米，是船舶产业发展的天然良港和优质基地。园区于2010年投资建设，2017年顺利通过国防科工办验收，达到省级船舶工业园标准，被授牌为"湖北宜昌船舶工业园"。截至2023年底已聚集10家船舶修造企业，多数企业获得交通运输部及湖北省有关船舶修造生产技术条件认可、ISO9001质量管理体系认证、中国船级社CCS工厂认可，形成了"船、港、产、城"一体化发展格局。宜昌船舶工业园宜都园区已于2023年5月动工，总占地面积1588亩，项目规划建设三大板块：绿色智能船舶制造板块、新型船舶制造及充换电板块、"三电"配套板块，建成后可实现船舶总装及配套制造产值100亿元以上，年税收5亿元以上。2023年，投资50亿元的宜昌绿色智能船舶产业园项目、投资25亿元的新能源船舶电控系统产业集群生产基地项目、投资10亿元的绿色船舶制造项目正式签约成为首批入园项目。园区建设及项目签约有望推动另一批在谈项目加快落地，形成产业集聚效应，促进建成宜昌"电化长江"产业先导区。

4. 规划布局船舶产业链。 宜昌发挥船舶制造能力强、水电资源丰富、动力电池产业生态完备和电动船舶应用场景多的优势，立足先行先试，率先突破。率先规划优化布局船舶产业链，推动产业转型升级，进一步提升绿色船舶制造能力；率先设计新船型，组建宜昌船舶创新中心，提升宜昌绿色船舶设计带动能力；率先试点应用，利用宜昌应用场景优势，在旅游船、短途货运船、公务船中推广应用纯电动船；率先创新商业模式，成立宜昌船舶产业发展联盟，构建船东、船厂、金融机构一体化运作模式，以金融租赁方式突破"船贵、电池贵"难题，以国有平台公司创新"水上滴滴"的商业模式，推动宜昌绿色智能船舶产业链快速发展。未来船舶制造向大型化、标准化、绿色化、智能化方向发展，逐步迈向高端船舶制造领域，力争到 2026 年产业规模突破 500 亿元。

（三）创建 "宜昌岸电" 模式

1. 积极争取国家试点项目落地宜昌。宜昌是船舶聚集地，众多的船舶待闸、过闸，其尾气污染成为宜昌环保的一大难题。为解决船舶待闸用电问题，2015 年 4 月 1 日，三峡坝上南岸沙湾锚地岸电试点工程送电投运。这是长江上第一批岸电试点项目。港口岸电是指船舶在停泊期间接入码头的岸电电源，船舶可以从岸电系统获得其生产设备、生活设施、安全设备以及其他辅助设备所需电力，从而减少船舶柴油消耗及温室气体的排放，达到改善港口空气质量及节能减排的目的。2018 年开始，国家电网在长江宜昌段进行试点，确定宜昌为国家级三峡岸电使用示范区，将岸上的电送到停靠在港口、码头和锚地的众多船舶上，以此来取代柴油使用，减少船舶污染，岸电推进步伐加快。

2. 统筹发展长江宜昌段岸电建设。为了统筹长江宜昌段的岸电建设，2019 年 4 月，由湖北省电力有限公司、三峡电能（湖北）有限公司、国网电动汽车服务湖北有限公司联合投资成立了宜昌长江三峡岸电运营服务有限公司，这是长江流域首家专业化岸电运营服务公司。2020 年底，仅用时一年半，宜昌岸电建设就覆盖了长江宜昌段 63 个经营性码头、2 个锚地，165 台套岸电桩全部竣工，建成 4 个"水上综合生态服务区"，推动完成所有 54 艘"三峡游"游轮受电设施改造，打造了三峡坝区岸电实验区示范样板。此外，宜昌创造性推出了靠岸固定型岸电系统、靠岸浮动型岸电系统、离岸浮动型岸电系统等六种岸电系统，初步形成港口岸电技术标准体系，为后续岸电设施常态化使用和船舶电动配套产业发展奠定了坚实基础。从 2019 年项目运营至 2021 年底，累计提供清洁岸电 1900 万千瓦时，替代燃油 4466 吨，减少各类气体排放 14068 吨，船舶节约用能成本 1520 万元以上。未来，宜昌将充分发挥充足的电力资源，结合长江流域宜昌段各类港口、靠泊时间，因地制宜建设高压、低压大容量和低压小容量岸电设施，满足不同类型岸电服务需求；为靠港船舶岸电提供定制化的解决方案，打造经济效益好、示范效果佳的示范工程。截至 2023 年 6 月，宜昌港口码头累计为 17445 艘（次）船舶提供清洁岸电 2761 万千瓦时，为船舶节约用能成本 3100 万元以上，替代燃油 6488 吨，减少有害物质排放 20438 吨。宜昌岸电模式正向长江全流域推广。宜昌长江三峡岸电运营服务有限公司参与开发的岸电云网服务平台，已覆盖三峡坝区岸电实验区、京杭运河江苏段，未来将覆盖至全国内河流域，为船舶用户提供跨流域用电导航、接电申请、信息推送、线上支付等服务。

2023 年 8 月，中共宜昌市委七届五次全会提出，做优新能源及高端装备产业。强化新能源电池全产业链布局，前瞻布局钠离子电池、氢燃料电池、液流电池、钙钛矿电池及固态电池项目，着力建设国家级新能源电池产业聚集区。提升绿色船舶产业链制造能力，丰富电动船舶、电动重型装备应用场景，打造"电化长江"示范区。力争 2025 年新能源及高端装备产业规模突破 1800 亿元。2026—2035 年，宜昌应在绿色低碳转型发展、清洁能源开发利用等领域发挥世界级标杆引领作用。

2023 年 8 月 28 日，楚能新能源（宜昌）锂电池产业园项目一期成功投产，该项目规划设计产能 40 吉瓦时，设有长 523 米、宽 123 米的智能化、现代化超级电芯工厂 4 个，布局了 22 条全自动生产线，从开工建设到正式投产仅用时 1 年，创造了新能源行业发展史上的"宜昌奇迹"，标志着宜昌朝着建设国家级新能源电池产业集聚区的目标又迈出了坚实的一步。

第七章 培育特色产业

产业是城市化的重要动力，是城市发展的根基。产业兴则百业兴，产业强则经济强，产业优则动能足。宜昌经济的发展，动能在产业。中共十八大以来，宜昌干部群众牢记习近平总书记的殷殷嘱托，认真落实中共湖北省委、湖北省人民政府交给宜昌的重大使命任务，深入贯彻新发展理念，将建设世界旅游名城作为矢志不渝的奋斗目标，主动淘汰落后产能，以壮士断腕的决心推进沿江化工企业"关改搬转"，加快优势产业裂变升级，突破性发展绿色经济和战略性新兴产业，培育发展新动能，引领经济总量、发展质量、城市体量、辐射能量持续跃升，推动城市和产业集中高质量发展，以加快建设长江大保护典范城市、打造世界级宜昌的实际成效，服务湖北建设全国构建新发展格局先行区。

一、构建特色现代产业体系

（一）把握产业体系的内涵及特征

产业体系即产业结构，是国民经济中农业、工业与服务业按照一定的结构和比例组成并在各种相互关系的联动下构成的整体。具体而言，产业体系是产业生产的各个环节相互结合而形成的整体系统，是以特有经济主体结构和特定经济主体生存方式为基础的产业关联、产业构成、产业运行下的经济现象。

2007年，中共十七大报告首次提出"现代产业体系"，指出"发展现代产业体系要振兴装备制造业，通过大力推进信息化与工业化融合，促进工业由大变强"。2012年中共十八大报告强调"着力构建现代产业发展新体系"。2017年中共十九大报告指出"我国经济已由高速增长阶段转向高质量发展阶段，正处在转变发展方式、优化经济结构、转换增长动力的攻关期，构建现代化经济体系是跨越关口的迫切要求和我国发展的战略目标"，并对产业体系的建设提出新的明确的要求："加快建设实体经济、科技创新、现代金融、人力资源协同发展的产业体系"。2020年中共十九届五中全会再次提出要"加快发展现代产业体系，推动经济体系优化升级"。2022年中共二十大进一步强调要"建设现代化产业体系"，把"巩固优势产业领先地位、推动战略性新兴产业融合集群发展、构建优质高效的服务业新体系、建设高效顺畅的流通体系、加快发展数字经济、构建现代化基础设施体系"作为重点任务。

现代产业体系是现代农业、现代工业和现代服务业融合发展而形成的产业结构，是面向未来且具有国际竞争力的新型产业体系。现代产业体系区别于传统产业体系的重要特征，主要表现在三方面：一是产业组织形式上，呈现出产业链和产业集群的发展方向，并形成以产业集群为载体的产业网络系统。二是在产业要素组合上，明确了知识的复杂性和经济活动的异质性以及由此产生的复杂分工形式，产业发展关键在于要素的技术创新，并以此为存在的基础进一步推进产业间的横向协调联系、纵向的产业高关联度。三是在产业作用发挥上，强调产业生产对于社会发展的进步作用，不仅要求满足社会发展的生态、经济等方面需求，还需要应对外部发展需求、外界环境的发展变化，逐渐调整自身产业发展结构，加强与消费需求的适应性，提升行业发展规范性以适应政府管理。

可以说，现代产业体系是现代化经济体系的核心，是现代经济体系的重要内涵与战略支撑，其建设有利于推动经济体系优化升级，促进经济的高质量发展。现代产业体系更是全面建设社会主义现代化国家的物质技术基础。全面建设社会主义现代化国家是一项伟大而艰巨的事业，前途光明，任重道远，需要不断厚植现代化的物质基础，坚持把发展经济的着力点放在实体经济上，推进新型工业化，形成创新驱动、持续优化生产要素配置、优质多样的产业供给体系，培育具有国际竞争力的战略性新兴产业，建立起优质高效创新的现代产业体系。

（二）构建宜昌现代产业体系

根据党中央决策部署，2021年《湖北省国民经济和社会发展第十四个五年规划和二〇三五年远景目标纲要》提出："坚持把发展经济着力点放在实体经济上，推进科技创新、现代金融、人力资源等要素向实体经济集聚协同，加快形成战略性新兴产业引领、先进制造业主导、现代服务业驱动的现代产业体系。"2022年6月，中共湖北省第十二次党代会明确提出，要"坚持创新驱动发展，加快建设现代产业体系"，打造全国科技创新高地、制造强国高地、全国数字经济发展高地和全国现代农业基地、全国现代服务业基地，加快形成若干个具有全国辐射力和国际竞争力的骨干产业和产业集群。

宜昌一丝不苟贯彻执行党中央决策部署，按照中共湖北省第十二次党代会"建设全国构建新发展格局先行区"精神，根据自身的产业基础、资源禀赋、区位条件等要素，构建具有自身特色的现代产业体系。2021年12月，中共宜昌市第七次党代会提出"构建现代产业体系，打造高质量发展强力支撑"，把发展的着力点放在实体经济上，把创新摆在发展的逻辑起点、现代化建设的核心位置，加快构建以绿色化工、生物医药、新一代信息技术、装备制造、清洁能源、建筑建材、食品饮料、旅游业、现代服务业等九大产业为主的现代产业体系。2022年1月，宜昌市人民政府印发《宜昌市工业和信息化"十四五"高质量发展规划》，提出优先发展生物医药、新材料、新一代信息技术三大新兴产业，优化发展绿色化工、装备制造、食品饮料、建筑建材、清洁能源、纺织服装及文化用品等六大主导产业，培育发展氢能、数字经济、航空航天和海洋工程等三大战略产业，融合发展生产性服务业，形成"363"产业体系布局。

当今世界经济数字化转型加速，国家和湖北省出台相关政策积极推动数字经济发展，抢占制胜未来的战略高地。2022年3月，《宜昌市数字经济发展"十四五"规划》出台（4月公开发布），紧扣"促进数字经济和实体经济融合发展，加快新旧发展动能接续转换"这一主线，依托数字产业化和产业数字化双轮驱动，结合宜昌城市大脑建设，围绕建设数字经济新型设施、探索数字产业化新路径、构筑工业数字化新格局、激发农业数字化新活力、培育服务业数字化新业态、完善市域社会治理数字化新模式、加速数字公共服务新升级等"七新"方面，着力打造宜昌数字经济发展新高地，为全力打造产业链供应链竞争新优势、构建全市现代化经济体系提供支撑。

为加强全市工业重点产业链精准管理，推动产业基础高级化、产业链现代化，加快构建具有宜昌特色的现代产业体系，促进工业高质量发展，宜昌市人民政府于 2022 年 5 月印发《宜昌市产业链链长负责制及精准管理实施方案》，突出宜昌产业特色优势和发展需求，坚持"巩固、增强、提高、畅通"的方针，围绕绿色化工、生物医药、食品饮料、装备制造、清洁能源、建筑建材、纺织服装及文化用品、新一代信息技术、航空航天和海洋工程等九条制造业综合性产业链，实施产业链精准管理六大行动，着力提升产业基础能力和产业链现代化水平，打造一批实力强、影响力大、竞争优势明显、行业地位突出的重点产业链。到 2026 年，力争千亿级产业链达到 6 个、500 亿级产业链达到 3 个，营业收入过百亿元的龙头企业达到 15 家。

2022 年 9 月，中共宜昌市委七届三次全会提出，要围绕长江大保护典范城市创建进一步巩固优势、锻造长板，从规模基础、发展前景及产业相近性等方面综合考虑，将上述九大产业聚焦到绿色化工、数字经济、大健康产业、旅游业等四个主导产业，同时指出，清洁能源、装备制造、食品饮料、建筑建材等其他特色优势产业也需同步发展，以"加快形成主导产业顶天立地、特色产业多元支撑的现代产业体系"，为宜昌产业立柱进一步指明了方向、提供了遵循。

2023 年 8 月，中共宜昌市委七届五次全会提出，以集中集聚理念构建现代产业格局，依托世界级战略资源，打造高端化智能化绿色化的现代产业体系。

宜昌构建现代产业体系的主要做法是：

1. 聚焦重点产业，突破发展。将全市重点发展的九大产业调整为聚焦现代化工新材料、生命健康、新能源及高端装备、大数据及算力经济、文化旅游"3＋2"主导产业布局，着力构建"12520"产业体系：力争五年内培育 1 个世界级产业集群（磷系新材料产业集群）、2 个千亿级企业集团（兴发、宜化）、5 个千亿级产业（现代化工新材料、生命健康、新能源及高端装备、大数据及算力经济、食品饮料）、20 个百亿级企业。

2. 优化空间布局，集聚发展。落实宜昌市"东部生产、中部生活、西部生态"的国土空间布局和"1＋1＋3"（1 个主城、1 个新城、3 个副城）城市空间结构，推动工业企业和项目向宜昌东部产业新区及辐射区专业化工业园区集聚。每个重点产业集中建设 1—3 个高标准专业化园区，加强产业链园区建设，重点建设了姚家港化工园、宜都化工园、猇亭工业园、鸦鹊岭工业园、白洋工业园、宜昌生物产业园、宜都生物医药产业园、双莲工业园、点军电子信息产业园等专业化园区，增强了产业承载能力，推动了企业集聚发展。

3. 凸显科技驱动，创新发展。以建设长江中上游区域性科技创新中心为引领，促进创新、产业、资金、人才"四链"融合，形成以企业为主体、市场为导向、产学研深度融合的产业创新体系。建设了湖北三峡实验室、有机硅新材料国家地方联合工程研究中心等 8 家支持新材料产业集群技术创新的公共服务机构，依托安琪酵母、人福药业、兴发集团三家龙头企业组建了市级生物技术、仿制药、精细化工公共技术服务中心等科技研发平台，加速突破传统发展模式和产业结构的"路径依赖"，推动产业发展从资源依赖型向创新驱动型和高效益型转变。

4. 强化"智改数转"转型发展。通过对企业进行智能制造咨询诊断，为企业免费提供数字化、智能化、网络化改造咨询服务，积极指导企业开展智能化升级；引导工业企业开展"两化融合"管理体系贯标认定和国家、省、市级"两化融合"示范企业建设，推动工业云平台建设，引导支持工业企业设备和管理系统上云，将工业云平台打造成为服务工业企业、提升数字制造融合发展的重要载体；积极推进 5G 场景应用，加快推进规模工业企业智能化改造和数字化转型，显著提升全市制造业数字化、网络化、智能化水平。

5. 推动绿色制造低碳发展。实施《宜昌市工业领域碳达峰实施方案》，出台负面清单，推动资源高效利用和工业绿色低碳发展，确保实现碳达峰目标。制定出台《宜昌长江大保护工业绿色发展负面清单》，限制“两高”项目，淘汰落后产能。大力发展可再生能源，推广电能替代，优化能源消费结构，提升清洁能源在能源消费总量中的占比，推动化工、建材等重点行业煤炭消费多元替代，提高天然气在能源消费总量中的比重。全方位全过程推行工业产品绿色设计，推动清洁生产。构建工业领域从基础原材料到终端消费品全链条的绿色产品供给体系，加快节能减排、减污降碳，推动循环利用工艺技术设备应用，引导产品供给绿色化。

截至 2022 年底，宜昌市重点培育发展的产业中，绿色化工完成产值达 1503 亿元，装备制造完成产值 1146 亿元，食品饮料完成产值 914 亿元，生物医药产业完成产值 769 亿元，建筑建材产业完成产值 576 亿元，新一代信息技术、清洁能源、航空航天和船舶产业分别完成产值 446 亿元、298 亿元、101 亿元。从产业发展数据及态势来看，九大产业未来都有较大的增长空间，绿色化工将继续成为宜昌第一支柱产业，生物医药将成为税收贡献强度最大的产业，食品饮料、装备制造、建筑建材是企业数量最多的三个产业，新一代信息技术、清洁能源是未来发展潜力最大的两个产业。

因本书在前两章详细介绍了绿色化工、清洁能源两大主导产业，本章将重点介绍生物医药产业、新一代信息技术产业、装备制造产业、数字化发展及重点产业园区建设情况。

二、发展壮大三大新兴产业

（一）做大生物医药产业

生物医药产业是战略性新兴产业，是我国最活跃、潜力最大的产业之一，对未来经济增长具有十分重要的推动作用。2021 年 12 月，工业和信息化部、国家发展和改革委员会、科学技术部等九部门联合印发《“十四五”医药工业发展规划》（2022 年 1 月公开发布），从产品创新和产业化技术突破、产业链稳定性和竞争力、供应保障能力、医药制造能力系统、国际竞争新优势等五方面提出了重点任务。2021年12月，国家发展和改革委员会印发《"十四五"生物经济发展规划》（2022年5月公开发布），将生物医药产业列于四大重点发展领域之首。在相关政策推动下，我国生物医药产业取得长足发展，特别是中共十八大以来，生物医药产业发展令人刮目相看：建立了较大规模的医药产业体系，产业规模已连续10年稳居世界第二位，医药体系创新能力、治理能力、国际竞争力等不断增强，生物医药产业规模持续扩大，截至2022年底，我国生物医药行业市场规模突破4万亿元。

宜昌把握全球生命技术和医药产业发展新趋势，抢抓湖北制造业高质量发展历史性机遇，坚持特色化学药、合成生物"两轮驱动"，以打造中国"微生物第一城"，成为长江中上游乃至全国生物医药创新与制造产业地标为目标，瞄准生物医药产业链关键环节，以生物技术为先导，以生物医药和医疗器械研制为核心，以医疗健康服务为补充，推动生物医药产业规模化、集群化、高端化跨越式发展，建成国内外具有重要影响的仿制药生产基地、湖北省原料药生产基地、鄂西南医疗应急物资生产基地，已初步形成以化学药品原料药和制剂为主，以中成药和中药饮片、卫生材料及医药用品为辅的医药产业体系，在麻醉用药、抗病毒药、生物发酵、医用敷料等细分领域已形成国内外领先优势。以人福药业、安琪酵母、宜昌东阳光药业股份有限公司、湖北华强科技股份有限公司（以下简称华强科技）、宜昌三峡制药有限公司等一批重点企业为支撑的生物医药产业发展迅速。2022年，宜昌生物医药产业拥有规模以上工业企业112家，完成工业总产值768亿元，占全市工业总产值的13.2%，增速高达40.1%。拥有国家单项冠军示范企业2家（安琪酵母、人福药业）、国家专精特新"小巨人"企业3家（丰润生物科技股份有限公司、五峰赤诚生物科技股份有限公司、湖北一致魔芋生物科技股份有限公司）、全国技术创新示范企业2家（安琪酵母、华强科技）、全国知识产权运用标杆企业1家（安琪酵母）、国家质量标杆企业1家（安琪酵母）。2022年，人福药业完成产值93亿元，同比增长25.5%，税收突破10亿元，其小容量注射剂生产基地项目亩均产值达4亿元，是全球唯一生产全芬太尼系列药企、亚洲最大麻醉药研发和生产基地，国内麻醉镇痛领域市场占有率

60％。宜昌东阳光药业股份有限公司大环内酯类原料药技术优势进一步释放，完成产值62亿元，创历史新高，增长200％以上，药物产能世界第一、磷酸奥司他韦产能和市场占有率全国第一；其生产的甘精胰岛素注射液成为我国首个进军美国市场的胰岛素。2022年，奥美医疗用品股份有限公司口罩生产线由4条增加到13条，日产口罩近百万只，累计供应口罩近2亿只，产值同比增长44.7％。安琪酵母在国内外建有16个工厂，发酵总产能35万吨，国内市场占比55％，全球占比超15％，酵母系列产品规模已居全球第二，是目前国内酵母行业唯一的上市公司，2023年3月，湖北安琪生物集团有限公司入选国务院国资委"创建世界一流专精特新示范企业"。

宜昌发展生物医药产业的主要做法及成效是：

1. 突出优势，抓专业深耕。立足宜昌生物医药产业的主要优势和特色，积极推动企业在专业领域内深耕发展，促进宜昌市生物医药产业奠定良好的生产基础，同时又推进部分特色领域进一步巩固国内领先地位。依托安琪酵母股份有限公司酵母及酵母衍生产品技术，促进烘焙与发酵面食、食品调味、动物营养、营养保健食品等领域发展。以丰润生物科技股份有限公司、湖北三仁生物科技有限公司、五峰赤诚生物科技股份有限公司等生物科技企业为主，推动五倍子、橙皮甙和辛弗林等生物提取物专业化、现代化发展。依托宜昌东阳光药业股份有限公司、人福药业等龙头企业，围绕新型麻醉药、精神药、抗病毒类药、糖尿病类药、心脑血管类药、抗肿瘤类药等重点领域突破发展原料药，重点发展大环内酯类抗感染药、肝类和流感治疗用抗病毒药、麻醉药等化学制剂药。依托湖北民康制药有限公司、湖北恒安芙林药业股份有限公司、湖北康农药业有限公司等企业发展治疗肿瘤、心脑血管疾病、糖尿病等的特色优势中成药系列产品、中药配方颗粒、中药饮片。依托宜昌恒友化工股份有限公司、湖北民生生物医药有限公司、湖北源洎实业投资有限公司、宜都市久诚生物科技有限公司等企业，大力发展甾体激素类药、抗肿瘤类药、抗感染类药等医药中间体产业。依托奥美医疗用品股份有限公司、华强科技、人福药业等企业，重点发展医用耗材、医疗器械、康复医疗设备器械等产品。

2. 突出方向，抓转型升级。 抢抓技改政策窗口期，引导转化本地化工资源优势，支持企业着重研发生产医药级、食品级磷化工产品，与宜昌当地医药产业、健康食品产业形成良好互动合作关系。宜昌绿色化工产业加速向精细化工转型升级，促进精细磷酸盐热法工艺重点向有机磷、阻燃剂、高分子材料助剂、磷系新能源材料、高纯磷酸盐、医药食品磷酸盐及次、亚、多聚磷酸等方向发展，向高端纺织面料、医药中间体延伸拓展，兴发集团生产的食品级三聚磷酸钠、六偏磷酸钠、次磷酸钠产销量全球第一。鼓励以大环内酯类抗生素、甾体激素、麻醉药等为原料药先导产业，建成"规模大、质量高、品种全、成本低"的中西部原料药供应主阵地。鼓励企业提升产品质量和技术水平，积极申报欧盟 EDQM 认证、美国 FDA 认证以及其他各种医药国际认证，推动宜昌市生物医药产业质量标准和体系与国际接轨。2023 年 2 月，人福药业的 RFUS－144 注射液得到美国食品药品监督管理局药物临床试验申请批准函，同意进行临床试验。

3. 突出服务，抓产业生态。 加大专业化服务机构引进力度，重点引进临床前研发、临床研究、临床试验和注册申报等专业化服务机构。宜昌生物医药孵化器是集生物医药孵化器、加速器、众创空间于一体的国家级生物医药产业"产学研"融合创新平台。运行 5 年来，共引进和培育生物医药产业链企业 150 余家，其中培育国家高新技术企业 23 家、省级专精特新"小巨人"企业 4 家、行业细分领域"隐形冠军"企业 1 家、入库科技型中小企业 80 余家、上市企业 6 家，2021 年实现产值 13.56 亿元，2022 年实现产值 15.52 亿元。通过"政府搭平台、企业提需求、专家解难题"方式，引进三峡医学检验所、宜昌生物医药研究中心、湖北金雀医学检验实验室、宜昌市生物技术公共服务中心等多个公共技术服务平台，为企业提供科学仪器设备检测试验服务。以支持和服务仿制药科技成果产业化为导向，宜昌高新区仿制药技术创新公共服务中心搭建与发酵、提取和检测技术相关的 3 个大型公共实验平台，以及 14 个不同研究方向的独立实验室，开展仿制药产业相关技术创新和研发服务，带动医药产业快速、健康发展。

4. 突出园区，抓产业集群。 以宜昌高新区生物产业园、宜都生物医药产业园为主，以宜昌高新区白洋工业园、夷陵生物医药产业园、枝江医用纺织产业园、远安国家基本药物产业园为辅。宜昌高新区生物产业园加快打造集研发、孵化、生产、服务于一体的多功能医药产业园区，宜都生物医药产业园形成集医药高端人才引进、高端技术研发、高端产品制造、高端产业合作功能于一体的医药产业园区，宜昌高新区白洋工业园打造仿制药配套产业集群，夷陵生物医药产业园打造独具特色的"三峡药库"，枝江医用纺织产业园打造国内最大的医用敷料产品生产基地，远安国家基本药物产业园打造华中地区国家基本药物生产聚集区。如今，宜昌高新区生物产业园以人福药业为依托，先后吸引湖北华润科技有限公司、国药宜昌医疗器械有限公司、华强科技、默晨制药（湖北）有限公司等知名企业落户，涵盖原料药、制剂、生物制品、医疗器械等细分领域，集聚了生物医药领域企业 250 余家。2020年，宜昌高新区生物医药特色产业基地被科技部认定为国家火炬特色产业基地，医药产业集群纳入湖北省重点成长型产业集群，2022 年通过湖北省创新型产业集群认定。2022 年，伴随安琪酵母绿色生产基地调试投产，安琪生物科技产业园初步建成，行业龙头华东医药、邦泰生物等一批优质的上下游企业落户宜昌高新区生物医药产业园，生物医药产业链围绕生物发酵、大健康、医美等领域不断延链补链强链，宜昌生物医药创新型产业集群初步形成。

下一步，宜昌将顺应人民群众医疗健康需求逐步向"防、治、养"转变的趋势，持续在健康制造和健康服务两个领域做优做强，加快建设全国一流仿制药生产基地、国家原料药集中生产基地、湖北省创新药前沿基地、鄂西南医疗应急物资生产基地，力争打造成为长江中上游区域乃至全国生物医药创新与制造产业地标。加快培育定制健康管理、康复健身、健康养老、健康教育、医疗旅游等业态，提升健康服务供给水平，推动康养产业与特色农业、乡村旅游、食品饮料产业等互促发展，建设大健康产业基地。

（二）突破性发展新一代信息技术产业

新一代信息技术产业是国家七大战略性新兴产业之一。中共十八大以来，我国新一代信息技术产业规模迈上新台阶、质量效益提升，不仅为我国加快推进制造强国、质量强国、网络强国和数字中国建设提供了坚实有力的支撑，而且成为推动我国经济高质量发展的新动能。

以《宜昌市工业和信息化"十四五"高质量发展规划》为引领，宜昌按照"龙头带动、引培并举、链式集聚"的思路，以龙头企业引培和重大项目建设为依托，做大产业规模，做实细分领域，集中发展新型显示及智能终端、锂离子电池、集成电路和电子新材料、基础电子元器件等产业，为新一代信息技术产业在宜昌集聚发展汇聚新动能。

1. 龙头带动，做大产业规模。 以完善新型显示及智能终端产业链、做大产业规模为出发点，引培并重，依托宜昌南玻显示器件有限公司、宜昌南玻光电玻璃有限公司、湖北龙昌光学有限公司、湖北华鑫光电有限公司等企业，加快发展光学玻璃、光学镜片、超薄电子玻璃、LED、触控模组，做大做强光电子元器件和新型显示器件。依托湖北世纪联合创新科技有限公司，加大招引智能终端制造企业力度，大力发展智能手机、智能显示器、智能车载、自助服务终端、VR/AR/智能可穿戴交互设备等智能终端。依托兴勤（宜昌）电子有限公司、湖北龙腾红旗电缆（集团）有限公司等现有企业，强化对长三角、珠三角等地企业和项目招引，配套发展电子电缆、电容、电阻、适配器等基础电子产业。

2. 细分领域，延长产业链。 宜昌发展新能源产业较早，首家磷酸铁锂企业宜昌欧赛科技有限公司 2008 年落户猇亭区，2018 年首条产业链在枝江尝试布局，但在技术快速迭代、行业高度垄断的竞争中，始终难以发展壮大，2020 年宜昌全市动力电池企业仅完成产值 11.3 亿元。为推动宜昌动力电池产业发展，按照做强电芯、完善上游材料、拓展电池应用市场的思路，宜昌着力打造完善的锂离子电池产业链。依托湖北宇隆新能源有限公司、欧赛新能源科技股份有限公司、湖北江宸新能源科技有限公司等企业，强化技术研发，着重加大锂电池材料研发，进一步做大正极材料和电池隔膜，并充分利用石墨资源优势，加强招商引资，研究发展电池负极材料。加快发展锂离子电池电芯、电池模组、电池管理系统和电池包，进一步巩固消费型电池市场，加快拓展动力型电池市场。2022 年 8 月，楚能新能源（宜昌）锂电池产业园项目开工建设，总投资 600 亿元，规划建设 150 吉瓦时锂电池产能，项目分四期建设，其中一期建设 40 吉瓦时产能。全部建成投产后，预计实现年产值 1050 亿元、税收 60 亿元，提供就业岗位 20000 个，形成集动力电池、储能电池、模组 PACK 和能源管理系统的研发、制造、销售于一体的年工业产值超过千亿元的大型新能源锂电池生产基地。2022 年 9 月 27 日，宁德时代邦普一体化新能源产业园邦普时代项目在宜昌高新区开工，项目投资 320 亿元，以新能源汽车动力电池正极材料为核心，整合"磷矿—原料—前驱体—正极材料—电池循环利用"等关键环节，打通电池全生命周期产业链。截至 2022 年底，宜昌市新能源电池全产业链形成涵盖正负极材料、电解液、隔膜的闭环，项目年产能达 70 吉瓦时。

3. 创优环境，推进集聚发展。 制定《宜昌市推进产业绿色智能高质量发展实施方案》（2023 年 6 月印发），在打造新一代信息技术产业快速裂变增长极方面，确定突破性发展新一代信息技术产业，围绕大数据、电子器件、电子材料等重点领域，加快项目布局。到 2026 年，全市新一代信息技术产业规模突破 1000 亿元，建成"一枢纽四基地"（国家一体化算力枢纽、工业互联网创新发展基地、重要基础电子产品生产基地、新能源电池生产基地、新型显示与智能终端产品出口基地），打造华中地区新一代信息技术产业新支点。

依托兴发集团、湖北兴福电子材料有限公司、湖北兴力电子材料有限公司、宜昌华昊新材料科技有限公司、湖北和远气体股份有限公司等企业，鼓励和引导企业加大研发投入，大力发展电子级磷酸、硫酸、氢氟酸、混配化学品、电子级碳酸钡、电子级氯化钙、电子级二氧化钛等。湖北兴福电子材料有限公司在"十四五"期间，拟投资 59.16 亿元，继续开发湿电子化学品、电子级电镀液、电子级研磨液、电子级前驱体，从无到有突破发展电子级特气、电子级封装材料，力争 2025 年达到 70 万吨/年的电子化学品产能规模，填补国内部分 G5 规格（5ppt 以下）产品空白，打造国内一流的电子化学品生产供应基地，全部建成后可实现年产值 101.12 亿元。依托宜昌南玻硅材料有限公司，进一步提升产品质量和技术水平，着力发展面向太阳能光伏、集成电路用的硅片及电子级多晶硅。宜昌南玻硅材料有限公司现有年产 1 万吨的多晶硅设备，约 70％产能为光伏级硅、30％产能为电子级多晶硅（光伏级价格27 万元一吨，电子级价格 50 万元一吨），预计年产值 20 亿元。依托湖北奥马电子科技有限公司，发展 FCCL 挠性覆铜板。以加快推进"两化"深度融合为契机，顺应本地汽车、船舶及海洋装备、电力装备、智能装备、航空航天装备等产业转型升级趋势，以需求为导向强化项目招引，着力引进汽车电子、船舶电子、电力电子等应用电子产品项目。

"十三五"末，宜昌新一代信息技术产业链规模以上企业有 116 家。2022年宜昌规模以上新一代信息技术制造企业 93 家，软件与信息技术服务企业33 家。新一代信息技术产业链已成为推动宜昌智慧化发展、培育创新核心竞争力和促进经济高质量发展的新引擎。东土科技（宜昌）有限公司（以下简称东土科技）的工业交换机、PLC（可程序化逻辑控制器）等产品国际市场占有率 3.9％，亚洲市场占有率 13.7％；宜昌南玻显示器件有限公司的 ITO导电玻璃国内市场占有率达 80％；宜昌南玻光电玻璃有限公司的 0.4 毫米及以下超薄电子玻璃国内市场占有率 23％；湖北中南鹏力海洋探测系统工程有限公司的海洋探测装备市场占有率 83.5％；湖北华鑫光电有限公司的手机镜头模组国内市场占有率总体 5％、2M/5M/8M 镜头市场占有率 30％；微特技术有限公司的起重机监测系统国内市场占有率 28.5％。

（三）做优高端装备产业

装备制造业是国民经济发展的基础性和战略性产业，为国民经济各行业发展和国防建设提供技术装备，是宜昌市的重要支柱和优势产业之一。宜昌坚持"集群建设、突破发展、专精特新"，在装备制造产业方面重点发展汽车及零部件、电力装备及器材、专用装备、新能源船舶制造四大方向，培育细分领域专精特新"小巨人"企业，全力打造中部地区重要装备产业基地。宜昌市装备产业发展呈现出以下特点：一是产业门类较为齐全。覆盖了装备制造业细分行业的 8 大类 95 个小类，占全部小类（185 个）的 51.4％。二是部分领域优势突出。培养了一批细分行业的领军企业：2 个亚洲第一——黑旋风锯业股份有限公司是亚洲最大的金刚石锯片基体生产出口基地，宜昌长机科技有限责任公司是亚洲最大最全的插齿机、铣齿机研制基地；1 个全国唯一——湖北力帝机床股份有限公司拥有全国唯一的金属回收机械研究所；3 个全国关键企业——宜昌船舶柴油机有限公司是我国中小缸径船用低速柴油机最大最强的制造基地，宜昌经纬纺机有限公司被评为"中国纺织机械行业产品研发中心"，中船重工中南装备有限责任公司是全国最大的抽油泵、液压启闭机成套设备制造企业。三是科技创新能力较强。拥有中国驰名商标 6 件（宜长、黑旋风、双益及图、龙腾及图、猴王及图、匡通），湖北省著名商标 25 件，国家高新技术企业 161 家，国家地方联合工程实验室 2 个，院士工作站 8 个，省级工程技术中心（工程实验室）7 个，省级企业技术中心 28 个，省级细分领域科技"小巨人"企业 20 家。宜昌装备制造产业 2022 年拥有规模以上工业企业 305 家，完成工业总产值 1146 亿元，首次突破千亿元，同比增长 21%，占全市工业总产值的 19.7%。其主要做法及成效是：

1. 助力装备产业链发展。 2022 年 2 月，宜昌市经信局拟定《关于推动装备制造业高质量发展的建议方案》并报市政府办后组织实施；5 月，宜昌市政府出台《宜昌市产业链链长负责制及精准管理实施方案》，建立"5 个 1"责任制度（每条综合性产业链明确一位牵头服务市级领导、一位链长、一个牵头服务单位、一名市经信局县级联络员、一个市经信局联络科室），构建"5 个 1"服务体系（每条综合性产业链制定一套"一链一策"工作方案、搭建一个公共服务平台、对接一批中介服务机构、建设一批专业化园区载体、组建一个产业链专家库），明确"6 个 1"发展机制（组建一个招商引资工作专班、谋划一批重大项目、制定一张关键核心技术攻关清单、落实一个金融链长、配套一支产业发展基金、出台一个产业链专属政策组合包）。宜昌装备制造产业链包括 6 个细分产业链发展方向，涉及新能源船舶、汽车及零部件、化工装备、环保装备、电力装备、专用装备等细分领域。主要产品为智能成套设备、高端制齿设备、高端纺织机械、大型环保设备、整车及零部件、各类高中低压电线电缆及设备、金属结构件、仪器仪表、金刚石锯片等。广汽乘用车有限公司宜昌分公司为链长企业，具有产业链生产要素参与调度权、产业链管理的规制权。链长负责成立产业链工作专班、组织梳理产业链发展现状、制定产业链推进工作计划、协调解决困难问题、研究提出支持产业链发展的专项政策、调度通报工作进度、加强上下沟通衔接。副链长协助链长抓好相关领域的工作。宜昌市发展和改革委员会为牵头服务单位，负责牵头协调配合链长推进相关工作、解决突出问题、制定落实专项政策。牵头服务单位经常性深入产业链相关企业调研了解情况，摸清企业发展中存在的困难和问题，建立问题台账和责任清单，协调和督促责任单位尽快解决问题，研究制定支持政策。产业链发展中存在的共性、难点问题，提交市长例会或市政府常务会议协调解决，重大事项提交市委常委会研究解决。上述举措为宜昌市高端装备制造产业链发展奠定了良好发展基础。同时，对接一批中介服务机构，依托市中小企业服务中心、市"双千办"协调第三方服务机构，组建了中小企业服务联盟，包括宜昌市东方法律事务所、宜昌绿盾征信有限公司、湖北东升人力资源有限责任公司等 29 家省级严选服务机构，为企业提供法律、信用、人才等多方面服务。建设一批专业化园区载体，以广汽传祺宜昌工厂为核心，规划约 3000 亩土地作为汽车产业园发展用地，配套引进一批优质零部件企业。广汽乘用车有限公司宜昌分公司 20 万辆乘用车项目 2018年在猇亭区汽车产业园开工，2019 年 6 月 28 日实现量产。2022 年克服缺芯和疫情对供应链的不利影响，全年实现整车产量 6.21 万台，实现工业产值 60 亿元，同比增长 11.9%。2022 年底，猇亭区汽车零部件生产企业已达 17家，形成了汽车生产产业链。已组建以武汉大学动力与机械学院教授、博士生导师石端伟为首席顾问，10 位武汉大学与三峡大学博士生导师、硕士生导师为专家顾问的装备制造产业链专家库。

2. 推进智能制造示范试点。宜昌市指导各县市区分类开展离散型智能制造、流程型智能制造、网络协同制造、大规模个性化定制、远程运维服务等 5 种智能制造新模式试点示范申报。试点示范项目以智能车间（工厂）为载体，以端到端数据流为基础、以网络互联为支撑，以关键制造环节智能化为核心，旨在推进汽车、电子信息、新材料、生物医药、高端装备、食品、纺织等重点行业智能化转型和新模式应用。根据《2021 年湖北省智能制造试点示范项目公示》，湖北宜化新材料科技有限公司的三羟甲基丙烷（TMP）智能化项目、安琪酵母股份有限公司的健康食品原料智能化工厂、宜昌三峡制药有限公司的硫酸新霉素产业基地项目入选 2021 年湖北省智能制造试点示范项目。按照《省经信厅省发改委关于组织申报"2021 年度智能制造试点示范行动"项目的通知》，宜昌市经信局联合市发展改革委推荐了中船重工安谱（湖北）仪器有限公司等 5 家企业的智能制造优秀场景、宜昌南玻光电玻璃有限公司的"超薄电子玻璃智能制造示范工厂"等 4 个智能制造示范工厂项目申报国家级智能制造试点示范。截至 2022 年 9 月，宜昌市拥有国家级智能制造示范试点 2 家、省级智能制造示范企业 16 家。

3. 引领国家级专精特新"小巨人"企业发展。宜昌借助国家、省、市大力培育专精特新"小巨人"企业的有利契机，对标先进地区成果经验，立足装备制造产业实际，进一步完善《关于推动装备制造业高质量发展的建议方案》对专精特新"小巨人"企业认定奖励，积极打造梯度培育格局，广泛遴选优质制造业中小企业入库培育，动态监控入库培育企业生产经营情况，开展专精特新企业专项调研、企业辅导专题培训活动，对申报企业一对一服务，点对点指导，了解现实情况，解答申报困惑，解决实际困难。2022 年，有 29 家装备制造企业成功入选省级专精特新"小巨人"企业行列。截至 2022 年 9 月，宜昌市装备产业共有 4 家国家重点支持专精特新"小巨人"企业（黑旋风锯业股份有限公司、微特技术有限公司、湖北中南鹏力海洋探测系统工程有限公司、宜昌市燕狮科技开发有限责任公司），15 家国家级专精特新"小巨人"企业，85 家省级专精特新"小巨人"企业。

4. 积极推进新能源船舶制造业发展。新能源船舶产业是宜昌推进新能源电池产业迭代升级的一个重要终端承载产业，是进一步延伸产业链、提升价值链、打造供应链的重要着力点。"十三五"以来，宜昌市坚持"电化长江"、宜昌先行，2022 年明确提出要在未来五年内打造全国内河新能源船舶标准输出地和制造基地，加快推动宜昌传统船舶制造向高端制造、绿色制造、智能制造发展。强化与三峡集团、葛洲坝集团、中船集团、长航集团、武船重工、鄂旅投等央企、国企的合作，建立船舶制造、船用新能源、舾装配套等龙头企业数据库，绘制招商地图，制定招商方案，瞄准重点地区、龙头企业，招引更多龙头型、成长型船舶制造企业，推动船舶产业发展壮大。加强与上海交通大学、哈尔滨工程大学、中船七一〇所、七一二所等高等院校和科研院所合作，以"企校共建"模式布局新能源船舶技术研发中心、专家工作站，联络更多精英人才、企业，推动在新能源船舶研发制造、游轮制造、舾装配套等领域形成技术突破，助推船舶产业集群化发展。鼓励船舶企业加强与三峡集团、科研院所合作，加快新工艺、新设备运用，推动产业转型升级。引导企业改造船舶动力驱动，加快发展液化天然气"气化"船舶，积极探索发展氢燃料船舶，参与氢燃料电池动力船试点。截至2022年底，宜昌市有船舶修造规模以上企业19家，2022年新建船舶125艘，36万总吨，仅宜昌船舶工业园就新建船舶近百艘，完成工业总产值57亿元，带动就业6100余人。2022年"长江三峡1号"游轮（纯电动、7500千瓦，目前国内功率最大的纯电动船舶）下水运行，通航一年累计接待游客逾13万人次，总用电超90万千瓦时，减排二氧化碳700余吨。宜昌依托现有船舶制造能力，加快实施"电化长江"，建设内河新能源游轮船舶制造基地，争当"电化长江"技术创造者、标准制定者、市场引领者，实现中国内河绿色低碳发展。2023年6月底，宜昌绿色智能船舶产业发展联盟成立，将致力于建设宜昌船型标准化体系、绿色新能源动力系统标准化体系，实现船舶属地化建造，打造宜昌绿色智能船舶特色修造品牌。

三、加快数字化发展

中共中央、国务院高度重视数字经济发展。习近平总书记在中共二十大报告中强调加快发展数字经济，促进数字经济和实体经济深度融合，打造具有国际竞争力的数字产业集群。《中华人民共和国国民经济和社会发展第十四个五年规划和二〇三五年远景目标纲要》设立了"打造数字经济新优势"专章，国务院专门印发了《"十四五"数字经济发展规划》，出台了一系列促进数字经济发展的政策。中共湖北省第十二次党代会提出打造全国数字经济高地的目标，《湖北数字经济强省三年行动计划（2022—2024年）》随之出台。

中共宜昌市委七届三次全会通过的《中共宜昌市委、宜昌市人民政府关于建设长江大保护典范城市的意见》，要求加快建设数字经济高地。《宜昌市数字经济发展"十四五"规划》围绕建设数字经济新型设施、探索数字产业化新路径、构筑工业数字化新格局、激发农业数字化新活力、培育服务业数字化新业态、完善市域社会治理数字化新模式、加速数字公共服务新升级等"七新"方面，重点实施双千兆网络升级工程、湖北省传感物联产业技术研究院项目、宜昌市一体化大数据中心建设工程、算力基础设施提升工程、宜昌市数据资源体系建设工程、宜昌市数据要素市场培育探索工程、大数据产业发展重点项目和示范工程等十九个大工程，打造数字经济"一区一纽一地"（即把宜昌打造成全省政府数字化治理样板区、长江中上游数字经济战略枢纽、全国数字经济创新发展高地）。2023 年 4 月，宜昌又在湖北省率先出台《宜昌市支持数字经济发展的若干政策（试行）》，拿出 3000 万元，重点对数据中心存力、算力中心算力和网络链路运力的基础设施建设及市场主体培育等给予奖补支持。2023 年全市数字经济重点建设项目 40 个，总投资 463 亿元。

（一）加快 "新基建" 融合应用步伐

1. 夯实数字经济发展基础。 2020 年以来，宜昌市高度重视 5G 产业发展，加快 5G 网络建设，实施"网络＋数据"工程。先后印发了《宜昌市推进 5G 产业发展三年行动方案（2020—2022 年）》《宜昌城区 5G 基站布点三年建设计划（2021—2023 年）》等文件。截至 2023 年 5 月底，全市 5G 基站达到 12573 个（全口径），每万人拥有 5G 基站数 21.51 个，商用规模位居全省前列。全市互联网出口带宽达到 7.1T，千兆及以上端口数达到 192 万个，城市家庭千兆光纤网络覆盖率达 89.8%。完成工业互联网标识解析二级节点建设。2021 年 6 月 30 日，宜昌工业互联网标识解析二级节点项目以宜昌金辉投资集团有限责任公司（曾用名：宜昌农康投资管理有限公司）为运营主体，宜昌电信为项目建设主体，完成了建设部署，具备顶级节点接入能力。截至 2023 年 5 月底，工业互联网标识解析二级节点已接入企业 33 家，全市标识注册量突破 1.3 亿，日解析量达到 50 万次。已落户东土科技等网信装备制造企业 40 余家，发展数字经济的基础条件较好。2023 年 5 月，宜昌市经济和信息化局、中国信息通信研究院中部基地、北京泰尔英福科技有限公司、宜昌金辉大数据产业发展有限公司、中国电信股份有限公司宜昌分公司五方共同启动了宜昌"星火·链网"骨干节点项目建设，这标志着宜昌将成为中部首个集"星火·链网"骨干节点和标识解析综合型二级节点于一体的双节点城市。

2. 加快建设数据中心。借助本地独特的清洁绿电、江水冷源、坐靠三峡区域的高安全优势及承东启西的地理区位，宜昌逐步形成了以"三中心"为依托的数字经济数据中心。一是华中地区最大数据中心。"十四五"期间，三峡集团投资建设三峡东岳庙、田秋渔、鸡公岭、紫阳 4 个数据中心，标准机柜 35 万架，至 2022 年已建成 1.3 万架。二是华中地区最大算力中心。点军区聚焦数字经济核心生产要素，已建成百度 50P 人工智能算力，建成中科睿芯 80P 高通量算力，正在建设国家先进计算产业创新中心 500P 通用融合算力，正在推进建设红山科技 100P 高精度算力，预计到 2025 年可建成 2000P 智算＋1000P 超算，形成覆盖智算、通算、超算、精算各类多样性的算力布局，宜昌数据协同处理能力和生产加工能力将达到国内领先水平。三是华中地区规模最大人工智能标注中心。数据标注是人工智能发展的必备前置环节，点军区计划投资 2.7 亿元，建设全国精度最高、标注门类最全的人工智能标注中心，2023 年 3 月一期标注团队 2000 人已如期进驻，远期达到万人规模，将极大加强产业引导和产业聚集效应。

3. 积极推进数字公共基础设施试点建设。在湖北省率先开展城市数字公共基础设施试点建设，探索"万物统一码、万数聚一网、万用享一台"，以"体系化、标准化"为牵引，推进编码研究、标准制定、CIM 基础平台增强、数据融通、通信基础设施补强等重点工作。一网统管和一网通办水平领跑全省。宜昌市人民政府累计投资 4.6 亿元，推动数字场景应用项目 41 个，自然灾害、城市生命线、智能交通系统、宜接就办、蓝天卫士监管平台、智能小区、社区微脑等一批数字特色应用场景已上线运营。智慧城市建设的数字底座初步形成，率先为全市数字社会和数字经济发展打下坚实基础。

4. 启动北斗规模化应用先行城市建设。《宜昌市北斗规模化应用先行城市建设行动方案（2023—2025 年）》已于 2023 年 6 月印发，将围绕夯实北斗产业基础、加速北斗产业集聚、推进北斗规模化应用三个方面，加快建设宜都市、点军区 2 个北斗规模化应用示范区，力争到 2025 年形成 10 个以上"北斗＋"特色应用示范场景，培育 5 家以上北斗产业链优质企业，20 家以上高成长北斗产业链企业，全市北斗相关产业规模达 50 亿元，建成湖北省北斗规模化应用先行城市。以点军区为先行区，引入社会资本，建设"一图一网两中心"（即实景三维数字孪生地图、北斗天基地基增强感知网、城市时空大数据中心、北斗新基建技术研究中心），构建基础算力资源、公共数据资源、人工智能的北斗时空大数据底座。在宜都市、点军区建设北斗数字产业园（投资 9 亿元的北斗数字产业园项目于 2023 年 5 月 18 日在点军开工建设），构建北斗"众创空间—孵化器—加速器"完整产业孵化链条。

（二）加快工业数字化转型发展

宜昌市紧紧围绕产业数字化和数字产业化发展要求，加快工业企业"上云、用数、赋能"，推动新一代信息技术与实体经济深度融合，已引进中科曙光、中科睿芯、中科升哲、阿里、东土科技、奇安国投、中南鹏力、智网易联、依迅北斗等龙头企业 50 余家，培育了三峡高科信息技术有限责任公司、微特技术有限公司、湖北纵横科技有限责任公司、宜昌恒泰大数据产业发展有限公司和宜昌金辉大数据产业发展有限公司等本土规模以上企业 30 余家。

1. 推进工业制造业数字化应用。宜昌市长期坚持推进工业企业"两化融合"发展，提升数字制造融合发展水平。开展体系建立和评定。引导工业企业开展"两化融合"管理体系贯标认定和国家、省、市级"两化融合"示范企业建设。截至 2022 年底，宜昌市有国家"两化深度融合示范企业"1 家（安琪酵母），国家"两化融合管理标准体系贯标示范企业"2 家（兴发集团、人福药业），国家"两化融合管理标准体系贯标试点企业"12 家，国家"新一代信息技术与制造业融合发展试点示范"1 家（安琪酵母），省级、市级"两化融合试点示范企业"163 家、140 家。推动工业互联网体系发展。宜昌市出台了《宜昌市工业互联网发展三年行动方案（2020—2022年)》，推动工业云平台建设，着力将工业云平台打造成为服务工业企业、提升数字制造融合发展的重要载体。引导支持工业企业设备和管理系统上云，截至2022年7月，上云企业达3000余家，全市有省级"上云标杆企业"12家，省级"工业互联网平台"2家（三宁化工、兴发集团）。

2. 积极推进5G场景应用。结合5G网络建设同步推进5G应用，重点覆盖工业互联网、超高清视频和VR/AR/MR、远程健康医疗、智慧教育、智慧旅游、智慧农业、智慧物流、北斗定位服务、数字政府、智慧园区等十大重点领域。全力推动5G与产业、社会的融合发展，推动5G应用实现新突破。在5G＋工业互联网方面，东土科技5G智慧工厂是湖北省智能制造示范项目；在5G＋智能制造方面，三宁化工建成全省首个5G智能化工厂，华强化工、泰山石膏5G智能工厂、三宁矿业5G智慧矿山等项目也在推进之中；在5G＋智慧医疗方面，宜昌电信与枝江市人民医院合作成功实施了全省首例5G远程心脏介入手术，宜昌移动正在为宜昌市中心人民医院建设5G医疗专网；在5G＋智慧园区方面，宜昌市姚家港化工园、宜都化工园两个国家绿色化工园区和三峡（宜昌）大数据产业园都在推进5G智慧园区建设。

通过强化仿真软件的智能设计、关键工序的智能生产、安全风险的实时管控、生产流程的建模模拟等应用，推动了企业从传统工厂到数字化工厂的转型升级，大大提升了智能化程度。安琪细胞源（酵母）营养健康食品数字化车间项目建成投产，实现了生物发酵行业智能制造新模式的创新与应用，生产全程数字化、智能化，打造了行业标杆，全面达产后可实现年收入10亿元，生产效率提高28.99％，产品升级周期缩短37.50％，产品不良品率降低27.59％。广汽传祺通过打造世界级智能制造标杆工厂，累计产量突破20万台（2019年6月28日至2023年6月28日），吸引25个汽车零部件项目相继落户，形成了集仓储、配送、检测、物流等于一体的产业集群。华强科技通过退城进园实施搬迁技改，建设高度自动化、智能化的丁基胶塞生产线，具备年生产60亿只丁基胶塞的能力，可使生产效率提高50％、运行成本降低20％，企业占据医用丁基橡胶瓶塞国内市场第一。人福药业主动对标国际，实施冻干制剂国际标准生产基地项目、小容量注射制剂国际标准生产基地项目等技改项目，引入国际一流设备，自主研制出 20 多个创新药，近两年获批 2 个一类创新药，产品销往全球 20 多个国家，成为全球麻醉镇静领域领跑者。湖北兴福电子材料有限公司通过实施副产氢气综合利用项目，将上游副产的氢气生产为绿色化工产品双氧水，使产能提高 33％以上，还降低了能耗、减少了废气的排放，技术水平一跃成为"行业领先"。稻花香酒业万吨馫香型白酒智能化酿造基地项目，计划总投资 20 亿元，三年内建成集绿色、生态、数字、智能于一体的馫香型白酒酿造基地和 5G 智慧工厂。萧氏茶业集团有限公司（以下简称萧氏茶业）"无人工厂"实现茶叶加工全过程智能化流水作业，自动数采率 93％、自控投用率 95％，被评为湖北省智能制造试点示范项目。

（三）加快大数据及算力经济产业集聚发展

数字经济产业涉及数字产品制造、数字产品服务、数字技术应用、数字要素驱动、数字化效率提升等 5 大类，宜昌结合各县市区资源优势，错位发展大数据产业链，引导数字产业聚集，按照特色突出、优势互补、错位发展的思路，优化大数据及算力经济产业空间布局，明确各区域内数字产业园区功能定位、产业定位，着力提升区域内大数据产业园区集聚、承载和辐射带动能力。

伍家岗区依托恒泰大数据公司高标准建设运营三峡（宜昌）大数据产业园、宜昌数字经济科创中心，以数据资源开发交易、应用场景研发运营、数字经济成果展示为特色产业，以筑巢引凤思路构筑宜昌大数据产业发展高地。三峡（宜昌）大数据产业园一期于 2020 年 11 月 18 日开园，建成政务大数据三中心一基地、中国电信华中（柏临河）算力中心、智慧海洋信息中心、员工活动中心、生活配套服务区、招商入园企业办公区等 6 大功能区，已吸引阿里巴巴、奇安信、中国电信等 30 余家产业头部企业入驻。2022 年 8 月，三峡高科数字经济产业链项目落户三峡（宜昌）大数据产业园，将助力打造宜昌市完整数字经济产业链，搭建数字经济产业生态圈，建设以大数据为产业核心，集 6G 生活体验馆、大数据存储中心、长江经济带大数据交易所、大数据产业孵化区、智慧康养、智慧医疗、智慧教育、智慧社区于一体的三峡数谷，助力宜昌城市经济发展。2022 年，园区实现整体产值约 3 亿元，实现税收收入 4321 万元。此外，位于伍家岗区的中南橡胶集团有限责任公司、宜昌市燕狮科技开发有限责任公司等数字产业相关经营龙头企业数字化转型发展成效显著。

点军区依托东土科技、升哲科技等头部企业，依托智慧城市物联网（工业互联网）产业园项目，建成以电子制造、软件及信息服务、大数据应用为主导产业的宜昌电子信息（大数据）产业园，围绕"芯屏端网"产业链条，引导上下游企业加速聚集，推动形成产业协同与优势互补的大数据产业发展格局。2022 年，点军区数字经济总产值达 46.8 亿元，同比增长 56.3%，新签约亿元以上项目 44 个，同比增长 84.21%，招商引资到位资金 50 亿元，同比增长 43.51%，中科曙光、中科睿智等 50 多家头部企业、独角兽企业、新物种企业齐聚点军，初步形成了算力、算法、应用、智造四大产业集群。2023 年 3 月 28 日，点军区举行数字产业重点项目集中签约暨"点才大会"活动，50 个重点项目集中签约，投资总额 114 亿元。

西陵区依托区域内商业、科教、金融优势，聚焦数据研发、产业孵化、大数据人才培训，形成一批环三峡大学及周边区域的大数据研发、培训及孵化中心，是宜昌乃至鄂西渝东地区数字经济产业发展的聚集区。拥有三峡数智产业园、联东 U 谷智能制造港、东湖高新宜昌科技园、5G 信息科技园等，基本形成了以三峡集团、三峡长电、中国电信、航天宏图、三峡星未来等龙头企业带动，区块链、人工智能、工业互联网、大数据等新业态蓬勃发展，算力存储、智能制造和遥感与地理信息云服务协同发展的数字经济产业格局。2023 年 5 月，由西陵区人民政府、三峡大学、三峡高科信息技术有限责任公司共同建设的宜昌数字经济研究院正式挂牌成立。

下一步，宜昌市将坚持"以电育算、以算育数、以数育产"，以人工智能应用为引领，加快布局大数据及算力经济全产业链条。支持建设西陵人工智能产业园，加快三峡坝区大数据中心、点军电子信息产业园、伍家岗大数据产业园提能升级；推动大数据及算力经济产业与生命健康等产业、城市数字公共基础设施融合发展；加快"星火·链网"国家骨干节点落地；建设国家级"东数西算"样板区。力争2025年大数据及算力经济产业规模突破1000亿元。

四、聚焦重点产业园区发展

产业园区是资源、要素、产业集聚的重要平台载体，是推进地区经济发展的一种重要形式，能够聚集区域优惠政策、优势资源、优秀人才，构建起区域最佳的营商环境高地，在聚集创新资源、培育新兴产业、增强产业集群效应等方面发挥重要支撑作用。在"共抓大保护、不搞大开发"精神指导下，宜昌市加快推进产业向"绿"而行，在产业园区建设中，聚焦优势及特色产业，推动产业园区向绿色化、专业化、智能化、集约化方向发展，将全市产业园建成产业关联度高、细分领域影响力强、配套设施齐全、服务环境优良的承载地和集聚发展区。截至2022年底，宜昌市有184个各级各类产业园区，其中国家级和省级开发区有13个、省级和市级产业园40个，形成了以宜都化工园、姚家港化工园、猇亭工业园为代表的绿色化工产业园区；以宜昌高新生物产业园、白洋工业园为代表的生物医药产业园区；以宜昌东山园区、点军电子信息产业园、伍家岗工业园为代表的数字经济产业园区；以白洋工业园、湖北宜昌船舶工业园、猇亭工业园为代表的装备制造产业园区；等等。

（一）推动绿色园区建设

绿色集聚水平是促进绿色技术创新的重要变量，因而在一定的地理范围内同时实施促进绿色技术创新的环境政策可有效实现整体的绿色发展。宜昌加快构建绿色低碳循环发展经济体系，点燃高质量发展"绿色引擎"，积极推动绿色产业园区建设，为建设三峡地区绿色低碳发展示范区、加快打造世界级宜昌提供硬支撑。

化工园区是化工产业高质量发展的重要载体。2021 年以来，宜昌市以《宜昌市化学工业"十四五"发展规划》《宜昌市新材料产业发展"十四五"规划》《宜昌市建设全国精细磷化中心工作方案》等为引领，着力构建"两园区三基地多聚点"的"2＋3＋N"产业发展格局。宜昌通过提前布局、科学规划、落实软硬件提升，加快推进化工园区认定工作，研究制定了《宜昌市化工园区认定管理工作实施方案（试行）》，推动化工园区规范化管理，积极为化工产业转型升级打造承接载体，拓展发展空间。姚家港化工园、宜都化工园成为湖北省首批国家级"绿色工业园区"。猇亭园区是湖北省首个国家级循环化改造试点，拥有一批循环经济特色突出、规模效益明显的重点企业，经过不断努力，园区已基本建成节能环保型生产体系，年节约煤、磷等矿产资源约 50 万吨，节水约 1.1 亿吨，减少废弃物外排量约 200 万吨，直接增效约 8 亿元，磷化工和煤化工产品单耗、园区工业增加值能耗和废弃物综合利用指标处于国内领先水平。2023 年 4 月 13 日，宜昌市 7 个化工园区全部进入湖北省第一批拟认定合格的化工园区公示名单。全市化工园区规划总面积 176.9 平方公里，已建成面积 73.4 平方公里，园区承载力持续增强。

宜都高新技术产业园、当阳经济技术开发区等园区，坚持"绿"为底色，挖掘余热余压资源"剩余价值"，建设园区污水集中收集处理及回用设施，组织企业开展清洁生产改造，着力推动园区循环化改造提质提速提效。2023 年 3 月 10 日，投资 50 亿元的宜昌绿色智能船舶产业园项目、投资 25 亿元的新能源船舶电控系统产业集群生产基地项目、投资 10 亿元的绿色船舶制造项目正式签约落户宜都，将促进建成宜昌"电化长江"产业先导区。5 月 18 日，宜昌绿色智能船舶产业园项目开工。围绕电站建设、设备生产等，宜昌与三峡集团、浙富控股拟共建水电高端制造产业园，大力发展辐射长江流域乃至全国的水电装备制造产业集群。

（二）聚焦园区专业集群发展

2020 年 9 月，《宜昌市疫后重振补短板强功能"十大工程"三年行动方案（2020—2022 年)》印发，其第八大工程即为产业园区提升工程。宜昌成立中心城区产业发展工作领导小组，统筹推进工业园区建设、要素资源配置、产业布局调整、扶持政策落实等发展工作，以园区建设带动产业专业集群发展。特别是推动园区基础设施规划和园区产业发展规划协调对接，编制全市园区产业发展指导目录，支持园区围绕主导产业开展强链补链延链工作，推进产业链集群化发展，确保园区主导产业集聚度不低于60％，实现园区差异化、专业化、特色化发展。加快建设承载重点产业链集群化发展的专业化园区，遴选产业企业协作紧密、产业生态体系完善、生产要素支撑有力、企业集聚效应明显的产业集群开展省级培育试点示范。如白洋工业园区紧盯绿色化工、新能源材料、装备制造等主导产业，瞄准行业头部企业，以重点项目突破式发展带动产业集聚裂变，加快推进产业基础高级化和产业链现代化。同时，强化管理，严把入园关口，特别是田家河化工片区提高企业准入的门槛，突出科技含量、绿色含量，扩大有效投资。落实好《宜昌市化工产业入园指引》要求，引导技术水平先进、生产过程清洁低碳、市场竞争力强以及能够强化、延长、补齐产业链的项目进入园区；严把项目环保安全入园管控，推动化工产业链迈向中高端，向精细化工转型升级，向新能源、新材料、医药等方向延伸拓展；严把投资强度和税收强度关，以"亩产论英雄"；严把企业智能化程度关，鼓励入园企业建设智慧管理系统，推动高危岗位机器换人。坚持以人聚产、以产聚智，围绕绿色化工、新能源、新材料等产业，精准招引急需关键人才。三年行动的结果，是将全市产业园建成了产业关联度高、细分领域影响力强、园区配套设施服务优的绿色循环生态园区，形成了一批承载市级产业发展战略的专业化园区，重点推动了宜都化工园、姚家港化工园、安福寺食品工业园、双莲工业园、远安航天动力材料产业园、鸦鹊岭工业园、点军电子信息产业园、猇亭工业园等一批专业化园区建设。

（三）加强园区创新能力建设

推动产业园区发展，其核心在于不断提高自主创新能力，更好发挥创新驱动发展之应有作用，而其根本路径则在于不断积聚高质量发展所需的创新要素，以全面提升要素产出弹性和全要素生产率。宜昌在推进产业园区建设中，抓住新一轮科技革命和产业变革带来的新发展机遇，结合产业发展新赛道，整合创新要素，大力实施"技改提能、制造焕新"工程，支持龙头企业加大技改投入、新上技改项目；加快推动数字产业化、产业数字化，引导企业"上云、用数、赋智"，打造5G智能工厂、智慧园区，推进产业园区的创新发展。2022年9月，宜昌高新区出台《宜昌高新区科创"新物种"企业培育认定实施方案》，建立"科技型中小企业—高新技术企业—瞪羚企业（含瞪羚后备）—驼鹿企业—哪吒企业—独角兽企业"创新主体梯度培育机制。2022年，宜昌高新区高新技术企业数、科技型中小企业数分别增长48%、20%，分别达215家、433家；19家企业入选2022年湖北省科创"新物种"企业，累计达35家；9家行业龙头企业上榜2022年度湖北省高企百强名单；45家企业被认定为2022年湖北省级第四批专精特新"小巨人"企业。出台《宜昌高新区科技创新平台体系建设方案》，倡导以市场化发展的模式推动产业技术研究院等新型研发机构建设。加大创新平台和孵化平台建设力度，强化关键核心技术攻关。截至2022年，宜昌高新区已建成并投入使用孵化面积95.76万平方米，现有孵化器18个、众创空间13个；共有湖北省级以上创新平台167个，其中，宜昌市首家国家重点高校建设的产业研究院华中科技大学宜昌产业技术研究院落地；人福药业、华强科技、海声科技、安琪酵母等分别建有国家地方联合工程实验室、国家级企业技术中心等国家级创新平台。

（四）抓实园区基础设施建设

宜昌市将园区基础设施纳入城市基础设施统一规划、统一建设，推动园区基础设施提档升级。加强对中心城区工业园区闲置低效土地的清理，对低效工业用地、"占而未用"项目进行处置，盘活存量建设用地，按照各产业园定位安排招商引资项目。开展园区规范整合，加快整合"低小散"园区，推动工业企业全面入园。创新园区运营机制，探索市场化的运营机制，支持园区开发建设主体进行资产重组和调整优化股权结构，引入民营资本和外国投资者，完善绩效激励机制。统筹各产业园区内生产、居住、服务等各类功能划分，完善生产和生活配套，有力支撑产业集聚、配套齐全、生活便捷的现代产业新城发展，推进产业生态圈建设。运用5G、大数据、云计算等新一代信息技术，加速推进产业园区智能化电力设施、智能化消防设施、智能充电桩、智能照明、智慧灯杆、智能IBMS（空调、新风、电梯、视频监控）、智慧停车等数字化基础设施建设。通过数字化手段，实现数据共享，将"智慧"融入园区建设管理的每个环节，提升园区数字化管理与服务水平，充分营造高效化、便捷化、移动化的服务环境，吸引战略性新兴产业落户集聚。探索产业与城市深度融合发展新路径，统筹"生产、生活、生态"布局，推动"经济、生活、治理"全面数字化转型，打造现代化的产城融合综合服务平台，将园区内的环境数据、人流数据、楼宇数据等一并汇入综合平台，加快构建数字城市基本框架，实现全方位的可视化管理，推动生态、智慧、宜居园区建设。白洋园区围绕提升企业生存发展获得感、居民安居乐业幸福感，突出园区绿化美化亮化净化、生活娱乐配套、办事服务保障等环境要素建设，加速推进武汉协和宜昌医院、夷陵中学白洋分校、东部未来城市民中心、体育馆、青春公寓（教师公寓）、星级酒店等重点公建项目；围绕满足项目入驻的需要，统筹全白洋区域正在或即将开发的片区的水、电、路、气、热、排污、排水、通信八大核心要素的供应源点、主干网布局和建设时序；围绕田家河化工园区管理要求，加快相关配套设施建设，落实消防救援、道路封闭管理、智慧监管指挥平台、应急物资仓储、应急医疗救治、环保监测网络、危险化学品专用停车场等设施。宜昌高新区正加快推动生物园区、白洋园区开发提速、产业提档、实力提升，力争到2025年底生物园区、白洋园区开发基本达到饱和状态，初步建成绿色、低碳、可持续发展的长江大保护典范园区。

第八章　推进绿色农业

绿色农业是指将农业生产和环境保护协调起来，在促进农业发展、增加农户收入的同时保护环境、保证农产品绿色无污染的农业发展类型。加快推进绿色农业发展是全面贯彻落实习近平生态文明思想的具体体现，是一场关乎农业结构和生产方式调整的经济变革，是一次行为模式、消费模式的绿色革命，是满足人民美好生活期盼的迫切要求，是全面推进乡村振兴的必然选择，也是实现农业现代化的题中应有之义。中共十八大以来，以习近平同志为核心的党中央就绿色发展作出一系列重大决策部署。中共二十大报告首次明确提出加快建设农业强国，强调推动农业绿色发展，促进人与自然和谐共生。2023年中央一号文件就建设农业强国，坚持和加强党对"三农"工作的全面领导，坚持农业农村优先发展，坚持城乡融合发展，强化科技创新和制度创新，坚决守牢确保粮食安全、防止规模性返贫等底线，扎实推进乡村发展、乡村建设、乡村治理等方面进行了全面部署。宜昌市认真贯彻落实中共中央、国务院和中共湖北省委、湖北省人民政府的决策部署，充分利用自身的区位优势、较好的农业基础条件和深厚的绿色发展底蕴，加快推进农业可持续发展，创建全国农业农村绿色发展先行区，推进农业大市向农业强市转变，助力长江大保护典范城市建设、打造世界级宜昌。

一、打造绿色种植业产业链

宜昌市认真贯彻落实中共湖北省第十二次党代会、中共宜昌市第七次党代会和中共宜昌市委七届三次全会等会议精神，主动对接省"十百千万工程"，紧紧围绕柑橘、茶叶、优质畜牧、蔬菜、优质粮油、道地药材、水产和现代种业八大产业链，锚定提升品质、唱响品牌、做强龙头、贯通渠道四大主攻方向，大力实施农业产业化发展六大行动，出台《宜昌市重点农业产业链实施方案（2021—2025）》，并将工作方案按年度进行细化落实。

（一）柑橘产业链

宜昌是世界柑橘的发源地之一。"后皇嘉树，橘徕服兮"，这是屈原《橘颂》开篇之句，印证着宜昌是中国古老的柑橘产区，栽培历史可上溯到先秦时期。如今，宜昌是全国柑橘主产区、全国最大的宽皮柑橘生产基地和橘瓣罐头加工基地。2022年宜昌柑橘种植面积14.09万公顷、产量404.53万吨（接近全国总产量的十分之一），产值169.2亿元。柑橘已成为宜昌农业第一特色优势产业和农民增收致富的支柱产业，柑橘产业的三张金字招牌"宜昌蜜橘、秭归脐橙、清江椪柑"在国内外享有盛誉。拥有市级以上龙头企业47家，其中省级以上龙头企业14家、国家级龙头企业2家；"二品一标"49个、中国驰名商标7个、区域公用品牌9个、市级行业协会1个、市级以上示范农民合作社1161个、市级以上示范家庭农场360个，拥有柑橘产后处理打蜡分级生产线450余条，洗果分级企业322家，4.0无损内部品质分选线19条，柑橘冷藏能力达到30万吨以上，拥有宜昌市柑橘科学研究所、宜昌市农科院等市级柑橘科研单位2个，有国家现代柑橘产业技术体系宜昌宽皮柑橘综合试验站、国家柑橘产业技术体系三峡库区脐橙试验站2个国家级试验站。2023年3月，《宜昌市柑橘产业高质量发展规划（2022—2030年)》通过国家柑橘产业体系专家组评审，明确了宜昌柑橘产业未来发展的方向，提出了十大重点建设任务。

1. 全力抓好项目建设，助推产业高质量发展。一是坚持项目为先，突出重点。瞄准湖北三峡蜜橘优势特色产业集群、省柑橘产业链发展项目、市柑橘产业链项目等全市柑橘产业链建设重点项目，发挥好重点项目支撑引领作用，坚持精力围着项目转、资源围着项目配、工作围着项目干，通过抓好项目建设，带动产业链经济发展。二是坚持做好项目分类入库，做好产业资源储备。找准产业链发展的关键环节，分类建立项目库，整合项目资源，严格入库规范，强化项目入库管理，确保拟投资新项目高质高效。

2. 深入实施六大行动，全力补齐产业链短板。一是实施"种药肥革命"行动。全力开展柑橘"三改"，2020年全市完成柑橘"三改"面积8万亩。在全市范围内的柑橘果园推广使用有机肥，全面提升柑橘果园土壤有机质含量。大力实施柑橘绿色防控、统防统治，覆盖率分别达到55%、45%（2022年）。开展柑橘生草栽培技术示范推广1万亩。二是实施招商引资行动。结合《2022年宜昌柑橘产业链招商引资工作方案》，各地均拿出最好的资源，不断加强产业链龙头企业、头部企业、平台公司、总部或区域总部企业的招商引资力度，全市引进了2家目标头部企业。三是扶强培优龙头行动。大力支持宜昌夷陵红生态农业开发有限公司、宜昌市晓曦红农产品市场有限公司、枝江市顺锋达柑桔专业合作社、兴山县昭君镇桥上河农村生态柑橘园专业合作社、宜昌市绿橙农业科技有限公司等龙头企业和柑橘合作社引进一批智能化柑橘分选设备，对原有初加工生产线进行提档升级。大力支持翠林农牧集团宜昌有限公司、湖北丰岛食品有限公司、湖北土老憨调味食品股份有限公司、宜昌海通食品有限公司、秭归县屈姑食品有限公司、湖北康乐滋食品饮料有限公司等企业对柑橘精深加工生产线进行改造，建造高标准厂房等。大力支持宜昌夷陵红生态农业有限公司、湖北土老憨生态农业科技股份有限公司、湖北丰岛食品有限公司、秭归县屈姑食品有限公司组建产业化联合体，推进产业链上下游龙头企业协同发展，大力推进海通食品集团有限公司上市。积极引导有实力的龙头企业"进规进限"，壮大龙头企业队伍。四是实施品牌唱响行动。全力打造"宜昌蜜橘""秭归脐橙""清江椪柑"三大区域公用品牌，形成"区域公用品牌＋企业品牌＋产品品牌"矩阵。在柑橘主销城市组织开展品牌推介活动。开展品牌广告宣传及新媒体宣传，包括在高铁、动车、机场等地投放广告、新媒体营销平台"万里挑宜"建设，做好"秭归脐橙"价格指数发布等。建设2—3家"宜昌蜜橘"品牌直营店。争取资金200万元用于开展柑橘品牌包装奖补。开展宜昌柑橘品质鉴评活动。五是实施渠道贯通行动。积极参加湖北农博会、中国农交会、东盟博览会等会展活动，持续做好柑橘销售，协助拓宽柑橘销售渠道，推动龙头企业与阿里巴巴、拼多多、抖音等实现深度合作；加快建设三峡柑橘交易中心、宜昌供销惠农产业园等园区建设，实现渠道贯通。做好"秭归脐橙"电商价格指数、产地收购价格指数、销地批发价格指数发布，利用《宜昌柑橘销售工作专刊》等服务柑橘销售。实施柑橘销售奖励，巩固好传统"三北"市场，努力开发长三角、珠三角、海外等市场。积极打造三产融合示范区，支持相关企业发展工业旅游，推动宜昌官庄柑橘文化休闲旅游区、宜都市国家柑橘农业公园、枝江市吉吉乐园（牛郎山—向巷村）等观光橘园打造 4A 级景区。六是实施联盟协同发展行动。加强与华中农业大学、中柑所、湖北省农科院、浙江省柑橘研究所等高等院校和科研院所的合作，签订框架协议，形成科技联盟，加强品种选育、高品质栽培、产后处理、深加工产品研发、智能化、数字化建设及改造等应用技术研究，着力解决产业发展的"卡脖子"关键技术难题。充分依托宜昌柑橘优势产业集群，组建柑橘产业联盟。聘请邓秀新院士为产业顾问，积极邀请国内知名专家开展产业指导。积极参加华中农大"乡村振兴荆楚行"、科技兴农"515"行动。

3. 强化组织保障，提供强大发展助力。一是强化组织领导。充分发挥市级柑橘产业链联席会议办公室统筹协调作用，坚持联席会议制度，紧盯工作目标，细化工作举措，协调推进产业链重点工作开展、重大项目建设。办公室设在市柑橘科学研究所，负责综合协调、督促检查等日常工作。各县市区相应建立"四个一"工作机制，即一名党政负责人任县级联络员、一个牵头单位协调、一个工作专班推进、一个专家团队指导。二是完善工作调度机制。市级工作调度由市文旅局牵头，每月至少调度 1 次，针对重点工作、重点项目、建设问题、督导反馈等开展工作调度，强化工作责任。充分发挥柑橘产业链工作专班及产业链招商工作专班作用，抓好产业链项目建设和招商引资。做好国家产业集群、省产业链、产业强镇、市产业链项目的策划，保证项目实施后达到预期目标。加大招商引资的力度，瞄准世界 500 强、中国 500 强及柑橘产业链头部企业，一企一策制作招商地图，组成专班进行对接，精准招商。三是加强考核督办。建立市产业链建设监督考核机制，将柑橘产业链发展情况纳入柑橘主产区年终考核目标管理，落实目标任务，加强督促检查，及时通报情况。对柑橘产业链发展质效突出的县市区，在项目资金安排时给予倾斜支持，对工作不力、排名靠后的县市区通报约谈。

（二）茶叶产业链

《茶经》云"山南以峡州上"，意即终南山之南以峡州之茶为上品。宜昌是全国知名茶乡，2022 年茶叶种植面积 6.63 万公顷，年产量 11.25 万吨，产值 52.9 亿元。拥有市级以上龙头企业 101 家，其中省级以上龙头企业 31 家、国家级龙头企业 3 家；"二品一标" 67 个、中国驰名商标 8 个、区域公用品牌 9 个、市级行业协会 1 个、市级以上示范农民合作社 570 个、市级以上示范家庭农场 102 个。2022 年 8 月，在安琪酵母股份有限公司总部，宜昌茶业集团有限公司揭牌成立，以资本为纽带，以市场化方式整合宜昌茶产业资源，旨在充分发挥安琪集团的品牌、技术、资金优势，进一步提高产业集中度和市场竞争力，做优品质、做强品牌、做大龙头、做活市场，统筹做好茶文化、茶产业、茶科技大文章，促进宜昌茶产业高质量发展。

1. 优化产业结构。 "十四五"时期，每年改造老茶园 2 万亩，其中品种改良 8000 亩；新建设生态茶园 10 万亩；提升绿茶品质，大力发展红茶，红茶占比达到 20%；提升名优茶比例，支持企业改造设备、优化工艺、提高品质，争取名优茶比重提高 5 个百分点。

2. 做强龙头企业。 实施鄂西南武陵山茶产业集群项目（每年 2700 万元，连续实施 3 年）；加大招商引资力度，引进 1 家头部茶企；支持安琪酵母股份有限公司与湖北采花茶叶有限公司、萧氏茶叶集团有限公司等茶企联合重组或合资运作，培育茶叶领军龙头企业，培育 1 家过 10 亿元企业，培育 3 家过亿元企业；培育 5 家茶叶自营出口企业。

3. 延伸产业链条。 支持各产茶村组建茶叶机剪、机采、机耕、机防等专业服务队，全市茶叶社会化服务组织达到 600 个（宜都 110 个、远安 50 个、兴山 50 个、秭归 60 个、长阳 60 个、五峰 120 个、夷陵 120 个、点军 30 个）；建设省级示范产业化联合体 2 个（萧氏、采花）；打造 2 个茶旅融合小镇（邓村、渔洋关）、6 个最美茶乡（宜都潘家湾、五峰采花乡、夷陵太平溪镇、长阳都镇湾乡、秭归九畹溪镇、兴山峡口镇）、10 个农旅融合茶园；发展休闲茶馆、新式茶饮店 100 家。

4. 加大品牌培育。 推进"宜昌宜红""宜昌毛尖"申报注册地理标志证明商标；"宜昌宜红""宜昌毛尖"公用品牌授权企业分别达到 45 家、40 家，加强对品牌授权企业产品质量、包装等的抽查和监管；在"万里挑宜"新媒体营销平台上持续开展"宜昌宜红""宜昌毛尖"品牌宣传；举办"宜昌宜红""宜昌毛尖"加工技术练兵比武活动，举办宜昌茶叶品质鉴评活动。

5. 拓展销售市场。 继续支持已在 4A 级以上景区、机场、车站、宾馆开设的形象店，在公园等人流集中地开设形象店；新建国内品牌直销店 20 个；组团参加武汉茶博会、中国国际茶博会等展会活动，举办宜昌茶叶推介会，举办宜昌茶叶边疆行、沿海行活动。

6. 强化科技支撑。 建设茶树种质资源圃，开展茶树种质资源引进、筛选和品种适制性研究；支持萧氏茶叶集团有限公司、宜都市友民种苗有限公司、宜昌力创生物科技有限公司加强茶树种苗繁育基地建设，年出圃优质茶树种苗 1 亿株；支持五峰天池茶叶机械有限公司等企业研发、生产与"宜昌毛尖""宜昌宜红"加工配套的先进茶机；支持茶叶企业按照"宜昌毛尖""宜昌宜红"生产需求，加快设备更新和改造步伐；建设宜昌茶叶研究院。

7. 强化茶文化引领。 开展万里茶道和古茶树申遗保护；举办中国茶旅大会、茶叶开园节、国际饮茶日等活动；推进茶叶进机关、进企业、进学校、进社区，在全市营造全民饮茶的氛围。

8. 强化要素保障。 一是资金保障。积极争取各级茶产业项目资金，包括生态茶园基地建设、茶叶企业贷款贴息、公用品牌培育、科技攻关、奖励引导及市场营销等方面，充分发挥资金聚焦效应。二是科技保障。将茶叶研究院纳入市农业科创中心重点建设范畴，围绕茶树种质资源、品种选育、生态种植、初精深加工、功能成分物质基础、大健康产业等开展基础性研究，为茶产业科技创新提供技术支撑。三是政策保障。聚焦提升品质、唱响品牌、做强龙头、贯通渠道四大主攻方向，研究制定财政、税收、金融、用地用电等方面支持政策，着力构建市场主导、财政优先支持、金融重点倾斜、社会广泛参与的多元化投入格局，持续推动全市茶产业高质量发展。四是强化宣传。认真总结宣传茶产业带动农户增收致富、推动乡村振兴的属性，充分运用各类媒体，解读产业政策、宣传做法经验、推广典型模式，大力宣传茶产业发展成果，引导全社会共同关注、协力支持，营造全社会关心支持产业发展的良好氛围。五是组织保障。建立"六个一"工作机制，即"一名市级领导主抓、一个部门牵头、一个专班负责、一批专家指导、一笔资金扶持、一张蓝图管到底"。充分发挥市级茶叶产业链联席会议办公室统筹协调作用，坚持联席会议制度，紧盯工作目标，细化工作举措，协调推进产业链重点工作开展、重大项目建设。各县市区建立茶叶产业链工作推进机制，由县级领导担任链长，形成高位推进、整体联动的工作格局。

（三）蔬菜产业链

宜昌市 2022 年蔬菜种植面积 14.91 万公顷，产量 537.18 万吨。拥有市级以上龙头企业 61 家，其中省级以上龙头企业 16 家、国家级龙头企业 1 家；"二品一标"120 个、中国驰名商标 3 个、区域公用品牌 1 个、市级行业协会 1 个、市级以上示范农民合作社 1499 个、市级以上示范家庭农场 490 个。重点是做大做强魔芋、食用菌和大宗蔬菜产业。

1. 魔芋产业。一是培育壮大龙头企业。重点支持湖北一致魔芋生物科技股份有限公司（以下简称一致魔芋）做强增效，提升魔芋精深加工能力。推行"龙头企业＋合作社"产业发展模式，建成 10—15 家魔芋初加工企业。支持国内外知名魔芋加工企业来宜合作投资发展，实现强强联合，推进魔芋产业向产业链和价值链中高端延伸。二是稳定扩大魔芋种植面积。大力支持魔芋大乡大镇、种植大户、专业合作社、龙头企业加强魔芋种植基地建设，支持 100 家魔芋种植合作社加快发展。大力发展魔芋田园种植，选择发展基础好、产业服务体系健全、农民积极性高的魔芋主产区，建设高效、绿色、可持续发展的魔芋种植标准化示范基地。三是全力推进科技攻关。以宜昌市农业科学研究院为主导，联合其他科研院所、高等院校，建立魔芋良种繁育技术体系，科学育种，着力攻克魔芋软腐病难关，建设标准化种芋繁种基地。

引导龙头企业建立研发和创新平台，加大魔芋产品研发力度，支持龙头企业推进魔芋加工技术研究、改造，支持一致魔芋建设魔芋研发中心。四是积极开拓国内外销售市场。发挥政府部门职能，帮助魔芋加工企业解决原材料进口政策障碍。支持龙头企业在省市内外建立魔芋营销中心，助推魔芋产品进商场超市、进宾馆饭店、进加油站便利店、进旅游景区，引导企业通过节日促销、直播带货、产品专供和对外出口等方式，建立线上线下和国际国内市场。探索借助三峡物流园资源平台筹建线上线下魔芋交易中心。五是积极发展魔芋产业新业态。支持一致魔芋在长阳县木桥溪风景区建设"魔力健康村"，打造国内首个魔芋减肥村。以开发魔芋新产品如魔芋功能性食品、化妆品、生物材料等，带动长阳县白氏坪村建设"魔芋特色小镇"。

2. 食用菌产业。一是促进加工企业一品做大。通过产业招商，引进国内有实力的头部食用菌加工企业落户宜昌，外引的同时兼顾内培，依托优势资源，聚集各方力量，支持宜昌食用菌龙头企业做大做强，重点支持开发、加工和销售明星产品，推动企业由小变大、加工程度由初变深、加工产品由粗变精。二是支持传统品种香菇生产提质增效。支持企业和合作社进行菌棒设施化、标准化生产技术、设备和设施提档升级，提高香菇制棒的正品率。支持企业联合科研单位进行香菇培养基质替代材料的研究以及高产栽培技术的研究。通过对每个香菇菌棒进行经费奖励，支持企业、合作社和食用菌大户进行香菇菌棒生产。三是扩大优质珍稀食用菌品种规模种植。推广食用菌"龙头企业＋合作社＋农户"的组织方式，引导合作社扩大羊肚菌、大球盖菇、灰树花等优质食用菌品种的种植规模，提高食用菌产品的市场价值，鼓励通过优质珍稀食用菌种植任务领办的形式，带领农民增产增收招引。四是支持优质菌种和深加工产品研发。积极推进与国内权威科研院所的合作，依托"515"院士专家行动、湖北省食用菌产业创新技术体系、宜昌市农业科学研究院、宜昌市食用菌产业技术体系等专家团队，加强优质菌种的开发、研究与利用。支持重点龙头企业开展菌种研发，进行食用菌种质资源收集和适宜宜昌栽培的优良菌株选育。支持食用菌产品精深加工技术研究，引导龙头企业建设一流精深加工、副产物综合利用的生产线，着力开发系列化、多元化深加工新产品。五是开发鲜菇盒组合产品。以市场需求为导向，以龙头企业为主体，以香菇、平菇、大球盖菇、羊肚菌等为主要原材料，精准开发搭配合理、营养健康、风味独特、方便快捷、市场亲和力强的菇盒组合产品。引导经营主体建设预冷设施、通风库、冷藏库、气调库等设施，加强食用菌冷链基础设施建设。六是开拓国内外销售市场。充分发挥现代信息技术优势，大力发展网络直播、电子商务、直供配送等新型流通业态，积极对接国内知名线上平台，提高食用菌产品流通效率和线上销售水平。推进食用菌产品进商场超市、进宾馆饭店、进加油站便利店、进旅游景区，提高食用菌线下销售水平。支持食用菌外贸型企业开展技术改造、品牌建设、国际认证，通过优化通关渠道，加快退税速度，为出口企业提供融资保险信用认证服务，提高食用菌出口份额。探索借助三峡物流园资源平台筹建线上线下食用菌交易中心。

3. 大宗蔬菜产业。一是提升品质。全面推行"新种""老肥""绿药"，结合蔬菜产业实际，推广应用绿色高效集成生产技术。重点推进高山蔬菜产区发展避雨设施栽培，围绕蔬菜加工调整品种结构，推广施用有机肥，推行种植绿肥，实施绿色防控替代化学防治工程。二是打造品牌。以高山生态好、产品质量优为基础，充分运用各种媒体，组织企业参与全国性农产品展会、农超对接会等活动，推介品牌，宣传品牌，提升品牌的影响力和渗透力。集中打造"火烧坪"高山蔬菜品牌，支持专柜、专营店建设，扩大品牌农产品市场占有率。三是壮大龙头。支持本土企业"数字赋能、技改提能"，支持蔬菜加工企业设备自动化、信息化改造提升，鼓励企业发展蔬菜净菜、预制菜。加大招商力度，开展精准招商，争取国内蔬菜产业链头部企业到宜昌投资兴业或与本地企业合作。四是贯通渠道。支持企业打造品牌，扩大影响，开展农商对接、农超对接、农校对接、农批对接、农贸对接，打通本地蔬菜流通"内循环"，引进自带流量的渠道商与本土企业对接，或在省内外大中城市新开设品牌专卖店、直营店、旗舰店，推动优质农产品"走出去"。

宜昌市严格落实相关工作措施，大力推进蔬菜产业发展。一是强化组织保障。持续落实"四个一"工作机制，即市领导任链长，市商务局作为牵头单位负责协调，市农业农村局、市商务局组成工作专班推进，蔬菜产业专家团队指导。相关县市区由党政主要负责人领衔，成立工作专班，制定具体措施，集中力量、集中精力、集中要素强力推进蔬菜产业链建设。二是强化科技支撑。落实《宜昌市产业领军人才"双百"计划实施办法》，引进蔬菜产业链人才，依托专家团队，推进产学研紧密结合，开展多形式的农业科技成果转化、科技服务和技术培训，从良种选育到田间种植、技术集成、采收加工、冷链物流、产销信息等全过程提供全产业链技术指导服务。加强蔬菜产业国内外发展研究，了解最新行业资讯，为全市蔬菜产业健康发展提供信息支持，为"原材料买全球"和"农产品卖全球"提供渠道支撑。三是强化市场流通服务。组织蔬菜产业链企业参加省市内外各类展会，加强与沃尔玛、盒马鲜生等高端连锁超市以及大型国有企业内部采购的对接，不断提高宜昌蔬菜产品的知名度。大力发展电子商务，积极开拓国际市场，进一步拓宽全市农产品销售渠道。四是强化项目支持。按照"强链、补链、延链"的要求，以蔬菜精深加工项目为重点，加大招商引资工作力度，2022年翠林农牧、正大集团、天域生态等一批头部企业入驻宜昌。根据《湖北省蔬菜（食用菌、莲、魔芋）产业链专项资金管理办法》支持方向的要求，建立宜昌市蔬菜产业链发展项目库，加大力度争取省级项目资金支持，以产业链项目建设助推强链补链。五是强化金融支持。建立宜昌市蔬菜产业链龙头企业库，加强与省农业信贷担保公司及银行业金融机构合作，对入库企业"应担尽担"，给予贴息支持。建立市县财政投入为主导、入库企业积极参与的政策性保险机制，确定分担比例，确定参保范围，明确保险责任，分品种确定保险金额，提高蔬菜产业链龙头企业抵御风险的能力。引导设立蔬菜产业链发展基金，吸引金融资本、社会资本投入。对重点龙头企业在贷款贴息、税收等方面给予倾斜支持，鼓励支持龙头企业上市直接融资。六是强化典型引领。认真总结经验做法，解读产业政策，充分发挥报纸、电视、网络等媒体的作用，挖掘和宣传各地涌现出的鲜活经验，推出一批典型案例。

（四）优质粮油产业链

宜昌是全国全省特色农业产业大市，2022年粮食播种面积32.10万公顷，产量151.06万吨；油料种植面积10.09万公顷，产量23.73万吨。拥有市级以上龙头企业67家，其中省级以上龙头企业20家、国家级龙头企业1家；"二品一标"27个、中国驰名商标1个、区域公用品牌5个、市级行业协会1个、市级以上示范农民合作社373个、市级以上示范家庭农场186个。

1. 大力建设优质粮油绿色生产基地。 实施"种药肥革命"行动，大力推行"六统一"（统一良种供应、统一肥水管理、统一病虫防控、统一技术指导、统一机械作业、统一烘干仓储）生产模式。枝江、当阳、远安依托龙头企业，根据企业需要大力推广"一县（或一镇）一种""一企一片"种植模式。打造优质稻米生产基地80万亩（其中优质冷水稻米、富硒优质稻米、香米等特色优质稻米15万亩），优质油菜生产基地100万亩（其中高油酸油菜5万亩），优质鲜食马铃薯生产基地10万亩，优质鲜食甘薯生产基地10万亩（其中出口基地1万亩）。

2. 大力培育壮大龙头企业。 实施扶优培强龙头行动。以重大项目建设为抓手，推进企业加快设备自动化、信息化改造，开展科技攻关，创新加工工艺，开发新产品，加强产业化联合体建设，不断壮大重点龙头企业。着力支持湖北瓦仓谷香生态农业有限公司、当阳市民天米业有限责任公司创建国家级龙头企业，当阳红缘丰食品有限公司、宜昌金正米业股份有限公司创建省级龙头企业，培育一批市级优质粮油龙头企业。

3. 大力打造优质粮油品牌。 实施品牌唱响行动。推动粮油主产县市区政府和企业开展"中国好粮油""湖北好粮油"等品牌建设，打造"枝江玛瑙米""长坂坡粮油""三峡明珠粮油"等区域公用品牌，唱响"瓦仓大米"等一批地理标志品牌。积极参加各类展会活动和优质稻品鉴推介活动，提高宜昌优质粮油市场美誉度和影响力。在加快区域共建共享基础上，做好巴楚文化、红色文化、山水特色文章，培育壮大"富硒富锌稻米""高山冷水米""浓香型菜籽油""高山土豆""富硒土豆"等特色品牌，不断提升品牌价值。

4. 大力建立健全销售渠道。实施渠道贯通行动。全市优质稻米在全国主销区大中城市设立直销中心，线上销售占比超过 20%；优质鲜食薯线上销售占比超过 10%，甘薯出口量显著提升；优质粮油加工食品进景区、进超市、上线上平台。鼓励企业在稻米主销区大型综合超市、便利店、高档社区设立专柜或者专营店，积极宣传优质粮食产品，拓展销售渠道，增加高端产品销量；通过供销 e 家、京东商城、天猫商城、聚划算、拼多多以及网络直播带货等营销平台，把宜昌优质粮油产品推向全国。积极为企业搭建产销合作的平台，大力支持企业参与国家、省级粮油产销对接会，扩大产品影响力，拓展销路。

5. 大力开展招商引资。一是突出重点。中央储备粮宜昌直属库 2022 年 7 月整体搬迁项目落地沙湾片区，拉开了宜昌粮食产业园的建设序幕。沙湾片区正依托白洋港，加快推进中储粮项目、安琪粮食精深加工项目建设，着力引进下游中小企业，形成粮食仓储物流到调味品、生物发酵、生物合成制造等终端产品的粮食精深加工产业链，力争到 2027 年底，宜昌粮食产业园综合产值突破 200 亿元。二是借助互联网、展会活动和其他社会资源招商。2022 年，新签约过亿元项目 8 个以上、新开工入驻项目 8 个以上，到位资金 31 亿元以上。

6. 大力推进产业园区建设。推动中化现代农业有限公司宜昌分公司、当阳市民天米业有限责任公司、当阳红缘丰食品有限公司、湖北瓦仓谷香生态农业有限公司、宜昌金正米业股份有限公司持续建设优质稻米、菜籽油加工产业园区。

7. 大力促进三产融合发展。推动各县市区深入挖掘宜昌丰富的山水林田湖资源，建设独具宜昌特色的油菜花海基地，举办油菜花节庆活动，发展油菜花经济，做好融合大文章，实现"卖菜籽"向"卖风景、卖文化、卖产品"转变，重点支持枝江、当阳、远安、夷陵、兴山油菜花旅游节提档升级，打造全市油菜花精品旅游路线，唱响宜昌油菜花品牌。

8. 大力推动产学研结合。推动企业与华中农业大学、省农科院等专业院校和科研院所合作开展优质水稻新品种筛选和标准化生产技术示范。支持企业与大专院校、科研院所合作开展稻米及副产品精深精细加工研发。全市建设产学研合作示范基地 4 个（枝江市 1 个、当阳市 2 个、远安县 1 个），转化一批粮油科技创新成果。围绕 6 个地理标志大米品牌，制定生产技术标准。结合宜昌生态环境特点，制定冷水稻米生产技术规程，促进高山冷水稻标准化生产。

9. 完善保障措施。一是强化组织协调。优质粮油产业链建设工作专班积极协调市直各有关部门解决产业发展问题，有序推进补短板、强弱项、延链条等各项工作。各级党委政府按照粮食安全党政同责的要求，因地制宜制定本地优质粮油产业链年度工作方案，将工作措施项目化、清单化、责任化，确保目标任务落实落地。二是强化政策支持。按照中共宜昌市委、宜昌市人民政府《关于培育壮大农业产业化龙头企业全面提升农业产业现代化水平的实施方案》要求，通过贷款贴息、以奖代补、先建后补等方式，重点扶持企业开展科技攻关、农产品加工、关键设备购置、技术改造、人才培育、社会化服务、信息化建设。市级科技专项经费优先对龙头企业开展科研、引进技术和设备产生的费用进行补助，鼓励企业建设技术创新平台。积极开发个性化、精准化金融产品，为农产品加工产业链各环节提供多元化金融服务。落实国家关于农业产业化龙头企业在税收、社保等方面的减免政策。三是强化科技支撑。紧紧围绕优质稻米、菜籽油、薯类产业链，建立产学研相结合的产业综合体，推动优质粮油生产、精深加工、副产品开发、仓储物流等关键技术攻关和科技成果转化。四是强化宣传引导。总结龙头企业带动农户增收致富、发展优质粮油产业的好经验好做法，充分运用各类媒体解读产业政策、宣传做法经验和优质粮油产业发展成果、推广典型模式，营造全社会关心支持产业发展的良好氛围。

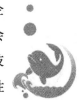

（五）道地药材产业链

宜昌是华中地区最大的中药品种资源库（圃），享有"华中药材宝库"的美誉。道地药材生产面积常年保持在 100 万亩左右，产量约 15 万吨，产值近 75 亿元，加工产值约 26 亿元。拥有市级以上龙头企业 7 家，其中省级以上龙头企业 2 家、精深加工规模以上企业 16 家；"二品一标" 4 个、区域公用品牌 1 个、市级行业协会 1 个、市级以上示范农民合作社 579 个、市级以上示范家庭农场 194 个。

1. **实施药材种苗培育行动。** 支持天麻良种繁育或代料栽培示范基地建设。支持中药材专业村建设，建设种子（苗）繁育生产基地的定制药园等，打造生态种植示范区。新建或改造种繁基地 100 亩以上、种植基地 1000 亩以上。

2. **实施招商引资行动。** 引导地方政府、企业对接省外龙头企业，支持五峰对接中国中药有限公司，长阳对接安徽药满仓生物科技有限公司，湖北康农药业有限公司联合国药集团中联药业有限公司建设加工转运中心。引导市内龙头企业到原料产地投资、建基地，支持平村众赢（湖北）药业有限公司在宜昌各县市区建基地。

3. **实施扶强培优龙头行动。** 支持龙头企业如湖北恒安芙林药业股份有限公司、湖北民康制药有限公司、五峰赤诚生物科技股份有限公司等做大做强，提升道地药材加工水平，积极推进五峰赤诚生物科技股份有限公司上市。针对天麻、五倍子、独活、木瓜等品种，支持龙头企业开展科技攻关。

4. **实施品牌唱响行动。** 制定宜昌中药材公用品牌创建及培育管理实施方案，推进区域公用品牌申报与创建。支持平村众赢（湖北）药业有限公司打造区域公用品牌"峡州本草"。

5. **实施渠道贯通行动。** 支持本地企业整合销售渠道，加快建设三峡中药材交易中心。

6. **实施联盟协同发展行动。** 筹备申报"宜荆荆恩"道地药材产业集群，组建道地药材销售联盟。

7. **实施要素聚合行动。** 加强药食同源基础探索和应用开发，大力发展药食同源产业。繁荣宜昌本土中医药文化，推动"家乡的中医药"进校园科普读物编写工作。

8. **完善保障措施。** 一是强化组织领导；二是优化发展环境；三是加强考核督办。

（六）现代种业产业链

宜昌市认真贯彻落实国家《种业振兴行动方案》，擘画发展蓝图，

多措并举加快现代种业产业链建设，基本形成了集资源保护、育种创新、生产繁育、推广应用与市场监管于一体，覆盖农牧渔多品类的相对完备的育繁推种业体系，玉米、水稻育种能力全国一流、全省领先，柑橘苗木繁育能力全国领先，茶叶种苗繁育能力全省领先。全市现有种子种苗企业76家（种植业36家、渔业8家、畜牧业32家），其中，省级以上农业产业化龙头企业7家、农作物新品种选育单位5家，产值65亿元左右。

1. 强化种繁基地体系建设。一是推进"三峡种子种苗繁育基地"体系建设。制定三峡种子种苗繁育基地建设方案，以三峡特有品种为基础，按照"五化"要求，基本构建多种类、多主体、多基地、跨区域的种繁基地体系。2022年生产玉米种子1500万公斤、魔芋种子100万公斤、中药材种苗500万株。巩固建设国内领先的鲟鱼良种繁育基地，清江鲟鱼谷生物资产达到110万尾，新增种苗100万尾。远安县以湖北森源生态科技股份有限公司为主积极申报国家食用菌菌种区域性良种繁育基地建设项目。宜昌市晓曦红农业科技开发有限公司和秭归宜昕农业发展有限公司扩大无病毒柑橘和橙类种苗繁育，生产柑橘种苗200万株，出圃100万株，保障本市柑橘品改及国内其他产区用苗需求。湖北民大农牧发展有限公司完成国家种业提升项目双莲鸡良种繁育基地建设。宜昌三江渔业有限公司完成两种铜鱼科研与放流任务300万尾、规格苗50万尾，长阳友生清江鱼种苗有限责任公司完成1亿尾鱼苗繁殖，其中大规格鱼苗3000公斤。萧氏茶业和宜昌力创生物科技有限公司繁育茶叶良种，茶叶种苗年出圃量达到1亿株，以满足本市茶叶品改及周边地区需求。在夷陵区和五峰设立猕猴桃原产地资源保护基地，开展低产园改造示范。五峰博翎种业有限公司和湖北泰悦中药材种业有限公司加大道地中药材种子种苗繁育，繁育中药材种苗1000万株以上。二是巩固农科院海南种繁基地。优化南繁基地育种条件和能力，聚焦水稻不育系和玉米低山平原品种，高效利用种质资源，为宜昌粮食安全提供有力种子"芯片"支撑。

2. 推进育种技术和种源创新。 一是强化基础研究。着重开展农作物基础性公益性"种源"创新研究，有序推进生物技术育种。培育以企业为主体的研发力量，重点依托湖北康农种业股份有限公司（以下简称康农种业）建设生物技术育种平台，力争生物技术育种在推进本市特色产业发展上有重大突破。二是进一步加强产学研合作引导。加大与武汉洪山实验室、中柑所、省农科院、华中农业大学、三峡大学等科研机构和院校的合作力度，签订框架协议，形成科技联盟，建立以市农科院、市柑研所、康农种业、湖北民大农牧发展有限公司、宜昌市晓曦红农业科技开发有限公司、湖北一致魔芋生物科技股份有限公司等为主的种业研发平台，加强品种研发、选育。争取在夷陵牛养殖与牛肉品质调控集成技术、宜昌白山羊快速育肥技术、夷陵绵羊品种创新育种、双莲鸡新品系等方面取得新突破。加强优质菌种的开发、研究与利用。三是启动实施农业种源关键核心技术攻关。着力解决产业发展的"卡脖子"关键技术难题。针对牛羊布病净化术、柑橘无毒大苗繁殖、魔芋软腐病、产地药材品种提纯复壮、玉米抗白斑病品种选育等种子种苗问题开展攻关。

3. 推进种质资源普查保护利用。 按照"三个全覆盖"要求，继续开展第三次农业资源普查，完成对宜昌种植业资源丰富县的普查、水产养殖资源普查以及畜禽遗传资源普查，摸清家底。对珍稀、濒危、特色种质资源，通过新建保护点、采集制作遗传材料收集保护。加大优势产业地方品种的提纯复壮，对宜昌橙、桃叶橙、宜昌大叶种、宜红早、昭君眉豆、双莲鸡、夷陵牛等地方特色品种实施提纯复壮，满足个性化需求。增强宜昌白山羊和双莲鸡市场化供种能力。支持清平猪、夷陵牛保护与开发利用，在核心保种场外新建5个存栏规模300—500头的扩繁场。支持农科院建设茶树种质资源圃，开展茶树种质资源引进、筛选和品种适制性研究。

4. 提升良种繁育水平，保障种子种苗供给。 支持秭归宜昕农业发展有限公司、宜昌市晓曦红农业科技开发有限公司开展无毒容器育苗，年繁育柑橘种苗200万株（其中无毒容器大苗100万株），满足全市柑橘品改用苗需求。支持宜昌三峡萧氏生态农业有限公司、宜都市友民种苗有限公司、宜昌力创生物科技有限公司加强茶树种苗繁育基地建设，年出圃优质茶树种苗1亿株，除满足本市茶叶品改用苗外，积极拓展周边市场。支持湖北清江鲟鱼谷科技有限公司全面展开育苗工作，新增规格苗种100万尾。优化食用菌菌种生产结构，在满足香菇、木耳等常规用种外，加快天麻蜜环菌、羊肚菌、桑黄等专用高档菌种繁育。扶强宜昌正大有限公司、宜昌市民大农牧开发有限责任公司、枝江宜合众畜牧有限公司、湖北致清和农牧有限公司等优质种畜禽场。保障种子种苗稳定供给，实现宜昌区域内种源供应基本平衡。

5. 大力培育种业优势企业，打造种业品牌。一是做大做强种业骨干企业。壮大种业产业链底盘，加大对现有种子种苗企业的扶持培育力度，每个行业培养2—3个种业龙头企业，淘汰落后产能。加大对康农种业等一批种子种苗企业的培育力度。重点支持康农种业进军行业领军企业并上市，湖北清江鲟鱼谷科技有限公司、湖北森源生态科技股份有限公司、宜昌市民大农牧开发有限责任公司、秭归宜昕农业发展有限公司、宜昌市晓曦红农业科技开发有限公司、宜昌力创生物科技有限公司、湖北丰联佳沃农业开发有限公司等特色种业企业进军行业单项冠军，支持五峰博翎种业有限公司、宜昌三峡萧氏生态农业有限公司、宜昌三江渔业有限公司、枝江市天丰长江土著鱼类良种场、当阳市弘杨种苗有限责任公司等工厂化育苗企业做大做强成为行业骨干企业，提升其商业化育种能力。二是做专做精种业特色企业。在秭归脐橙、宜昌柑橘、道地药材、生猪、肉羊、鲟鱼、食用菌、鱼腥草、油莎豆等产业的地方特色种业企业中，遴选一批专精特新企业给予重点支持，加强引导，培育行业细分领域的单项冠军后备军。三是打造种业品牌。主打"康农种业""远安食用菌""清平猪""双莲鸡""宜昌白山羊""宜昌猕猴桃"等种业品牌。进一步完善招商引资工作方案，建立招商企业清单，制定招商路线图，广泛搜集了解世界和国内种业领军企业，重点拜访种苗企业和玉米水稻种业企业。结合三峡种子种苗基地建设开展招商引资，全力支持康农种业与中国种子集团有限公司战略合作，支持中化农业示范推广MAP服务模式，支持宜昌市晓曦红农业科技开发有限公司、宜昌力创生物科技有限公司等柑橘、茶叶种苗生产企业招商引资，扩大种苗市场占有率。

6. 推进"种药肥革命行动"。 继续开展"看禾选种"优良品种展示示范活动，优化展示示范作物种类和品种数量。引导种子种苗经营主体经营优良品种、广大种植户和农业新型经营主体选用优良品种，逐步达到品牌与品种的合理衔接。支持地方优质品种的开发利用，加大地理标志品种品牌培育。

7. 探索种苗供应企业和用苗基地之间的连接机制。 选择有实力有规模的种苗生产企业与合作社，采取订单育苗供苗的方式开展试点。

8. 强化组织保障。 一是强化组织领导，推动"五个一"工作机制落实落细。二是强化政策扶持，对重点企业加大资金扶持，实施好年度重点项目。三是按照"月碰头、季调度、季通报、年总结"的要求，强化督办推进。

二、推进生态林业和园林建设

中共十八大以来，宜昌市深入贯彻习近平生态文明思想，认真践行"两山"理念和公园城市建设理念，大力实施国土绿化和生态修复，全面强化森林、湿地和城市绿地保护，加快绿水青山向金山银山转化，巩固国家森林城市、国家园林城市建设成果，林业和园林改革发展取得历史性、突破性成效。截至 2020 年底，全市森林覆盖率达到 68.47%；森林蓄积量达到 8729.05 万立方米；林地保有量 138 万公顷，占全市国土总面积的 65%；自然保护地总面积 22.48 万公顷，约占全市国土总面积的 10.7%；湿地总面积 8.23 万公顷，占全市国土总面积的 3.9%，湿地保护率 56%；生态公益林（国家级和省级）界定面积 52.90 万公顷，占全市国土总面积的 24%；林业有害生物成灾率、森林火灾受害率始终控制在省下达指标以内；林业总产值达到 440 亿元；宜昌城区绿地面积达到 6648.72 公顷，人均公园绿地面积、绿化覆盖率、绿地率分别达到 12.23 平方米、41.13%、36.72%；城区重点保护绿地 64 处 4094.34 公顷，其中，永久性保护绿地 58 处 3453.98 公顷。

为了推进宜昌林业园林事业高质量发展，加快三峡生态屏障建设，宜昌市出台《宜昌市林业和园林"十四五"发展规划》，作为全市林业和园林事业发展的行动指南。规划围绕建设世界旅游名城、清洁能源之都、长江咽喉枢纽、精细磷化中心、三峡生态屏障、文明典范城市的目标定位，谋划推深做实林长制，精准提升森林质量，全方位提高森林固碳能力。2022 年宜昌市将园林绿地纳入林长责任范围，实现了城区"一花一草"全覆盖。计划到 2025 年，全市森林覆盖率和森林积蓄量保持双增，城市绿地率超过 40%。

（一）实施生态修复，推进国土绿化

一是生态廊道建设顺利实施，完成长江清江廊道生态修复 12 万亩，实施重要节点绿化项目 25 个，长江高水平保护国土绿化和湿地保护修复攻坚提升行动 10 万亩；协调启动了香溪河生态廊道建设。二是破损山体、边坡修复扎实推进，完成汕头路、三峡大道、点军大道、峡州大道等 158 万平方米边坡的修复。三是城市灰色空间治理成效初显，完成 767 个桥墩绿化、15150 平方米桥下空间复绿。四是引导全社会植绿护绿意识逐年增强，开展集中义务植树活动 207 场，239 万人次通过不同形式植绿护绿。

（二）加强生态保护，维护生态平衡

一是林长制落地见效，7802 名各级林长尽心履职，"林长＋公检法司＋两长八员＋工作队长＋产业"、城市园林纳入林长工作范畴探索等"林长＋"做法被国家、省林长制简报多次推介。二是森林得到有效保护，森林火灾受害率、林业有害生物成灾率控制在 0.9‰、3.7‰ 以下，延续了 28 年无较大以上森林火灾的良好成绩，推动高风险区综合治理项目，松材线虫病除治工作成效位居全省前列。三是扎实做好涉林问题整改销号，在全省率先完成 2021 年森林督查 214 个问题和打击毁林专项行动 34 个问题的查处整改销号。四是生物多样性保护措施得力，组织编制《宜昌市野生动物及其栖息地保护规划》，开展自然保护地各类资源监测，为黄胸鹀、中华秋沙鸭等生态精灵经停宜昌保驾护航。五是贯彻《宜昌市城区重点绿地保护条例》，长江生态修复 424 公园被列入重点绿地名录并实施永久性保护，城区重点绿地达到 65 处。六是推进生态环境损害赔偿，秭归县龚某非法猎捕野生动物案件查处被列为全省生态环境保护优秀案例。

（三）推进生态转化，提升山水价值

一是国有林场森林经营试点开局起步，18 个国有林场共建设样板基地 3168 亩。二是林业碳汇行动路径逐步明晰，碳汇林、储备林项目谋划基本成熟。三是产业培育积厚成势，2023 年初新增省级林业产业化重点龙头企业 6 家，全市省级林业产业化重点龙头企业已达 50 家。四是品牌塑造再添殊荣，远安获评国家级森林康养基地试点县（乡镇），湖北五峰后河国家级自然保护区入选全国生物多样性优秀案例。五是公园引流成效明显，风筝节、中华鲟增殖放流、江豚守护者、长江大保护可持续发展艺术展、稻田音乐节、菊展、最美阳台、美好森活节等特色活动赚足眼球，2022 年"十一"期间灯塔广场、卷桥河湿地日均吸引游客过万人，为后期的经营转化打下了坚实基础。六是要素保障有力有效，2022 年争取林地定额 2030 公顷，占全省四分之一，邦普、楚能、欣旺达等项目不断刷新林地定额报批时限，完成陡山沱过江通道、十宜高速、引清入城等项目涉保护地要素保障，三峡风景名胜区、鸣凤山风景名胜区优化调整取得实质性进展。

三、打造优质畜牧业产业链

优质畜牧业产业链是宜昌市重点打造的八大农业产业链之一。宜昌畜牧兽医系统全面贯彻新发展理念，坚持用工业化、城镇化、信息化思维深入推进畜牧业高质量发展，着力补链延链强链，全市优质畜牧业产业链发展成势见效。特别是持续实施"四抓四提"工程［即抓生猪屠宰加工、提升加工产值，抓牛羊（禽蛋奶蜂）增量、提升养殖端产值，抓种养结合、提升绿色发展水平，抓畜禽品牌创建、提升市场竞争力］，畜牧业实现"五增"，为宜昌全面实施乡村振兴战略提供有力支撑。一是产品产量增。2022 年全市生猪出栏 576.08 万头，居全省第二，同比增长 4.4%；肉牛出栏 4.48 万头，同比增长 2.5%；肉羊出栏 141.30 万只，居全省第一，同比增长 11.6%；家禽出笼 3183.22 万只，同比增长 2.4%；禽蛋产量 7.93 万吨，同比增长 6.1%。

二是产业产值增。2022年畜牧业现价产值达到246.33亿元，居全省第二，同比增长6.68%，占农林牧渔总产值的24%。三是加工产值增。全市畜禽屠宰加工企业达到42家，其中生猪屠宰加工企业27家。生猪屠宰量和规模以上加工企业产值同比分别增长8.2%、19.5%。四是龙头企业增。畜牧行业市级产业化重点龙头企业累计达到63家，其中规模以上加工企业达到52家。市级以上产业化重点龙头企业和规模以上加工企业同比分别增长16%、31%。五是规模养殖增。全市规模化养殖场累计达到2583个，畜禽养殖规模化率达到40%，建成部级畜禽养殖标准化示范场3个。优质畜牧业产业链发展的主要做法及成效如下。

（一）提升加工产值

1. 以标定产。对标屠宰加工企业收购标猪需求，通过达标、订单生产等方式，鼓励中小规模养殖场、专业合作社、散养农户变养殖大肥猪为养殖标准猪，为本地屠宰加工企业提供优质猪源。远安县试点出台地方标准化养殖政策，畅通加工企业和养殖主体产销关系。研究出台生猪屠宰以奖代补政策，支持生猪定点屠宰企业大力收购本地生猪，提高生猪就地屠宰率。

2. 延伸产品。支持生猪屠宰加工企业在销售白条肉的基础上，积极销售冷鲜肉、分割肉等产品，研究开发熟食品、熏腊肉、猪肉罐头、肉干肉脯、预制菜等精深加工产品，提高市场竞争力。

3. 拓展销路。探索走"改外调活猪到异地屠宰为本地屠宰送冷鲜肉到销区销售"的路子，巩固扩大重庆、贵州、四川等原活猪销售市场。支持宜昌万发畜牧有限责任公司、长阳惠民食品有限责任公司、宜昌德益生态农业发展有限公司等企业利用上海对口支援夷陵、武汉对口帮扶五峰等有利条件，合力开拓江苏、浙江、上海、武汉等冷鲜肉销售市场。支持屠宰加工企业夯实批发、农贸市场基础，开设直营店、品牌店、社区店，通过电商直销到户。

（二）提升养殖端产值

1. 扩大肉牛生产。扩大宜都、枝江、当阳、夷陵等宜昌东部地区肉牛养殖规模，在枝江试行改废旧猪圈为牛圈，发展肉牛代养，在当阳、远安等地推广"企业＋合作社＋农户"肉牛养殖模式，带动全市新增肉牛养殖 1.5 万头。支持五峰、宜都等地肉牛交易市场做大做强，支持枝江、夷陵等地增加肉牛屠宰加工产能，提升肉牛加工产值。

2. 扩大奶牛养殖。以夷陵、当阳等市区为重点，推进奶业振兴发展，加快建设集奶牛产业产学研、种养加储一体化的城郊奶业全产业链项目，培育壮大湖北嘉兆牧业有限公司、宜昌喜旺食品有限公司、湖北澳利龙食品股份有限公司等龙头企业，力争 3 至 5 年时间使全市奶牛存栏达到近万头。

3. 扩大肉羊规模。以夷陵老高荒、长阳永兴等保种场为龙头，带动西部山区大力发展宜昌白山羊养殖。以湖北木闸湖农牧产业有限公司、湖北致清和农牧有限公司等龙头企业为示范，引领东部丘陵和平原地区积极推广湖羊养殖。支持湖北木闸湖农牧产业有限公司规模化生产"青贮饲料"，稳定巩固全省第一地位。支持宜昌老高荒生态农业有限公司、宜昌山旮旯生态农业有限责任公司等企业加大技改扩能，发展羊肉食品精深加工。

4. 扩大禽蛋产业。充分发挥肉鸡养殖"短、平、快"的特点，以实施国家双莲鸡资源保种场、湖北禽蛋优势特色产业集群等重大项目为带动，推进当阳、夷陵、伍家岗等地突破性发展家禽养殖，力争新改扩建家禽规模化养殖场 5 个以上，家禽出笼增长 9% 以上。积极发挥枝江双圆禽蛋港澳专供资质优势，以五峰天佑华牧百万羽蛋鸡全产业链、远安凤翔 50 万羽蛋鸡养殖场迁建等项目建设为抓手，推进禽蛋产业大发展、标准大提升。

5. 扩大蜂业产量。进一步优化产业布局，宜昌东部地区重点发展意蜂养殖、西部山区重点发展中蜂养殖。优化建设优质蜜源基地，在宜都、枝江、当阳等地建立优质油菜蜜源基地，在远安、五峰、秭归等地建立优质五倍子蜜源基地，在兴山、长阳等地建立优质桂花蜜源基地。支持发展以意蜂为重点的蜂蜜精深加工，支持龙头企业引进成熟蜜生产线设备，提高产品档次，促进产品升级换代，积极开发蜂妆、蜡丸外壳、药膏、蜂蜜饮料等高附加值产品。支持五峰土家族自治县推进五峰蜂蜜商标注册，打造五峰蜂蜜公用品牌。

（三）提升绿色发展水平

1. 确定主攻方向。 以源头减量、过程控制、末端利用为路径，以种养结合、农牧循环、就近消纳、综合利用为主要利用方向，指导养殖场配套建设与养殖量相匹配、可正常运转使用的粪污资源化利用设施设备，确保全市畜禽粪污综合利用率达到90％以上，力争达到95％，规模养殖场设施装备配套率达到100％。

2. 健全运营机制。 支持田园牧歌（枝江）城乡环境综合体管理有限公司、宜昌农源生物科技有限责任公司、宜昌平丰环保科技有限公司等粪污资源化利用专业公司与当地专业合作社合作，探索建立健全市场化运营机制，优化测土配肥服务，通过精细化、个性化生产服务，促进绿色生产方式和生态循环有效结合。

3. 整合项目资源。 以县域为单位，积极整合地方项目，合理调配畜禽粪污资源化利用整县推进、有机肥替代化肥、化肥减量增效等项目资源，全力推进种养结合、循环农业发展。

（四）提升市场竞争力

1. 加强顶层设计。 完善清平猪、夷陵牛、宜昌白山羊、双莲鸡4个区域公用品牌发展规划，依托当阳、枝江、长阳、伍家岗等地的龙头企业，分别制定区域公用品牌建设规划，优化产业布局，整合产业资源，实现抱团发展，提高产品竞争力。

2. 规范使用品牌。 按照同一区域、同一产业、同一品牌、同一商标的原则，整合清平猪、夷陵牛、宜昌白山羊、双莲鸡等区域公用品牌，强化整体形象设计和宣传，制定产业标准。实行统一标准、统一规划、统一包装、统一推介的运营模式，抓好品牌授权使用，确保品牌"含金量"。鼓励"两品一标"企业贯标用标，扩大用标企业数量，提高标志产品产量，增强优质畜产品市场占有率、竞争力。

3. 注重品牌宣传。 深化与相关名人合作，开展夷陵牛、宜昌白山羊的品牌代言。深挖屈原文化"灵牛"典故，打造宜昌特色畜产品品牌文化。引导"牛未央""百草喂""山旮旯""郭场鸡火锅""土朒朒"等优质品牌畜产品进商超，开设品牌直营店、形象店。依托"万里挑宜""淘宝宜昌馆"等平台，开展直播带货、自媒体营销等网上销售，构建线上线下全方位的营销体系。支持湖北丰联佳沃农业开发有限公司利用粤港澳大湾区菜篮子生产基地供应商优势，在深圳开设"夷陵牛及夷陵牛雪花牛肉"直销店，支持湖北资丘飞鸡生态农业有限公司在宜昌开设特色畜产品体验馆。

4. 强化融合发展。以品牌建设带动产业升级，加强品牌畜产品产销对接，大力发展冷链物流、连锁配送等新型业态。推动牧旅深度融合，支持百里荒"高山牧场"、枝江"牛郎山"、兴山南阳"蜂蜜小镇"、五峰"林药蜂语"、长阳"百里生态走廊"等牧旅融合示范区建设，以品牌促进融合发展。

（五）完善保障措施

1. 强化组织领导，压实工作责任。在市优质畜牧业产业链链长和市农业产业化工作联席会议的领导下，进一步明确牵头单位、责任单位工作职责。组建畜牧产业链"1+4"工作专班，实行班子成员牵头、专班整体推进模式。督促具有生猪产业发展条件和优势的县市区相应成立工作专班，把畜牧产业链纳入地方主导农业产业链建设。按照"月碰头、季调度、季通报、年总结"的要求，明确责任，主动作为，加强相关工作调度，推进畜牧产业链各项工作落实。

2. 强化政策扶持，实施项目建设。积极争取落实畜牧业政策项目，统筹落实市级财政项目资金，重点支持畜牧产业链建设。修订完善畜牧增信贷工作方案，鼓励银行贷款向规模化养殖、屠宰加工、冷链物流等企业倾斜。加大对畜禽屠宰、食品加工、生物提取等技改项目的扶持力度，进一步加大对正大（当阳）百万头生猪全产业链、三峡畜牧产业园、天佑华牧百万羽蛋鸡全产业链、国家双莲鸡资源保种场、湖北省禽蛋优势特色产业集群建设等重大项目的服务指导力度。

3. 强化招商引资，培强龙头企业。进一步完善招商引资工作方案，建立招商企业清单，制定招商路线图，招引一批畜牧产业链龙头企业。积极推动宜昌佳牧食品有限公司、河南双汇投资发展股份有限公司、上海天乾食品有限公司、深圳市飞龙投资发展有限公司等领军型企业尽快落地。积极对接中粮集团有限公司、湖北七尚食品科技有限公司、湖北多好生物科技有限公司、湖北供销粮油集团有限公司等意向性企业来宜投资。积极争取良品铺子股份有限公司、三只松鼠股份有限公司、百草味股份有限公司、上海梅林正广和股份有限公司等知名肉类品牌企业来宜建设生产基地。通过项目建设、政策支持、技术服务等方式，重点支持宜昌市民大农牧开发有限责任公司、湖北宜牧食品有限公司、湖北丰联佳沃农业开发有限公司、湖北嘉兆牧业有限公司、宜昌喜旺食品有限公司等本地龙头企业做强，积极支持宜昌三欣食品有限责任公司、湖北宜都清江肉联有限公司、枝江市嵊昌肉联食品有限公司、当阳市翔鹤食品有限责任公司、远安县远华食品有限责任公司、长阳惠民食品有限责任公司、五峰老腊味农业开发有限公司、宜昌老高荒生态农业有限公司、宜昌万发畜牧有限责任公司等屠宰企业做大，着力打造一批农业产业化国家级、省级、市级龙头企业。

4. 强化科技创新，打牢种业基础。 研究制定 2021—2025 年畜牧业科技创新工作方案。积极与中国农业大学等高等院校和科研院所深度合作，力争在夷陵牛养殖与牛肉品质调控集成技术、宜昌白山羊快速育肥技术、夷陵绵羊品种创新育种、双莲鸡新品系等方面取得新突破。组织开展牛羊布病净化关键技术和管理规范攻关。坚持本地品种资源保护和引进外来良种两手抓、两手硬，充分发挥宜昌白山羊和双莲鸡现代种业提升工程项目效益，增强宜昌白山羊和双莲鸡市场化供种能力。

5. 强化疫病防控，保障安全发展。 抓好非洲猪瘟常态化防控，组织做好监测排查、检疫监管和调运管控、联防联控等工作。抓实重大动物疫病强制免疫，做好散养户"季防月补"，落实规模场"先打后补"政策，做到应免尽免。抓紧羊布病净化示范区建设，强化生产单元生物安全措施落实，建成全国第一个羊布病净化示范区。抓牢屠宰环节"两项制度"落实，严格实施畜产品质量安全监管监测，加强畜牧产业链各环节畜牧兽医执法，持续开展畜产品"治违禁、控药残、促提升"三年行动，确保不发生畜产品质量安全事件。

四、推动渔业转型升级

宜昌市拥有河流 183 条、湖泊 11 个、水库 455 座，各类水域面积 180 余万亩（其中可养殖水面 90 余万亩），鱼类 114 种。宜昌紧扣建设全国农业农村绿色发展先行区和农业强市目标，保持渔业绿色高质量发展强劲势头。2023 年，宜昌市瞄准发展大水面生态渔业（全市有 50 万亩大水面可用于开发），打造湖北省最大的生态有机鱼产业基地。全市设施渔业发展迅猛，规模达 115 万立方米，约占全省四分之一。

2022 年，宜昌水产业产量、产值"双增"，全市渔业面积稳定在 19 万亩以上，全年水产品总产量达到 19.88 万吨，同比增长 3.6%，产值 65 亿以上，同比增长 6.5%以上。拥有市级以上龙头企业 16 家，其中省级以上龙头企业 8 家；"二品一标"1 个，中国驰名商标 4 个，市级行业协会 1 个，市级以上示范农民合作社 424 个，市级以上示范家庭农场 156 个。长江十年禁渔持续推进，监管执法成效显著，长效机制逐步健全，水生野生动物管理规范有序，圆满完成了各项工作任务。

（一）发展大水面生态渔业

宜都市依托国通投资开发有限责任公司开发小一型以上水库，总面积 3 万亩以上。当阳圣枫投资开发有限公司正在开发巩河、杨树河、三星寺、刘家沟、官道河、跑马、向家草坝等 7 座中型水库，总面积约 6 万亩。枝江市天茂农业开发有限公司在陶家湖、金湖等湖泊开展人放天养，发展洁水渔业。远安县嫘祖镇与黄柏河流域管理局共同组建大水面开发公司，在天福庙、玄妙观水库率先试点。2022 年大水面开发公司达到 4 家，开发面积 10 万亩以上。

（二）提升鲟鱼综合产能

世界鲟鱼看中国，中国鲟鱼看清江。湖北清江鲟鱼谷特种渔业有限公司已成为国内最大的工厂化鲟鱼养殖基地，正全面展开育苗工作，力争培育规格苗种 200 万尾以上；完成二期项目建设，工厂化养殖面积 10 万平方米以上；加大研发力度，力争在鲟鱼蛋白肽、硫酸软骨素等生物制品、大健康产业上有新的突破。《宜昌市 2022—2025 年鲟鱼产业链规划》完成编制并组织实施。2022 年全市鲟鱼子酱产量突破 180 吨，鲟鱼产业链综合产值 10 亿元以上。

（三）推进招商引资行动

紧盯业内大集团、大龙头、大品牌，绘制招商地图，开展拜访走访、洽谈和对接服务。力争引进国联水产、恒兴集团，发展预制鱼产业；积极对接大湖水殖股份有限公司、杭州千岛湖发展集团有限公司来本市投资大水面开发；跟踪杭州千岛湖鲟龙科技股份有限公司来宜建鲟鱼养殖及鱼子酱加工基地；跟踪华润电力风电＋光伏渔业项目落地枝江市，发展渔光互补加池塘工程化循环水设施渔业；跟踪中冷联实业有限公司冷链物流项目落户枝江安福寺，建成区域性水产品冷链物流中心；落实土地资源，推动鱼菜共生项目落地宜昌。2022 年共引进龙头企业 5 家。

（四）实施扶优培强行动

整合资源、聚集要素，培育壮大成长型龙头企业、专精特新"小巨人"企业、产业隐形冠军企业、产业链头部企业队伍。推进湖北清江鲟鱼谷特种渔业有限公司、湖北清江鲟龙渔业有限公司内挖潜力、外扩基地，增加生物储备量，扩大鲟鱼子酱产能，提升综合加工利用率。推进湖北覃姐食品有限公司、湖北联太农业开发有限公司、长阳清江鹏搏开发有限公司、湖北老巴王生态农业发展有限公司等龙头企业转型扩能，生产水产品预制菜等市场畅销的加工产品。2022 年已培育省级龙头企业 1 家，加工产值 14 亿元以上。

（五）唱响渔业精品名品

围绕鲟鱼产业，实施新"三品一标"（品种培优、品质提升、品牌打造、标准化生产）工程，擦亮宜都清江鲟鱼谷"鲟鳇子"、长阳清江鲟龙"卡维尔"等企业品牌，厚植宜昌鲟鱼文化底蕴，讲好宜昌鲟鱼品牌故事。依托大水面开发公司，以"做一条价值最完整的鱼"为目标，培育大水面生态有机鱼品牌，打造集捕捞、加工、销售、美食、智造、科研、旅游、文化、品牌等于一体的全产业链。与平台公司、渠道商通力合作，强化品牌营销策划和宣传推介，提升品牌知名度。2022年培育大水面生态有机鱼新兴品牌1个。

（六）畅通国际国内渠道

宜都清江鲟鱼谷积极开拓国际市场，打通国际销售渠道，实现全过程畅通、全环节增值，2022年出口鲟鱼子酱20吨以上，产值1亿元。湖北清江鲟龙渔业有限公司瞄准一、二线城市高端人群，与高端烟酒专卖店合作，实行鲟鱼子酱精准投放；在粤港澳大湾区推行餐吧模式，销售鲟鱼子酱爆品。2022年合作店面达到3000家，餐吧20家。支持土老憨与良品铺子加大合作力度，推动湖北老巴王生态农业发展有限公司、宜昌福美园食品有限公司等企业与良品铺子建立合作；支持预制鱼加工企业与盒马鲜生、沃尔玛等合作，拓宽销售渠道，提升销售量。

（七）打造鲟鱼产业联盟

发挥本市鲟鱼产业基础和"宜荆荆恩"水资源优势，谋划成立鲟鱼产业技术研究院，建立"宜荆荆恩"鲟鱼产业联盟，打造双创人才聚集地、基础研究聚高地、文创设计聚合地、成果转化聚焦地、投资融资聚变地，为把本市鲟鱼产业做成全国第一打下基础。

（八）完善保障措施

一是加强组织领导。在市农业产业化工作联席会议和水产产业链链长的领导下，发挥"五个一"工作机制作用，加大工作力度，高位推进产业链建设各项工作。二是加大招商力度。按照"建链、补链、强链"要求，结合宜昌水产实际，聚焦工厂化设施渔业、水产品精深加工和综合利用、渔旅融合等重点项目，瞄准水产行业上市公司、龙头企业、领军企业等目标企业，主动对接、跟踪服务、谋求合作，力争水产产业链招商引资工作实现新突破。三是争取项目支持。积极争取中央、省级项目资金，完善基础设施建设。统筹市级财政资金，扶持企业开展科技攻关、水产品加工、关键设备购置、技术改造、冷链物流建设、信息化建设等。引进社会资金投入水产产业链建设。四是强化要素聚合。积极对上争取用水、用地、用电政策。加强与中科院水生所、水科院长江所、华中农业大学等科研机构和院校合作，争取科技支持，加大科技创新力度。五是优化产业服务。制作招商视频和宣传画册，主动拜访招商目标企业，当好"店小二"，协调解决问题，推动项目落地，服务好水产企业。

2023年上半年，宜昌市农林牧渔业总产值307.28亿元（现价增速5.6%，可比增速4.3%），农村常住居民人均可支配收入11234元（增速7.9%），粮食和重要农产品生产稳中向好，农业重点产业链持续壮大。一致魔芋成功上市，上海铁安实业发展集团有限公司、四川润兆渔业有限公司等一批企业落户宜昌，亚行贷款宜昌乡村绿色发展项目有序推进，小溪塔柑橘基地入选全国种植业基地，枝江、当阳成功创建全国优质稻米产业集群，当阳两河镇成功入选全国产业强镇，枝江获评首批全国农业科技现代化先行县，远安获评全国村庄清洁行动先进县。下一步，全市上下将落实中共宜昌市委七届五次全会精神，深入实施"强县、富民、兴村"三项行动，以绿色发展引领乡村全域全面全员振兴；科学把握县城功能定位和发展方向，着力提升县城产业聚集、综合承载、辐射带动功能，做强基础设施和公共服务；做好"土、特、产"文章，以链式思维推进柑橘、茶叶、畜牧、蔬菜四大优势产业做大做强，大力提升"宜昌蜜橘""宜昌宜红""宜昌毛尖"等核心公用品牌影响力，打造"柑茶"百亿航母，高标准创建国家农业绿色发展先行区；坚持产加销一体化纵向贯通、农文旅多业态横向融合，打造"1+6+N"农业加工体系；聚焦农村"厕所革命"、污水治理、垃圾处理以及农村基础设施和公共服务，运用共同缔造理念，广泛开展农村人居环境整治，建设人与自然和谐共生的美丽乡村。

第九章　发展绿色水利

　　绿色水利是指在水资源保护、开发和利用过程中，为满足人类生产、生活和可持续发展需要而进行的控制、调配和生态保护活动的总称。习近平生态文明思想，特别是"节水优先、空间均衡、系统治理、两手发力"的治水方针及关于治水的一系列重要论述，系统回答了新时代为什么要做好治水工作、做好什么样的治水工作、怎样做好治水工作等一系列重大理论和实践问题，为新时代治水指明了前进方向，提供了根本遵循。宜昌市在长江经济带中的关键区位条件和世界级的水能资源富集区优势，决定了发展绿色水利对建设长江大保护典范城市起着基础性、关键性作用。中共十八大以来，宜昌市坚定不移走水利绿色发展之路，站在全域的高度构建现代水网，坚持系统的理念实施流域综合治理，突出生态管控，引导农村小水电绿色转型，以水为媒打造现代生态美丽乡村，逐步建立起人与自然协调发展的水生态环境保护利用体系，充分发挥其经济、社会、生态效益，为长江经济带发展、打造世界级宜昌提供了强有力的水利支撑。

一、擘画现代水网

　　现代水网是在现有自然河湖和人工水系架构的基础上，以现代治水理念为指导，以现代先进技术为支撑，以河湖库为调蓄中枢、引调排水工程为通道、调蓄工程为节点，集水资源优化配置、流域防洪减灾、水生态系统保护等功能于一体的综合体系。现代水网具有"纲、目、结"三个要素。所谓"纲"，就是以自然河道和重大引调水工程为纲，它也是国家水网的主骨架和大动脉；所谓"目"，就是河湖连通工程和输配水工程；所谓"结"，就是调蓄能力比较强的水利枢纽工程。现代水网建设最根本的是解决"三大关系"，即开源和节流的关系、存量和增量的关系以及时间和空间的关系；最重要的是做到"三个统一"，即规划设计统一、建设管理统一、调度运行统一。

2021年5月14日，习近平总书记在推进南水北调后续工程高质量发展座谈会上明确提出，要加快构建国家水网，"十四五"时期以全面提升水安全保障能力为目标，以优化水资源配置体系、完善流域防洪减灾体系为重点，统筹存量和增量，加强互联互通，加快构建国家水网主骨架和大动脉，为全面建设社会主义现代化国家提供有力的水安全保障。2022年5月，按照习近平总书记的重要指示批示精神和中央财经委员会第十一次会议精神，水利部《关于加快推进省级水网建设的指导意见》明确提出三项主要任务，即科学编制省级水网建设规划、加快推进省级水网建设、创新省级水网建设推进机制。2022年10月，习近平总书记在中共二十大报告中指出，"统筹水资源、水环境、水生态治理，推动重要江河湖库生态保护治理"，为新时代新征程中水利事业的发展指明了方向，现代水网作为系统治水的标志性举措被放在更为突出的位置。

建设现代水网是深入贯彻落实习近平总书记关于治水的重要讲话和重要指示批示精神，完整、准确、全面贯彻新发展理念的战略举措。湖北是水利大省，水利基础设施条件较好，在国家水网主骨架大动脉中具有突出的战略地位。"科学谋划建设'荆楚安澜'现代水网"被写入中共湖北省第十二次党代会报告。2022年8月，湖北成为全国第一批省级水网先导区；9月，湖北省人民政府批复同意《湖北省"荆楚安澜"现代水网规划》，提出"优化市县水网布局，打通水网建设'最后一公里'"，"力争到2035年，在全省建成一张'三江多支贯通，百库千湖联调'、实体工程与数字工程'两极融合'的现代水网"。

宜昌境内有长江和清江两大河流，有举世闻名的三峡工程以及葛洲坝、隔河岩、高坝洲等水利枢纽工程，是国家和湖北多个重大调水工程的水源区。2021年，宜昌市启动编制《宜昌市现代水网规划》，立足宜昌"大山大水大枢纽"资源禀赋和"两江四河"流域单元特征，统筹水安全、水资源、水生态、水管理、水经济，提出优化水利基础设施布局、结构、功能，以流域水系综合治理为重点，以节水行动和供水体系建设为基础，以水生态保护修复和水环境治理为抓手，以弘扬宜昌水文化为亮点，以智慧水利为突破口，全力构建"西水东引、南北共济、河湖联调、水润宜昌"的现代水网格局，打造湖北"荆楚安澜"现代水网建设样板区。

（一）优化整体布局

1. 对接国家、省战略部署。 按照国家水网、湖北省水网建设总体布局，围绕国家及湖北省重大战略部署和区域发展需求，遵循"上承省网、下接县网"的原则，根据长江、清江在湖北省水网中的地位，以及宜昌地处引江补汉工程首段的特殊位置，以长江、清江、沮漳河、黄柏河、香溪河、渔洋河等重要江河为基础，以引江补汉输水总干线工程、引江补汉输水线路沿线补水工程、清江引水工程等引调水工程为通道，以重要支流、河湖连通和输配水渠系为脉络，以三峡、隔河岩、西北口等控制性水库为节点，建设与国家及湖北省骨干水网互联互通、与国家和湖北省现代化进程相匹配的现代水网。

2. 立足宜昌发展需求。 立足宜昌市"蓄泄兼筹、以泄为主"的防洪排涝格局、"三隅向心、六水统调、西送东配、河库联保"的水资源配置格局、"两屏两区、百里画廊"的水生态保护修复格局和"一主两次四河"的水文化提升格局，综合水资源优化配置、流域防洪减灾、水生态系统保护、水文化挖掘提升等，强化水网智慧化建设，构建"西水东引、南北共济、河湖联调、水润宜昌"的现代水网。

3. 融入相邻市县水网布局。 统筹考虑宜昌市周边市州水利情势和工程条件，加强市县级水网间平行衔接，在市级水网的统筹指导下，开展市县水网建设，依托区域河湖水系和已建水利设施，协同提升区域水安全保障能力。通过与国家及湖北省骨干水网互联互通，同时加强与相邻县市平行水网连接，从而推动水网防洪排涝、水资源调配、河湖生态保护修复三大功能协同融合，实现水网综合效益最大化。

（二）畅通防洪排涝网

1. **畅通洪水通道。**实施沮漳河流域系统治理工程、清江流域综合治理工程及黄柏河流域系统治理工程，在其他重要支流实施河道清淤、新建堤防及护岸、岸坡治理、改造涵闸、山洪沟治理等措施。通过实施三峡后续长江中下游影响处理河道整治工程、清江流域综合治理工程以及重要支流河道整治工程等，对重要堤防和天然河道进行改善优化、补充新建、提档升级，进一步保持和增强河道的行洪能力，确保行洪通畅。通过加强洲滩民垸和滩区治理，恢复行洪滞洪功能和生态保护功能。

2. **提升洪水调蓄能力。**建设黄柏河西支雾渡河水库、官庄中型水库、龙泉水库等 5 座中型水库，实施楠木溪等 6 座中小型水库扩建，减轻下游河道防洪压力，对西北口等 6 座大中型水库以及 65 座小型水库进行除险加固，推进沮漳河流域 7 处分蓄洪民垸建设，恢复和增强水库原有功能，增加防洪库容，减轻下游河道防洪压力，提高防洪工程体系调节能力。

3. **健全城市防洪排涝体系。**统筹城市防洪与排涝的关系，加强城区水系综合整治，对城区内 21 条小流域行洪通道进行清障，打通排涝堵点，提高中心城区行洪排水能力；改扩建泵站 12 座，新建泵站 1 座，提高中心城区排涝能力。同时，实施黄柏河、柏临河、玛瑙河等城区防洪不达标的河段达标建设，形成防洪封闭圈。

4. **增强易涝区洪水调蓄能力。**对涝区骨干排水渠道进行疏挖、清淤、扩卡，畅通排涝通道；推进涵闸、泵站等建筑物整治，排除安全隐患，提高运行效益。对长合泵站、马家湖泵站、南沙套泵站、张家口泵站等 23 处泵站进行更新改造，提高排涝能力；扩容茶店泵站、红湖泵站等 4 座泵站，新增外排能力；加固涵闸 19 座，整治配套骨干渠系 4.5 公里。通过制定各涝区的治涝标准和排水方案，逐步形成"自排、调蓄、电排"相结合的治涝体系，与防洪网络建设共同形成"一张网"覆盖。

（三）完善水资源配置网

1. 构建全民节水格局。坚持节水优先，打造全国丰水型城市节水典范。中心城区、夷陵、远安、当阳、枝江等坚持以水定产，紧抓高耗水企业节水，推进灌区节水改造；宜都、兴山、秭归、长阳、五峰等市县，农业以发展高效节水为主，工业以严格控制重点行业取水定额管理为主，第三产业以加强定额管理为主，保障优质水源供给能力与供给质量。

2. 谋划建设水网重大工程。西部通过引江补汉输水总干线、引江补汉沿线输配水线路、清江引水、东风渠等骨干引调水工程，将西部水资源送至东部；东部主要是调配好外调水与本地水。在局部区域，采用大江大河傍河引水和水库蓄水等方式联合供水，水资源配置基本形成"西送东配、河库联保"的工程格局。

（四）做优生态保障网

1. 严格水生态管控。实施水资源消耗总量和强度双控，强化水库闸坝生态流量调度和管理，建立统筹流域上下游利益的生态补偿机制；强化水功能区限制纳污红线管理，完善应急备用水源体系，加强入河湖排污口监管，加快实施城乡废污水综合治理；根据秦巴山区、武陵山区、东部农业生态保护区、中部城镇环境维护区的生态功能，分区制定管控措施；因地制宜出台相应的生态保护红线管理法规。

2. 切实保障水生态流量。合理配置生活、生产、生态用水，逐步退还被挤占的生态环境用水，保障玛瑙河等重点河湖生态水量需求；实施河湖水系连通和必要的跨流域、跨区域调水，建设东部平原区域水系连通工程；实施长江、沮漳河干支流水库与干流闸坝群水量联合调度，加强河湖水系连通运行管理，协调上下游、左右岸、干支流关系，充分发挥江河湖库水系连通工程的综合效益；建立生态流量、水位监测预警与管控机制，建立生态需水目标责任制，落实责任主体和监管部门。

3. 连通江湖库水系。以长江、清江、渔洋河、黄柏河、沮漳河等河流水系为骨架，以陶家湖、金湖、五柳湖等重要湖泊为节点，重点构建中心城区、枝江片区、宜都片区、当阳片区 4 个河网，通过新建引水闸站、河湖连通渠等，因地制宜、分级分区连通江湖水系，形成"互连互通、活水通畅、联调联控"的区域河网。

4. 落实河湖生态保护与修复。根据生态、环境、文化、景观和休闲等不同功能定位，按照水源涵养型、水生态敏感型、都市型、城镇型、农村型等分类开展生态廊道建设，形成水清岸绿的生态碧道、融入自然的休闲漫道、高质量发展的生态活力滨水经济带；统筹河湖水体等水域空间、水源涵养区、蓄洪区等不同类型水生态空间的特点，加强陆域涵养区、水土保持区、水域生态保护，开展湖岸区植被、水域水生植物、湿地生态系统保护与修复。

（五）构建现代智慧水网

1. 完善信息基础设施建设。以宜昌市涉水监测站网建设现状为基础，构建全面透彻的空、天、地一体化感知网；构建以业务网和工控网为核心的传输网络，保证监测数据高速汇聚、涉水单位通信便捷、水网工程控制安全；依托"三峡云"打造宜昌市水利数据中心，满足智慧水网对存储计算资源的需求。

2. 加快水网工程智能化及数字孪生流域建设。推进"一张网、一张图、一个数据中心、一个支撑平台、一批典型应用"等"五个一"建设，实现水利业务的"集约整合、全面互联、协同共治、安全共享、决策支持"，推动水利监控智能化、水利场景数字化、水利资源共享化、水利模拟智慧化、业务管理一体化、水利决策精准化。2023 年，宜昌市数字流域"一张图"上线运行。

3. 推动水利智慧业务应用建设。以信息基础设施建设为重点，以数字孪生平台为核心，建设水旱灾害防御系统、水资源综合管理系统、水工程管理系统、水生态水环境管理系统、水执法监督系统、水政务管理系统等，探索建设覆盖宜昌市水利业务、政务、行政服务等各领域的智慧应用体系。

（六）打造高品质水景网

1. 打造"宜昌现代水网＋"模式。 以"两山"转化和"双碳"战略为引领，以河湖水系为载体，统筹考虑宜昌的自然景观、文化习俗、历史遗存等优质资源，打好生态文化旅游等宜昌"特色牌"。统筹水环境、水生态、水资源、水安全、水文化，构建宜昌"五水统筹"综合治理新体系。增加水生态产品供给，打造精品水文化旅游，发展高端水经济产业，构建"水文化＋旅游＋产业"的"宜昌现代水网＋"新模式，共同缔造幸福山水宜昌。

2. 谋划打造重点水文化景观项目。 在推动水美经济高质量发展的同时，强化文化产业联动、集聚、融合效应，挖掘利用长江三峡工程文化、沮漳河楚文化、香溪河水文化、三峡库区水文化、黄柏河母亲河文化、卷桥河孝道文化与亲水文化、清江水文化、柏临河水文化等历史文化资源价值，聚焦目标、统筹规划、分步实施，打造包含公园景观、水景观、建筑工程及配套的文化体验、夜游经济、航运文旅项目、文创小镇等方面的水文化景观综合项目。

结合《国家水网建设规划纲要》相关要求，宜昌市水利部门正对《宜昌市现代水网规划》进行进一步优化。谋划防洪减灾、节水供水、生态修复、智慧管水 4 大类项目，匡算总投资 964.2 亿元，"十四五"期间投资约 442.8 亿元，2026—2035 年投资约 521.4 亿元。规划全部实施后，将建成 13 个重大水利工程项目，其中防洪减灾类项目 2 个、节水供水类项目 5 个、生态修复类项目 3 个、智慧管水类项目 3 个，将切实提升宜昌的水安全保障能力、水资源调配能力与水利智慧化管理水平，守牢流域水生态环境底线。

二、强化流域综合治理

习近平总书记指出，要坚持系统观念，从生态系统整体性出发，推进山水林田湖草沙一体化保护和修复，更加注重综合治理、系统治理、源头治理；保障水安全，关键要转变治水思路，按照"节水优先、空间均衡、系统治理、两手发力"的方针治水，统筹做好水灾害防治、水资源节约、水生态保护修复、水环境治理；要从生态系统整体性和流域系统性出发，追根溯源，系统治理，上下游、干支流、左右岸统筹谋划，共同抓好大保护，协同推进大治理。流域性是江河湖泊最根本、最鲜明的特性，坚持系统观念治水，关键是要以流域为单元，用系统思维统筹水的全过程治理。中共湖北省第十二次党代会提出"坚决守住流域安全底线"，突出了流域综合治理在湖北省构建新发展格局先行区中的基础性地位。

宜昌这座城市因水而生、因水而兴。长江在宜昌境内干流流程 237 公里，境内流域面积 30 平方公里以上的河流 183 条（总长 5070 公里），流域面积 50 平方公里以上的河流 128 条，流域面积 200 平方公里以上的河流 28 条，流域面积 1000 平方公里以上的河流 6 条（长江、清江、沮漳河、香溪河、黄柏河、渔洋河），流域面积 3000 平方公里以上的河流 4 条（长江、清江、沮漳河、香溪河）。推进长江及重点流域水生态环境保护建设、实施流域综合治理是推动宜昌经济社会高质量发展的重要措施，是维持宜昌在宜荆荆都市圈的中心地位、提升宜昌在湖北省构建全国新发展格局先行区中的战略地位的重要抓手，是建设"山水辉映、蓝绿交织、人城相融"长江大保护典范城市的重要途径。

（一）坚守安全底线，统筹实施系统治理

1. 突出防洪治理。 强化河湖岸线管控，整治一批长江干流岸线利用项目，通过崩岸整治、排涝涵闸泵站更新改造等一系列措施，不断提升长江护岸和堤防整治的标准，保障防洪安全。明确小型水库管护主体责任，出台管理办法，完成小型水库确权划界，提升小型水库管理能力。按照"上蓄、下泄、中治、内分"的思路，以流域为单元，建立标准适宜、风险可控、安全可靠的防洪安全保障体系，提升重要支流、中小河流防洪能力和重点易涝区排涝能力，重要蓄滞洪区不断向安全运用标准靠近。宜昌已初步形成以水库、堤防、蓄滞洪区为骨干，以排水闸站等为辅助节点的防洪排涝体系，战胜了 2016 年、2020 年发生的两次大洪水；长江防洪体系进一步完善，基本能够抵御 1954 年型洪水；清江、沮漳河实施了防洪治理工程，完成新建、加固堤防 130 公里；中小河流河道防洪治理完成 312 公里，约占境内中小河流总长的 50%；完成了 6 个山洪灾害防治区治理；沮西垸、观基垸等 8 座重要分蓄洪民垸已建设完成；6 个重点排区新增外排能力大幅提升，排涝泵站、涵闸基本配套完善，排涝能力接近 10 年一遇。

2. 突出生态治理。 整治非法码头，清除长江岸线乱象顽疾，守护长江生态；以应绿尽绿为原则，政府统筹、部门配合、乡镇实施，推进高标准长江岸线生态复绿工程，打造沿江公园；因地制宜进行绿化美化布局，营造城区宜居环境和亲水型水环境，改善居民居住和生活环境；实施抽水蓄能电站项目及清洁能源开发项目，全面推进水资源再开发利用。6 个国考断面水质优良率 100%，34 个省考断面水质达标率 100%，长江干流全线水质为优。统筹推进沿江 134 家化工企业"关改搬转"，取缔沿江码头 216 个；完成生态流量泄放设施建设，在线监控设施安装率超过 90%；强化重点流域生态修复，修复河流 40 条，修建生态工程 76 处，修复河段 220 公里，修复减脱水河道 1160 公里；完成水土流失治理面积 1500 平方公里，重点地区水土流失得到有效控制；复绿和生态修复岸线约 10 公里，整治长江岸线 52 公里，持续推进主城区两岸生态绿道建设，成功打造猇亭区长江生态修复 424 公园、点军区桥边河奥体中心绿地、远安县沮漳河桃花岛湿地公园、枝江金湖国家湿地公园等一批岸线绿化美化精品工程。

3. 突出绿色治理。 坚持"以水定城、以水定地、以水定人、以水定产"的原则，推进水资源节约集约高效利用。深入推进农业节水增效、工业节水减排、城镇节水降损，大力发展节水产业，开展节水型单位创建，推进县域节水型社会、国家节水城市建设。加强雨水集蓄、处理和资源化利用，构建城镇高效供水体系。加快推进"电化长江"建设，持续进行船舶污染防治攻坚战，健全港口船舶污染物收储转运处置体系，提升港口码头污染防治能力。通过"工程措施＋生态修复＋控源截污"开展小微水体整治，推行河湖管护员、公路管养员、环境保洁员"三员合一"，打通治水护水"最后一公里"。深挖水文化效益。利用三峡大坝、葛洲坝等水利枢纽工程所呈现的景观、所体现的水文化，开发旅游路线，打造旅游品牌；以弘扬水利工程展现出的"不畏艰险、敢为人先、勇于牺牲、无私奉献"的红色精神为主线，建设红色教育基地，推进水文旅融合，更好地发挥出工程水情教育及现代旅游价值。初步形成了以蓄水工程和江河引提水为主、其他水源为辅的供水体系，完成了覆盖213万人的农村饮水安全巩固提升任务，农村自来水普及率提升至93%；持续推进9个中型灌区续建配套与节水改造工程，新增农田有效灌溉面积44万亩，高效节水灌溉面积40万亩；整治长江、清江入河排污口1838个，完成率达到93.2%；探索船舶污染物"交接转处"新模式，对待闸船舶实行生活垃圾和生活污水"接转处"全免费；开展了水文化资源普查工作，对全市水文化资源进行了系统的挖掘整理。

4. 突出智慧治理。建立河道堤防"一张图"管理信息系统，安装堤防安全运行设施设备，建立视频监测、河势演变观测站等，推进河道堤防管理现代化建设。通过卫星遥感技术，强化"四乱"问题整治力度，恢复河道面貌，消除安全隐患。已经建成各类智慧感知监测点1339处，40个多业务应用系统，涵盖水旱灾害防御、水资源管理、农村水利、水土保持、工程建设等核心业务，初步形成宜昌市水利业务应用体系，有效推进了宜昌市水利现代化管理。实施三峡库区智慧水利项目，建成长江流域视频监控系统，实现长江干流"四乱"问题可视、可知。

5. 突出协同治理。在清江流域综合治理中，宜昌打破地域限制，与源头恩施共商，完善清江流域联合执法、信息共享、区域预警的流域保护监管机制。从2015年起，宜昌、恩施两地将每年的9月12日设立为"清江保护日"，水利、环保部门轮流举办保护日活动仪式，共同保护清江母亲河。积极建设涉及利川、巴东、长阳和宜都的清江流域综合治理工程。水利部公布第二届"寻找最美家乡河"活动名单，全国11条河流上榜，清江成为湖北省唯一入选河流。

2018年，以宜昌市为主体申报的"湖北长江三峡地区山水林田湖草生态保护修复工程"入选国家试点。该工程共63个项目，总投资103亿元。至2022年11月底，长江三峡地区山水林田湖草生态保护修复工程试点项目全部完工，长江干流宜昌段水质稳定，达到Ⅱ类标准，全域森林覆盖率达到68.6%，工程试点案例进入联合国《生物多样性公约》第十五次缔约方大会"中国馆"向世界展示。

（二）持续推进"河湖长制"，强化河湖管理

1. 构建四级"河湖长"组织体系。宜昌市于2015年在湖北省率先推行河长制，2017年5月印发《关于全面推行河湖长制的实施方案》，建立起市、县、乡、村四级河湖长组织体系，发挥各级党政负责人牵头抓总的作用，统筹发改、自然资源、生态环境、水利、农业农村、住建等部门职能，安排部署流域综合治理各项任务，聚焦方向不明、抓手不实、环节不畅、责任不清、考评不准等难点问题，将河湖管护责任落实到领导、到个人、到单位、到内容、到时间节点。制定河湖长制联席会议制度、巡河管理办法、监督考核办法等系列规章制度，构建了责任明确、运转有效的河湖长制工作体系。依托三峡大学成立湖北河湖保护研究中心，开展湖泊、黑臭水体整治科学研究。

2. 建立生态保护联动机制。组建湖北省首个流域综合治理执法机构——宜昌市黄柏河流域水资源保护综合执法局，集中行使环保、农业、海事等6项行政监督检查、96项行政处罚、14项行政强制职能。充分发挥协作互补作用，成立宜昌市流域水生态保护综合执法局，集中行使水利、环保、农业、渔业、海事5个部门涉及水生态保护的116项行政执法权，实行跨行政区综合执法，加大对长江干支流及中小河流的水资源保护、水污染防治、水域岸线管护、水生态修复、水环境管理力度。率先推行"河湖长＋检察长""河湖长＋警长"机制，建立联席会议制度，推动行政执法和刑事司法有效衔接。长阳创新建立"河长＋警官＋检察官＋法官"联动工作机制（简称"一长三官"联动工作机制），充分发挥河长办、检察机关、公安机关、法院职能作用，着力构建责任明晰、监管有力、执法严格、运转高效的行政执法、刑事司法、检察监督和裁判执行为一体的河长制工作新格局，通过提起民事或行政公益诉讼，更好地维护涉水领域国家利益和社会公共利益，进一步完善河湖治理社会各主体齐抓共管机制。

3. 强化河湖管理监督。 2022 年 9 月，宜昌市委、市政府出台《关于建设长江大保护典范城市的意见》，把河湖长制工作纳入党政综合目标考核和政务在线督查系统，每年两次专项督查，针对突出问题采取"一县一单""一河一单"专报党政主要领导，提请督办解决。市人大、市政协定期开展河湖保护专项检查和民主监督。2023 年 8 月，宜昌市建立"河湖长＋社会监督员"机制，壮大河湖管护队伍。河湖长制社会监督员坚持"属地管理、分级聘用"原则，主要从有奉献精神、热心河湖保护，具备一定河湖保护常识的乡贤能人以及"两代表一委员"中选聘。社会监督员主要负责监督辖区内一条河（段）、一座湖库存在的"乱占、乱建、乱排、乱堆、乱倒、乱挖、乱种、乱捕"等行为及县、乡、村级河长和保洁员的履职情况，评价监督范围内河（湖库）的治理和管理效果，收集公众对河湖管护、治理工作的意见建议，协助和参与河湖保护宣传。市、县两级分别建立服务社会监督员的工作机制，营造全社会共同关心、支持、参与和监督河湖管理保护工作的良好氛围。

（三）夯实治理基础，缔造幸福流域

1. 实施地方立法保护。 2017 年，《宜昌市黄柏河流域保护条例》公布，作为湖北省首部流域保护地方性法规，从立法层面将行之有效的综合治理经验予以固化，构建法治保障顶层设计，推动流域保护从有章可循上升为有法可依。2020 年，湖北省实施《湖北省清江流域水生态环境保护条例》，以地方性法规的形式明确指出，建立健全清江流域生态补偿机制，制定清江流域生态保护补偿办法，实施清江流域生态保护修复奖励政策，加大清江流域生态补偿资金投入。宜昌市认真贯彻该条例，依法保护清江流域水生态环境。

2. 构建多元治理机制。 坚持有为政府和有效市场有机结合，积极探索政府主导、企业主体和社会参与的治理机制。持续开展"六进"（进机关、进乡村、进社区、进学校、进企业、进单位）工作，提升河湖长制知晓率，加强《中华人民共和国长江保护法》《湖北省清江流域水生态环境保护条例》等法律法规宣传。积极推选"民间河长""家庭河长""企业河长"，鼓励群众积极参与水环境提升行动；引导人民群众积极参与流域综合治理，有效吸纳社会

资金，借助水域岸线治理打造幸福河湖示范区和水文化特色景观；依据还绿于民、还景于民的治水理念，带动群众参与治水，形成"全民动员、全员参与、全域监管、全面共享"的共建共治共享格局，共同缔造美好环境与幸福生活。

3. 推行生态流量补偿。 打破行政区划和部门分工限制，建立一套生态补偿机制。划定生态补偿机制保护"红线"，创新性提出水质达标情况与生态补偿资金、磷矿开采计划"双挂钩"，让治污者受益、造污者受罚。2018年，宜昌市出台《黄柏河东支流域生态补偿方案》，市级财政每年专项列支1000万元生态补偿资金，流域内夷陵区、远安县每年分别向市政府缴纳水质保证金700万元、300万元，构成生态补偿基金。水质达标县区，可获得生态补偿金和磷矿开采指标奖励；不达标县区，开采指标将被削减并转给达标县区，同时县区根据企业排水达标情况对磷矿开采指标实行考核。通过实施系列措施，黄柏河流域水质连续多年大幅提升，水生态环境持续改善。2020年Ⅱ类水质达标率已达到97.38%，比2016年提高30.1个百分点。2022年，宜昌市主动对接恩施州，发布《长江（恩施—宜昌段）和清江流域生态保护补偿方案》，完善长江（恩施—宜昌段）、清江跨市州河流横向生态补偿机制。借鉴黄河流域横向生态保护补偿模式，以干流水质作为补偿依据，采用水质保证金、水质基本补偿金和水质变化补偿金三部分进行考核补偿。通过建立跨市州河流横向生态补偿机制，破解了因涉及地域、领域的复杂性而存在的生态补偿责任归属主体模糊不清的难题，有效协调和平衡了生态保护地区和生态受益地区之间的利益关系，充分调动上下游生态保护积极性，走出了一条绿色发展共赢之路。黄柏河流域综合治理模式被写入中共湖北省委十一届三次全会决定，荣获湖北改革奖，被央视《新闻联播》、新华社、人民日报等中央媒体多次专栏推介。

三、推进农村水电绿色发展

农村水电俗称小水电，是重要的可再生的清洁能源，是农村和边远山区的民生水利基础设施，也是重要的中小河流水资源综合利用设施，曾经在解决农村和县域供电、优化能源结构、助力脱贫攻坚、促进地方经济社会发展方面发挥了历史性作用。农村水电在服务农村和县域经济发展的同时，过度和无序开发、管理上的不规范、安全生产不达标等问题也随之出现，加上农民生活水平提高、环保意识增强等，小水电的发展与生态环境之间的矛盾日渐明显，农村水电发展到了为生态保护让步的时期。进入中国特色社会主义新时代，中央、省、市层面先后将发展绿色小水电、长江经济带小水电清理、加强长江生态保护纳入顶层设计统筹部署推进，农村水电发展进入了绿色发展阶段。

　　2016年中央一号文件明确提出"发展绿色小水电"，同年，水利部印发《关于推进绿色小水电发展的指导意见》。2017年水利部发布了《绿色小水电评价标准》《关于开展绿色小水电站创建工作的通知》，决定在全国开展绿色小水电站创建工作。为全面贯彻落实习近平生态文明思想，坚决纠正中央生态环境保护督察、长江经济带生态环境保护情况审计等发现的小水电违规建设、影响生态环境等突出问题，2018年国家四部委下发了《关于开展长江经济带小水电清理整改工作的意见》。

　　长江经济带分布着2.5万多座小水电站，一些地方违规建设、过度开发小水电，对生态环境造成了破坏。《中华人民共和国长江保护法》明确规定："对长江流域已建小水电工程，不符合生态保护要求的，县级以上地方人民政府应当组织分类整改或者采取措施逐步退出。""长江干流、重要支流和重要湖泊上游的水利水电、航运枢纽等工程应当将生态用水调度纳入日常运行调度规程，建立常规生态调度机制，保证河湖生态流量；其下泄流量不符合生态流量泄放要求的，由县级以上人民政府水行政主管部门提出整改措施并监督实施。"《关于开展长江经济带小水电清理整改工作的意见》明确要求："限期退出涉及自然保护区核心区或缓冲区、严重破坏生态环境的违规水电站，全面整改审批手续不全、影响生态环境的水电站，完善建设管理制度和监管体系。"宜昌作为长江经济带的重要节点和习近平总书记2018年视察湖北、考察长江的立规之地，出台了相应的实施方案，主要任务是问题核查评估、分类整改落实、严控新建商业类的水电开发。全市所有水电站编制"一站一策"实施方案，对水电站进行了分类。《湖北省清江流域水生态环境保护条例》中明确提出"清江流域严格控制新建水电站，禁止新建装机 5 万千瓦以下的小水电站"，"保证最小下泄生态流量不低于本河段多年平均径流流量的10%"等具体要求。2022 年出台的《宜昌市能源发展"十四五"规划》明确规定："有效整合小水电资源，全面启动绿色水电创建。严格控制中小流域、中小水电开发，维护流域生态健康。聚焦生态环境突出问题，统筹推进，系统治理，打造一批绿色小水电站，积极促进分布式微水发电，走生态优先、绿色发展之路。严格按照绿色水电创建要求，加强生态流量监管，抓好电站标准化建设，建设绿色水电、平安水电、智慧水电。"

党的十八大以来，为积极贯彻落实中央、全省关于小水电绿色发展部署要求，解决历史遗留的小水电建设管理体制机制问题，消除重点地区小水电无序开发建设造成的生态环境负面影响，宜昌市立足于环境保护、社会发展、经济效益和运行安全四个评价指标，通过统筹开展农村水电硬件改造升级、生态流量泄放、小水电清理整改、安全正常标准化建设、绿色小水电示范电站创建、小水电站信息化提升等工作，小水电从以往追求经济效益为主到越来越多地兼顾生态环境效益，向绿色、生态及环保方向转型发展。2020 年至 2022 年，宜昌市累计创建 117 座绿色小水电示范电站，占全省创建总量的78%、全国创建总量的 12.1%。

（一）完成水电清理整改硬任务

1. 科学制定整改方案。 根据《湖北省长江经济带小水电清理整改工作实施方案》要求，聚焦宜昌境内影响自然保护区生态环境、群众重点关注、对河流水生态产生重大影响等突出问题，制定印发《宜昌市长江经济带小水电清理整改工作实施方案》，按照"规范一批、提升一批、取缔一批"的要求，对全市小水电站进行排查摸底并提出了清理整改问题清单，编制全市小型水电站"一站一策"方案，完成 462 座整改类水电站整改任务，确保了境内重要自然生态系统安全，保障下游生态基本用水需求，保护重要的水生生物，改善水域生态环境。

2. 积极稳妥地推进退出类小水电站的退出工作。科学编制退出方案，做好施工组织实施和保留的拦河闸坝等水工建筑物的管理维护，严格落实生态环境保护措施，防范化解社会风险，完成 10 座退出类水电站拆除与生态修复、1 座涉及自然保护区缓冲区内水电站拆除工作。

3. 妥善解决历史遗留问题。按照"尊重历史、实事求是、分类处置、简便易行"原则，发改、环保、水利等部门根据职责分工，分类处理小水电站缺项手续完善问题，切实解决影响生态环境的突出问题。宜昌市各地成立了小水电清理整改领导小组，市、县两级紧密配合，共同完成整改并开展了验收销号工作。截至 2020 年 12 月底，宜昌全面完成全市小水电清理整改工作，完成率达到 100%。

（二）促进安全生产标准化达标升级

农村小水电站建设规模小、工程质量不高，建成后设备维修、更新改造不及时，运行工人素质参差不齐等因素，给电站带来了严重的安全隐患。电站安全生产标准化达标是绿色小水电创建的前提条件，是抓好电站安全生产管理的务实管用举措。宜昌市主要从两方面促进安全生产标准化达标升级。

1. 做好"硬件"提升。通过增效扩容、水电扶贫、代燃料等项目实施，推动部分小水电站的业主对电站进行改造升级，实施 190 座老旧电站增效扩容改造，取得 20 余座水电站特种设备证件，开展 50 余座水电站压力管道安全评估并实施检修，关停 10 座安全隐患较大的水电站，极大夯实了电站工程安全基础，电站硬件处于先进水平，提高了小水电的经济效益，为绿色小水电站经济效益评价奠定了坚实基础。

2. 实施规范化管理。出台《宜昌市农村水电站安全管理指导意见》，进一步压实各方的安全责任，明确任务和要求。全市已建、在建水电站全部落实企业主体、行业主管、属地监管"安全生产三大责任人"体系，同时逐站落实共计 459 名安全专管员，启动 24 小时叫应模式，确保安全生产责任无死角。实施安全生产的标准化、规范化、流程化操作，及早发现和解决各种安全隐患。针对"水头超过 100 米、坝高超过 30 米、头顶一盆水"的水电站，开展风险隐患排查整治，建立 203 座水电站重点监管名录，联合宜昌市水电协会牵头组织电站业主开展 46 座电站水库安全鉴定及除险加固，同时联合宜昌市安全生产协会组织水电站安全生产取证专项培训，全市水电站作业人员实现持证上岗全覆盖。自 2020 年来，引导水电站业主保底创建安标三级达标、主动申报安标一级达标，共计完成 281 座水电站标准化达标评级，占全市在运行水电站总数的 61%，保证了宜昌水电安全运行。

（三）抓紧生态流量 "牛鼻子"

1. 严格水电准入制度。 宜昌市对不符合生态保护要求的新建水电站项目特别是引水式水电站项目一律停止审批，修编全市流域水能资源开发规划，取消 6 个县市区 19 条河流共计 81 座未开工建设的水电站，总装机容量达 14.7 万千瓦。

2. 核定生态流量。 印发《宜昌市生态流量核定办法》，完成 404 座水电站生态流量核定，以县级为单位、流域为单元，编制流域生态流量调度方案，加强流域水量管控，保障生活、生产、生态用水基本需求。委托设计单位对全市小水电的生态流量逐一进行核定，在电站取水口设立生态流量泄放公示牌；安装生态流量泄放在线监控，建成 324 座水电站生态流量泄放在线监测设施，安装率 100%。宜昌市水利部门成立专班，采取"四不两直"方式多次暗访督察，监督流量泄放到位。

3. 明确生态流量管控责任。 制定《宜昌市小型水电站生态流量泄放监督管理办法（试行）》，加强对全市小水电站生态流量泄放的监管，明确了监管依据、部门权责、泄放标准、泄放设施等内容，将小水电站生态流量泄放监管纳入对县市区水资源管理制度考核之列，做到泄放有标准、调整有程序、执法有依据，形成"上下协同、分工协作、责任明确、齐抓共管"的生态流量管控责任体系。落实"三个保障"（即生态流量调度、监测设施、预警设施）措施和"三个责任人"（即直接责任人、监管责任人、行政责任人），加大在线监控、日常巡查的力度，切实把水工程生态基流泄放的各项要求、措施落到实处。

（四）规范绿色小水电示范电站创建

在加强生态流量监管、保障河道生态用水、抓好水电站标准化达标建设、推动水电站改造升级的基础上，采取"全体动员、分批创建"方式，高质量申报创建绿色小水电示范电站，积极推进小水电站绿色可持续发展。

1. 引导水电站实施功能转换。多年来坚定不移实施"以电代燃"和水电扶贫项目，全市 22 座扶贫电站年均收缴扶贫效益资金近千万元，为 51 个贫困村及 3 万多户农村群众改善村组基础设施、补贴家庭用电支出。深入推动发展"水电＋旅游""水电＋科普"等模式，利用拆除的发电机组，在兴山南阳河一线天段建设集旅游观光、科普教育等功能于一体的水电科普广场；古洞口水电站加大生态流量下泄力度，在古洞口水库下游修建绿色公园，打造市民亲水戏水好平台；东山、黄龙洞、九子溪等水电站，通过开放广场公园、电站厂区展示水电设备，宣传水电文化。全市各地涌现出一批电旅交融的水利风景区，如长阳清江国家水利风景区、宜昌百里荒国家水利风景区、宜昌高岚河水利风景区、兴山南阳河水利风景区、远安回龙湾水利风景区等，不仅提升发电效率、修复改善河流生态，还推动旅游产业蓬勃发展，促进周边百姓增收，走出一条社会、经济、生态多赢之路。

2. 健全小水电绿色创建的体制机制。建立促进绿色小水电发展的多部门协商机制，构建促进相关利益体之间的有效沟通平台，协调好水电发展和水管理政策之间的关系，形成推进小水电绿色发展的部门合力。开展绿色小水电评价，鼓励和引导小水电企业在运营中更加重视生态环境保护、惠及农民利益，实现水能资源的科学开发和可持续利用。探索建立绿色小水电生态电价补偿制度，促进小水电业主按要求泄放生态流量。积极探索利用绿色信贷、绿色债券、碳排放税等手段，建立绿色小水电示范电站创建的投融资机制，激发小水电企业参与创建的积极性。通过小水电企业协会平台，倡导更多企业积极创建绿色示范水电。推动将绿色小水电示范电站纳入绿色电力交易、绿证交易体系，享受与风能、太阳能等可再生能源同样的优惠扶持政策。

3. **建设绿色小水电试点**。宜昌在具备条件的地区开展小水电集约化、智慧化、标准化建设试点，以县域或流域为单元开展小水电"集约化、一体化"管理改革试点，探索以政府出资、资源入股等形式推进小水电集约式管理新模式。积极帮助水电站企业解决好与周边居民的水事纠纷，并号召水电站企业积极支持乡村振兴，比如对水电站厂房进行装饰装修，使之与当地建筑风貌相协调。2020年12月《水利部关于公布2020年度绿色小水电示范电站名单的通知》，公布了2020年度绿色小水电示范电站名单，全国共有278座绿色小水电示范电站成功创建，湖北省有36座，其中宜昌市有25座，占全省近70%，创建成功率在90%以上，为全市小水电站的运行管理起到了示范带头作用。宜昌市在2021年成功创建63座绿色小水电示范电站的基础上，2022年再次成功创建29座。兴山县2019年被国际小水电联合会授予中国首个国际小水电绿色发展示范基地称号。

（五）积极推进智能化改造和现代化升级

"十一五"初，宜昌市小水电站的信息化水平还很落后，能够实现综合自动化控制的很少，通过"十一五""十二五""十三五"三个五年规划的建设，全市水电站的信息化水平大幅提高，大多数水电站设立了视频监控系统和综合自动化系统，但遥信遥测系统受限于电站规模小、投入大均未建立。"十四五"以来，宜昌市探索实施数字赋能，对部分水电站进行智能化操控改造，水电站现代化管理水平和发电效益得到明显提升。黄柏河流域五级水电站全面实现"无人值班、少人值守"远程监控模式；兴山县建立古夫河、南阳河、高岚河三大流域集控中心，对各接入水电站实行视频监控和远程调控，提高了流域水电站智能化和集约化管理水平；光源公司建立"一屏观天下、一键全调度、一网控全域"的集控平台，不仅自有10座水电站全部接入平台实施数字管理，而且为4家民营企业20余座水电站实施代管。水电站运行更加安全、经济、智能、高效。

四、绘好水美乡村新画卷

水系是由河流的干流和各级支流以及流域内湖泊、沼泽或地下暗河形成的彼此相连的集合体。农村水系是指位于农村地区的河流、湖泊、塘坝等水体组成的水网系统，承担着行洪、排涝、灌溉、供水、养殖及景观等功能，是乡村自然生态系统的核心组成部分，与新农村建设、乡村振兴密切相关。中共十八大以来，党和国家对生态文明建设进行全面部署，美丽中国和美丽乡村建设随之展开。2019 年，《水利部 财政部关于开展水系连通及农村水系综合整治试点工作的通知》印发，明确以县域为单元开展水系连通及农村水系综合整治，建设一批河畅、水清、岸绿、景美的水美乡村。水利部、财政部于 2020 年正式启动第一批"水系连通及农村水系综合整治试点"（2021 年更名为"水系连通及水美乡村建设试点"）工作，该试点工作的实施为建设人与自然和谐共生的美丽乡村持续创造样板，为美丽乡村建设奠定了坚实基础。

水利部开展水系连通及农村水系综合整治试点工作以来，远安县被纳入全国首批试点县名单，并在 2020 年度实施情况评估核查中荣获全国优秀等次，位列第一梯队。2021 年 10 月 14 日，全国水美乡村建设现场会在远安县召开。当阳市被纳入 2022 年全国水系连通及水美乡村建设试点县名单。自此，宜昌市已有两地相继开展了水系连通及水美乡村建设。远安县水系连通及水美乡村建设试点工作自 2020 年启动以来，始终坚持"保护优先、追求自然、适当建设、不搞破坏"的建设理念，致力于打造"湖北示范"的"远安样板"。这里以远安县水系连通及水美乡村建设的主要做法和经验为例，探讨宜昌市水系连通及水美乡村建设问题。

（一）秉持系统观念，做好顶层设计

远安水系连通及水美乡村建设试点以河网为纽带，以村庄为节点，采取河道清障、清淤疏浚、岸坡整治、水源涵养与水土保持、河湖管护、防污控污、人文景观建设等措施，开展水系连通及农村水系综合整治，不断优化区

域水系布局，增强水体动力，恢复水系基本生态功能，改善农村水系生态环境，从而带动区域整体环境改善、农业产业发展、农民增收致富。

1. 坚持"山水林田湖草是一个生命共同体"理念。 充分把握山水林田湖草路各要素的内在联系及内生关系，将"一个整体"理念贯穿到方案设计中，融入公园城市发展新理念，以生态视野构筑山水林田湖草生命共同体。坚持流域上下游、左右岸整体治理，结合沮河岸线及生态结构现状，通过工程实施，调整优化山林、农田、河流、道路等生态要素整体结构，以沮河流域的自然生态优势为基础支撑，融合瓦仓米、鹿苑黄茶、丹霞地貌等本地特色亮点，植入健康理念，创新"健康河流、健康食地、健康旅游"主题，达到为人民群众提供更多优质生态产品、优美生态环境的目的，彰显绿水青山的生态价值。

2. 紧贴实际需求编制规划。 在摸清当地水资源条件和各种与水关联因素的基本情况、系统分析试点县内农村水系现实问题基础上，结合当地乡村振兴战略的实际需求，远安先后编制《沮河产业带乡村振兴规划》《远安县全域旅游总体规划》《远安县水安全保障规划》等，设定水系连通及水美乡村建设目标导向、工程措施、管护措施与资金筹措等内容，保障项目实施的可操作性，以达到预期的成效。

3. 规划统筹"一盘棋"。 对接乡村振兴、县域综合发展、全域旅游规划及各专项规划，合理编制沿沮河桃李村至洪家村区域内的乡村振兴试点规划，积极谋划一批群众可参与、可操作、可收益的经营性项目。在编制全域旅游规划时，将沮河流域全域旅游提标升级、土地综合性利用、产业结构优化调整统一纳入规划，进一步明确主体定位，统筹山水林田湖草、产业、基础设施等资源。

（二）坚持自然为本，呈现水美乡村

远安县在项目建设过程中，以自然风光的原真性为底色，实施"微设计、微施工、微管理"治理模式，遵循"少扰动、重细节，少外来、重本土，少人工、重生态"总体原则，充分考虑河道原始自然规律，发挥自然力量，辅以限制人为开发、人工修复措施，实现良好生态系统的保护和受损生态系统的修复；以水系项目为骨架，通过"一轴多核"有机串联沮河流域各景区、各产业，形成春夏秋冬四季旅游景观带，使得田园乡村景观与山水自然风光融合一体、相得益彰。

1. 保持河流生态本色。加强沮河干流及沿线重要支流生态治理，在桃李桥上下游、双河堰、东庄堰绿道、凤山桥、安鹿电站等地打造独具特色的景观节点；在尽量保留原有树木的基础上建设生态护坡，护岸类型以可透水存泥沙的雷诺护垫、格宾挡墙为主，稳定的自然土边坡为辅，保持水体与土壤的自然交换；建设兼具通行、旅游、举行马拉松竞赛等多功能的巡河道路，实现"一路多用、空间整合"。

2. 突出自然野趣元素。突出生态景观、动物习性等自然野趣元素，加强沿线拦河堰生态改造，实施鱼道、鱼梯等生态措施。例如沮河沿岸丹霞地貌、岩溶洞窟、金丝楠木林等重要节点景观，做到应留尽留、应纳尽纳；沮河流域鱼类资源丰富，堰堤建设和修复结合实际设计鱼洄游通道，并采用种植水草、增殖放流等生态治理手段持续改善水质条件；保护野趣，沮河国家湿地生态公园现有动物 252 种，其中包括国家一级保护鸟类黑鹳和中华秋沙鸭，在此区域设计布局上，最大限度保留动物生存状态和空间，减少人为活动干预。通过保护和建设，恢复河道原有自然形态，形成人、水、景相得益彰的山水画卷，把沮河沿岸建设成金牌马拉松赛事和乡村休闲旅游度假目的地。

（三）坚持多措并举，实现投资畅通

1. 加大财政投入。积极争取国家项目资金支持，利用发行债券补齐水利项目建设资金缺口，完成 1.25 亿元专项债券的申报工作，编制了水系项目"两案一书"。远安县财政安排 2000 万元专项资金用于专项配套，完善防污控污，进行河道巡查管护工程建设。

2. 引入社会资本。充分发挥中央资金撬动作用吸纳社会资本，按照"谁受益、谁投资"或者"谁投资、谁经营"的原则，运用市场机制，实行优惠政策，鼓励各种社会资金投入农村水系综合整治，探索沿沮河景区互联互通和一体化营销新模式，由远安县城投公司引进社会资本或明确项目运营主体参与管理，对项目区经营性产业提前谋划，对沿线周边可利用土地提前流转收储，根据市场需求开展相应设施配套建设，确保实现资源增值。2020—2021年度，三峡龙隐谷生态休闲度假区项目计划投资2亿元加快景区建设，其部分建设项目与龙潭河支流水系连通及农村水系综合整治项目的水源涵养与水土保持措施相得益彰。

3. 整合项目资金。通过把农村水系综合整治与生态环境、土地复垦、道路建设、植树绿化和其他多种经营生产有机结合起来，整合县生态环境、农业农村、城投公司等相关部门项目和捆绑资金约1.03亿元，用于防污控污、人居环境整治等相关项目配套建设。

总之，远安县通过对上争取、发行债券、安排地方财政预算、吸纳社会资本等多渠道筹措项目建设资金，解决了公益性水利项目融资难的问题。

（四）坚持协同治理，优化建管水平

1. 做优协同管理"硬件"。构建综合信息管理平台，实现县域资源共享、协同应用，利用已建成的河湖管护五级责任体系和"企业河长""民间河长"等社会共治工作模式，强化工程建后和河湖管护，确保工程长效运行；构建沮河水系信息管理平台，加强对流域内水质、水量、水情等各参数的采集分析，与沮河湿地公园、环保、水文等资源共享、协同应用。项目建管过程中采用先进高效的信息化技术、数据库技术，实现与水关联其他方面数据的共享运用，将具有先进科技含量的农村水利基础工作与县域内的其他工作相衔接，为乡村振兴战略提供高质量和绿色发展的基本条件。

2. 构建协同管理模式。建立日常管理"九有"制度，即有完整的河长制责任链条，有明晰的河流管护责任主体，有完善的日常管理制度，有科学的监测监控体系，有高效的联动平台和综合执法平台，有完备的共建共享模式，有明确的管养分离方案，有系统的综合治理方案，有明确的考核机制。远安治河经验获得国家、省、市的肯定与推介，先后被中国水利报、中国水利网、学习强国、省级河湖长制官方平台等专题宣传。"民间总河长"陈光文被水利部表彰为全国"最美河湖卫士"。

（五）坚持融合发展，实现效益最优

远安通过项目实施，引领带动沮河流域经济、文化、社会、生态文明等一体化发展，促进乡村振兴，建设"一带三区"（即沿沮河水生态文明示范带，特色鲜明的城乡融合示范区、省级乡村振兴示范区、农旅融合示范区）。

1. 大力发展"绿道经济"。水美乡村建设试点项目实施有效串通沿线瓦仓大米、优质油菜、远安有机茶、精品水果的庞大产业链，带动核心农产品提档升级。结合沮河沿线的古三国文化、鸣凤山道教文化等历史积淀，以及沿线特色产业、自然风光特点，新增休闲娱乐、教育研学、健康运动、游览观光、体验互动等服务产业，建成田园风光体验区、丹霞地貌观光区、湿地公园休闲区、栖凤滨水活力区，建设国际田野马拉松"黄金赛道"、全域旅游"网红打卡地"等，促进全域旅游发展。"绿道经济"串通沮河沿线产业，实现产业互联互通，农民增产增收。

2. 建强基础保障设施。通过水系连通、河道清障、清淤疏浚、水土保持与水源涵养、岸坡整治、河道管护、防污控污等措施，自然修复河道生态功能，实现"水体连通性明显增强、生物多样性明显增加、流域水生态环境明显改善"目标，确保沮河水质常年稳定处于地表水Ⅱ类标准，为维持河流健康和发挥综合功能奠定良好生态基础，并形成持续健康良好的发展趋势。

3. 挖掘运用水文化。充分挖掘双河堰等"八大河水"的水文化历史，不仅深入挖掘临沮农耕文化、治水文化、堤堰文化等水文化，而且积极宣传了远安嫘祖文化、古三国文化、桑蚕文化等传统文化，促进项目建设与文化的融合。与周边村落和自然生态环境有效融合，实现人、水、景相得益彰的山水画卷，提升了项目区域文化品位。将现代水利知识和当地水利建设、经济发展、百姓生活紧密结合起来，让河湖功能的恢复与文化功能的发扬互相促进、相得益彰。

4. 提升公众共同体意识。推动护河进校园行动，培养"护河小卫士"，远安县48所中小学幼儿园开展了一系列志愿巡河、保护母亲河征文摄影等生

态环保社会实践活动；成立了远安县生态教育工作室，2022年"宜昌生态公民之星"曹敦新在全县24所中小学开展"呵护绿水青山 争做生态公民"生态专题教育巡回讲座；动员全县20000多名师生"小手拉大手"参与"碧水蓝天保卫战"，通过"小手拉大手"的教育形式为生态教育燃起"星星之火"，从思想上深层次开展水系治理生态教育工作，增强了全民生态保护意识。

　　远安县水系连通及水美乡村建设试点项目自2020年启动实施以来，对沮河干流及其支流五里河、龙潭河等71公里的水系进行综合治理，生态修复砂场、河滩地5万亩，改造多功能堤堰13处，栽植苗木32万株，建设生态护岸32.57公里，生态岸线率达90％以上，保护耕地6.39万亩，受益人口10.23万人。远安县通过实施水美乡村项目，实现了经济、社会、文化、生态效益最优，提升了境内防洪排涝能力，优化了灌溉供水条件，带动了乡村旅游产业发展，促进了全域旅游发展，改善了水环境质量，增加了生物多样性，弘扬了本地乡土文化。

第十章　打造绿色枢纽

宜昌位于长江中游与上游的接合部，干线通航里程 232 公里。宜昌港是全国内河 36 个主要港口之一，2021 年吞吐量迈入亿吨大港行列。宜昌是三峡工程和葛洲坝枢纽所在地，2021 年实现过闸量 1.46 亿吨。宜昌在中国第二、三阶梯交接点，位于长江主轴和"二湛"通道十字交会的节点。国家明确支持宜昌做大做强国家区域性中心城市，建设全国性综合交通枢纽、港口型国家物流枢纽。"十三五"时期，宜昌市牢牢把握交通发展黄金机遇期，持续扩大交通基础设施规模，大力提升运输服务水平，加快推进交通转型升级，不断完善支持保障体系，为全市经济社会发展提供了重要支撑和坚实保障。"十四五"以来，"强健立体交通筋骨"写进中共宜昌市第七次党代会决议，市委、市政府统筹推进长江大保护与长江黄金水道高效畅通，打造综合立体交通网络，加快建设全国性综合交通枢纽，力争尽快形成南北突破、东西共进、通江达海的交通新格局，为全面建设长江大保护典范城市、打造世界级宜昌筑牢根基。

一、建设三峡综合运输体系

三峡工程的建成全面改善了长江上游航运条件，提高了黄金水道运输效率，使长江成为我国国土空间开发中最重要的东西轴线，是宜昌市乃至中西部沿江地区对外贸易、经济交流和开放开发的重要通道。三峡船闸 2003 年建成通航以来，过闸货运量持续快速增长，2011 年突破 1 亿吨，提前 19 年达到设计通过能力；2017 年达到 1.38 亿吨，2019 年达到 1.46 亿吨。在三峡船闸长期饱和运行状态下，船舶停航待闸成为常态。2020 年在三峡船闸没有停航检修且受到疫情影响的情况下，船舶平均待闸时间超过 110 小时，2021 年平均待闸时间一度超过 200 小时。在此形势下，加快构建三峡综合运输体系，谋划三峡水运新通道，对于进一步发挥长江黄金水道作用，增强长江黄金水道对沿江区域乃至全国经济的辐射带动作用具有重大现实意义。

（一）完善三峡翻坝转运体系

2014 年 9 月，国务院出台《关于依托黄金水道推动长江经济带发展的指导意见》及《长江经济带综合立体交通走廊规划（2014—2020 年）》，正式将"完善公路翻坝转运系统，推进铁路联运系统建设，建设三峡枢纽货运分流的油气管道"等作为扩大三峡枢纽通过能力的主要措施写入意见和规划。2016 年 9 月正式印发的《长江经济带发展规划纲要》也明确提出，要全面推进干线系统化治理，重点解决长江下游"卡脖子"、中游"梗阻"、上游"瓶颈"问题，进一步提升干线航道通航能力。

为积极推进相关规划和政策的贯彻落实，宜昌市紧紧围绕国家战略部署，以服务三峡工程运营和长江经济带发展为己任，把建设翻坝转运体系摆上了重要位置。2015 年编制的《长江三峡枢纽多式联运体系实施方案》，提出了以"完善的港口、便利的疏港公路、管道、铁路设施，与长江水运对接，保障长江黄金水道安全畅通"的构想。基本思路就是建设三峡坝上坝下港口及疏港铁路、公路、管道，实施"铁、水、公、管"多式联运模式，拓宽货物过坝通道，畅通长江黄金水道。2016 年 3 月，该方案主要内容被纳入国家"十三五"规划纲要，上升到国家战略层面。"十三五"时期，宜昌市始终遵循"共抓大保护、不搞大开发"基本原则，统筹考虑项目投资与多式联运，基本形成由船闸、翻坝公路、翻坝铁路、港口、管道五种运输方式组成的三峡翻坝转运体系。

船闸：三峡船闸设计双向通过能力为 1 亿吨，根据《扩大三峡枢纽货运通过能力研究》，船闸通过优化运行管理等措施扩能后，最大通过能力达到双向 1.6 亿吨，但过高的通航频率隐藏着安全风险。随着各项扩能措施逐步到位，预计 2030 年双向过闸能力分别可达 1.6 亿吨。通过货类主要为各类散货。

公路： 承担翻坝转运的公路主要有江南翻坝高速公路和江北翻坝高速公路，主要满足滚装车和水公联运需要。根据设计方案，预计 2030 年两岸公路承担的过坝运量将达到 2200 万吨。

铁路： 南北两岸翻坝铁路建成后，主要承担集装箱、钢材、件杂货等经翻坝运输无太大损耗的品类，预计 2030 年铁路需承担的过坝运量为 6800万吨。

港口： 主要依托坝上茅坪港和坝下白洋港两大翻坝转运港口，通过铁路、高速公路连接港口，承担翻坝转运功能。

管道： 由于暑期闸室温度高达 60℃左右，油船在闸室待闸存在火灾、爆炸等事故隐患。出于船闸安全考虑，兼顾提高油品过坝运输效率，成品油一般采用管道运输，预计 2030 年管道承担的成品油运量将达到 1000 万吨。

翻坝转运作为三峡船闸的重要补充，承担的运输量巨大，单线运行难以支撑，因此，必须坚持南北分流、双线运行、多式联运，科学设计运行线路。2018 年，宜昌市以长江三峡枢纽"大分流、小转运"水、铁、公多式联运示范工程，成功申报了全国第三批多式联运示范工程。项目申报成功以来，宜昌市积极构建"两坝两联动、三路四港一管道"三峡翻坝转运系统，大力推进"铁水公空管"等运输方式有效连接的多式联运系统建设，依托重点企业统一整合水陆运输，构建六种"翻坝＋转运"多式联运模式。

东西互换： 主要方向为长江中下游地区，包括海外进口在长三角地区落地的货物，与成渝地区货物进行双向物流交换。如"美豆分流"，美国进口大豆到达宁波港清关，通过海进江方式至宜昌，铁路中转至成渝地区，成渝地区出口货物反向到达长三角地区。再如宜昌港务集团有限责任公司开展的"磷叶互换"，将做玻璃纤维的原材料叶蜡石从厦门港起运，通过海进江方式，在云池港上岸后，通过铁路运输到重庆黔江区、四川内江威远县；然后将上游的磷矿石通过云南水富港和四川泸州港水运至云池港，用于宜昌市及周边化工企业生产。

南北互换： 主要方向为珠三角、中南地区的货物，通过海进江、长江支流入干方式，水路到达宜昌后，转铁路到西北地区，同时吸引反向货物。如广东、广西氧化铝海进江到达宜昌市，转铁路至新疆，利用新疆电力富集优势生产成电解铝后返运回程，同时带回新疆的棉花、红酒等。

粮肥互换：主要是东北地区的粮食，在大连、营口、葫芦岛上海船，通过海进江方式到达宜昌市；宜昌市是化肥生产大市，返程带肥料至东北地区。

水公互换：主要是上游水路到达秭归茅坪港的商品汽车，转公路运输至下游白洋港上船，或者汽运直达武汉。反向运输操作流程相同。

水水互换：主要是上游重庆大船至秭归茅坪港，换小船过垂直升船机，或者大船减载过闸至下游。这两种方式主要是针对船闸拥堵和大坝下游水道处于枯水期而采取的措施。

管水互换：从茅坪港到红花套港区，通过管水联运方式将三峡大坝下游的成品油通过管道输送至大坝上游，再装船运至川渝地区，同时反向输送甲醇。

（二）谋划三峡水运新通道

长江黄金水道是全世界运输量最大的河道。长江是连接内陆与沿海的大通道，与"一带一路"相连相通（上游与"丝绸之路经济带"紧密相连，下游直通"21世纪海上丝绸之路"）。三峡过坝运输是否畅通，直接关系到中西部地区出海大通道是否畅通，直接关系到长江经济带与"一带一路"相衔接的紧密程度和质量高低。建设三峡水运新通道，不仅为构建长江经济带全方位开放新格局创造有利条件，而且是落实长江经济带生态优先、绿色发展理念的重要措施。

根据多家科研单位预测的三峡枢纽过坝运量，2035年运量预测平均数为2.51亿吨，2050年运量预测平均数为2.83亿吨。2035年，即便利用沪汉蓉沿江铁路分流2220万吨，通过三峡翻坝铁路分流990万吨，公路分流2000万吨，仍有1亿多吨需要三峡水运新通道解决运能不足的问题。而三峡大坝所在地湖北省宜昌市，是整个长江船舶集中停泊的地方，三峡船闸是长江锁钥，是贯彻落实长江经济带发展、新时代西部大开发和成渝地区双城经济圈建设等国家战略，以及沟通内外、促进东中西部协调发展的关键节点。据统计，每年在三峡河段过闸的船舶超过 6 万艘次，船舶待闸靠港期间产生的污染，一直困扰着长江生态。建设长江新航道势在必行。

根据国家有关部门多轮认证，2020 年 12 月《三峡枢纽水运新通道与铁路运输方案比选研究》通过审查，明确建设三峡水运新通道为更优方案。三峡水运新通道已被正式纳入《国家综合立体交通网规划纲要（2021—2050年)》，其工程建设整体完成需要 10 年左右，目前尚处在完善技术储备阶段，正在对深化船型、船闸尺度、线路、引航道布置、通航标准、鱼道、配套设施等进行专题研究。长三角与长江经济带研究中心的研究结果显示，三峡新通道建成后，长江干线的整体通过能力将大幅提高，也将促进长江上游港口向规模化、大型化、专业化、智能化发展，港口铁、公、水联运和集疏运服务水平也会进一步提升。新航道对长江航运的绿色低碳发展具有重大推动作用，一方面船舶大型化将促进船舶单位平均能耗进一步降低；另一方面新船型研发将促进先进造船技术应用和新能源的推广使用，船舶污染和排放将进一步减少。

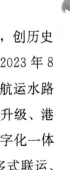

2023 年上半年，三峡枢纽通过量 8415 万吨，同比增长 9.23%，创历史新高；港口吞吐量 6990 万吨，居湖北省第二位、长江沿线第八位。2023 年 8月，中共宜昌市委七届五次全会暨市委经济工作会议提出，打造新航运水路大通道，推进宜昌至武汉段航道整治工程，实施三峡旅游母港提档升级、港口靠泊能力提级扩能、绿色智慧港口创建、多式联运试点、航道数字化一体化融合发展等重大水运工程；加快建设以翻坝转运、三峡旅游、多式联运、工业输出为特色的全国内河一流港口，打造三峡航运中心；力争到 2025 年，港口吞吐量突破 1.5 亿吨。

二、构建长江咽喉枢纽

宜昌素有"三峡门户、川鄂咽喉"之称，所谓咽喉就是必经之地，所谓枢纽就是四通八达。"十三五"时期，宜昌市持续扩大交通基础设施规模，大力提升运输服务水平，加快推进交通转型升级，基本形成"公铁水空"立体交通网络。"十四五"时期，宜昌市制定"壮筋骨"攻坚行动实施方案，主要目标为：加快建设"三纵三横六方向"铁路网、"十线三环"高速公路网、"五纵七横"干线路网、"一干两支四库"高等级航道网，构建安全、便捷、高效、绿色、经济的综合交通运输体系，加快融入"全国123出行交通圈""全球123快货物流圈"，架构"枢纽上的城市群"，开启"高铁时代"，建成三峡综合交通运输体系。为此，需确保五年完成投资1800亿元，力争突破2000亿元。

（一）打造立体交通网络

中共十八大以后十年间，宜昌完成了从交通终端向立体交通的转变。2022年全市公路里程37867公里（其中等级公路37039公里）。铁路的朝发夕至、航空的早出晚归已成为常态。"江海联运、水铁联运、水水直达、沿江捎带、港城一体"水运体系建设，一年一个台阶。城区市政道路与快速路、快速路与高速路已成功连接"成网"。

1. 加密高速公路网络。岳宜高速宜昌段、呼北高速宜都至五峰段建成通车，打通了南向对外联系的高速通道，补齐了宜昌市"县县通高速"最后一块拼图。三峡高速收费站"东迁5公里，改变一座城"，为宜昌市打开了新的开放之门、畅通之门、便民之门。宜都长江大桥建成，呼北高速在宜昌市飞架两岸、贯通南北。江北翻坝高速基本建成，三峡翻坝综合运输格局即将实现。截至2023年初，宜昌市高速公路总里程达到729公里，"十线三环"高速公路网初现雏形。2023年8月，中共宜昌市委七届五次全会暨市委经济工作会议提出，完善新网络高速大骨架，实现中心城区10分钟上高速、县城15分钟上高速、95%乡镇30分钟上高速；加快武汉至重庆宜昌段、十堰至宜昌、襄阳至宜昌高速开工建设，推进沪渝高速宜昌东段扩容改造；建成当枝松高速公路及枝江长江大桥，开工建设陆山沱、红花套、枝城三座跨江大桥，实现沿江县市垂江联通双通道，东部产业新区、"当枝松宜东"（当阳、枝江、松滋、宜都、东宝）百强县市聚集区拥江双循环；力争到2025年，高速公路里程突破 830 公里。

2. 提质市域干线公路。 G241 宜黄一级公路、S276 伍龙一级公路建成，国省干线城市出口路扩容优化，与城市路网有效融合。S255 秭归长江大桥建成通车，库区群众轮渡过江成为历史。G347 远安绕城公路建成，G241 五峰渔洋关绕城公路全线贯通，一级公路绕城扩展县城骨架。G318 枝江段、S256 当枝路、S276 安猇路建成。截至 2023 年初，宜昌市国省干线里程达到 3161 公里，位居湖北省第三；农村公路里程 3.43 万公里，居湖北省第一。基本实现中心城区一级公路出城，东部县市一级公路相连，西部县市二级公路贯通。下一步，宜昌将实施畅通出口路、升级主干路、扩容产业路、拓宽城际路、疏通瓶颈路、提等枢纽路，新改建一、二级公路 1000 公里以上，优化国省干线网。

3. 优化升级港口航道。 全面加强港口航道建设，三级及以上高等级航道里程达 312 公里，四级以上航道航标设置率达 100%，宜昌市港口吞吐量、港口设计吞吐能力实现"双过亿"。红花套、姚家港等一批专业化、规模化、现代化码头建成运营，白洋二期完工在即，市属国有港口加快推进资源整合，集约化发展、一体化运营水平大幅提升。三峡库区支流（青干河、九畹溪、咤溪河）航道整治达标，黄柏河航道提等升级，香溪河航道成为全省首个地方水域数字化航道。截至 2023 年初，宜昌市航道总里程达 678 公里，其中长江干线 232 公里，"一干两支四库"高等级航道网基本形成。

4. 加快推进铁路建设。 2022 年 6 月 20 日，郑万高铁宜昌（兴山）段正式通车，成为宜昌继汉宜铁路客运专线后的又一条高速铁路，兴山率先迈入"350 高铁时代"，强化了宜昌和成渝城市群、中原城市群的交通联系。沿江高铁武汉至宜昌段、宜昌至郑万高铁联络线全速推进，呼南高铁宜昌至常德段纳入国家"十四五"铁路规划，十宜高铁纳入湖北省"十四五"铁路发展规划。当远铁路加快建设，磷矿绿色快捷运输通道的形成将有效促进鄂西北磷矿产业的快速发展。白洋港进港铁路建成，茅坪港疏港铁路开工建设，港口集疏运体系加快完善，有力促进多式联运发展，持续降低物流成本。截至 2023 年初，宜昌境内铁路线网总里程 538 公里，2022 年旅客发送量 490 万人次，货运量 1085 万吨。2023 年 8 月，中共宜昌市委七届五次全会暨市委经济工作会议提出，改造提升焦柳铁路宜昌段功能，形成高铁路网"两横（南北沿江）两纵（西安、襄阳－常德、张家界）七方向（武汉、襄阳、西安、成都、重庆、常德、岳阳）"、货运路网"一横（沪汉蓉）一纵（焦柳线）"的区域性重要铁路枢纽；推进三峡旅游观光轨道及宜昌城市轨道交通建设；力争到 2025 年，高铁里程突破 230 公里。

5. 扩容增能航空机场。三峡机场是国家一类航空口岸，全面提档升级的飞行区及配套空管工程正式投产使用，三峡机场 T2 航站楼正式启用，T1 航站楼通过行业验收，并新增航站楼和停机位，实现双向"盲降"，提升年旅客吞吐量至 500 万人次，为开通远程国际直达航线奠定基础。围绕三峡机场增能扩容，三峡临空经济区集疏运体系加快建设，机场周边长寿路、通航路等骨架路网不断完善。凌云民航产业园、通航产业园等临空经济产业加快发展，无缝对接的多式联运体系加快形成，成为宜昌市高质量发展的新动能、新优势。2022 年三峡机场旅客吞吐量达到 125.25 万人次，恢复至 2021 年的 56.9%；货邮吞吐量达到 2205.32 吨，同比下降 19.7%。2023 年上半年，三峡机场旅客吞吐量恢复至 2019 年的 91%。2023 年 8 月，中共宜昌市委七届五次全会暨市委经济工作会议提出，构建新空港航空大网络——升级三峡机场发展战略，增开更多国际国内航线；加快建设三峡机场航空货运场站，提高航空口岸开放水平；力争到 2025 年，三峡机场航线突破 60 条，年旅客吞吐量突破 500 万人次。

6. 完善枢纽场站体系。宜都市客运中心站、枝江汽车客运中心站等一批县级客运场站建成运营，港口、火车站、汽车站、机场等节点衔接不断强化，"零距离换乘"客运枢纽体系的建设取得明显成效。农村交通综合服务站建设加快推进，创新培育秭归华维、长阳百誉、三峡物流园众联云等"交通＋农村电商"新模式，推进城乡电商物流交易平台和一体化配送体系建设。三峡保税物流中心，周正、姚家港、东站物流园等物流园项目基本建成，白洋、茅坪物流园建设加快，创新"前港后园、以港兴城、港城同欣"新模式，辐射长江经济带的三峡现代物流体系加快成形。截至 2023 年初，宜昌市共建成三级以上汽车客运站 21 个、交通物流园区 10 个，全市 A 级物流企业达到 137 家，其中 5A 级物流企业 3 家。

（二）共建宜荆荆综合交通枢纽

宜荆荆都市圈东联武汉都市圈，西联重庆都市圈，南接长株潭都市圈，北接襄阳都市圈，地处"承东启西、转南接北"的黄金位置。2022 年 6 月，湖北省重新布局综合交通枢纽体系，提出了建设 1 个国际交通枢纽、2 个全国性综合交通枢纽。同年 7 月，宜昌、荆州、荆门三市召开了宜荆荆全国性综合交通枢纽第一次联席会议，三方联合签署了合作框架协议，标志着宜荆荆全国性综合交通枢纽建设正式启动。12 月，宜昌、荆州、荆门、恩施参加的"宜荆荆都市圈（辐射恩施）发展联合办公室工作会议"在宜昌召开，会议就如何高标准打造宜荆荆都市圈全国性综合交通枢纽、构筑长江中下游地区生态安全屏障、建设中部地区绿色发展先行区和世界级滨水风情魅力区的战略定位进行交流，四地携手打造全国性客货运"双十字枢纽"。

1. 立足服务长江航运，共建三峡翻坝航运枢纽。宜荆荆三地长江岸线达到 715 公里，占全省长江岸线三分之二以上，三地是保护长江生态的主力军。围绕服务长江黄金水道，三地深入推进港口资源整合、长江干支流港口联动发展，不断提升港口集约化、规模化、大型化水平，全面优化宜荆荆区域港口功能布局。以宜昌三峡枢纽港、荆州亿吨级组合港、汉江荆门港为重点，规划在宜荆荆都市圈范围建设 2 亿吨吞吐能力、集装箱 200 万 TEU（标准箱）的港口集群，进一步完善翻坝转运通道，实现长江咽喉枢纽由"肠梗阻"向大通道的历史性跨越。进一步加强长江黄金水道与沿江铁路、公路的衔接协作，打造水陆联运的物流园区体系，强化都市圈内物流枢纽功能错位与协同发展。

2. 立足服务城镇集群，共建高铁客运枢纽。服务支撑宜荆荆高品质城镇连绵带建设，优化宜荆荆都市圈内综合客运枢纽层次功能与空间布局，以三个中心城市主要高铁枢纽站场为依托，推动对外、城际、都市圈不同空间尺度客运站场布置。打造"一环七射"高铁大动脉，内圈构建"△"形高铁环线，对外通过 7 条射线高效直达全国重点城市群，实现宜荆荆都市圈 15 分钟通勤，长株潭、中原城市群 3 小时直达，京津冀、长三角、粤港澳、成渝城市群 5 小时通达，让宜荆荆都市圈快速融入国家高铁网络体系。以城际铁路、高速公路、普通国省道和支线航道等为主要快速运输通道，构建一体衔接的城际交通网，促进都市圈内部"全域协同"，强化三个中心城市及沿线城镇的快速连接，打造"1 小时交通圈"。突出宜昌省域副中心城市引擎带动，支撑县域经济组团块状发展，推动跨江、毗邻地区交通成网成环，打造"半小时通勤圈"。

3. 立足服务开放高地，共建协同联动的航空枢纽。统筹三地航空运输市场需求和机场功能定位，优化配置各类资源。提升支线机场服务功能，支持县市通用机场建设，完善通用机场网络体系。打造宜昌三峡机场和荆州沙市机场"双子星"，加快宜昌三峡机场三期改扩建工程、荆州沙市机场二期建设，加快推进钟祥机场军民合用前期工作，探索在城市群内核心景区建设通用航空机场，开辟城市群低空通航路线。优化航线网络结构，增设至国内主要枢纽机场和重要旅游城市的空中航线，加密航班，增开国际航线，扩大机场吸引力和辐射力。积极推动航空货运发展，建设宜昌空港口岸物流中心。提升机场与其他交通方式的衔接能力，提升机场集疏运能力。加快推进区域内空空联运，共享优质航线资源。

（三）加快对外开放通道发展

为认真贯彻落实《省人民政府办公厅关于加快湖北对外开放通道发展的实施意见》等文件精神，加快宜昌对外开放通道高质量发展，全面提升开放型经济水平，2022 年 7 月，《宜昌市加快对外开放通道发展行动计划（2022—2025 年）》印发（8 月公开发布）。该计划提出要立足新发展阶段，完整、准确、全面贯彻新发展理念，服务和融入新发展格局，高质量建设国家物流枢纽城市，充分发挥对外平台优势，构建长江综合立体交通枢纽，打造长江中上游开放新高地、新内陆发展的前队，为湖北建设全国构建新发展格局先行区贡献宜昌力量。其主要任务除建设高能级综合交通枢纽、构建高质量国际物流服务体系外，还包括：

1. 畅通高效率跨境运输通道。除拓展国际物流通道、打通国际航空运输通道外，还要优化对外通道路线。特别是积极对接西部陆海新通道。2017年6月，国家发展改革委和国家海洋局联合发布《"一带一路"建设海上合作设想》，提出以中国沿海经济带为支撑，连接中国—中南半岛走廊，经南海向西进入印度洋，衔接中巴、孟中印缅经济走廊，共同建设中国—印度洋—非洲—地中海蓝色经济通道。"西部陆海新通道"是中新（重庆）战略性互联互通示范项目的重要组成部分。该通道利用铁路、公路、水运、航空等多种运输方式，由重庆向南经贵州等省份，通过广西北部湾等沿海沿边口岸，通达新加坡及东盟主要物流节点，运行时间比经东部地区出海节约10天左右。西部陆海新通道北接丝绸之路经济带，南连21世纪海上丝绸之路，协同衔接长江经济带，在区域协调发展格局中具有重要战略地位。2019年，《西部陆海新通道总体规划》出台后，通道建设正式上升为国家战略。以重庆为通道物流和运营组织中心，西部12省区市、海南省、广东省湛江市共同签署了框架协议，形成了通道"13＋1"的共建格局。2022年7月，湖南省怀化市代表参加了西部陆海新通道省际联席会议第二次会议，标志着西部陆海新通道形成"13＋2"的共建新格局。宜昌将积极对接西部陆海新通道等通道运营公司及汉欧、渝新欧、长安号等班列公司，探索开通宜昌至宁波港铁水联运、宜昌至广州南沙港铁海联运新通道，新增5条以上宜昌至欧洲、东盟等地国际物流线路。优化江海联运方案。出台对外开放通道物流补贴政策，加强货源集并，实现常态化运营。

2. 打造高标准对外开放口岸平台。主要是提高航空口岸开放水平，提升航空口岸保障能力，实现三峡机场航空一类口岸全面开放；积极申报药品进口口岸，争取纳入国家规划；增强宜昌水运口岸功能。用好综保区、保税物流中心海关特殊监管区域（场所）政策功能，积极引进和承接"两头在外"加工贸易、大宗商品保税加工项目；全面落实平台扶持政策，促进保税加工、保税物流、保税服务及其他延伸服务发展。大力发展外贸新业态、新模式。

3. 深化全方位对外协同合作。主要是加强区域交流合作。全面融入国家重大战略，向东对接沪汉，向西承接成渝，向南联通粤港澳，向北借力京津冀。深度融入"一带一路"和长江经济带建设，联结长江中游城市群和成渝地区双城经济圈发展，加强产业转移对接和合作。

三、推进绿色"数智"交通

宜昌市深入贯彻"共抓大保护、不搞大开发"的理念，扛实长江大保护的政治责任，着眼"双碳"目标要求，以绿色交通建设为抓手，打造高效的智慧交通基础设施，让智能基因融入城市动脉，以"绿色＋智慧"交通赋能高质量发展。

（一）加快交通绿色转型

宜昌市始终坚持绿色、低碳、环保的发展理念，建立以低碳为特征的交通发展模式，加强绿色公路、绿色港口和生态环保型运输枢纽建设。

1. 完善绿色交通基础设施。 2017 年以来，宜昌市积极创建国家公交都市，优先推进出租车、公交车、城际公交、景区中转车辆等公共领域道路营运车辆新能源化，购置新能源公交车 337 辆，配置充电桩 569 套，新能源车辆比例达到 51%。至 2022 年底，宜昌市公交车辆共 856 辆，折合 1111.7 标台，其中绿色公交车辆 833 辆，折合 1087.8 标台，绿色公共交通车辆比例达到 97.9%。实施交通枢纽场站绿色化改造，强化可再生能源在交通运输领域的有序开发与利用，高标准建设公交场站 28 个、31.66 万平方米，勘划公交专用车道 161.02 公里。配备换乘提示屏，建设红色文化站，站内设施完善、特色鲜明，公交站点 500 米覆盖率达到 100%。2022 年提前报废更新出租车 200 余辆，全市 1893 辆出租车全部更换为天然气、新能源车型。城市公共交通规划体系不断完善，公共交通基础设施建设、运营保障能力、服务水平等方面稳步提升。

积极构建多层次、立体化的慢行交通系统，加大非机动车道和城市步行道等慢行交通系统和配套设施建设，构筑绿道网络系统，提高非机动车道的连续性和通畅性。57.6 公里生态绿道串园连山，135.5 公里慢行车道连通街巷，打造中心城区"一轴一环九线"慢行系统，让市民"漫步江岸听涛声，骑行滨江观远山"。2018 年湖北省首条快速公交（BRT）在宜昌全线建成运营。依托 BRT 系统支撑骨干走廊客流需求，创新打造出"1 走廊＋N 支线"的非对称"鱼骨式"公交线网体系，让宜昌的街巷出行畅通起来，市区 90%区域进入 30 分钟生活圈，BRT 也成为城区交通的"硬核力量"。因设计理念超前、运营效果显著，宜昌 BRT 相继荣获"世界可持续交通奖"和"中国城市公共交通创新奖"，入选"改革开放 40 周年全国城市公共交通最具影响力事件"。宜昌市也被评为"推动中国快速公交发展先进城市"。

2. 加强港口船舶污染防控。对长江沿线港口进行科学规划，减少港口岸线 41.98 公里，减幅达 35%，使 11 个核心作业区吞吐能力提高 30%，以规划的刚性约束严控岸线使用，资源利用率提升 50%。加快完善长江三峡通航综合服务区，提升坝上待闸集泊的船舶服务水平，丰富优化通航信息、过闸安检、防污应急、绿色能源、待闸锚泊、温情驿站等功能，完成宜昌港口和船舶污染物接收转运处置设施建设，全面推动宜昌港作业船舶、公务船舶靠泊全部使用岸电，靠泊作业集装箱、客运滚装船、商品车运输滚装船和邮轮专业化码头基本具备向船舶供应岸电的能力。全国首创扫码岸电，在长江流域率先实现规范性岸电全覆盖。11 个船舶污染物接转设施基本建成，建造接转船 40 艘，接转处能力居湖北省第一。

优化水运绿色低碳设计，积极推广新技术、新材料、新工艺应用。大力推进三峡库区电动船舶技术试点示范，推广试点新能源船舶、新船型船舶、智能化船舶，形成可向全国地区推广的电动船应用经验和样板区域。全球载电量最大的纯电动游轮"长江三峡 1 号"已正式投入商业运营。建成长江中上游首个液化天然气码头示范项目，建成长江中上游品类最全、智能化水平最高的宜昌化学品船舶洗舱站，年洗舱能力 600 艘。建成长江上第一个水上绿色服务区"豚小宜"，累计服务待闸船舶 16 万艘次。

（二）发展数字智慧交通

宜昌坚持互联互通，在市级层面打造综合交通大数据平台，对水、铁、公、空等多种运输方式交通数据资源形成有效归集，实现运营平台、数据资源、交通方式等三方面的建设、拓展与提升。积极拓展数据应用方式，打造"智慧公路、智慧水运、智慧机场、智慧公交"等示范项目，积极推动交通"新基建"率先发展。

1. 智慧公路。宜昌市以数字化路网地图为基础，对市内 3153 公里国省干道和 3 万公里农村公路的路段指标采集普查数据，并开展智能采集和分析，实现公路要素的全面数字化，开展特大桥梁全生命周期的健康监测。建立日常养护智能调度系统，实时为公众提供路网运行状况和智慧出行导引服务、公路及沿线设施查询服务。高速公路、普通公路收费站 ETC 覆盖率达到 100%。

2. 智慧水运。宜昌市以香溪河航道、清江航道整治工程为基础，配套建设沿岸视频监控、水位遥测遥报、船舶自动识别系统（AIS）、雷达、航标遥测遥控、北斗地基增强、船舶北斗定位终端、船舶智能卡口、桥梁防碰撞等智能感知终端，实现通航里程内智能感知监测全覆盖。三峡航运数据中心基本建成，探索出基础应用系统、大数据分析系统、指数模型系统的研发路径。相继推出三峡重载滚装运输、水上旅客运输、船舶防污染协同治理、三峡航运运力运能分析、客船票务调度等多项应用系统，在全国率先启动船检档案电子化应用，在湖北省率先架设"e 航千里眼"港口视频监控系统，三峡重载滚装指数系统"安小宜"被湖北省政府确定为自贸试验区创新实践案例。

2019 年 1 月，宜昌市交通运输部门研发推出了三峡重载滚装运输综合指数。码头企业在交通部门的指导下统一安装了滚装调度管理与结算系统。码头所有数据实时传输，动态采集的所有数据汇聚到云端的大数据中心，车、船、货、航道、锚地等信息一目了然。与此同时，在码头企业车主的手机端同步安装的软件"安小宜"实时提供码头轮班信息及售票情况，便于车主选择出发时间和路上的速度。针对滚装运输的发班时间不确定、车辆待港时间长、船舶配载率低等痛点问题，三峡重载滚装运输指数系统推出了三大指数和 15 项关键绩效指标（KPI），从"景气指数""价效指数""绿色指数"三大方面为三峡重载滚装各节点提供权威、全面、及时、准确的信息服务，让运力供需对接更加精准、高效，达到物流成本最优化。其中"景气指数"主要反映以滚装运输为代表的三峡库区航运市场活跃度，为地方经济发展提供研判和决策；"价效指数"通过公路和水路运输成本的比较，为货车司机提供多样化的路径选择；"绿色指数"通过"双碳"指标量化排放结果，引导滚装运输从业人员更多选择水运方式。三峡重载滚装运输综合指数作为长江上第一个实时性、多功能、专业化的大数据集成，为三峡航运带来全新物流体验，为三峡航运高质量发展赋能。

3. **智慧机场。**三峡机场正在建设航班保障节点视频采集系统，基于视频分析和人工智能技术，自动识别并跟踪停机坪内飞机位置和车辆位置，记录停机坪内各活动目标的工作环节、工作进程，及时、准确、全自动实现机场进程管控中各保障节点数据的获取，为机场高效管理提供可靠依据和参考。统筹推进机场协同决策系统（A－CDM）建设，融合航空公司、空管、机场及地面保障、旅客服务等多方数据资源，打通航班运行保障信息全链条，为机场搭建基于本地的实时大数据信息共享平台，形成信息融合、流转、反馈的完整闭环，增强预警能力和协同决策，提高机场整体运行效率和航班放行正常率。

4. **智慧公交。**宜昌市依托"城市大脑"建设的"公交小脑"，融合生产运营、管理决策、支撑集成三大系统，八大核心模块产生交互，智慧公交应运而生。积极倡导"出行即服务（MaaS）"的交通出行理念，融合线上线下平台，为公众出行提供"一站式"信息服务。充分运用大数据、云计算、物联网等技术，开发"宜知行"软件。软件集业务办理、路线查询、咨询服务、失物招领等功能于一体，注册使用人数已超过 46 万，点击量超 5 亿次。在数据资源融合的加持下，老年卡升级为"敬老卡"，学生卡调整为"少年卡"，免去年审繁琐流程，让数据多跑路、乘客少跑腿。与支付宝、微信、银联等合作，拓展 10 种乘车电子支付方式，电子支付比例达 95％，位居国内前列。

发行全国交通"一卡通"卡，用科技助力绿色出行，使公交运营更高效、公交线网更便捷。

四、发展智慧绿色物流

现代物流一头连着生产，一头连着消费，高度集成并融合运输、仓储、分拨、配送、信息等服务功能，是延伸产业链、提升价值链、打造供应链的重要支撑，在构建现代流通体系、促进形成强大国内市场、推动高质量发展、建设现代化经济体系中发挥着先导性、基础性、战略性作用。2022年5月，国务院办公厅印发《"十四五"现代物流发展规划》（2022年12月公开发布），提出到2025年，基本建成供需适配、内外联通、安全高效、智慧绿色的现代物流体系。这是我国现代物流领域第一个国家级五年规划，具有里程碑意义。

宜昌处于长江东西产业对接带和焦柳南北要素供给带交汇点，战略地位突出，区域串接联动作用显著。随着移动互联网、大数据、云计算、物联网与人工智能等在物流领域的广泛应用，传统物流组织、产业结构面临深刻变化。宜昌市积极抢抓新一轮科技革命与物流转型发展交汇的历史性机遇，在全国创新物流管理体制机制，成立专门的物流机构作为食品药品安全委员会成员单位，制定了《宜昌市现代物流业中长期发展规划（2020—2035)》，推动物流智慧化、绿色化发展。2023年8月，中共宜昌市委七届五次全会暨市委经济工作会议提出，建设高质量供应链物流体系（"通道＋枢纽＋网络＋平台"现代供应链物流体系）——加快构建物流"地网"、数字化"天网"、供应链金融"财网"、贸易服务体系"人网"，打造集大宗产品交易中心、即时信息中心、仓储物流中心、金融服务中心、检验检测中心、技术研发中心为一体的湖北省磷化工产业供应链综合服务平台；构筑服务产业链的骨干线路、仓储节点和商品集散枢纽，力争建成立足长江中上游、辐射长江流域和长江经济带区域的国家级航运交易所。

（一）加快智慧物流发展

1. 构建现代智慧物流平台。作为宜昌智慧城市、"城市大脑"、数字经济三大智慧工程的重要组成部分，三峡智慧物流公共信息平台从 2018 年部署筹建，各项功能陆续开放并逐步运行。平台主要包括第三方物流企业 ERP SaaS 监控管理系统、零担专线物流企业 ERP SaaS 监控管理系统、综合物流园区监控管理系统和道闸集成、物流企业移动应用系统等。平台通过与中物联、安卅、众联云等大型物流平台进行数据对接，构建了物流业静态和动态两大基础数据库。截至 2022 年底，三峡智慧物流公共信息平台已有静态数据样本企业 80 家，动态数据样本企业 400 余家，覆盖了零担、整车、城乡配送、无车承运等多个物流领域。平台还创新性地推出了"输入性物流经济数据"和"输出性物流经济数据"等分析 KPI 和数据模型，充分发挥大数据在宜昌物流市场监管体系建设运行中的作用。通过建立基于互联网的物流政务信息资源共享和业务协同机制，加强物流、交通运输、海关、市场监管等部门间信息开放共享，为企业提供资质资格、认证认可、检验检疫、通关查验、违法违章、信用评价、政策动态等一站式综合信息服务。三峡智慧物流公共信息平台的搭建，不仅为物流企业免费提供运输服务软件，帮助物流企业解决了服务及信息水平较低的问题，提升了管理效率，而且实现了动态物流活动数据的实时精准抽取和有效归集。通过动静态数据分析可进行物流经济运行预测和风险预警，为市委市政府各类与物流业相关的规划、管理、决策、服务等提供有力的数据支撑。

2. 探索智慧物流配送模式。推进城市快递物流共同配送站、智能快件箱建设，优化"自提点＋智能柜"模式，实现智能快递箱在居民区、政府机关、学校、商务区等重点区域全面覆盖。面向五峰、兴山等交通不便地区，依托第五代移动通信网络（5G）和人工智能技术，集中开展支线大型无人机以及末端小型无人机物流应用研究，探索末端配送自动驾驶技术和无人配送车规模化应用。

推动电商直营店、便利店等新零售业态在宜昌布局。应用"线下展示＋

线上购买＋后台物流"新零售模式，推动社区快递电商综合服务站建设。优化"最后一公里"城市配送体系，发展"分钟零售＋米级配送"新业态，探索将便利店等作为物流配送前置仓和商品发货地，实现"分钟级"配送效果。加强物流大数据预测应用，前瞻性调拨库存，提升货物配送时效性。依托物联网、第五代移动通信、大数据等网络信息技术，实现货物供应链、服务链、消费链全程在线可视可控，有效感知消费习惯、预测消费趋势，深度挖掘客户需求，构建由消费端至生产端的信息反馈信息链，及时反向引导生产制造及商贸流通。

（二）加快绿色低碳物流发展

1. 提升物流装备绿色化水平。加大物流领域新能源技术装备比重，严格实施道路运输车辆燃料消耗量限值准入制度，禁止不满足标准限值要求的新车型进入道路运输市场。加快城市配送车辆替换为电动能源。加快淘汰国三及以下排放标准的柴油货车，引导运输经营者购买使用标准化专业化程度高、安全性能好、能耗排放低的货运车辆。鼓励发展厢式、甩挂、冷藏、化学品运输等专用运输车辆和多轴重载大型车辆，优先采用新能源汽车和达到国六排放标准的天然气等清洁能源汽车，新增及更换车辆主要采用新能源或清洁能源汽车。建设高效便捷、适度超前的充电、加氢等新能源汽车配套设施。在高速公路和国省干线服务区新建充电桩，提升新能源货车保有量。

2. 全面优化调整运输结构。大力推广先进的节地技术与节地模式，高效利用土地与岸线资源，实现公路建设土地资源占用率降低20％、生态环境恢复率达到100％。统筹利用综合运输通道线位资源和运输枢纽资源，协调各种运输方式的线位走向和技术标准，提高交通运输资源集约利用水平。加快完善多式联运模式，逐步提升紫云铁路等铁路专用线通达能力以及铁路货场集结服务水平，重点加强沪渝、沪蓉高速公路运输货物向长江水运和铁水联运转移，推动大宗货物"公转铁""公转水"运输，并积极向"公联铁""公联水"发展。完善区域性"小转运"体系，开展集装箱、商品车"水公水"等宜昌独特翻坝物流运营方式，开行以白洋港为枢纽，以枝城、红花套、姚家港、车阳河为节点的"钟摆航线"。统筹城市客运与货运物流协调发展，优化客货运输结构与组织方式，全面提高运输和物流效率。

3. 提升城乡物流运营效率。按照"资源共享、多站合一、功能集约、便利高效"建设模式和"市级集并、县级中转、乡镇级分拨、村级配送"的原则，宜昌市交通运输局、物流业发展中心、商务局等部门联合积极推动主体企业利用交通、邮政、农业、供销、商务等部门现有节点资源，建设"国家物流枢纽—市级物流园区—县级物流中心—乡镇服务站—村级物流服务点"的五级网络节点，形成城乡一体化物流组织体系。宜昌市现在已经建成 19 个市级物流园区、33 个县级物流中心和 81 个乡镇农村物流综合服务站，村级物流服务点实现全覆盖。在城乡一体的物流组织体系下，宜昌市全面加强对各县市区现有物流配送设施的整合力度，培育一批电商产业园区，引导快递、城乡配送、落地配等企业进驻园区经营，形成规模集聚效应，提高了城乡间物流效率，大大减少了污染，降低了能耗，推动了绿色物流快速发展。经过多年实践探索，宜昌市基本形成第三方物流、邮政快递、商贸平台三种运营模式。

一是第三方物流运营模式。如以长阳百誉物流为代表的"农村智慧物流信息平台＋电（微）商＋物流快递＋基地"模式。企业以县级物流园区为核心，以农村智慧物流信息平台和微信、QQ 群为纽带，通过将入驻园区的快递物流企业、电商企业、商贸企业和各县乡村物流服务站点、农户、农产品种植基地、工商户的供需信息纳入平台进行数据化管理、智能化调度、个性化服务的方式，打造一个线上与线下协同联动、电商与实体一体化运营的农村物流生态圈。这种运营模式实现了购买、转运、加工、仓储、装卸、运输、配送、金融、销售等全流程一体化，通过集中采购、集中仓储、集中分拣、集中配送、集中销售的形式，实现了资源要素的高效统筹，大大降低商品采购和配送成本，拓展物流增值服务，形成了政府、物流企业、从业人员和农民群众互利多赢的局面。

二是邮政快递运营模式。邮政速递和各快递企业依托覆盖全国的邮政快递网络和品牌优势，在各县市区建立以快件配送为主业务的县、镇、村三级服务网点。其中，邮政速递公司为推动农村电子商务的发展，面向农村市场打造了"邮局＋银行＋网购＋超市"的综合服务平台"邮乐购"，构建了绿色低碳、集约高效的配送模式。同时，宜昌市邮政部门瞄准物流包装环节，大力推行绿色快递宣传活动，引导电商企业和快递企业优先采购和使用绿色认证快递包装，推动快递包装绿色转型，降低全过程的能耗和排放。从 2023 年1 月 1 日起，宜昌市全面禁止使用不可降解塑料快递包装。

三是商贸平台运营模式。随着农村地区电子商务与物流协同发展的逐步深入，淘宝、京东、拼多多等商贸平台型企业通过与地方政府和物流企业合作，以自营或加盟的方式逐步建立以村淘、溪鸟、京东帮等品牌为代表的农村电商物流服务网络，从而实现农产品上行和工业品、消费品下行的双向体系。此外，宜昌市探索建立城乡共同配送平台，以国家级专业物流园区为载体，建立 1 个市级分拨中心、4 个城区分理处，快速搭建起三峡城市群（鄂西渝东）各县市、乡镇配送网点，并不断扩大范围，扩充各县市配送路线和农村三级物流配送路线。通过积极与大电商、大企业、大物流达成战略合作关系，加强园区外货源开发力度，保证货源稳定供应。联盟干线物流企业，以资源共享、互换等方式快速补充货量，有效解决农村物流货量严重不足的痛点，促进了农产品、消费品在城乡间的高效流动。

五、深化交旅融合发展

推进交通运输与旅游深度融合发展，对于改变发展理念、优化服务体系等方面具有重要意义。宜昌市充分利用本地"车、船、港、站、社、景、店"产业链资源，进一步做深做实产业融合，全力构建"快旅慢游"立体交通网络，创新水路旅游服务产品，加快生态旅游航道建设，探索"航空＋旅游"新模式，不断提高宜昌市旅游体验舒适度，打响宜昌"三峡牌""生态牌""人文牌"，实现交通运输和旅游资源一体化发展，助力宜昌打造世界旅游名城。

（一）打造山水旅游风景道

积极探索"两山"理念，激活公路优势，引领绿色崛起。2018年以来，宜昌市坚持"修一条路，造一片景，富一方民"的发展理念，充分挖掘宜昌山水资源，结合公路沿线自然风光、人文景观等，高标准启动"美丽宜道"建设。推出"四好农村路"特色品牌三年行动计划，按路美、景美、站场美、服务美、文化美要求，匠心打造"省内领先，行业一流，全国知名"的宜昌公路文化品牌——"美丽宜道"。"十三五"时期累计建成"美丽宜道"2000公里，成为公路交通高质量服务的"宜昌范式"。宜昌"两带三环四线""美丽经济带"格局基本形成，成为拉动经济内循环发展的最大潜力区。重点打造宜荆荆都市圈美丽公路经济带，以武陵山、长江三峡等国家旅游风景道建设为契机，积极谋划区域美丽公路，共建示范路线，完善沿线游憩与交通服务设施，推动普通国省道高品质发展。以国道为载体，共同打造G318资源旅游路、G347产业发展路、G348交旅研学路、G351原野生态路等4条横贯东西的高品质美丽公路，形成了路景交融、功能完善、体验出色、全国领先的路域流动风景线。

例如G348三峡公路，全长39.6公里，起于黄柏河大桥附近，止于西陵长江大桥北岸桥头，沿途串联三峡工程、西陵峡、三峡人家、三游洞、葛洲坝等景点，风光旖旎、山川秀美、资源丰富，是独具三峡特色的旅游廊道，享有"三峡地质博物馆"的美誉，是湖北省内首条国家级公路风景道。在西陵峡0.618服务区打造了户外地质科普博物馆，整体建筑结构遵循几何美学的原则，通过标本集中展示区和沿线地质遗迹点标识系统建设，让游客在螺旋线和年轮的组合中，更加真实地感受自然风景，触摸历史脉络。每年都有来自世界各地的地质学家和爱好者在这一区域考察游学。作为连通宜昌城区和三峡坝区的旅游公路，G348三峡公路建设秉持"在保护中开发，在开发中保护"原则，坚持以绿色发展理念为引领，突出"探索·发现·修复"主题，遵循"静、绿、简、慢"的四字方针，打造集交通、旅游和研学于一体的国道品牌和城市名片。

以路串联宜昌之景、诠释宜昌之美、引燃宜昌之旅。夷陵宋百路、长阳方清路、远安安石路等10个"美丽宜道"示范工程成为"网红打卡点""交通星地标"，先后60余次被央媒、省媒报道。基本实现具备条件的5A级景区两种快速交通方式通达，4A级景区通二级及以上等级公路，3A级景区及区域性重要景点景区由双车道公路连通。"美丽宜道"，不仅是风景线，更是带动沿线农特产品销售的重要窗口，为"电商到村、快递入户、城货下乡、山货进城"提供了强大支撑。"美丽宜道"沿线已成为推动乡村振兴的最大潜力区，带动公路沿线农家乐、农业观光采摘园、农业科技示范园等休闲农业经营主体达到4900多个，就近吸纳公路沿线群众参与"美丽宜道"共建共管，为4800多位贫困居民提供公益性就业岗位，吸引300多名外出务工人员返乡创业。

（二）加快生态旅游航道建设

宜昌市牢固树立"绿水青山就是金山银山"理念，加强长江沿线港口资源融合。根据《宜昌港总体规划（2035年）》，宜昌港分为六大港区，以绿色航运保障、推动港口一体化集约化发展、构建三峡翻坝多式联运体系为重点，发展以"翻坝转运、工业输出、西部出海、三峡旅游"四大功能为核心的现代化综合性枢纽港口。宜昌市正加快按照"一城一港一主体"发展思路，推进港口资源整合，促进港口规模化、集约化、专业化发展。通过无序岸线清理、公务码头清理整顿、非法码头整治，实现还江于民、还岸于民、还景于民。高峡平湖、两坝一峡、宜昌外滩、香溪流香、清江画廊、黄金水道等六大"宜昌美岸"映入眼帘，无序岸线蝶变成生活、生态、景观岸线，"宜昌美岸"已成为广大市民休闲娱乐新的打卡点。

锚定建设"畅通、安全、优质、智慧、美丽"现代化新航道目标，持续开展生态航道建设。2022年完成18艘400总吨以下船舶生活污水存储设施改造，实现了污水处理零排放。不断探索新材料、新技术应用，AIS航标、新型环保材料浮具在辖区试用运行，"微水流发电"绿色清洁能源替代航标终端传统锂电池方案逐步完善。钢质浮具全部上岸进行油漆保养，电动测量船船体部分基本完工，配套充电桩完成建设。

以境内清江流域生态航道治理为例：清江流域山明水秀，清江画廊享誉全国，推进清江旅游航道工程是湖北贯彻落实交通强国战略部署、抢抓旅游航道先机、推动交旅融合发展先行示范，服务地方经济、乡村振兴的重要举措。该项目纳入交通运输部"十四五"旅游航道试点项目，意义重大。清江画廊景区自然和旅游资源丰富，湖北清江画廊旅游开发有限公司拥有船舶34艘，其中大型仿古游船15艘、小型游船8艘、普通客轮11艘，共5684个客位，码头33个，港作趸船9艘，是国内内河流域规模最大、最舒适的仿古游船船队之一。2020—2022年，公司水路客运量达409万人次。通过开展"特色文化＋自然景观游"水路旅游客运精品航线试点，致力于将清江画廊旅游客运航线打造成一条功能完善、内涵丰富、便捷舒适、安全绿色、游客满意的高品质国内水路旅游客运精品航线，更好地满足人民群众多元化、高品质的旅游客运服务需求。宜昌市正在积极推进清江全线的绿色发展一体化研究，加强航道整治、港口建设、道路建设与沿线的旅游资源开发、城镇体系发展的有效衔接，助推清江画廊打造"国家级旅游度假区"。

（三）开启"航空＋旅游"融合模式

三峡机场2005年被国务院批准为对外开放航空口岸，2007年通过国家口岸验收。2019年3月，国务院批复三峡机场航空口岸扩大对外国籍飞机开放。2023年，三峡机场有20家航空公司执飞47个航点，实现了除西藏外国内省市重点城市航空直达全覆盖；开通韩国、日本、泰国、越南、菲律宾等10多条国际包机旅游航线，成为鄂西渝东最大的国际航空枢纽，年旅客吞吐量列全国机场57位（2022年）。"十三五"期间，三峡机场增设了多条旅游路线，辐射国内众多旅游城市，增进了区域内外人员往来。同时，借助抖音等新媒体，联合海南航空等多家航空公司推出"揽三峡胜景，醉风情宜昌"等系列主题直播带货活动，通过免费机票、特价机票、机模、机场贵宾室休息券、候机楼商业店铺优惠券等粉丝专属优惠，对宜昌航班航线及周边精品路线、旅游产品进行线上"带货"，以全行程的线上直播、短视频宣传，实现

"航空＋旅游"线上引流。2023 年 6 月，宜昌三峡机场与中国旅行社协会航空旅游分会、同程旅行签署战略合作协议，合作重点围绕打造一站式旅客服务、搭建联合营销体系、实现多式联运创新、协助完善航线网络、开展地域特色航空文化主题活动、旅游航线开拓运营、合作开通旅游包机等方面展开，探索航旅融合新路径。

此外，依托三峡航空枢纽及水陆空铁立体交通优势，宜昌市正加快打造三峡临空经济区。作为省级临空经济区，三峡临空经济区计划打造为全国性临空产业示范基地和绿色智慧航空新城。在规划的四大产业区外，三峡临空经济区也规划了众多商旅融合项目，致力于港产城一体化发展。加快建设中的卓尔航空新城将打造以航空产业为核心，集会展、通航制造及研发、展示、文化、旅游、休闲于一体的航空旅游综合体，分设会展商务区、产业创新区、高端商业区、航空社区四个功能区，全面完善三峡机场配套商务功能，为"航空＋旅游"模式提升服务的体验感。

下一步，宜昌将重点实施三峡旅游母港、清江旅游航道、香溪河航道提升等级工程等项目，深化"两坝一峡""清江画廊"国内水路旅游精品航线试点建设，力争水上客运量突破 500 万人次，打造内河游轮第一品牌。

第十一章　践行绿色消费

　　绿色消费是各类消费主体在消费活动全过程贯彻绿色低碳理念的消费行为，是一种以适度节制消费、避免或减少对环境的破坏、崇尚自然和保护生态等为特征的新型消费行为和过程，包括绿色消费理念、绿色低碳产品、绿色消费方式、重点领域消费绿色低碳发展模式、绿色消费制度政策体系和体制机制等内容。践行绿色消费是全面贯彻落实习近平生态文明思想的具体要求，有助于推动形成绿色低碳生活方式，增强全民绿色消费理念，这对贯彻新发展理念、构建新发展格局、推动高质量发展、实现碳达峰碳中和目标具有重要意义。中共十八大以来，宜昌市深入贯彻落实习近平生态文明思想，努力建设区域性消费中心，积极构建绿色、低碳、循环、发展的消费体系，在推行绿色消费上取得了重大进展。2021 年出台的《宜昌市国民经济和社会发展第十四个五年规划和二〇三五年远景目标纲要》和《宜昌市生态环境保护"十四五"规划》明确提出：建立健全绿色采购管理制度，推广节能家电、高效照明产品、节水器具、绿色建材等绿色产品。扩大绿色产品消费，倡导健康文明生产生活方式，开展节约型机关、绿色家庭、绿色学校、绿色社区、绿色出行、绿色商场、绿色建筑七大创建行动。大力推广合同能源管理模式，实施节能改造。加快推动生态小公民向生态好公民跃升，宣传推广简约适度、绿色低碳、文明健康的生活理念、生活方式和消费模式。中国共产党宜昌市第七次代表大会以来，宜昌市大力践行美好环境与幸福生活共同缔造理念，推动形成绿色生活方式和绿色低碳消费转型，为加快建设长江大保护典范城市、打造世界级宜昌提供了有力支撑。

一、培育绿色消费理念

中共十八大以来，党中央高度重视生态文明建设，将生态文明建设提升到"五位一体"总体布局的高度，对生态环境保护宣传教育的重视也提到新的高度。2015 年 4 月出台的《中共中央 国务院关于加快推进生态文明建设的意见》要求："弘扬生态文化，倡导绿色生活"，"加强生态文化的宣传教育，倡导勤俭节约、绿色低碳、文明健康的生活方式和消费模式"，"广泛开展绿色生活行动，推动全民在衣、食、住、行、游等方面加快向勤俭节约、绿色低碳、文明健康的方式转变，坚决抵制和反对各种形式的奢侈浪费、不合理消费"。同年，《中共中央关于制定国民经济和社会发展第十三个五年规划的建议》提出："推动形成绿色发展方式和生活方式"，"加强资源环境国情和生态价值观教育，培养公民环境意识，推动全社会形成绿色消费自觉"。2016 年 3 月，环境保护部等六部委联合发布《全国环境宣传教育工作纲要（2016—2020 年）》，要求做好生态环境保护宣传教育，力戒奢侈浪费和不合理消费，使绿色生活方式深入人心，形成与全面建成小康社会相适应，人人、事事、时时崇尚生态文明的社会氛围。2017 年 5 月，中共中央政治局专门就推动形成绿色发展方式和生活方式进行第四十一次集体学习，习近平总书记在主持会议时强调，推动形成绿色发展方式和生活方式是贯彻新发展理念的必然要求，必须把生态文明建设摆在全局工作的突出地位。2021 年初，生态环境部等六部门共同制定并发布《"美丽中国，我是行动者"提升公民生态文明意识行动计划（2021—2025 年）》，要求引导党政机关干部职工践行简约适度、绿色低碳的工作与生活方式；发挥企业作用，不断探索创新绿色发展商业模式；动员青少年践行绿色生活、参与生态环保实践、助力污染防治；各级妇联组织要依托妇女之家、儿童之家等阵地，广泛开展绿色家庭创建。同年 9 月，《中共中央 国务院关于完整准确全面贯彻新发展理念做好碳达峰碳中和工作的意见》要求，加快形成节约资源和保护环境的产业结构、生产方式、生活方式、空间格局，坚定不移走生态优先、绿色低碳的高质量发展道路，确保如期实现碳达峰、碳中和；节约优先，倡导简约适度、绿色低碳生活方式，从源头和入口形成有效的碳排放控制阀门。2022 年 10 月，党的二十大报告强调，推动经济社会绿色化、低碳化是实现高质量发展的关键环节。2023 年 7 月，习近平总书记在全国生态环境保护大会上指出，要加快推动发展方式绿色低碳转型，坚持把绿色低碳发展作为解决生态环境问题的治本之策，加快形成绿色生产方式和生活方式，厚植高质量发展的绿色底色。宜昌市坚决落实中央要求和部署，充分认识形成绿色发展方式和生活方式的重要性、紧迫性、艰巨性，大力推动生活方式绿色化，从多方面培育市民绿色消费理念。

（一）营造生态文明建设宣传教育浓厚氛围

"十四五"以来，新华社、人民日报、中央电视台、光明日报、经济日报、湖北日报、湖北电视台等中央、省级主要媒体聚焦宜昌市保护修复长江生态环境、绿色发展、河湖长制等先进经验和生态小公民、三峡蚁工等优秀典型，刊发了一批重头报道，相关报道达 1500 多篇，在全国全省引起强烈反响。宜昌市组织三峡日报、宜昌三峡广播电视台、三峡晚报、三峡商报等市内媒体开辟专栏专题，安排重要版面和时段，广泛深入宣传全市开展长江大保护、加强生态公民建设的重要举措、取得的成果和先进典型，2022 年以来共刊发（播报）相关稿件 3500 多篇（次）。围绕生态文明主题，精心设计发布一批公益广告，如《宜昌蓝》《共建生态美丽家园》等 11 部公益广告宣传片和《坚持绿色发展 共建美丽宜昌》《绿水永流时 诺亚方舟闲》等 6 大系列公益广告宣传画等。组织开展一系列摄影展、书画展、文艺演出等活动，广泛宣传生态环保理念，如西陵区开展的"生态进小区，绿色惠万家"文化活动，夷陵区创作的三峡渔鼓《河长巡河》等一批生态环保节目，深受群众欢迎。充分发挥新媒体平台优势，组织新媒体围绕生态公民建设推出网络专题、创意 H5 网页、线上互动系列小测试、原创网络公益广告等系列新媒体产品，实行全网联动推送，累计创作发布长江大保护、生态公民建设相关稿件 500 多篇，访问量达 1000 万人次。生态环境保护宣传标语随处可见，生态、绿色理念日渐深入人心。2023 年 6 月，中共宜昌市委宣传部、市委文明办、市生态环境局在全市范围内选树了 10 名宜昌市"最美生态环保卫士"，激励全市上下积极致力于生态文明建设和生态环境保护事业，为宜昌加快建设长江大保护典范城市、三峡地区绿色低碳发展示范区营造浓厚环保氛围。

（二）进行各类环保主题宣传教育

1. 持续创新开展"六五"环境日宣传活动。以"打造清洁能源之都 共建清洁美丽世界"为主题，宜昌市开展 2022 年"六五"世界环境日湖北省主会场活动暨西陵区第六个"生态市民日"主题活动，与省内其他会场（武汉、荆州、襄阳、鄂州）进行直播连线，并开展歌舞表演、原创情景剧表演、宜昌市生态公民成长礼、颁发湖北省生态环境保护友好使者荣誉证书、生态环保短视频大赛颁奖、公益慢跑等多种活动，共同发出"建设三峡生态屏障，守护清洁美丽湖北"的倡议。以"建设人与自然和谐共生的现代化"为主题，在五峰土家族自治县开展 2023 年"六五"环境日主场活动暨宜昌市"最美生态环保卫士"致敬礼活动，将宜昌市首个"生态文明教育基地"授牌给武陵山（湖北）野生动植物标本馆，开展了一系列特色宣传活动，通过直播平台进行 7 城互动，仅百度软件的武汉《度看湖北》栏目就达到 478 万热度，受到了湖北省生态环境厅主要领导的充分肯定和表扬。

2. 结合生物多样性日、全国节能宣传周等，集中组织开展生态环保主题宣传活动。2022 年 5 月，在夷陵区举办了以"共建地球生命共同体"为主题的国际生物多样性日宣传活动，通过生物多样性宣传片展播、图片展，发放《生物多样性公约》小百科、《公民生态环境行为规范十条（试行）》等手册，组织参观夷陵区绿色之城展厅、河心公园植物园、中华鲟研究所等活动，让人们更加深入了解宜昌市生物多样性之美，充分认识保护生物多样性的重要性。2023 年，在秭归县举办以"从协议到协力：复元生物多样性"为主题的国际生物多样性日宣传活动，全面动员社会各界保护生物多样性，进一步推动"昆明—蒙特利尔全球生物多样性框架"实施，以生动实践彰显"宜昌范式"。通过各类宣传活动，影响动员全社会积极参与生态文明建设、自觉践行绿色生活生产方式。2023年6月，生态环境部、中央精神文明建设办公室等五部门联合发布新修订的《公民生态环境行为规范十条》，宜昌市组织开展形式多样的宣传活动，帮助公众更好地理解行为规范背后的意义，引导公众更准确理解和把握践行要求。

3. 开展全国低碳日、全国生态日主题宣传活动。7月12日，宜昌市举办2023年"全国低碳日"主题宣传活动，向社会公众普及应对气候变化的相关知识，呼吁用实际行动来推动绿色低碳发展。2023年8月15日是首个"全国生态日"，宜昌市发展改革委、夷陵区政府在环百里荒乡村振兴试验区联合举办了全国生态日宜昌专场宣传活动。宜昌市自然资源和规划局、市生态环境局、市乡村振兴局、市林业和园林局等部门及长阳、五峰等县政府相关负责人交流分享了在各自领域践行"两山"理念的具体实践成果，五峰土家族自治县代表宜昌市"两山"实践基地发出倡议：做习近平生态文明思想的坚定信仰者、积极传播者、忠实践行者，在发展中保护、在保护中发展，着力打造全国高水平保护支撑高质量发展的典范。同日，西陵区学院街道翁家堰社区新时代文明实践站组织辖区单位、社会组织、党员及青少年志愿者在滨江赛道，开展了"集结志愿红 守望长江美"8·15全国生态日长江大保护志愿服务活动。伍家岗区李家湖社区以"倡导绿色生活，迎接美好明天"为主题，开展了一系列生态文明宣传教育和实践活动；龙盘湖社区新时代文明实践站以"呵护自然 保护生态"为主题，开展了生态文明教育实践活动；伍临路社区组织志愿者在长江边开展"灯塔引航"青年志愿服务活动。保护生态环境、践行绿色生活正在成为宜昌市民的自觉行动。

（三）开展各层次绿色生活宣传教育

1. 开展绿色生活日活动。2019年5月26日，由中华环境保护基金会、宜昌市人民政府主办的全国首个"绿色生活日"系列活动在宜都市启动，全国30个城市及国际国内绿色环保机构共同参与，发出"绿色生活宜都宣言""绿色生活倡议"，倡导绿色出行、低碳生活。2019年10月10日，我国首部《绿色生活方式指南》发布会在宜都市举行，该指南由中华环境保护基金会、中环联合（北京）认证中心联合发布，分别从衣、食、住、用、行、育、游、养等八个方面对绿色生活的具体实践进行指导，推动人们形成绿色生活理念、养成绿色生活习惯。

2. 持续组织开展环保设施向公众开放活动。2018 年 10 月，《宜昌市生态环保教育实践基地命名管理办法》出台，发布了宜昌市第一批生态环保教育实践基地名单（12 个）。各机关单位、学校通过开展主题党日活动、主题研学等形式全面普及生态环保知识。市民、学生、志愿者、媒体等公众代表走进宜昌建投水务有限公司花艳污水处理厂、宜昌桑德环保科技有限公司、宜昌市环境保护监测站等基地，深入感受生态文明环保教育的重要意义。宜昌市生态环境局官方微信、三峡日报官方微信微博等媒体对活动进行宣传报道，阅读量近 10 万人次，三峡日报官方微博话题"宜昌环保设施公众开放"阅读量近 35 万人次，更多未能到现场的公众实现了"云参观"。

3. 贴近群众需求加强宣传。2022 年 2 月，宜昌首次推出生态环境宣传活动代言宝贝"小态""小境"。作为宜昌生态环境形象代言人，"小态""小境"被印在活动宣传折页、口罩等上面，获得社会公众一致好评。结合共同缔造工作，进社区聚焦群众"微心愿、微诉求"，进乡村聚焦"为民办实事"，加大绿色消费宣传力度，牢牢站稳环境宣传主阵地。湖北省生态环境厅官方微信微博、中国环境报客户端、湖北日报客户端和宜昌机关党建网、三峡日报、三峡晚报先后刊发转载多篇文章，湖北省生态环境厅巡回指导组对宜昌市在生态环境领域实践活动中"为民办实事"予以充分肯定。

4. 开展生态环保宣传教育"五进"活动。开展生态环保宣传教育活动进学校、进社区、进企业、进乡村、进党校等"五进"活动，开展"绿色学校""绿色社区"等建设，把培育弘扬生态文化与生态环保教育纳入国民教育体系、干部培训教育体系，培养全民生态文明社会责任意识，帮助人们树立生态优先、绿色生活的价值观。2002 年，共创建省级"绿色社区"19 个，市级"绿色社区"108 个，市级"绿色学校"200 所、"绿色幼儿园"26 所，形成"人人参与绿色创建，共建共享美好家园"的良好氛围。

（四）持续开展 "生态小公民" 教育

生态公民是指具有环境保护意识、坚持用人与自然和谐共生理念、积极主动参加生态文明建设的现代公民。"生态小公民"教育是宜昌市推进生态文明教育的特色实践。2016 年 3 月，宜昌在全国市州率先出台《关于教育工作全面落实立德树人根本任务的意见》，将生态文明教育融入社会主义核心价值观教育体系。在此背景下，宜昌市各地区开始探索本地生态文明教育模式。2016 年，宜昌市西陵区推出了全国首套生态文明教育校本教材《生态好市民》，并将"生态好市民"教育作为校本综合实践课程，纳入该区中小学与幼儿园课程体系。2017 年，宜昌市夷陵区推出《生态小公民》校本教材，并开展"富美夷陵、环保先行"主题实践活动，各学校通过上一节环保教育课、学一个环保小技能、落实一项环保硬措施等方式，促进学生养成绿色环保生活习惯。2018 年 4 月，宜昌市将各区生态文明教育探索整合为市级层面的"生态小公民"教育，全面推动全市开展生态文明教育。宜昌市委、市政府主导，市教育局和教科院主要负责，市环保等 16 部门积极配合，共同编写了《生态小公民》系列读本。读本分为幼儿园、小学、中学三个版本出版，以学生逐步扩展的生活为基础，以生态文明建设必须要处理好的三大关系（人与自我、人与自然、人与社会）为轴线，以学生个人成长和社会发展必需的三个方面的核心素养（生态文明行为习惯、健康文明生活方式、生态文明价值观）为基本要素，兼顾不同年龄段学生身心特点，每学期学习一个主题，每学期安排一次社会实践活动，并将学生生态文明行为习惯和社会实践参与作为综合素质评价的重要内容折合 20 分计入中考总分。2018 年 9 月，读本免费发放至全市中小学校和幼儿园，作为基础教育阶段生态文明教育的循环教材。这套教材作为全国市级层面首套生态教育读本，全面纳入地方课程，实现生态教育中小学生、幼儿园课堂全覆盖，取得了良好效果。除了学校里的生态小公民课程外，生态文明教育还走向自然与社会。通过积极开展展览宣传类、生态竞赛类、生态实践体验类、生态主题服务类等校外的社会实践活动，以"小手拉大手"，带动产生了一定社会效应。2018 年 4 月，习近平总

书记在视察湖北期间对宜昌市"生态小公民"教育作出重要指示，认为"宜昌开展的'生态小公民'教育活动，是一个好的探索，要坚持下去"。此外，"生态小公民"教育工作还受到了人民日报、光明日报等权威媒体的广泛关注。2021年2月，"生态小公民·研学旅行实景课堂"正式上线，实现了全市48万名中小学生与全国各地中小学生同上一堂生态文明课，在全国属于首创，教育效果突出。2021年《生态小公民，迸发大能量》成功入选全国基础教育改革优秀典型案例。2023年2月6日，宜昌市"新春第一课"在全市各所中小学统一开播。"新春第一课"以"争做长江小卫士，共同缔造新家园"为主题，主会场设在田家炳中小学报告厅。各县市区设立分会场，教育系统干部职工、全市40余万名中小学生集中收看。2023年的"新春第一课"由《长江之歌》开篇，短片《母亲之河》娓娓道来长江的地理、文化、经济、自然资源情况，以及长江和沿岸城市宜昌的紧密联系，培养学生爱家乡爱祖国的情怀；借数字AI江豚形象"豚宝"，增强课堂趣味性；通过讲解"壮士断腕""救助江豚"等故事，让学生更加细致地了解宜昌修复长江生态的深远意义；以宜昌学子画《长江百鸟图》为切入点，号召学生持之以恒保护生态环境。尾篇朗诵诗歌《生态长江我们守护》，倡议大家积极参与长江生态保护，争做"长江小卫士"，为宜昌加快建设长江大保护典范城市贡献力量。宜昌市"新春第一课"已连续举办11年，是全市春季开学教育的一项重要内容和宜昌教育的知名德育品牌。

二、实施城乡垃圾分类

宜昌城区自2013年启动生活垃圾分类试点以来，在机关、学校、城区小区、农贸市场和乡村共计32个区域开展试点。2015年，住房和城乡建设部等五部委联合发文，公布了全国首批26个生活垃圾分类试点示范城市，宜昌成为湖北省唯一的示范城市。"十三五"以来，宜昌市深入贯彻落实习近平总书记关于生活垃圾分类的系列重要指示批示精神，牢固树立"垃圾分类就是新时尚"的工作理念，通过试点，生活垃圾分类投放、分类收集、分类运输、分类处置体系不断完善，生活垃圾减量化、资源化、无害化效应逐步显现。2022 年度，宜昌生活垃圾回收利用率达到 39.79%；2023 年，城区生活垃圾回收利用率达到 42%，资源化利用率达到 65%，无害化处理率保持 100%，县市建成区和自然村生活垃圾分类覆盖率均达到 100%。生活垃圾减量化、资源化、无害化效果已基本显现，市民的垃圾分类习惯正逐步养成。

（一）高度重视，高位推进

中共十八大以来，宜昌历任市委书记、市长亲自部署推动生活垃圾分类工作，多次现场调研、定期督办垃圾分类工作情况，强调要全面推进生活垃圾分类，加快补齐民生突出短板，用"辛苦指数"换取人民群众的"幸福指数"。市委带头推进机关生活垃圾分类，市人大将生活垃圾分类立法作为头号工程，市政府建立垃圾分类联席会议制度，市文明办将生活垃圾分类纳入文明单位创建内容，市机关事务服务中心将机关垃圾分类纳入年度目标考核，各区均成立了以区委书记为组长的生活垃圾分类领导小组，有力保障了生活垃圾分类顺利推进。先后出台《宜昌市生活垃圾分类三年行动方案（2018—2020 年）》《宜昌市生活垃圾分类三年行动方案（2021—2023 年）》，从试点垃圾分类到垃圾分类全覆盖，基本建成生活垃圾分类处理系统，再到逐步推行"定时定点、开袋检查、破袋投放"垃圾分类新模式（2021 年 5 月正式实施）。2022 年宜昌市民生活垃圾分类知晓率达到 100%，启动新模式的居民小区累计达到 859 个，升级改造分类投放网点 1962 个，新模式在城区居民小区覆盖率达到 100%。

（二）健全制度，规范垃圾分类工作

出台《宜昌市生活垃圾分类管理办法》（2019 年 10 月印发，11 月公开发布）、《宜昌市城区生活垃圾分类以奖代补办法》，推动审议《宜昌市生活垃圾分类管理条例》（2022 年 11 月，草案四审稿向社会公布，公开征求意见），编制《宜昌市城区生活垃圾分类收集及资源化利用体系建设五年规划（2019—2023 年）》，印发《宜昌市生活垃圾分类指导手册》，市级财政落实年

度生活垃圾分类奖补资金 2000 万元，保障计划落实。修改完善《宜昌市城区生活垃圾分类考核细则》，建立专职引导和志愿者队伍，组建社区专兼职志愿者队伍、公共机构志愿者队伍，形成以"三峡蚁工""学雷锋协会""公共机构志愿者""绿燕子志愿者服务队"为主体的垃圾分类志愿者联盟。配套垃圾分类法规制度体系基本完善，形成了包括法律条例、政府规章、发展规划、运行规范的"一法三规"制度体系。

（三）坚持示范带动，整体推进

1. 统一标准。 出台《宜昌城区生活垃圾分类网点建设、人员配备、车辆配置及厨余垃圾处理设施建设标准》，以美岸长堤、楠海花园、南北天城、嘉明花园等不同类型小区为代表分别推进示范建设，通过定标准、定模式、定配置，整体推动生活垃圾分类示范小区建设全覆盖。

2. 智慧赋能。 依托智慧环卫项目开发垃圾分类综合监管平台，在城区选取 20 个小区 48 个分类投放网点开展智慧督导试点。

3. 分类示范。 联合市商务局打造杨岔路菜市场垃圾分类样板，出台农贸市场垃圾分类工作标准，推动全市 64 个农贸市场生活垃圾分类标准化改造。

（四）实施共建共享，开展各类活动促习惯养成

结合党员干部"双报到、双报告"工作，在全市开展"红心向党、桶边值守"活动，发布"桶边值守"工作指南，指导下沉党员干部参与居住地小区垃圾分类"桶边值守"，指导督促群众做好垃圾正确分类。结合"筑堡工程"，将生活垃圾分类纳入"筑堡工程"重点工作，编写《生活垃圾分类筑堡工程专题培训讲义》，组建生活垃圾分类宣讲员队伍，覆盖人群 1.7 万人次，发放宣传折页近 8 万份，组织开展生活垃圾分类桶边引导 2.2 万人次。开展垃圾分类积分兑换活动、生活垃圾分类校园亲子活动、"绿色 21 天"生活垃圾分类习惯养成挑战活动，激发居民参与垃圾分类积极性，提高分类准确率。开展"小手拉大手"行动，编写宜昌市生活垃圾分类中小学课本及幼儿版常识读本，全市学校全部开展垃圾分类教育，培育青少年儿童绿色生态环保意

识，让他们逐步成为家庭垃圾分类的教导员、监督员。2023 年，宜昌继续开展"示范小区""分类达人"等评选，持续推进"小手拉大手"行动，同时以东辰二号、桃花苑、唐家大院等不同类型小区为试点，探索定时定点分类投放"4456"工作法（紧抓"四个主体"，做好"四个结合"，建立"五个机制"，实践"六个步骤"），让生活垃圾分类走进居民的心里，使生活垃圾分类成为居民的好习惯。

（五）持续推进固体废物源头减量和资源化利用

宜昌市结合城市绿色发展，以需求为导向，加强垃圾分类系统建设，促进生活垃圾"变废为宝"。宜昌市级财政安排 8000 万元专项资金、区级配套近 2 亿元推动垃圾分类体系建设，打造"上游分类收集、中游分流转运、下游分项处置"的垃圾分类产业链。坚持城市发展与产业培育同频共振，引导市场主体参与分类设施建设，构建垃圾资源化利用"集群体"。对生活、污泥、装修、有害、再生固体废弃物实行"五废共治"，打造"资源—产品—再生资源"的闭环运行模式。宜昌市垃圾焚烧发电项目已建成投产运行，枝江市、兴山县、长阳土家族自治县焚烧发电项目稳步推进。2022 年宜昌市一般工业固体废物产生总量为 1822.474 万吨，其中，一般工业固体废物综合利用量 1238.927 万吨，处置量 414.09 万吨，贮存量 169.457 万吨。2022 年宜昌市工业危险废物产生量为 16.4125 万吨，其中，自行处置量 4.7505 万吨，委托外单位处置量 11.6532 万吨，贮存量 0.2405 万吨，上年遗留贮存量 0.2317 万吨。2022 年全市共产生医疗废物 0.4777 万吨，处置医疗废物 0.4777 万吨，处置率 100%。

（六）先行先试建设无废城市

2022 年 4 月，宜昌市入选国家"十四五"时期"无废城市"建设名单。9 月，《宜昌市"十四五"时期"无废城市"建设实施方案》出台，明确"无废城市"建设目标任务：宜昌中心城区 2023 年底前率先达到"无废城市"建设目标，其他县市复制经验，统筹推动"无废城市"建设。到 2025 年底，全市"无废城市"相关制度体系更加完善，市场体系和技术体系建设取得初步成效；绿色制造体系进一步完善，一般工业固体废物产生强度下降，一般工业固体废物综合利用率达到 60％，新增磷石膏综合利用率达到 100％；工业危险废物产生强度进一步下降，小微企业危险废物集中收集转运体系覆盖率达到 100％，危险废物综合利用率达到 40％；城市居民小区生活垃圾分类收运系统 100％覆盖，生活垃圾回收利用率达到 45％；绿色建筑占新建建筑面积比例达到 100％，建筑垃圾资源化利用率达到 60％；秸秆综合利用率不低于 95％，畜禽粪污综合利用率不低于 90％，农膜回收率达到 85％；"无废细胞"建设成效显著，形成全社会共同参与"无废城市"建设的良好氛围。

2022 年宜昌市城区（含夷陵区、高新区）生活垃圾产生总量为 44.48 万吨，其中无害化处理总量为 44.48 万吨，无害化处理率为 100％。全宜昌市 2022 年生活垃圾产生总量 93.4 万吨，其中无害化处理总量 93.4 万吨，无害化处理率为 100％。

三、提倡绿色低碳生活方式

绿色低碳生活方式，是在尊重自然、尊重规律、坚持环保理念的基础上，履行可持续发展的责任，采取一系列减少碳排放和环境负担的行动，从而减少对地球资源的消耗和污染的生活方式。其意义在于保护环境，节约资源，改善生活质量，引领社会发展。2021 年出台的《宜昌市文明行为促进条例》第十八条规定，在健康、低碳、绿色生活文明方面，提倡下列行为规范：节约水、电、油、气等公共资源；适量点餐、取餐，厉行节约；遵守餐桌礼仪，使用公筷公勺，健康饮酒，文明进餐；低碳生活，绿色出行，优先选择步行、骑车或者乘坐公共交通工具出行；节俭、文明操办婚丧喜庆事宜；实施绿色生态殡葬，文明、环保祭祀；其他健康、低碳、绿色生活文明行为规范。宜昌市各机关各单位和市民自觉遵守上述规定。

（一）推进绿色产品供给与流通

1. 扎实推进政府采购优先绿色采购。2022 年，宜昌市政府采购同类产品规模 59720 个，其中采购绿色环保产品 59715 个，绿色环保产品采购数量占比 99.99％；政府采购同类产品规模 6728.63 万元，其中采购绿色环保产品金额 6726.78 万元，绿色环保产品采购金额占比 99.97％。宜昌市已有 18家企业 24 种建材产品获得了绿色建材标识。2023 年 4 月，宜昌市财政局、住房和城乡建设局、经济和信息化局联合印发《宜昌市政府采购支持绿色建材促进建筑品质提升工作实施方案》，提出 2023 年至 2024 年开展政府采购支持绿色建材促进建筑品质提升试点，2025 年起实现政府采购工程项目政策实施全覆盖。围绕"碳达峰、碳中和"目标，聚焦制度建设体系化、试点项目清单化、过程监管场景化、采购交易电子化、采购管理集约化、产业发展特色化、金融配套便捷化、协同推进常态化等八大主要任务，通过在中心城区政府采购工程项目建筑开展试点，推进建立完善的政府采购支持绿色建材制度体系、标准体系、管理体系、评价体系，赋能产业链升级、价值链提升，促进本市建筑品质提升和新型建筑工业化发展，力争使宜昌绿色建筑发展水平居中部地区前列。

2. 扩大企业绿色产品采购比例。宜昌市商务部门多次开展专项检查，确保城区内重点流通企业销售能效三级以上的节能产品、环境标志产品和绿色产品不低于 10％，电器专卖店不低于 90％。增设绿色节能低碳产品专柜，已在国贸商场等重点商贸企业内设立绿色节能产品专柜。宜昌市环保、商务等六部门联合发起了推广无磷洗涤用品消费倡议，以夷陵区为试点，黄柏河流域内商超全部下架含磷洗涤用品。

3. 限制塑料袋使用。严格执行塑料袋有偿使用制度，推动"限塑"提档升级，推广使用环保购物袋等非塑料制品，引导消费者减少或不使用不可降解塑料袋。目前，宜昌市国贸、大洋百货等重点购物场所正在大力推行可降解、纸质购物袋替代塑料购物袋。推动绿色包装，限制商品过度包装，引导商贸流通企业拒绝采购过度包装商品，尤其在大型节假日期间摒弃过度包装，推行简约、便民的商品包装，引导绿色购物新时尚。

4. 推动流通领域绿色化。开展节能宣传活动。组织市内国贸、水悦城等五家重点流通商贸企业参加宜昌市节能宣传周和低碳活动日启动仪式，倡导绿色生活方式和消费模式。倡导流通领域节能。严格执行空调温度控制标准，特别是大中型商场、超市均严格执行国家室内空调夏季不低于 26℃、冬季不高于 20℃的控制标准。积极推进宜昌市商贸流通企业照明系统、中央空调系统等设施设备节能改造，推广电梯变频技术应用，引导商贸企业逐步淘汰能耗高的老旧设备，降低用电损耗。

（二）开展绿色生活创建行动

1. 开展节约型机关创建。宜昌市各级公共机构以推进节约型公共机构建设为主线，同步推进公共机构合同能源管理、新能源汽车推广、生活垃圾分类、反食品浪费等各项专题行动，多项工作被国家和湖北省机关事务部门、发改部门表彰奖励。截至 2023 年 6 月，市级党政机关申报及创成节约型机关 62 家，完成率为 86.11%；县（市、区）级党政机关申报及创成节约型机关 546 家，完成率为 85.18%。开展宜昌市公共机构第三批生活垃圾分类示范点遴选工作，确定 31 家单位为市级生活垃圾分类示范点。全市各级公共机构积极开展生活垃圾分类宣传与培训，培养干部职工生活垃圾分类意识和分类投放垃圾的习惯，鼓励各级公共机构干部职工做好示范带头作用，引领全社会广泛参与生活垃圾分类。鼓励各级公共机构将垃圾分类宣传与党员干部下沉社区、志愿服务活动、日常巡街保洁和执法巡逻等工作相结合，扩大宣传面和受众人群，做到齐参与、同治理、共缔造，形成垃圾分类人人有责、人人尽力、人人作为的良好风气。深入推进合同能源管理工作落实落地。宜昌市机关事务服务中心与三峡电能有限公司签订部分园区综合能源托管项目，项目托管周期为 10 年，通过改造中央空调控制系统、电梯能量回馈装置、屋顶分布式光伏、冷却塔优化、雨水回收装置，搭建数字化能效管理平台，全面提升能源综合利用水平。项目建成后，预计每年节能率可达 10%以上，合同期可节约标准煤 553 吨，减少二氧化碳排放 4487 吨，打造宜昌市公共机构节能样板。通过以点带面、分批实施，全市合同能源管理呈现"井喷"式增长势头，全市（含县市区）已有 226 家单位启动合同能源管理项目，其中 190 家进入改造阶段，预估引进社会改造资金约 8100 万元。抓紧抓实制止餐饮浪费工作。宜昌市机关事务服务中心制定出台《宜昌市机关食堂反食品浪费工作成效评估和通报制度实施方案》，宜昌市委市政府机关食堂依托智慧食堂信息化管理系统，采取刷脸采集用餐人员流量、菜品消费等数据，通过大数据对原材料的需求量进行科学测算，实现精准采购、集中管控。坚持以考促干，将制止餐饮浪费工作纳入节约型机关创建考核范围，定期督导考核，促进广大干部职工养成勤俭节约的良好习惯，让节约真正成为自觉行为。

2. 开展绿色商场创建。按照《商务部办公厅 发展改革委办公厅关于印发〈绿色商场创建实施工作方案（2020—2022 年度）〉的通知》和《湖北省商务厅 湖北省发展和改革委员会关于印发绿色商场创建工作实施方案（2020—2022 年度）的通知》等文件要求，宜昌市商务部门制定了《宜昌市绿色商场创建实施工作方案（2020—2022 年）》，进一步明确绿色商场创建标准、创建流程、创建要求，推动绿色消费，践行低碳环保、绿色发展，以建立绿色管理制度、推广应用节能设施设备、完善绿色供应链体系、开展绿色服务和宣传等为重点，积极推动绿色商场创建。对全市 50000 平方米以上的大型商业综合体进行调查摸底，有营盘山 CAZ、CBD 购物中心，宜昌水悦城购物广场、国贸大厦、大洋百货等 5 家商场符合条件。组织各县市区商务主管部门和重点商贸流通企业学习绿色商场创建规范和标准，宣传推广《绿色商场创建倡议书》，指导各县市区对辖区符合条件的重点企业进行申报。先后推荐水悦城、环球港、宜昌万达 3 家企业参与国家绿色商场评选。2021 年，宜昌万达广场获评"绿色商场创建企业"。同时，宜昌市出台《促进消费恢复提振若干措施》支持绿色消费，对商务部认定的绿色商场和通过国家级绿色饭店（餐饮）评审的企业给予一次性奖励。

3. 开展绿色建筑创建行动。"十三五"期间，宜昌发展绿色建筑 1700 万平方米、装配式建筑 230 万平方米，居全省第二，成功创建了国家装配式建筑范例城市。但要实现碳达峰、碳中和总目标，任务仍十分艰巨。为加快推

动宜昌市城镇绿色建筑高质量发展，2019 年，宜昌市出台《市政府办公室关于促进建筑业高质量发展的意见》，要求大力推进装配式建筑、绿色建筑发展，鼓励建设超低能耗被动式建筑，大力实施绿色建材评价标识认定。2021 年，宜昌市住建局、市发展改革委等九部门联合发布《宜昌市绿色建筑创建行动实施细则》，编制绿色建筑评价管理工作实施方案，推广实施《湖北省绿色建筑设计与工程验收标准》，要求开展绿色建筑示范，保障性住房、政府投资公益性建筑和大型公共建筑必须执行绿色建筑标准。2022 年，编制出台《宜昌市建筑领域碳达峰行动实施方案（2021—2030）》，确立了"绿色建筑""绿色建造""绿色建材"三位一体的总体实施路径。宜昌市规划展览馆为宜昌首个获得三星级绿色建筑标识证书的项目。2021 年宜昌共有 23 个项目获得二星级绿色建筑标识证书。"十二五"时期宜昌市发展绿色建筑 237 万平方米，"十三五"时期发展绿色建筑 1721 万平方米，2021 年新增绿色建筑 280 万平方米，2022 年又新增绿色建筑 450 万平方米。

4. 大力发展绿色餐饮。依托宜昌市烹饪酒店行业协会，稳步推进绿色饭店创建工作。指导企业按照绿色饭店行业标准，以绿色、安全、节能、降耗、环保、健康等为重点开展绿色饭店创建工作，一批餐饮门店获评"中国绿色饭店（餐饮）企业"。加强消费行为引导，形成了"厉行勤俭节约、反对餐饮浪费"的良好社会风气。制定下发《绿色餐饮自律倡议书》和《关于开展"光盘行动"的通知》，倡导节约、文明用餐、绿色饮食。要求餐饮企业不得销售天然渔获物，主动对餐饮招牌、菜谱和广告语做认真摸底排查，彻底清理涉及销售"长江野生鱼""清江野生鱼""江鲜"等内容的文字、视频、广告标牌。组织餐饮企业开展"三推一禁"专项行动：推行公筷公勺、推行餐前洗手、推行明厨亮灶，禁食野生动物。开展餐厨垃圾资源化利用和无害化处理试点，减少使用一次性餐具、用品。深入校园、商场、餐馆、村庄，采用报纸、电台、宣传册等多种多样的宣传形式，广泛发动公民，主动拒绝使用一次性餐具，减少一次性用具使用。

（三）培育志愿服务，倡导绿色生活

宜昌市积极培育生态环保公益组织，开展环保志愿活动，推动绿色理念形成。

1. 积极培育生态环保公益组织。登记注册了宜昌市稻草圈圈生态环保公益中心等 4 家生态环保类社会组织，加强社会组织孵化基地建设，培育孵化宜昌市义工联合会等 3 家生态环保类社会组织，并组织开展能力培训、参观学习、公益伙伴日、公益创投等活动，提升环保组织项目运作能力、活动组织能力。

2. 积极发展生态环保志愿者，支持生态环保志愿者群体发展壮大。开展"大手拉小手"活动，将生态公民志愿服务纳入新时代文明实践统筹部署，将生态环保典型纳入"宜昌楷模""宜昌好人"评选类别，积极选树培育生态环保典型，努力形成"人人学习环保先进，人人争做环保卫士"的浓厚氛围。2018 年以来，先后选树夷陵生态小公民刘沅鹭，环卫战线张林、李传兵、向先华，生态环保战线黄大钱、曹敦新等一批生态环保典型为"宜昌楷模"。推荐清江河上的"环保志愿者"梁智博、"三峡蚁工"发起人李年邦、岸电治污推动者荣延海、黄柏河清漂人毕家培等 4 名环保典型人物为"荆楚楷模"，其中李年邦同时荣登"中国好人榜"，获评湖北省环境保护政府奖，入选"美丽中国，我是行动者"提升公民生态文明意识行动计划 2022 年百名最美生态环境志愿者，产生广泛的社会影响。

3. 大力举办志愿服务活动，倡导绿色生活新风尚。举办"聚焦生态环保、助力转型发展"学雷锋志愿服务文化节，近千人参加生态环保现场活动。充分发挥共青团职能优势，不断拓展和深化保护母亲河行动、"河小青"志愿服务、"绿满宜昌"等品牌活动，积极传播生态环保理念，倡导绿色生活方式。常态化组织宜昌市志愿服务联合会各成员单位开展"守护江河，志愿先行""美化家乡我参与""我是环保志愿者""绿水青山我代言"等各类生态环保志愿服务活动，进一步发挥示范引领作用，带动全市群众积极争做生态公民。

（四）扎实做好"四禁"工作

"四禁"，即禁烧秸秆、禁鞭炮、禁露天烧烤、禁用不易降解祭祀用品。进一步强化县（市、区）、乡、村禁烧秸秆监管责任，并聘请第三方无人机开展巡查，第一时间发现火点黑斑并及时处置，实现了全市禁放区"三零"目标。取缔露天占道烧烤行为，清零主城区露天炭火烧烤行为，将城区烧烤炉具全部置换为环保炉具。积极开展春节、清明节文明祭祀宣传活动，引导群众自觉抵制丧葬陋习，文明节俭办丧事，逐步禁止露天焚烧祭祀用品。各县市区全面贯彻执行宜昌市人民政府《关于在宜昌城区禁止使用不易降解祭祀用品的通告》，开展联合执法、源头管控，确保不易降解祭祀用品不流入市场。

四、建设区域性消费中心

2021年6月，中共宜昌市委六届十五次全会提出宜昌要锚定六大目标（建设世界旅游名城、清洁能源之都、长江咽喉枢纽、精细磷化中心、三峡生态屏障、文明典范城市），提升五大功能（区域性科创中心、金融中心、物流中心、消费中心、活力中心）。2021年12月，中共宜昌市第七次党代会正式提出"六城五中心"的发展目标蓝图。随后落实"六城五中心"的具体实施方案相继制定出台。2021年12月30日，宜昌市人民政府印发《宜昌市加快建设区域性消费中心三年行动计划（2021—2023年)》（2022年1月公开发布），要求加快打造商业消费集聚中心、消费业态创新中心、商旅文体融合发展示范中心，在提升传统消费、发展新兴消费、促进商旅文体融合发展、培育优强市场主体、扩大县乡消费五大重点任务上持续发力，建成立足宜昌、面向"宜荆荆恩"城市群、承启鄂西渝东区域性消费中心城市；到2023年，全市社会消费品零售总额突破2000亿元，社会消费品零售总量和人均水平居全省前列。2022年，宜昌市人民政府印发《区域性消费中心建设2022—2023年工作任务分解方案》，明确区域性消费中心建设领导小组成员单位定期协商机制，要求适时确定重点工作任务和工作清单，报送阶段性工作进展情况。区域性消费中心建设领导小组各成员单位紧紧围绕五大重点任务，各司其职、各尽其能、相互协作、高效联动。2022 年，宜昌市人民政府印发《宜昌市商务发展"十四五"规划》，提出牢牢把握"扩大内需"战略基点，充分发挥消费促进生产、服务民生、推动高质量发展的基础性作用，大力实施商业设施提档升级、消费场景提升、农产品流通富民、消费环境优化等四大工程，构建现代商贸流通新格局，加快打造立足宜昌、辐射鄂西、面向全国的区域性消费中心。2023 年，宜昌市打响促消费活市场攻坚战，以活跃消费氛围、拓展消费场景、完善消费基础设施、提振大宗消费、促进新型消费、引爆文旅消费六条举措，最大力度释放消费潜力，鼓励消费，活跃市场。2021 年，宜昌市位列全省 5 个消费强市榜单之首，茅坪镇、伍家乡、枝城镇等 6 个乡镇入选全省 30 强消费乡镇，市级获得省级财政专项奖励资金 2200 万元。2022 年，宜昌市实现社会消费品零售总额 1866.64 亿元，比上年增长 3.7%。2023 年 1 月至 6 月，宜昌市社会消费品零售总额 901.97 亿元，同比增长 9.5%。

（一）加快推进宜荆荆都市圈消费中心建设

1. 统筹谋划，优化商圈布局。 开展商圈发展专项调研，优化完善"1+9+N"商圈体系布局，推动核心商圈和特色街区功能完善、业态升级、错位发展。高标准启动编制宜昌核心商圈规划，有机串联夷陵广场、古今大南门、二马路历史文化街区、屈原文化公园、西坝不夜岛等文化地标、旅游景点及商贸中心，规划面积 156 公顷，着力提升宜昌的国际知名度、品牌集聚度、商业活跃度、到达便利度，全力打造宜荆荆都市圈高品质消费中心。专业市场提档升级。截至 2022 年 11 月，全市建成商品交易市场 164 个，年交易额过亿元市场 30 个，过十亿元市场 13 个，过百亿元市场 4 个，过五百亿元市场 1 个，形成了三峡物流园、三峡果蔬交易中心等辐射范围大、带动效果强的大型综合性交易市场，以及家居、茶叶、汽车零配件等细分专业市场，门类相对齐全、梯次发展、多点开花的专业市场格局初步形成。2023 年上半年，宜昌市人民政府常务会议通过《宜昌市核心商圈规划》；印发《核心商圈实施计划》，打造城市消费新中心；印发《特色商业街区工作方案》，中南路特色美食街入选省级特色商业街，宜昌汽车商贸大街正式开街。

2. 丰富完善城市便民服务功能。2022 年 8 月，宜昌成功入选全国城市一刻钟便民生活圈试点城市。一刻钟便民生活圈，是以社区居民为服务对象，服务半径为步行 15 分钟左右的范围内，以满足居民日常生活基本消费和品质消费等为目标，以多业态集聚形成的社区商圈。2022 年 12 月，宜昌市印发《宜昌市推进一刻钟便民生活圈试点建设工作方案》，提出到 2025 年，在宜昌城区建成 30 个布局合理、业态齐全、功能完善、智慧便捷、规范有序、服务优质、商居和谐的一刻钟便民生活圈，圈内居民满意度达到 90％以上。宜昌市结合"筑堡工程"、老旧小区改造等，分类分批有序推进一刻钟便民生活圈试点建设，新建、改造城区菜市场 66 家，推动便民商业设施和服务功能进社区，加强生鲜超市等社区服务网点建设，形成一批布局合理、业态齐全、功能完善的便民社区商业服务体系。

3. 县域商业体系建设全面启动。2021 年 10 月，夷陵区被湖北省商务厅纳入 2022 年全省县域商业体系建设示范县建设计划，成为全省首批、全市首个县域商业体系建设示范县。同月，宜昌市出台《重点农业产业链实施方案》，重点支持柑橘、茶叶、优质畜牧业、蔬菜、优质粮油、道地药材、水产、现代种业等产业链建设，建立工作专班、专家团队，制作产业链图谱，并明确分解任务，大力推动一二三产业融合发展。2022 年 7 月，宜昌市印发《关于加强县域商业体系建设促进农村消费的实施方案》，充分发挥流通基础性作用，以渠道下沉和农产品上行为主线，从供需两端同时发力，推动资源要素向农村市场倾斜，完善农产品现代流通体系，贯通农村电子商务体系和县、乡、村三级物流配送体系，畅通工业品下乡和农产品进城双向流通渠道，促进农民增收，扩大农村消费，推动县域商业和县域经济高质量发展。2022年 12 月 30 日，宜昌市召开县域商业体系建设工作推进会，通报了全市县域商业体系建设工作情况，安排部署了下一步工作。2023 年 7 月，秭归县和枝江市获批为湖北省 2023 年县域商业体系建设试点县。

（二）全力促进消费扩容提质

1. 推进促消费行动。 印发《宜昌市 2022 年四季主题促消费活动方案》《宜昌市"荆楚购 宜起购"2023 年四季主题促消费活动方案》，连续两年组织开展系列主题促销活动，确保"一季一主题、月月有活动、周周有促销"，提高消费活跃度。大力培育消费热点。抢抓"五一"、端午、中秋、国庆等消费节点，引导商贸企业举办各类展销促销活动。以"消费点亮美好生活"为主题，启动"荆楚购·宜起购宜昌金秋消费季"，创新设置 3 大类 14 个消费场景、50 余项主题活动。2022 年中秋假期吸引 180 多万人次来宜消费，十大商业综合体日均接待人次突破 5 万，创收 1.5 亿元；"十一"黄金周，十大商业综合体实现销售额 2.3 亿元。2022 年 10 月，宜昌市印发《关于打造宜昌美食"国际范"实施方案（2022—2025）的通知》，引进国际国内品牌餐饮，开展"楚大厨"培训，壮大名厨队伍，打造一批知名餐厅，擦亮"中国美食之都"城市名片。2023 年"五一"期间，宜昌城区国贸大厦、大洋晶典等十大商业综合体实现销售额 1.44 亿元，分别超出 2019 年、2022 年同期 5.82 个百分点和 8.73 个百分点；端午节期间，实现销售额 6159.82 万元，较 2019 年同期增长 43.37%，较 2022 年同期增长 9.21%。

2. 完善促消费政策。 2022 年宜昌市人民政府出台服务业奖励补贴办法 34 条、促进消费恢复提振 8 条等政策措施，进一步完善促消费政策。出台《"宜昌老字号"认定办法》，积极申报"湖北老字号"，构建老字号保护传承和创新发展的长效机制，促进老字号发展。发放消费券，撬动消费"乘数效应"。率先在全省发放 2022 宜昌惠民消费券 2000 万元，拉动消费 1.03 亿元。"惠购湖北"消费券宜昌区域投放 7929.6 万元，引导商贸企业开展叠加促销活动，拉动消费 3.02 亿元。2023 年，《宜昌市促进消费恢复和扩大的若干措施》出台，支持传统消费、大宗消费、新兴消费、服务消费、夜间消费、县域消费，强化品牌建设；安排 1.1 亿元财政资金促进消费。2023 年春节期间，宜昌在全省市州率先投放本地消费券共 2035 万元，争取"惠购湖北"消费券在宜昌投放 4342 万元，累计带动消费超 2 亿元，消费券红利让全市 8.3

万户商家和 65 万余名消费者获益。

3. 提振大宗消费。宜昌市相继出台《汽车、家电下乡活动实施方案》《2023 宜昌市促进汽车消费政策》，鼓励汽车销售、生产企业开展"以旧换新"补贴、贷款贴息等优惠活动。2022 年中秋期间，举办汽车文化消费展，打造"一展看遍全城车"的购物胜地，实现汽车销售 1200 余台，成交额达 1.43 亿元。2022 年 1—9 月，全市销售乘用车 3.84 万台，其中新能源汽车 7361 台，新能源汽车销售量同比增长 2.85 倍。发放"湖北消费 智趣生活"宜昌家电消费券 500 万元，带动消费 6621.09 万元，杠杆率 14.29。联合国美电器开展"绿色智能家电（以旧换新＋节能补贴）"活动。联合苏宁易购举办两轮"绿色环保·节能补贴"家电专场活动，对居民购买家电产品补贴 500 万元。

4. 助力产销对接。"2022 线上春茶节"助农增收 1.15 亿元。安琪酵母等 106 家企业参加 2022 年全国网上年货节，线上销售额 1.27 亿元。组织屈姑食品、土老憨等 5 家企业参加第四届全国"双品"网购节暨非洲好物网购节及"数商兴农"活动，线上销售额 3074.3 万元。举办"我在屈乡过端午"线上活动，组织 10 多家电商、商贸企业与屈姑食品开展产销对接。组织参加"6·18"网络促销活动，10 家企业入选京东商城"荆楚 e 品"专区。2022 年全市"6·18"购物节网络零售额 5.15 亿元。2023 年上半年，"限上"商贸企业通过公共网络实现的商品销售额达 36.9 亿元，同比增长 39.3%。

（三）激活新业态新动能

1. 不断壮大网络零售规模，扎实推进电商示范创建。2022 年召开全市电子商务发展工作现场推进会，市人民政府出台加快电商发展、提升实物商品网络零售额 7 条措施，对认定的省级电商零售"头部企业""瞪羚企业""种子企业"分别给予 50 万元、10 万元、5 万元一次性奖励。2022 年 1—9 月，全市通过公共网络实现的限上商品零售额同比增长 25.8%。限上网络零售额占全市限上商品零售额的比重达到 9.8%，较年初提高了 1 个百分点；全市快递业务量达 7040.77 万件，同比增长 6.9%；网络零售额过 1 亿元的企业 4 家，过 5000 万元的企业 10 家，过 3000 万元的企业 9 家，过 1000 万元的企业 44 家。加快发展直播电商、社区团购等新业态，实物商品网络零售比例不断提升。助力 5 个电商园区入围湖北省级电子商务示范基地，安琪电子商务（宜昌）有限公司等 23 家电商企业入围全省电子商务示范企业。以畅通城乡双向循环为重点，建成 9 个县级电商产业园和电商公共服务中心、87 个乡镇电商服务站、1330 个村级电商服务站，实现快递进村全覆盖，市、县、乡、村四级物流配送服务体系基本建成。2023 年上半年，宜昌市大力开展系列电商促消费活动，成为拉动消费的新引擎。邀请"东方甄选"来秭归开展自营脐橙溯源直播活动，"盒马鲜生"授予秭归县王家岭村湖北省首个水果"盒马村"称号，促进了本地特色产品网络销售。据浪潮统计，2023 年"6·18"网购节期间，宜昌实物商品网络零售额达 6.58 亿元，同比增长 30.8%。

2. 加快发展会展、夜间经济等业态。 加快发展会展经济。2022 年 1—9 月，宜昌城区共举办各类会展活动 86 场次，其中会议 71 场、展览 15 场，带动会展服务、会展场馆、酒店餐饮、广告传媒等会展产业链经济产出 40 多亿元。突破发展夜间经济。以夜食、夜游、夜购、夜娱、夜健为重点，推动美食、文化、娱乐等多元夜间消费业态融合，构筑"全时段、沉浸式"夜间消费场景。西陵区荣登"2022 年度县市夜经济繁荣百佳样本"榜单，在全国 2757 个县域行政单位中排名第 77 位。西坝不夜岛、中南路商圈获批为"湖北省夜间消费集聚示范区"，湖北省广播电视台经济频道专栏推介宜昌夜经济发展。

3. 积极培育网红经济，提升进口消费。 大力培育发展网红经济。开展"2022 网红宜昌""千人百店"评选推介，发布宜昌十大网红美食、网红店铺、网红伴手礼。选树宜昌市电商带头人 55 名，培育"中国农村电商致富带头人" 7 人，培养出张美娟、郑小树、三峡茶姑娘等一批网络达人，打造出一支"我爱家乡宜昌，我为家乡代言"的电商网红生力军。提升进口消费。湖北市州首家跨境购即买即提店宜昌 C6 跨境购于 2022 年 9 月 29 日在宜昌综合保税区正式营业，2022 年国庆期间，到店 6856 人次，总订单 1252 单，成交额 142.22 万元。

第十二章 拓展绿色金融

2016年8月，习近平在中央全面深化改革领导小组第二十七次会议上的讲话中提出，发展绿色金融是实现绿色发展的重要措施，要通过创新性金融制度安排引导和激励更多社会资本投入绿色产业，要利用绿色信贷、绿色债券、绿色股票指数和相关产品及绿色发展基金、绿色保险、碳金融等金融工具和相关政策为绿色发展服务。中共十九大报告把发展绿色金融作为推进绿色发展的路径之一。中共二十大报告又提出，完善支持绿色发展的财税、金融、投资、价格政策和标准体系。中共十八大以来，我国已初步确立绿色金融积极发挥资源配置、风险管理和市场定价功能等"三大功能"，绿色金融标准体系、金融机构监管和信息披露要求、激励约束机制、产品和市场体系、国际合作等"五大支柱"等绿色金融发展框架，形成涵盖绿色贷款、绿色债券、绿色保险、绿色基金、绿色信托，以及碳金融产品等多层次的绿色金融产品和市场体系。中国人民银行数据显示，截至2022年末，本外币绿色贷款余额22.03万亿元，同比增长38.5%；绿色债券余额1.5万亿元，同比增长32.7%。党的十八大以来，宜昌金融业按照上级要求和部署，不断深化改革创新，保持快速健康发展态势，为经济社会发展作出了重要贡献。宜昌市正在加快建设区域性金融中心，创新绿色金融支持政策，构建绿色金融体系，做实绿色金融服务，优化绿色金融环境，为建设长江大保护典范城市、打造世界级宜昌不懈奋斗。

一、打造区域性金融中心

金融是现代经济的核心，是实体经济的血脉，是推动经济社会发展的重要力量，是国家重要的核心竞争力。现代金融事关发展全局，是资源配置和宏观调控的重要工具，其核心和基石是资本市场，其天职和宗旨是为实体经济服务。党的十八大以来，党中央高度重视金融工作，习近平总书记关于金融发展的重要论述内涵丰富、思想深刻，为做好新时代金融工作提供了根本遵循。中国金融改革发展稳定，各项工作稳步推进，助力经济社会发展取得历史性成就。我国正在坚定不移走中国特色金融发展之路，全面推进金融业高质量发展。

宜昌市按照中央要求和湖北省部署，在党的十八大以后，抢抓长江经济带、三峡生态经济合作区、三峡综合交通运输体系等叠加机遇和重要平台，着力打造区域性经济中心、物流中心、金融中心。2021年4月，中共湖北省委、湖北省人民政府发布《关于推进"一主引领、两翼驱动、全域协同"区域发展布局的实施意见》。由此，宜昌在全省有了新定位，需要扛起南部列阵主引擎的重任。为适应视角之变、责任之变、要求之变，2021年6月，中共宜昌市委六届十五次全会提出，要打造区域性金融中心，将宜昌建设成金融创新能力最强、工具运用最好、投资回报最佳的市州。此时，总部缺乏、平台缺少、人才缺失是宜昌金融业发展的突出短板。市委要求高度重视现代金融对现代经济体系的支撑作用，深刻认识金融工具对现代城市治理的极端重要性，准确把握建设区域性金融中心的实施路径；积极开展金融招商，培育和引进更多总部级金融机构在宜昌落户；深化区域内金融工作部门、监管部门合作，探索设立金融一体化发展试验区，打造区域性金融资产交易平台；建强专业队伍，把金融知识纳入党政领导干部教育培训内容，注意引进金融领域急缺高端人才，大力培养、选拔、使用政治过硬、作风优良、业务精通的金融人才，建设一支高素质金融人才队伍。

2021年，宜昌金融改革创新取得新突破，打造了"全省首创、国内领先"的"宜昌网上金融服务大厅"，在省内率先组建了应对新冠疫情的金融服务应急中心暨"金融服务方舱"。年末，全市存贷款余额分别达到4746.36亿元、4668.77亿元，居全省同等市州首位，金融业发展态势良好。2021年12月，中共宜昌市第七次党代会提出，今后五年的奋斗目标之一，是全面提升区域性金融中心功能，为迈进万亿级城市奠定坚实基础。2023 年 6 月，中共湖北省委召开专题会议，研究宜昌城市和产业集中高质量发展，为宜昌发展进一步指明了方向、理清了思路、增添了动力。8 月，《中共宜昌市委、宜昌市人民政府关于推动城市和产业集中高质量发展，加快建设长江大保护典范城市、打造世界级宜昌的实施意见》出台，提出突破性发展城市经济，打造区域性活力中心、消费中心和金融中心。

为贯彻落实中共湖北省委、湖北省人民政府关于"一主引领、两翼驱动、全域协同"的战略布局和中共宜昌市第七次党代会关于建设"六城五中心"的重大战略要求，推动金融更好地服务宜昌建设中西部非省会龙头城市和长江中上游区域性中心城市，助力宜荆荆都市圈打造南向、西向开放门户和联结武汉城市圈与成渝地区双城经济圈的重要纽带，2022 年 3 月，宜昌市人民政府印发《宜昌市打造区域性金融中心实施方案（2022—2026 年)》，配套制定了《市人民政府办公室关于鼓励金融业高质量发展的若干意见》《"十四五"期间推动企业上市倍增行动方案》《宜昌市金融人才专项引育行动计划》等一系列措施，形成了"1＋2＋N"（1 个总体方案、2 个配套政策、N 个专项方案）的区域性金融中心建设路径，全面夯实区域性金融中心建设的基础。

（一）宜昌打造区域性金融中心的主要目标

宜昌打造区域性金融中心的主要目标，是坚持功能性、产业性两个定位，打造金融业态、金融服务、金融创新、金融生态、金融交易"五大高地"，进一步促进金融与产业深度融合，构建与宜昌经济产业特点相匹配的特色功能性现代金融体系，努力建设长江中上游区域金融机构集聚最多、金融创新最强、金融工具运用最好、金融投资回报最佳城市，形成与武汉城市圈、成渝双城经济圈功能互补，辐射"宜荆荆恩"城市群及西向、南向重点城市的区域性金融中心。具体目标有四：

1. 金融机构体系目标。打造与宜昌产业发展形成协同效应的全牌照、全业态金融体系。

2. 金融规模目标。到 2026 年末，力争全市金融业增加值超过 440 亿元，占生产总值的比重超过 5%；力争社会融资规模突破 1.1 万亿元；存贷款余额分别突破 7800 亿元、7600 亿元；力争直接融资、债券融资余额分别突破 2000 亿元、1000 亿元；保费收入突破 220 亿元。力争培育或引进 15 家以上上市公司，全市境内外上市公司总量翻番，突破 30 家。

3. 金融生态目标。 到 2026 年末，金融信用体系更加健全，金融运行稳健安全，持续保持全省金融信用市州荣誉，金融生态环境、金融营商环境建设水平均居全省最优阵列。

4. 金融创新目标。 到 2026 年末，成功创建国家普惠金融发展示范区、绿色金融创新示范区、保险综合改革创新示范区、财富管理创新示范区，探索打造出具有区域影响力的数字化信用信息共享平台；小微企业融资余额突破 1800 亿元；绿色信贷余额突破 1800 亿元。金融创新走在全省乃至长江中上游城市群前列。

（二）宜昌打造区域性金融中心的重点任务

1. 打造金融业态聚集高地。 包括建设功能性金融集聚区（高标准建设宜昌金融街、三峡基金小镇、三峡财富管理小镇），着力丰富金融新业态（优化传统金融功能，扩大对外开放，大力发展新兴金融业态），支持地方法人机构做大做强（提升地方法人银行资产实力，打造全省首个上市农商行，支持湖北三峡金融科技有限公司高质量发展），优化完善融资担保体系（100%加入新型"政银担"风险分担体系，100%建立"四补"长效机制，100%落实普惠政策要求），支持金融投资平台公司高质量发展（强化金融服务能力建设，支持市、县金融投资集团逐步取得金融牌照）。

2. 打造企业金融服务高地。 包括推动间接融资迭代升级（构建全周期企业金融服务机制，构建全链条产业金融服务机制，建立全过程金融协同招商机制），实施上市公司倍增工程（建立科学政策扶持机制、后备企业梯度培育机制、最优上市服务体系），大力发展直接融资（用好债券融资工具、股权投资基金、上市公司市值管理工具），发挥保险保障作用（争创国家保险综合改革创新示范区，推进农业保险"增品、扩面、提标"，持续推进"险资入宜")。

3. 打造金融生态环境高地。包括防范和化解金融风险（开展企业债务风险专项治理、非法金融活动深度治理、上市公司风险系统治理、地方法人机构风险协同治理），建设最优金融生态环境（提升金融服务水平，优化金融信用环境，完善金融债权保护机制）。

4. 打造金融创新高地。包括深化普惠金融创新（用活普惠金融政策，创新普惠金融服务模式，深化农村金融改革），探索绿色金融创新（探索建立绿色金融政策框架、碳普惠金融创新平台、多层次绿色金融创新市场体系），创新发展科技金融（加强科技金融专营机构建设，完善科技金融政策体系，加强科技金融信贷供给），加大数字金融创新（建设宜昌"金融小脑"，支持金融机构数字化转型，积极争取在宜昌开展数字货币支付试点），深化供应链金融模式创新（提升供应链金融专业服务能力，完善供应链金融服务机制，推动供应链金融产品迭代更新）。

5. 打造金融资源交易高地。包括打造磷化工数字交易中心（建设磷矿石和磷产品现货数字交易平台、实时信息中心、仓储物流中心、金融服务中心，逐步实现磷数字产业化；促进磷资源整合优化、产业提质增效、管理数字赋能、金融服务和技术服务系统性功能提升，建立宜昌市磷数字交易产品价格指数），打造区域性征信中心（纵深推进网上金融服务大厅创新，形成区域性征信中心），打造金融资源区域交易中心（组建武汉光谷联合产权交易所宜昌产权交易有限公司，争取武汉股权托管交易中心在宜设立的分中心承接区域内企业股权挂牌交易职能，搭建知识产权线上线下交易平台），打造立足宜昌、辐射周边的小微企业票据贴现中心。为确保重点任务完成，实施方案明确了各项任务的牵头单位和责任单位，以及加强组织领导、落实政策保障、加强人才支撑、强化考核督办等保障措施，公布了宜昌市打造区域性金融中心工作领导小组组成人员名单、宜昌市打造区域性金融中心力争指标。

2022年，宜昌全面夯实区域性金融中心建设基础。在金融招商方面，新设保险分支机构2家、证券分支机构2家、法人融资担保机构2家、私募基金管理机构2家，促成安琪融资租赁从上海迁回宜昌。筹备设立互助性的新型总部级保险机构。截至 2022 年 12 月，全市金融机构达到 128 家，地方金融组织达到 69 家，机构数量全省同等市州最多，体系全省同等市州最全。在金融服务实体经济方面，拓展"宜昌网上金融服务大厅"功能，推动"大厅"3.0 版正式上线。"宜昌网上金融服务大厅"累计助力市场主体获得授信 451 亿元、放款 392 亿元。2022 年 9 月，宜昌"企业金融服务中心"建成并正式运营，进一步拓展和实化了"金融服务方舱"机制，形成了"线上＋线下"覆盖企业全生命周期的金融综合服务平台。在资本市场扩容方面，完善企业上市分层培育机制，打通"个转企、企升规、规改股、股上市"培育成长路径。东田微于 2022 年 5 月成功上市，一致魔芋于 2022 年 12 月成功过会；"新三板"、四板挂牌总数分别达到 16 家、340 家。上市后备库入库企业达到 110 家，省级"金种子"企业达到 36 家。新增直接融资规模 265 亿元。在防范化解金融风险方面，组织开展金融风险大排查，强化部门监测、大数据监测、社区监测、群众监测"四位一体"金融风险监测预警机制，推动开展大数据监测和行政处置工作。开展全市金融领域涉众涉稳风险化解。制定了上市挂牌公司风险监测管控工作机制（试行）。在金融改革创新方面，制定出台了宜昌市绿色金融改革创新试验区实施方案——《关于建设农业政策性金融绿色发展宜昌实验示范区的实施方案》，引导金融机构创设碳减排支持工具，全市绿色信贷余额达到 1115 亿元。设立全省市州首个专业科技融资担保公司，2022 年各银行机构累计为 846 家高新科技企业发放贷款 228 亿元。在湖北省率先设立"科技创新贷"，建立"村银共建""整村授信 10 步工作法"，助力乡村振兴。针对小微企业反映的融资慢、环节多、材料繁等问题，推行"一次调查、一次审查、一次反馈、一次审批"改革。在优化金融生态环境方面，认真贯彻落实稳企纾困支持政策，引导金融机构加大对实体经济信贷投放，持续优化金融服务体系。2022 年 5 月 21 日，中央电视台专栏报道宜昌市金融营商环境做法——《一家宜昌纸箱企业的"出舱"记》。2022 年末，全市金融机构存款余额 5668.53 亿元，贷款余额 5178.74 亿元，其中绿色贷款余额 1217.04 亿元；全市实现金融业增加值 250.97 亿元，生产总值占比 4.56%。

2023 年 6 月末，宜昌市金融机构存款余额 6140.62 亿元，同比增长 16.3％，贷款余额 5703.95 亿元，同比增长 15.2％；全市绿色贷款余额 1535 亿元，同比增长 43.5％；实现保费收入 104 亿元，同比增长 12.2％；上半年全市金融业增加值同比增长 12.9％。宜昌金融引擎功能显著增强。

二、创新绿色金融支持政策

绿色金融是为支持环境改善、应对气候变化和资源节约高效利用的经济活动，即对环保、节能、清洁能源、绿色交通、绿色建筑等领域的项目投融资、项目运营、风险管理等所提供的金融服务。其目的是引导企业生产注重绿色发展，引导消费者形成绿色消费理念，最终实现经济社会高质量发展。绿色金融与传统金融中的政策性金融有共同点，即它的实施由政府政策推动。常见的绿色金融产品包括绿色信贷、绿色债券、绿色保险、绿色基金、绿色租赁、绿色信托、绿色票据、碳金融产品等。2016 年 8 月，中国人民银行会同相关部门出台了《关于构建绿色金融体系的指导意见》，初步确立了绿色金融发展"五大支柱"，支持经济社会绿色低碳发展和平稳有序转型。2017 年以后，国务院相继批准七省（区、市）十地开展绿色金融改革创新试验。2021 年 7 月 1 日起，中国人民银行《银行业金融机构绿色金融评价方案》正式实施。2022 年 6 月，中国银保监会印发《银行业保险业绿色金融指引》。同年 10 月，中共二十大报告提出，要完善支持绿色发展的财税、金融、投资、价格政策和标准体系，这为绿色金融的发展提供了更广阔的空间。

2015 年以后，宜昌根据党和国家支持绿色金融发展的政策，推出了本地相关金融支持政策，体现了政策创新。

（一）推出 "十三五" 时期支持金融改革创新发展的意见和举措

2015 年 7 月，宜昌市人民政府印发《关于支持金融改革创新发展的若干意见》，即"金融十条"。文件提出培育金融市场主体、搭建对接合作平台、健全担保帮扶体系、鼓励创新金融模式、引导社会资本投入、大力发展直接融资、支持发展科技金融、加快发展现代保险业、推进金融开放创新、优化金融生态环境等意见。这一文件汇集了当时国家、湖北省金融改革的新精神新举措，明确了宜昌金融发展的新任务新目标，凝聚了中共宜昌市委、宜昌市人民政府及在宜金融机构、社会各界支持宜昌金融改革创新的思想共识和行动智慧，对支持宜昌金融改革创新、打造长江中上游区域性金融中心、助推宜昌经济社会发展发挥了重要作用。

2019 年 10 月，宜昌市地方金融工作局、中国人民银行宜昌市中心支行、宜昌银保监分局印发《关于支持建设网上金融服务大厅提升金融服务实体经济能力的指导意见》，支持金融机构产品上线"大厅"，鼓励创新开发金融产品，推动政策支持类贷款线上办理，推动金融"放管服"改革，引导开展线上融资对接，支持探索市场化运营模式，加强上线产品风控，防范系统性风险。

经过"十三五"5 年努力，宜昌金融改革创新取得重要进展，金融服务实体经济能力显著增强，呈现出金融体系不断完善、总量持续增加、结构明显优化、竞争能力显著提升的良好势头。2020 年度实现金融业增加值 209.91 亿元，生产总值占比 4.93％；全市社会融资规模达到 6560 亿元；金融机构各项存款余额超过 4389 亿元，贷款余额超过 4002 亿元。

（二）出台 "十四五" 时期助推高质量发展的协议、 意见和方案

2021 年 10 月，宜昌、荆州、荆门、恩施四地联合签订《"宜荆荆恩"金融协同发展框架协议》，预计通过 5 年左右时间，促成"宜荆荆恩"区域内社会融资总规模达到 2 万亿元。该框架协议的签订，标志着区域金融协同实现了破局，宜昌、荆州、荆门、恩施四地金融市场互联互通取得重要进展。

2022 年 2 月，经宜昌市人民政府同意，市政府办公室印发《关于鼓励金融业高质量发展的若干意见》。其政策举措有：

1. 支持各类金融机构聚集发展。一是支持法人机构入驻。由原政策对金

融机构总部按其注册资本的 1% 给予奖励，最高奖励 5000 万元，调整为对新设或新引进的银行、保险、证券、期货、信托、公募等持牌法人金融机构，实缴资本达到 5000 万元的，按照其实缴资本 2% 的比例给予一次性奖励，单家机构累计奖励最高可达 1 亿元。对新设或新迁入的法人地方金融组织等，也明确了奖励措施。二是支持设立区域总部。规定对新设或新迁入的中后台服务机构、金融业专营持牌金融机构，按照其营运资金的 2% 给予最高不超过 1000 万元的落户奖励。三是支持市级分支机构聚集。对新设或新引进的银行市级分支机构、各类金融机构市级分支机构或高级地方金融组织等分别给予 100 万—50 万元的奖励。四是给予营业奖励。

2. 鼓励金融机构提升实体经济服务能力。 一是鼓励加大实体经济信贷投放。对银行业金融机构加大实体经济信贷投放，按额度设置了奖励措施。二是鼓励开展金融业务创新。其相关贷款按照年度贷款总额的 1‰ 给予奖励，每家金融机构每年奖励最高不超过 100 万元。三是建立风险分担补偿机制。整合相关风险补偿资金，形成超过 1 亿元规模的风险补偿资金池，对政策性创新金融产品形成的损失进行风险补偿等。

3. 鼓励利用多层次资本市场。 一是大力发展股权投资业。规定对公司制设立的股权投资企业和股权投资管理企业及有限合伙企业的有限合伙人，按其对地方税收贡献的 50% 给予奖励，等等。二是鼓励发行债券融资。对通过发行债券融资，且所融资金 70% 以上在本市投资的民营企业，按照其新增债券融资规模的 2‰ 给予补贴，单家企业每年补贴最高不超过 100 万元。三是支持企业上市挂牌。具体奖励标准按照市政府相关政策执行。

4. 鼓励政融合作招商。 对金融机构提供有效项目信息并协助项目引进的，根据项目固定资产投资累计实际到资的 1‰ 进行奖励，每家机构年内奖励最高不超过 200 万元。引入保险资金支持宜昌经济发展的，按其当年引入资金绝对新增额的 1‰ 给予每家机构最高不超过 200 万元的奖励。

5. 支持金融高层次人才聚集。 一是鼓励引进培育高层次人才。对金融领军人才按照年服务宜昌城市融资总规模的 1‰ 给予最高不超过 100 万元的奖励。二是鼓励金融从业人员参加继续教育。对通过国内外通行执业资格认证考试取得证书（认证）后在宜昌市内金融机构工作满 2 年的金融人才给予一次性 2 万元奖励。

6. 优化金融生态环境。 开展金融支持宜昌经济发展突出贡献单位评选。支持处置不良贷款。

2022 年，《宜昌市创建绿色金融改革创新试验区实施方案》出台。其目标定位是：绿色金融发展体系更健全，绿色金融支持绿色低碳发展更有力，与绿色产业更融合，数字化基础设施更完善，跨区域合作成效更显著，服务碳达峰碳中和更高效。政策举措包括：建立绿色金融差别化服务机制，完善绿色金融对接机制，创新绿色信贷产品和服务方式，推动绿色直接融资发展，积极拓展绿色保险覆盖面，推进绿色数字基础设施建设，探索建设环境权益交易市场，扩大绿色金融区域合作与交流，构建绿色金融风险防范化解机制，提升绿色金融业务管理能力。同时，完善绿色金融体系、绿色企业、绿色项目认定标准。

（三）启动农业政策性金融绿色发展宜昌实验示范区建设

2022 年 4 月，中国农业发展银行湖北省分行与宜昌市开展全方位合作，启动农业政策性金融绿色发展宜昌实验示范区建设，出台了《关于建设农业政策性金融绿色发展宜昌实验示范区的实施方案》《关于支持农业政策性金融绿色发展宜昌实验示范区建设的实施意见》。中国农业发展银行宜昌市分行分别与宜都、枝江、当阳、长阳、点军、猇亭及宜昌城发集团、产投控股集团、兴发集团、宜粮集团、枝江金润源集团签订合作协议。此外，经与各县市区、相关部门对接，该行"十四五"期间，拟在宜昌全域重点支持绿色信贷项目 37 个，项目总投资 934 亿元，意向授信贷款金额 535 亿元。根据实施方案，中国农业发展银行湖北省分行将在促进能源低碳转型、推动绿色生态发展、服务基础设施绿色升级、助力工业绿色升级、加快农业产业链绿色发展等重点领域给予宜昌金融支持。为确保建设成效，该行出台了优先配置计划、优惠贷款利率、投贷联动业务等 15 条差异化支持政策。由此，宜昌率先打造湖北省农业政策性金融"绿色银行"特色品牌。中国农业发展银行宜昌分行充分发挥政策性金融"当先导、补短板、逆周期"的职能作用，加大信贷投放力度，2023年1月3日全市分行贷款余额首次突破400亿元，达到404.4亿元，较2022年初净增91.86亿元，助力宜昌区域经济提升"含金量""含绿量"。

（四）打造绿色金融示范区创建样板

在县（市、区）级层面，2022年10月，宜昌市西陵区人民政府发布《西陵区绿色金融示范区创建工作实施方案》，构建具备西陵特色的绿色金融示范区。其发展目标是，通过5年左右的时间，建立组织多元、产品丰富、政策有力、市场运行安全高效的绿色金融体系。贯彻绿色发展理念，构建组织体系完善、创新理念领先、绿色产融结合、产品服务多元、政策协调顺畅、稳健安全运行的绿色金融市场体系，高质量建成"理念引领、机构聚集、创新示范"的绿色金融示范区，树立宜昌市绿色金融服务长江大保护发展的典范。同时确定了若干具体指标。主要举措是：

1. 培育发展绿色金融组织体系。包括打造绿色金融聚集高地，力推金融组织绿色发展，构建绿色金融差别化服务机制。

2. 明确绿色金融支持重点。包括建立金融支持长江大保护融资项目清单，支持生态文明建设发展，服务绿色工业发展，助力商贸流通业绿色发展。

3. 创新绿色金融产品及服务。包括创新绿色信贷产品，设立绿色发展基金，推广绿色保险应用与险资投资，促进绿色资本市场建设及发展，探索绿色权益融资创新交易。

4. 建立绿色金融风险防范机制。包括全面提升绿色金融风险管理能力，加强绿色金融信用约束。

5. 完善绿色金融工作机制。包括健全绿色协同认定机制，深化绿色金融交流合作机制，优化绿色金融配套服务。

同时，配套出台西陵区绿色金融支持政策，对推动绿色金融高质量发展作出突出贡献的金融机构、地方金融组织、企业及个人分年度给予奖励表扬。对在绿色金融示范区创建中出现的重大政策突破事项，以"一事一报"原则给予解决。该方案已付诸实施，力争把"一街一镇一院"（宜昌金融街、三峡财富小镇、绿色金融研究院）打造成宜荆荆都市圈绿色金融集聚核心区。

（五）启动三峡基金小镇建设

2022 年 9 月，宜昌市金融领导小组办公室印发《宜昌市三峡基金小镇建设工作方案》，提出充分利用宜昌区域优势、生态优势，集合金融政策、产业政策、人才政策，构建私募基金"募、投、管、退"全过程、全周期的扶持培育机制，建设三峡基金小镇，形成长江中上游城市群基金集聚高地，实现产融结合，以融促产。力争到 2026 年末，引导国内各类投资机构来宜设立股权投资基金不少于 20 支。其重点工作措施有：高标准规划基金集聚区，高起点构建基金生态圈（建设"四个中心"：基金机构聚集中心、金融综合配套中心、基金产品创新中心、大数据投研中心），高质量打造服务大平台，高效率发挥政府引导性。其重点支持政策有：给予落户政策支持（按照宜昌市委市政府"1＋4"人才政策和《宜昌市人民政府办公室关于鼓励金融业高质量发展的意见》的要求办理），配套人才政策支持（按照宜昌市委市政府"1＋4"人才政策相关规定办理），配套办公场所支持（对于租赁政府提供办公场所的股权投资机构，500 平方米以内的租赁自用办公用房，前三年租金按照 100％补贴，超过 500 平方米的部分按照 50％补贴，第四年、第五年租金全部按照 50％补贴）。该方案已在实施中。

三、构建绿色金融体系

绿色金融体系是指通过绿色信贷、绿色债券、绿色股票指数和相关产品、绿色发展基金、绿色保险、碳金融等金融工具和相关政策支持经济向绿色化转型的制度安排。构建绿色金融体系的主要目的是动员和激励更多社会资本投入绿色产业，同时更有效地抑制对污染性产业的投资。构建绿色金融体系，有助于加快中国经济向绿色化转型，支持生态文明建设；有利于促进环保、新能源、节能等领域的技术进步，加快培育新的经济增长点，提升经济增长潜力。

2015 年 9 月，中共中央政治局审议通过了《生态文明体制改革总体方案》，首次明确提出建立我国"绿色金融体系"。如前所述，2016 年 8 月，中国人民银行等七部委联合印发《关于构建绿色金融体系的指导意见》。随着该指导意见的出台，绿色金融体系雏形初现，中国成为全球首个建立比较完整的绿色金融政策支持体系的经济体。中共十九大以来，中国人民银行不断完善绿色金融体系，表现在持续健全绿色金融标准体系，为绿色金融规范发展提供准确依据；稳步推进环境信息披露，为绿色金融发展营造公开透明的市场环境；完善激励约束机制，引导更多金融资源投向绿色低碳领域；鼓励创新绿色金融产品服务，培育和壮大绿色金融市场；重视环境风险监测与管理，有序推进气候变化相关金融风险防控；推进绿色金融区域试点，探索中国特色绿色金融发展之路；深化绿色金融国际交流与合作，为绿色金融发展营造良好的国际环境。中共二十大以后，绿色金融进入高质量发展新阶段。

中共十八大以后，特别是 2017 年以来，宜昌市按照国家和湖北省关于发展绿色金融的要求和工作部署，构建绿色金融体系，在完善绿色金融政策支持体系的同时，还从以下几方面发力。

（一）完善绿色金融组织体系

2019 年 3 月，宜昌市地方金融工作局成立。几年来，该局服务国家发展战略，服务长江大保护典范城市建设，服务实体经济发展，加大金融支持绿色产业发展和传统产业绿色转型的力度，为市委市政府做好绿色金融顶层设计，完善地方绿色金融政策支持体系，健全地方绿色金融规章制度，鼓励绿色信贷、绿色债券、绿色保险等相关产品创新，完善绿色金融配套服务与管理机制，发挥了重要作用。

在完善绿色金融组织体系方面，宜昌市还从以下四方面着手：

1. 推动金融机构在宜分支机构健全绿色金融架构。鼓励银行、证券、保险、金融租赁等金融机构进一步完善在宜分支机构的绿色金融服务功能。

2. 推动地方金融组织业务绿色转型。支持融资租赁公司、商业保理公司、地方资产管理公司、区域性股权市场、融资担保公司、小额贷款公司、典当行、各类交易场所设立绿色专营部门（或分支机构），为相关市场主体提供多样化融资服务。

3. 推动社会资本多元化参与绿色投融资。引导社会资本以政府和社会资本合作（PPP）形式或股权合作形式参与绿色投资。鼓励企业牵头或参与财政资金支持的绿色科技研发项目、市场导向明确的绿色技术创新项目。支持符合条件的绿色产业企业上市融资。引导激励第三方机构参与绿色金融评估、认证、核查、计量、报告等中介业务。

4. 加快金融人才引进培育。2022年2月，《宜昌市金融人才专项引育行动计划》印发（3月公布）。它聚焦区域性金融中心建设，按照分层引进、分类培育的思路，大力实施金融人才引育工程，力争到2025年，引进和培养10名金融领军人才、100名金融骨干人才、10000名青年金融人才。其重点工作措施有：着力打造全牌照金融业态，开拓多样化金融人才引进渠道，强化现有金融人才的培训提升，搭建多层次金融人才实践平台，常态化组织金融人才研讨交流，营造优质的金融人才干事创业环境。为此还推出了三项重点支持政策，列出了宜昌市金融领军人才、金融骨干人才、青年金融人才认定办法。

2022年，宜昌市有金融机构129家，地方金融组织69个，初步形成包括银行、保险、证券、基金、期货、融资租赁、融资担保等在内的多元化地方金融业态。全市金融从业人员3.4万人，其中银行业从业人员1.06万人。

（二）健全绿色金融产品与市场体系

经过"十三五"时期的努力，"十四五"初期，宜昌已初步形成涵盖绿色贷款、绿色债券、绿色保险、绿色基金、绿色信托、碳金融产品等多层次绿色金融产品和市场体系。从2022年起，宜昌着力健全绿色金融产品与市场体系。

1. 大力发展绿色信贷。鼓励金融机构完善绿色信贷管理机制，实行单列信贷规模、单列信贷审批通道、单列绩效考核、单列资金价格和风险权重的

"四单管理"；探索发展基于碳排放权、CCER（国家核证自愿减排量）、排污权、节能量（用能权）等各类环境权益的融资工具，促进绿色金融与普惠金融、科创金融的有效融合；探索以特许经营权质押、水权和林权使用权抵押、公益林和天然林收益权质押、合同能源管理项目未来收益权质押等方式开展融资；加大绿色信贷精准投放力度，支持区域性中心城市建设和区域性生态环境建设，支持企业绿色发展和产业转型升级；建立绿色融资"一单三库"，推动线上线下绿色企业（项目）融资对接。完善绿色信贷管理机制。

2. 加快发展绿色投资。 推动线上线下绿色企业（项目）融资对接。支持绿色企业上市和再融资。支持企业发行绿色债券。发挥宜昌市融资担保集团有限公司（2019 年 12 月成立，注册资本 51404 万元）的作用。该公司作为市属重点国有金融企业和宜昌唯一一家市级政府性融资担保机构，奋力打造积极担保、责任担保、规范担保、诚信担保、创新担保、价值担保六大担保模式，致力于解决宜昌市域内的小微企业、"三农"、"双创"等普惠金融市场主体融资难题，通过"融资＋融智"全方位服务，打造覆盖小微企业全生命周期的担保产品链。至 2022 年底，该公司累计为 14000 多家市场主体提供融资担保 60 多亿元，2022 年融资担保新增额和在保额均居全省同等市州首位，在全市占比超过 60%。同时，按照《湖北省科技融资担保体系建设实施方案》要求，2022 年 8 月在全省市州率先成立宜昌市科技融资担保有限公司，全力推进科技融资担保体系建设。

3. 支持发展绿色债券。 2018 年 12 月，宜昌高新投资开发有限公司发行 30 亿元长江大保护绿色债券，这是全国首只用于长江大保护的专项债券。2020 年 1 月，宜昌市交通投资有限公司 10 亿元绿色债券成功发行，这是宜昌市成功发行的第 4 只长江大保护债券，也是全国首单交通运输领域长江大保护专项绿色债券和全国排名前列多式联运项目专项绿色债券。2022 年 4 月，湖北兴发集团 10 亿元绿色债券（第一期）成功发行，这是全国首只长江大保护化工领域公募绿色债券。2023 年 2 月，湖北夷陵经济发展集团有限公司 12 亿元公司债券成功发行。至此，宜昌市存续期企业债券达 38 只，规模达 318.99 亿元。

4. **支持发展绿色保险。**鼓励和支持保险机构大力推广绿色保险产品和服务，扩大农业保险覆盖面。鼓励企业投保环境污染责任保险，在环境高风险领域依法实施环境污染强制责任保险。积极引导保险资金投入宜昌生态环保项目，重点支持科技创新型、文化创意型、低碳环保型、健康养老及现代农林牧业项目建设。

5. **支持绿色基金发展。**积极争取国家绿色发展基金、长江绿色发展投资基金、境内外私募绿色股权投资基金等到宜昌投资兴业。2022年10月，湖北交投中金睿致创业投资基金落户宜昌。该基金由湖北交投集团、中金资本和宜昌产投集团共同发起设立，总规模20亿元。它充分利用中金资本的实力、专业能力和品牌影响力，提供全面金融服务和资源对接，聚焦交通科技、现代物流、碳中和、高端制造等战略性新兴领域，深挖投资机会，优化产业布局。

6. **健全绿色交易市场机制。**在国家碳交易市场的基础上逐步扩大市场覆盖范围，推动宜昌清洁能源、林业等领域的碳汇项目开发和储备。积极稳妥扩大绿色信贷抵质押物范围，加强环境权益、自然资源、动产融资抵质押登记系统探索应用。建立绿色金融第三方评估机制。发挥宜昌市企业金融服务（首贷服务）中心的作用。

（三）建立金融支持绿色发展示范体系

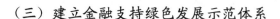

中共十八大以后的十年里，宜昌通过余压余热回收利用、工业园区集中供热、燃煤锅炉及工业窑炉节能技改等重点节能项目建设，使宜昌的煤电、黄磷、磷酸二铵等产品能效水平位居国内同行业前列。其中，三宁化工、兴发集团等多家企业连续多年获全国能效"领跑者"企业称号。宜昌还先后实施了建筑节能改造、公共领域节能等措施，截至2022年，宜昌建筑节能水平达到65%，新建民用建筑节能标准执行率达到100%；医院、学校等全市公共机构人均综合能耗、单位建筑面积能耗较2010年分别下降26.6%、22.7%。在构建绿色交通体系方面，宜昌积极创建国家公交都市建设示范城市，在湖北省率先建成BRT快速公交系统，公共交通机动化出行分担率提升至 60.62%，新增及更换的公交车全部为新能源车，每年减少 2 万吨以上二氧化碳排放。"十四五"期间，宜昌计划建立金融支持绿色发展示范体系。

1. 探索金融支持产业绿色化示范路径。 参照国内外主要绿色金融标准，建立金融支持绿色重点项目清单，助推生态利用型、循环高效型、低碳清洁型、环境治理型"四型产业"发展。鼓励金融机构向传统高碳企业的节能减排和减碳项目提供信贷服务，推动化工、建材、装备制造等行业对照标杆水平实施节能降碳改造升级，支持节能减碳新材料项目。

2. 探索金融支持生态产业化示范路径。 围绕长江大保护，聚焦生态环境保护、修复和污染防治，推动生态资源变资产、资产变资金，打造金融服务"三资转化"示范样本。构建西陵区绿色金融示范区。建设三峡基金小镇。聚焦低碳城市、无废城市、海绵城市、交通强国等试点和任务，优化金融供给。打造金融支持的宜昌东部未来城示范样本。

（四）构建 "宜荆荆恩" 金融协同发展体系

2021 年 5 月，宜昌、荆州、荆门、恩施四地签订《"宜荆荆恩"城市群一体化发展合作框架协议》，标志着"宜荆荆恩"城市群一体化发展从全面谋划步入全面实施阶段。10 月，"宜荆荆恩"城市群金融一体化协同工作推进会在宜昌召开，四地联合签署《"宜荆荆恩"金融协同发展框架协议》。"宜荆荆恩"金融协同发展的内容，包括探索建立面向各类市场主体的区域金融综合服务平台，促进平台运营、信用体系建设一体化，推动异地互办、信用数据互认共享；进行金融创新协同，探索共建三峡绿色金融协作区，开发碳金融产品，开展绿色产业评级和绿色信贷业务，加强与三峡集团、国家开发银行深度合作，探索设立三峡绿色专营银行，推动千亿级别的三峡绿色发展基金设立；开展市场协同，培育区域票据市场，共同推进区域跨境结算，推动四地产权交易机构深度合作，实现产权交易挂牌信息联发，共建上市企业集群示范区。会上，宜昌网上金融服务大厅 3.0 版"宜信融"正式上线。宜昌将加强对接，推动四地金融信息、资源共享，四地金融基础设施互联互通，在金融平台建设、金融创新、金融市场、金融监管、风险处置 5 个方面实现一体化协同。依托四地共同谋划的 351 个、总投资 11676 亿元重大项目，通过银团组合、综合授信、联合授信等方式，探索建立一体化金融服务机制，全面提升区域金融服务能力和水平。

（五）完善绿色金融监管服务和风险防控体系

在完善绿色金融监管服务和风险防控体系方面，宜昌市主要采取以下举措：

1. 建立制度规范。 2019 年 9 月，宜昌市地方金融工作局、宜昌市公安局印发《宜昌市城区非法集资举报奖励办法（试行）》。2020 年 9 月，印发《宜昌市地方金融工作局行政执法公示实施细则（试行）》《宜昌市地方金融工作局行政执法全过程记录实施细则（试行）》《宜昌市地方金融工作局重大行政执法决定法制审核实施细则（试行）》。根据相关规定，制定小额贷款公司、融资担保公司、区域性交易场所、典当行、融资租赁公司、商业保理公司、地方资产管理公司等地方类金融机构和其他地方金融组织的相关监管政策措施。

2. 完善绿色金融激励机制。 探索运用信贷政策支持类再贷款支持绿色发展专项机制，按规定将绿色金融纳入央行评级和货币信贷政策执行情况评估，鼓励和引导金融机构不断加大对高质量发展和绿色低碳发展的金融支持。加强绿色金融统计监测，定期实施金融机构（法人）绿色金融评价，积极探索拓展评价结果运用，着力提升金融机构绿色金融绩效。各金融机构按年度开展自我评价，每年 3 月底前向宜昌市地方金融工作局、中国人民银行宜昌市中心支行、宜昌银保监分局报送上年度绿色金融工作开展情况。

3. 加强监督引导。 协助配合国家、省金融管理部门整顿和规范全市金融秩序。宜昌市地方金融工作局开展地方金融组织分类评级工作，规范企业发展；发挥"双随机、一公开"平台作用，经常性开展现场检查，及时预警潜在的经营风险；不定期开展清理整治，通过督促其退出行业、列入异常经营名录等方式，规范行业发展。至 2022 年，已建立完备的监管台账，地方金融组织实现 100% 分类评级、全覆盖审计。

4. 完善绿色金融信息发布共享机制。依托宜昌网上金融服务大厅及时收集发布绿色金融政策、绿色金融产品、绿色企业（项目）融资需求信息，进一步完善环保、科创、技改、节能减排等信息的交流共享机制，构建线上线下一体化的绿色金融服务平台。

5. 加强金融风险防控。落实有关监管规则和标准，有序推进金融机构环境信息披露工作，切实防范绿色投融资违约风险。完善金融突发事件监测预警、应急处置机制，防范、化解、处置各类地方金融风险。建立绿色金融风险补偿和分担机制，调动金融机构和投融资机构的工作积极性。以湖北省防范化解重大风险"一号工程"——宜化集团风险化解为例：宜化集团前身是1977 年创建的宜昌地区化工厂，是一家以化肥、化工为支柱产业的大型企业集团，曾多次入围"中国企业 500 强"。该集团现有从业人员 3 万多人，研发生产遍布湖北、新疆、内蒙古、青海、贵州等地。2017 年，宜化集团遭遇"生死时刻"，面临严重资不抵债、384.5 亿元金融债务违约的局面，区域性、系统性金融风险一触即发。在省委、省政府高度重视和各级监管部门大力支持下，2017 年 9 月，来自湖北、新疆、内蒙古、重庆等全国 18 个省（自治区、直辖市）的 108 家金融债权机构组建宜化集团债委会，寻求最佳风险化解路径。债委会各成员单位严格执行"不抽贷、不断贷、不压贷、不减少风险敞口"的"四不"决议和一致行动原则，通过收回再贷、借新还旧、减息让利等方式，保证贷款资金总体平稳和有效延续，为宜化集团改革脱困赢得时间和空间。宜昌市政府积极落实风险化解属地责任，及时筹措 10 亿元专项资金，建立应急周转资金池，专门用于到期贷款续贷"过桥"，并协调股东、本地国企以市场化方式注入救助资金。宜化集团按照"减包袱、抓整改、练内功、促复产"的总体思路，及时处置辅业资产，实施债务重组，大力引进战略投资；同时聚焦基础化工、精细化工和新能源等领域，加强安全、环保综合整治，主业竞争力大幅提升。2022 年，宜化集团销售收入 484.5 亿元，净利润 60.2 亿元，上缴税收 44.4 亿元。截至 2023 年 2 月底，宜化集团金融债务余额 187 亿元，比债委会成立时减少 197.5 亿元，资产负债率降至

62%，债委会成员从 108 家减少到 45 家。宜化集团债委会在其工作报告中提出，政府、监管部门、银行、企业四方共同发力，为成功化解地方重大金融风险蹚出一条新路，在全国树立了一个成功典范。2023 年 3 月，湖北省防范化解重大风险"一号工程"取得决定性胜利，宜化集团债委会宣告解散。

四、做实绿色金融服务

中共十八大以后，特别是十九大以来，宜昌金融系统深入贯彻习近平生态文明思想，聚力长江大保护，扛起区域性金融中心城市建设历史使命，加快推进绿色金融发展。中国人民银行宜昌市中心支行、宜昌市地方金融工作局引导全市金融部门不断提升绿色金融创新与服务能力，优化绿色金融发展布局，推动绿色信贷规模持续增长，为宜昌高质量发展贡献金融力量。

（一）创新公共服务供给机制

早在 2012 年，国家发展和改革委员会即批复香溪长江公路大桥项目。该项目既是库区移民重大民生工程，也是湖北鄂西生态文化旅游圈的基础工程。项目共需 20 多亿元的投资，其中需要国家级贫困县秭归安排财政资金 3.5 亿元，近 15 亿元建设资金要政府利用国内银行贷款解决。宜昌市经过一年多探索，决定以政府和社会资本合作（PPP）模式解燃眉之急：成立项目公司，注册资金 1.68 亿元（其中政府投入 0.68 亿元），政府逐步补贴 9.32 亿元，其余 10 亿元通过合作人担保，由项目公司向银行贷款解决。0.68 亿元的政府资金"一瓢水"，带动银行"一河水"，搅动民间资本"一江水"。这是湖北省首个 PPP 项目，自此宜昌市政府向社会资本敞开了合作大门。2015 年，宜昌市第一批 28 个、总投资达 339 亿元的 PPP 项目对外发布推介，涵盖轨道交通、保障性安居工程、文化、道路桥梁、城市公交等 11 个公共服务领域。此后，PPP 项目越来越多。2022 年，宜昌市清江水系连通生态修复工程（二期）及高铁新城水源保障工程项目，总投资 22 亿元，也是采取 PPP 特许经营模式。

（二）举行绿色发展十大战略性举措银企对接

2018 年 8 月，湖北省发布长江经济带绿色发展"十大战略性举措"实施方案，共 58 个重大事项、91 个重大项目，总投资 1.3 万亿元。省委、省政府对十大战略性举措实行清单化管理、项目化实施、精准化落地。宜昌市围绕发展绿色产业、构建绿色交通走廊、建设绿色宜居城镇等重大战略方向，大力发展绿色金融，共谋划重大事项 53 项、重大项目 64 个，总投资 2700 亿元。2019 年 5 月，宜昌市举行绿色发展十大战略性举措银企对接会，19 家金融机构与 11 家企业现场签订融资协议，总金额 92 亿元。签约项目包括北控集团姚家港工业废物处理及资源化项目（一期）、宜昌三峡机场二期改扩建飞行区及空管工程、三峡坝区（茅坪）货运中心仓储项目等，涵盖精细化工、新材料、生物医药、交通物流、乡村旅游等领域。

（三）支持打造长江大保护 "升级版"

2021 年以来，宜昌各大银行围绕长江大保护项目，加强沿江水环境治理、土壤修复等生态修复工程的介入力度，为沿江污水管网、污水治理厂建设提供融资支持，打造长江大保护"升级版"。例如：截至 2022 年 9 月，中国工商银行三峡分行绿色金融支持长江大保护贷款余额突破 50 亿元；2023 年 1—4 月，该行投放绿色金融支持长江大保护贷款 33 亿元；2021 年以来，该行承销的各类绿色债券份额达 74.50 亿元。中国建设银行三峡分行绿色金融支持长江大保护，截至 2023 年 5 月底，绿色信贷余额 188 亿元，较年初新增 37 亿元。为拓宽长江大保护资金来源渠道，中国建设银行三峡分行积极助推三峡绿色债券营销，累计承销三峡绿色债券 161.5 亿元，推荐中国建设银行总行及各类投资渠道认购达 138.6 亿元。2022 年，中国建设银行三峡分行主承销三峡集团绿色碳中和债 2 期 39 亿元，认购三峡集团和子公司绿色债券 70.09 亿元。为全面守护绿色发展，宜昌各大银行重点支持各县市光伏、风电、天然气管道建设等清洁能源替代行动；创新推出"生态修复贷""美丽宜村贷""国家储备林贷""碳林贷"等绿色金融产品。2022 年，中国农业银行三峡分行以中国农业银行湖北省分行与宜昌市人民政府签订的"十四五"战略合作协议为经营主线，全年净投贷款 100 亿元以上。中国银行三峡分行 2021 年以来，累计投放绿色贷款 116 亿元，发行绿色债券 420 亿元，规模及增速均在中国银行湖北省系统位居第一。

（四）以服务创新促进金融领域深化改革

宜昌银行业将金融科技作为创新引领的重要驱动力，全面推动数字化转型，强化科技赋能，通过不断创新金融产品，转变金融服务模式，有效促进了金融要素优化组合，提高了金融资源配置效率。2021 年 7 月，全国首笔在"中碳登"备案的全国碳交易市场碳排放权质押贷款落地中国农业银行三峡分行，湖北三宁化工以富余的碳排放权作质押，成功获得中国农业银行三峡分行发放的 1000 万元贷款。中国工商银行三峡分行以绿色行业信贷政策为指引，持续加大对节能环保、清洁能源等产业的支持力度，形成了"贷＋债＋股＋代＋租＋顾"六位一体的全口径投融资服务体系。助力完成中国长江电力股份有限公司 2021 年度第二期中期票据（可持续挂钩）的承销发行，为安琪酵母、兴发集团、清江水电等优质客户提供营运资金贷款自动化审批方案，成功推荐总行各类渠道投资三峡集团和宜昌城发集团发行 8.9 亿元企业债券，为葛洲坝集团办理 1 亿美元流动资金银团贷款等，都是中国工商银行三峡分行创新服务的样本。同时，该行创新"三峡兴农茶叶贷"、枝江"奥美医疗卫星工厂培植贷"、夷陵"稻花香下游供应链交易贷"等特色新产品，"茶叶贷"投产后市场反响热烈，首期 8000 万元授信额度全部投向 24 家本土茶企。中国银行三峡分行自主研发银行"采易达"系统，对接三峡物流园采购贸易平台，为市场采购贸易委托出口方和代理方提供线上收结汇服务，成为湖北省首家通过外汇管理局验收的银行。2021 年 9 月，通过中国银行三峡分行"采易达"系统实现湖北省金融系统市场采购贸易收结汇业务首发，商家外贸商品顺利出关，标志着宜昌在贸易新业态新模式金融服务上取得新突破。中国邮政储蓄银行宜昌市分行积极向总行争取政策支持，2021 年 11 月投资宜昌高新投资开发有限公司发行的外币债 1000 万美元。三峡农商银行通过与担保

公司合作，创新"农担贷"产品支持 13 家企业，发放绿色贷款 1310 万元；与宜昌市财政局、宜昌市知识产权局、宜昌市融资担保集团有限公司签订了《宜昌市知识产权质押担保贷合作协议》，发放知识产权相关贷款 3 笔 1100 万元。汉口银行宜昌分行与宜昌市融资担保集团有限公司开展业务合作，通过总分联动、专人管理、流程管控等方式助推政府性融资担保业务发展。2021 年该行个人创业担保贷业务在软件"市民 e 家"上线。2021 年 8 月 22 日，人民日报客户端发布文章《湖北秭归：服务"三农"，金融"贷"来新活力》，向全国推介了秭归兴福村镇银行的"001"（0 抵押、0 跑腿、1 个小时放款）一站式金融服务模式。三峡财务有限责任公司综合运用银团贷款、保函、票据等方式，为长江大保护项目提供一揽子金融服务。截至 2021 年末，为长江大保护项目组建银团贷款 20 笔，合同金额 350 亿元；为长江生态环保集团有限公司下属 43 家项目公司办理票据授信业务，授信额度 75.71 亿元，累计开票 11 亿元；为长江生态环保集团有限公司、长江三峡绿洲技术发展有限公司等 23 家单位出具投标保函、履约保函 80 笔，累计金额 1.46 亿元。为支持打造以绿色经济和战略性新兴产业为特色的高质量发展经济带，中国农业银行三峡分行创新推出链捷贷、抵押 e 贷、创业担保贷、政采贷等金融产品，顺应市场主体需求，更多采取知识产权质押、信用等方式，让普惠金融活水更好地浇灌广大中小企业。截至 2023 年 3 月末，该行普惠贷款余额 49.3 亿元，比年初净增 12.5 亿元。2022 年以来，中国农业银行三峡分行将服务专精特新"小巨人"企业作为壮大中小客户基础、加快制造业贷款投放的重要着力点。截至 2022 年 9 月末，该行与区域内 39 家国家级、106 家省级专精特新"小巨人"企业建立了业务合作关系，覆盖率分别达 71%、70.2%，专精特新企业贷款余额达 6.45 亿元，比年初净增 2.72 亿元。

（五）全力服务实体经济

宜昌银行业始终坚守服务实体经济宗旨，坚定不移推进金融供给侧结构性改革，支持宜昌先进制造业、新能源新材料产业和生物医药等战略性新兴产业发展。截至 2022 年末，全市制造业贷款余额 634.93 亿元，增速高于各项贷款平均增速。中国工商银行三峡分行重点支持基础设施、交通、再生资源等 15 类重点项目。据统计，该行本外币法人贷款规模由 2012 年末的 135.56 亿元跃升至 2023 年 6 月末的 637.76 亿元（较年初净增 117.49 亿元）。中国农业银行三峡分行 2021 年被中共宜昌市委、宜昌市人民政府评为"全市经济高质量发展先进集体"和"信贷投放突出贡献机构"，是全市唯一同时获得两项殊荣的银行机构。截至 2022 年 6 月末，中国农业银行三峡分行各项贷款总量 671 亿元，累计投放贷款 158 亿元，净投 70 亿元，总量、增量在四大国有商业银行和全省系统同类市（州）分行中均为第一；运用债务融资工具为企业提供直接融资 85 亿元；县域贷款总量 364.9 亿元。中国建设银行三峡分行强化绿色金融支持。截至 2022 年 9 月末，该行各项贷款余额 628.15 亿元，较年初新增 61.77 亿元，其中绿色信贷余额 144.30 亿元，较年初新增 35.73 亿元。中国银行三峡分行积极运用碳减排支持工具，为碳减排项目提供资金支持，并通过碳中和债、绿色债券等创新产品，加快形成节约资源和保护环境的信贷支持结构，推动构建绿色金融体系。2018 年至 2022 年 9 月，该行累计投放贷款 652 亿元。交通银行宜昌分行在碳减排、科技创新、设备更新、基础建设配套等多个领域实现投放破题，2022 年制造业中长期贷款增幅达 43.22%，水利、环境和公共设施管理业、医疗卫生、电力、燃气等绿色行业贷款占比由 2016 年初的 3.42% 增长至 2022 年末的 47%。中国邮政储蓄银行宜昌市分行加大清洁能源、节能环保和碳减排技术运用信贷支持力度，2022 年发放绿色贷款 831 笔，余额 6.3 亿元，较年初净增 4.34 亿元，增幅 222%。招商银行宜昌分行持续加大对宜昌地区信贷资源的倾斜力度，围绕政府招商引资的一批重大项目和绿色产业，做好全程保姆式金融服务。着重对本地上市企业和上市后备企业做到服务全覆盖，利用宜昌市招商局境内外资源优势，从传统融资业务、境外业务等多个方面进行重点扶持，保证了这批地方经济中坚力量的平稳发展。湖北银行宜昌分行尽锐出战，以打造精细化管理品牌银行来提升金融服务水平和服务能力。截至 2021 年 12 月底，该行各项信贷余额 328 亿元，较年初净增 55 亿元，增速 20%，高于全市平均增速 6 个百分点。2023 年，三峡农商银行紧紧围绕"春天行动"工作实现"开

门红"，全面加大对实体经济的信贷供给，切实当好"小微金融店小二"。截至 2023 年一季度，全市农商行各项贷款余额 826.9 亿元，净增 63.51 亿元。

具体来看，绿色金融服务实体经济突出表现在以下几个方面。

1. 全力服务化工转型升级。 例如：湖北银行宜昌分行 2021 年投入 18 亿元，支持兴发集团光伏发电、宜昌东阳光制药有限公司"组煤保电"、枝江湖北宝晟得药业有限公司精细化工技术改造、宜都市友源实业有限公司化工技术改造、当阳市华强化工有限公司技改等项目建设。中国建设银行三峡分行围绕姚家港化工园、宜都化工园、白洋工业园等，全力支持宜昌化工企业转型发展及化工产业链向高端延伸，至 2022 年 9 月，为三大园区 13 个项目提供信贷支持超百亿元。

2. 积极支持战略性新兴制造产业发展。 例如：中国工商银行三峡分行 2021 年向安琪集团发放 2 亿元优惠利率贷款，助力其进一步优化债务结构；向宜昌东阳光制药有限公司投放项目贷款 1.5 亿元，支持其实施"仿制药、创新药项目"建设；审批完成湖北兴力电子材料有限公司"3 万吨/年电子级氢氟酸项目"1.7 亿元项目贷款，2022 年一季度实现部分投放。

3. 大力支持新能源产业发展。 例如："邦普一体化电池材料产业园"是宁德时代新能源科技股份有限公司在宜昌市投资建设的新项目，计划总投资 320 亿元。兴业银行宜昌分行积极参与其"磷矿—原料—前驱体—正极材料—电池回收"重点项目，贷款批复效率在股份制银行中最快，为企业提供了落户宜昌后的首笔贷款 6 亿元，成为邦普循环电池回收项目 70 亿银团贷款的牵头行。中国建设银行三峡分行为邦普宜昌项目建设成立工作专班，密切跟踪，精准对接，高效服务，信贷审批速度快（仅用 30 天），授信金额大（63亿元），银团份额大（48 亿元）。2022 年 2 月，中国银行三峡分行为宁德时代邦普系列项目提供授信支持 78 亿元。中节能（五峰）风力发电有限公司在五峰共建三个清洁能源风电项目，总投资约 29 亿元。截至 2022 年 9 月，中国建设银行三峡分行累计为该公司授信 15.49 亿元，累计放款 8.48 亿元。

4. 服务农业农村绿色发展。 中国农业发展银行宜昌市分行 2021 年累计投放乡村振兴衔接贷款 46.54 亿元，支持秭归移民安置区天然气综合利用、五峰武陵山片区旅游深度开发、当阳乡村振兴等一批建设项目；累计投放产业类贷款 22.03 亿元，培育和扶持一致魔芋、康农种业、赤诚生物等一批特色产业化龙头企业做大做强。三峡农商银行围绕服务乡村振兴，重点开展了"863"数字化整村授信工程、"185"新型经营主体培育工程、巩固脱贫攻坚成果与乡村振兴衔接工程等三大工程；支持 143 家农业产业化龙头企业、334 个农民专业合作社、2142 个家庭农场及种养大户，贷款余额 26.49 亿元。汉口银行宜昌分行 2021 年为湖北采花茶业有限公司提供固定资产项目贷款 1000 万元，帮助该企业及时解决涉农客户资金难题。中国邮政储蓄银行宜昌市分行与宜昌市农业农村局、宜昌市融资担保集团合力开发"惠农 E 贷"；与湖北省农业信贷融资担保有限公司合作，推出农户信用贷款"新农快贷"；与当地粮食局合作，创新推出粮食贷产品。中国建设银行三峡分行创新"柑橘经销贷""茶叶经销贷""淡水鱼养殖贷"等涉农拳头产品，截至 2022 年 9 月末，累计投放"柑橘经销贷"1.88 亿元、"茶叶经销贷"0.6 亿元、"淡水鱼养殖贷"0.58 亿元。中国银行三峡分行积极为当阳市 2022 年重点招商引资项目"正大（当阳）百万头生猪全产业链"项目提供授信支持，至 2023 年 2 月，累计为该项目投放贷款 3.59 亿元。

"十四五"时期，在构建以生物医药、新材料、航空航天、清洁能源、新一代信息技术、节能环保和新能源汽车等战略性新兴产业为引领，以精细化工、装备制造、建筑、食品饮料、绿色建材和轻工纺织等先进制造业为主导，文旅、现代物流、健康、金融和大数据等现代服务业繁荣发展的现代产业体系过程中，宜昌金融业将进一步提供全方位服务，助力实体经济发展。

五、优化绿色金融环境

中共十八大以来，宜昌市为优化金融生态环境作了不懈努力。2014 年 1 月，宜昌市人民政府出台了《关于进一步改善金融生态环境促进经济健康发展的指导意见》，要求深入开展金融风险隐患排查，建立健全金融信息沟通机制，支持银行业金融机构创新发展，加强银行业金融机构日常行为监管，规范小额贷款公司经营行为，规范担保公司经营行为，规范典当行和投资公司经营行为，严格监管中介机构，建立保证保险贷款制度，设立宜昌市中小企业应急周转资金，科学处置金融不良资产，加快发展多层次资本市场，加强社会信用体系建设，加大市场主体培训力度，积极做好舆论引导工作，加强金融工作的组织领导。各县市区、市直有关部门根据该意见精神，制定具体实施方案，保证了各项措施落到实处，有效维护了金融业的稳定，提振了各方信心。2015 年，宜昌市先后两次组织全市开展非法集资、非法金融业务的专项整治。同年 7 月，宜昌市人民政府出台《关于支持金融改革创新发展的若干意见》，在强调优化金融生态环境方面，提出了五个方面的指导意见，主要有：健全完善金融业发展激励机制，对金融机构注册登记、改革创新、增加信贷投放、信贷资产证券化等给予政策扶持；加快完善金融征信体系，整合银行业金融机构、保险业金融机构、小额贷款公司、融资性担保公司和民间借贷信用数据，整合政府部门业务系统信用数据，每月进行发布，实现金融系统社会信用数据交换共享和联动监管；支持银行业金融机构采取组合资产打包、利用社会力量委托处置、利用地方资产管理公司承接处置、吸引外部资金参与资产重组与处置、资产证券化等方式加快处置不良资产，将全市金融机构不良贷款率控制在 3% 以内；建立金融案件诉讼"绿色通道"制度，支持银行业金融机构依法维护自身权益；加强市、县两级金融工作推进机构建设，落实和完善鼓励金融发展的相关政策，建立金融工作目标责任考核机制，健全金融管理和服务体系，实施金融人才发展战略，构筑区域性金融人才和研究高地，有效维护了宜昌金融稳定，促进了金融业健康发展。

2017 年以来，宜昌市在优化绿色金融环境方面，除依法打击各类逃废金融债务行为等非法金融活动外，还运用了下列手段：

（一）突出信用＋信贷的引导作用

2017 年，宜昌市以信用培植、信用增进、信用平台、信用维护、信用使用 5 项工作为着力点，持续优化区域金融生态环境，促进了全市经济金融良性循环、健康发展。截至 2017 年末，宜昌金融生态环境综合得分为 86.81

分，等级为 A 级，位列全省 17 个市州及直管市区前列。全市 88 个乡镇全部进入信用乡镇行列，9 个县市区也全部打上了信用金融的烙印。2020 年末，宜昌市银行业不良贷款率为 1.04％，为省内同等市州最低。

（二）用金融纠纷行政调解＋赋强公证处置风险

在拧紧金融运行安全阀方面，金融纠纷行政调解＋赋强公证是宜昌金融风险处置的特色。2021 年，在三峡公证处的调解推动下，宜昌市某商业银行与辖区一企业的金融纠纷进行了赋强公证。该企业无力偿还在该银行的一笔近千万元贷款，银行申请办理赋予债权文书强制执行效力公证，人民法院在法定时限内作出了受理。截至 2021 年 6 月，宜昌市累计办理保理合同赋强公证 2000 余件，其中出具执行证书仅 80 余件，且均得到法院采信执行，又快又好地维护了相关机构的合法债权，避免了金融纠纷。

（三）陈案处置与隐患排查并举

优化生态环境，不仅要"化"，还要会"防"。宜昌市一边加快陈案处置，每个案件成立办案工作专班，明确专人负责，开展金融债权胜诉案件专项清理工作，通过司法强制执行收回不良贷款 5.1 亿元；一边落实风险隐患排查，对辖区内涉嫌非法集资等违法违规金融活动开展全面排查，建立了重点企业债务风险监测预警体系。在湖北省率先建立上市挂牌公司风险监测管控工作机制，及时发现处置上市公司风险。2021 年化解非法集资案件 8 起，宜化集团顺利"摘帽"，湖北东圣化工集团有限公司、湖北中孚化工集团有限公司、湖北三峡新型建材股份有限公司等重点企业风险有效化解。

（四）念好"加减乘除"四字诀

宜昌市地方金融工作局通过持续开展"金融扫街"等专项行动，主动上门"送贷"，精准落实普惠小微企业贷款延期、还本付息等金融政策工具，引导加大信贷投放；通过实施金融服务"六张清单"公示机制，减少企业信贷办理时间，开展"清、减、降"专项行动，督促金融机构继续为企业减费让利；通过搭建"宜昌网上金融服务大厅"，为小微企业"画像"、增信，大力支持企业上市，开展直接融资，不断拓宽融资渠道，实现发展"乘数"效应；通过"一企一策""企业金融服务方舱"为企业化解风险、纾困解难，开展清单式融资信用辅导，帮助融资有"缺项"的企业满足贷款条件，破除发展藩篱。截至 2022 年 9 月末，宜昌市小微企业贷款余额达 1218.78 亿元，其中 1000 万元以下普惠型小微企业贷款余额达 468.75 亿元。

（五）推出 "财政科技创新贷"

宜昌市科学技术局与宜昌市财政局联合推出"财政科技创新贷"产品，为科技型中小企业提供了创新融资平台，并对城区"财政科技创新贷"提供贷款贴息、担保费和保险费补贴，还通过组织开展银企对接、供需调查、信息发布等服务活动，建立了企业与银行的对接机制。2021 年上半年，宜昌市城区申报"财政科技创新贷"备案贷款 68 笔，申报总金额近 3.3 亿元，备案金额 1.98 亿元。

（六）"银税互动" 助力小微企业发展

"银税互动"是由银行向诚信纳税的小微企业提供一定额度的、用于短期生产经营的信用贷款。宜昌市、县（市、区）两级税务部门与宜昌市 32 家金融机构开展合作，实现"银税互动"合作机制 100% 全覆盖；纳税信用评价级别由高至低共设 A、B、C、D、M 五级，为扩大受惠面，"银税互动"受惠群体由纳税信用 A 级企业扩大至 M 级企业；通过"银税互动"数据直连工作模式，纳税人可运用手机银行、网上银行等渠道实现线上融资，融资用时由传统模式下的三天甚至数周缩短至最快 3—5 分钟内资金到账。2022 年，宜昌市税务局对符合条件的 9 万多户纳税人进行评价，评出 A、B 级纳税人 5 万户，占比 55.1%，6400 户纳税人通过银税合作产品获得授信。2023 年一季度，"银税互动"小微企业贷款余额 44.44 亿元，较年初增加 12.25 亿元，增幅 38.05%。

（七）打造创业担保贷款 "1300" 网办系统

宜昌市人力资源和社会保障局通过优化经办流程，打造创业担保贷款"1300"（1分钟申请、3分钟审核、人工0干预、群众0跑腿）网办系统。该局牵头与宜昌市财政局、中国人民银行宜昌市中心支行、宜昌市融资担保集团有限公司及经办银行签订五方合作协议，建立了月联席会议制度和人社市、县、乡、村四级服务网络；将合伙创业、小微企业贷款额度分别提高到300万元、500万元；在把控风险的情况下，积极推广代偿风险担保集团承担80%、经办银行承担20%的"二八"风险分担做法，对贷款金额20万元以下、信用良好的创业者，实行"见贷即担"。同时针对个人及企业贷后风险实时监测、及时预警。截至2021年6月底，宜昌市新增发放创业担保贷款18.5亿元，累计发放105.5亿元（贷款余额69.9亿元），争取财政贴息8.37亿元（担保基金余额3.5亿元）。

（八）搭建 "企业金融服务方舱"

宜昌市在舱帮扶企业3637家，信贷支持557亿元。对融资有"缺项"的企业，开展清单式融资信用辅导，纳入信用培植企业578家，发放贷款30.74亿元。建立中小企业应急转贷体系，2022年，共计发放应急转贷资金44.13亿元，为中小微企业办理贷款延期还本50.18亿元，开展无还本续贷34.2亿元。

2021年湖北省人民政府印发的《关于2020年度全省金融生态建设情况的通报》显示，宜昌蝉联全省金融生态建设考评第一名。2022年，在全省金融营商环境测评中，宜昌金融环境指标测评全省第一。截至2022年10月末，宜昌市不良贷款余额43.03亿元，不良贷款率0.86%；年末，全市不良贷款率又降至0.84%。2023年上半年，宜昌市不良贷款率为0.72%，保持全省最低水平。2023年4月，湖北省金融生态领导小组通报2022年度全省金融信用市州县创建完成情况，宜昌获金融生态建设考评第一名，被评为全省金融信用示范市，连续21年获评全省金融信用市（州）。

第十三章　勠力科技创新

科技创新是提高社会生产力、提升国际竞争力、增强综合国力、保障国家安全的战略支撑，是推进新时代中国特色社会主义事业的必然要求。中共十八大以来，党中央把科技创新摆在国家发展全局的核心位置，坚持走中国特色自主创新道路，大力建设创新型国家和科技强国，推动我国科技事业发生历史性变革、取得历史性成就，带领中国成功进入创新型国家行列。2022年6月，习近平总书记在湖北省考察时强调，我们必须完整、准确、全面贯彻新发展理念，深入实施创新驱动发展战略，把科技的命脉牢牢掌握在自己手中，在科技自立自强上取得更大进展，不断提升我国发展独立性、自主性、安全性，催生更多新技术新产业，开辟经济发展的新领域新赛道，形成国际竞争新优势。面对推进科技创新的重要历史机遇，宜昌乘势而上，坚持把科技创新摆在发展全局的核心位置，构建"大科技"工作格局，围绕创新空间、创新主体、创新平台、创新格局、创新生态等方面，探索形成了科技创新推动城市发展的新路径、新模式、新样板，形成了创新主体协同互动、创新要素高效配置、创新环境开放包容的特色创新生态，打造出具有世界影响力的绿色化工、清洁能源产业集群，为建设长江大保护典范城市、打造世界级宜昌蓄势赋能。

一、构筑科技创新新空间

为有效提升科技创新效能，宜昌市对全市创新空间进行了优化布局，高标准规划建设"一区一圈一城"，高水平建设湖北三峡实验室，进一步完善产业创新平台体系，加快聚集了一批国家级创新单元、研究机构和研发平台

（全市拥有各类技术创新平台 673 家），强化了应用基础研究和前沿技术创新功能，区域科技创新供给能力得到显著提升。

（一）构建 "一区一圈一城" 创新空间

1. 高水平推进宜昌高新技术产业开发区发展。高新区是科技创新的驱动极核，是集聚高层次人才、建设高水平平台、推动关键技术攻关的主阵地。中共十八大以来，宜昌高新技术产业开发区（以下简称宜昌高新区）紧紧围绕"创新驱动发展示范区、高质量发展先行区"目标定位，着力强化创新驱动、项目驱动、人才驱动和改革驱动，重点围绕生物医药、绿色化工、电子信息、高端装备等主导产业，依托高等院校、科研院所和科技领军企业力量，建设以宜昌高新区科创中心为引领，以产业技术研究院、技术创新中心体系、科技公共服务平台体系为主体的"1＋3"科技创新平台体系，加速形成以企业为主体、平台作支撑、政产学研融通的区域创新体系，加快提高科技企业数量、孵化企业质量、科技成果转化"含金量"，全面提升宜昌高新区"双创"能级、产业能级、人才能级、开放能级，争创国家自主创新示范区。2022 年，宜昌高新区核心区共认定高新技术企业 88 家，高新技术企业总数达到 215 家，同比增长 35.2%，占全市高新技术企业总量的 18.8%；科技型中小企业入库 433 家，占全市入库企业总数的 25.2%。高新技术企业和科技型中小企业数量继续领跑全市。与此同时，9 家行业龙头企业上榜 2022 年度湖北省高新企业百强名单；19 家企业入选 2022 年湖北省科创"新物种"企业（累计 35 家）；45 家企业获批为 2022 年省级第四批专精特新"小巨人"企业。人福药业、华强科技、海声科技、安琪酵母等分别建有国家地方联合工程实验室、国家级企业技术中心等国家级创新平台。截至 2022 年底，宜昌高新区共有省级以上创新平台 167 家。2022 年，在全国 169 个国家高新区中，宜昌高新区综合评价排名由第 52 位跃升至第 43 位（湖北省第三），创历史最佳位次，成功实现连续 8 年进位。

2. 高起点打造环三峡大学创新生态圈。宜昌市充分利用中心城区生产要素最集中、生活业态最丰富、城市功能最完备的比较优势，以三峡大学为核心，周边布局创新创业谷、科技创新街区、科创产业综合体、创新生态公园等载体，形成"一港（三峡创新港）一城（三峡青年创业城）两区（科技服务街区、人才服务街区）三谷（三峡清洁能源创业谷、三峡计算创业谷、三峡生物医药创业谷）多园"的发展格局，构建"高校＋科研院所＋企业＋服务平台＋科技金融"的"产学研金服用"体系，实现校区、园区、社区三区融合，打造辐射宜荆荆都市圈的创新生态圈。

3. 高标准规划建设宜昌科教城。 依托点军区位优势、产业特色和科教、生态资源，围绕建设"国家级科创新中心""长江经济带新高地""宜昌产业转型发展新引擎""青年友好生态活力新城区"的目标定位，规划建设用地规模 49 平方公里，人口规模 40 万人，打造生态智慧、产学研城四位一体的科教城典范。沿卷桥河布局城市服务、创新交流、科技会展等功能区，打造科创走廊。围绕奥体中心，集中布置文化中心、商业中心、会展中心，大力发展共享科技、科技金融、知识中介等场景，构建创享服务的城市智慧芯。东部沿江地区落实长江大保护要求，建设 30 公里城市碧道，串联磨基山、屈原文化公园、艾家双创小镇等 8 大文旅节点，形成沿江文旅带。区域内形成"3＋1"产业体系，即教育产业、科创产业、电子信息产业 3 大主导产业和生态文旅特色产业，共建全国领先的数字产业集群，打造区域技术转化高地。按照"一年打基础、三年见成效、五年大发展、十年立标杆"的开发时序，将宜昌科教城打造成集生态引领、产城融合、文化支撑、青年友好的"三峡智谷、求索胜地"。建成后，三峡科教城将聚集 10 所以上各类学校，引入 20 个以上研发中心。

（二）高水平建设湖北三峡实验室

为助力国家"碳达峰"与"碳中和"目标实现，提升化工行业原始创新能力，突破产业发展关键技术瓶颈，湖北三峡实验室经湖北省人民政府批准成立，并于 2021 年 12 月 21 日正式揭牌。湖北三峡实验室由湖北兴发化工集团股份有限公司牵头，联合中国科学院过程工程研究所、武汉工程大学、三峡大学、中国科学院深圳先进技术研究院、中国地质大学（武汉）、华中科技大学、武汉大学、四川大学、武汉理工大学和宜化集团等单位共同组建，已整合省部级以上研发平台 42 个（其中国家级平台 14 个）；学术委员会由 19 名权威专家学者组成，其中院士 7 名。湖北三峡实验室立足现代化工行业，面向全球化工发展前沿、国家重大需求和国民经济主战场，聚焦微电子关键化学品、磷基高端化学品、新能源关键材料、硅系基础化学品、绿色化工过程强化和化工高效装备与智能控制六大研究方向，致力于基础研究、应用基础研究和产业化关键核心技术研发。进入实质性运行以来，已制定《湖北三峡实验室三年行动计划（2022—2024 年）》，对实验室未来 3 年研发人员数量、开展研发项目情况、申请高价值发明专利、行业和企业标准编制、转让技术成果、服务化工产业新增产值等方面，均制定了细化目标。2022 年，三峡实验室投入 8.7 亿元，实施重点研发、开放和创新基金等项目 145 项，采取双聘和柔性引才等方式，面向全球开展 3 轮次人才招聘，本部 2022 年有专职研发人员 313 人，申报的国家重点研发计划"中低品位硅钙质胶磷矿绿色高效利用及耦合制备高质磷化产品技术"项目，获批中央财政资金 1800 万元。下一步，将推进湖北三峡实验室与工信部共建实验室，并早日纳入全国重点实验室建设体系；加紧突破磷石膏综合利用关键技术，以磷石膏利用技术为突破口，推动磷化工向新能源材料、动力总成和高端装备制造迭代升级。同时加快推进湖北三峡实验室电子化学品中试验证平台、中试基地及科技成果转化与孵化中心等一批项目建设，以国际化视野将湖北三峡实验室打造成集研发、孵化、成果转化、设计、中试、生产等于一体的全过程创新基地。

（三）完善产业创新平台体系

围绕绿色化工、生物医药、装备制造、新一代电子信息等重点产业，着重谋划推动了一批引领产业链发展的创新平台建设，以平台为抓手，打造高能级新型研发平台矩阵，推动创新链与产业链深度融合。绿色化工产业链方面，在充分发挥三峡实验室创新引领作用的基础上，新组建新能源关键材料研发中心，开展磷酸铁锂、磷酸锰铁锂等制备与改性技术研究。其中，宜化集团投资 3 亿元联合三峡大学共建研发中心，聚焦高端磷化工材料、氢燃料电池等领域开展攻关；三宁化工投资 10 亿元在武汉扩建研发中心。生物医药产业链方面，推动安琪酵母与华中农业大学共建"农业微生物资源发掘与利用全国重点实验室"，支持人福药业实施重点科研项目 196 项，开展麻醉镇痛药领域关键技术攻关。截至 2022 年底，宜昌市生物医药产业链已建成研发平台 37 个，组建研发团队 44 个，开展研发项目 352 个，研发人员突破 5000人。清洁能源产业链方面，截至 2022 年底已建成研发平台 25 个，在研及筹建项目达到 20 个，总投入超过 7 亿元；正加快筹建清洁能源研究院，以服务宜昌清洁能源之都建设。装备制造产业链方面，支持安谱仪器高端仪器装备检测研发中心争创国家级创新平台，支持力帝环保围绕新能源电池回收装备、磷石膏利用装备技术开展攻关。新一代信息技术产业链方面，支持东土科技宜昌基地建设湖北省数字制造产业技术研究院；推动微特技术建设省级物联网研发中心，开展 5G＋远程控制、设备预测性维护、工业云平台等关键技术研究。同时，产投集团与武汉大学、中国建筑标准设计院等合作建设城市大脑研究院，攻关数据标准、数据汇集、数据安全等相关技术。2023 年新成立华工（宜昌）产业技术研究院、武汉理工大学（宜昌）产学研合作创新中心、宜昌数字经济研究院；安琪酵母参与共建的"农业微生物资源发掘与利用全国重点实验室"成功获批；"三峡库区珍稀资源植物湖北省重点实验室"获批建设；国家超算宜昌中心建设加快推进。

二、打造创新主体新梯队

2021 年以来，宜昌市持续深入实施"国家高新技术企业倍增工程"和"科技型中小企业创新成长工程"，不断优化创新主体培育奖励政策，树立"大科技"理念，科技、财政、税务部门全程服务，科技服务机构紧密配合，以科技型企业为主体，分阶段分层次精准培育，形成"科技型中小企业—高新技术企业—科创'新物种'企业—行业龙头和领军科技企业"创新主体梯度培育机制，有力推动创新主体不断发展壮大。

（一）积极开展科技型中小企业评价入库

科技型中小企业是高新技术企业的后备库，2021 年以来，宜昌市每年遴选一批科技型中小企业作为创新成长工程试点企业，并以此建立高新技术企业后备库，为发展高新技术企业储备充足的种子企业。截至 2022 年底，宜昌市科技型中小企业入库数达到 1715 家，较上年增长 543 家，同比增长 46.3％。

1. 加强源头培育。提高现有创新研发平台质效，鼓励企业与高校、科研院所开展交流合作，共建产学研平台，引导企业注重研发投入，加大企业知识产权培育，提高研发团队能力和水平，不断提升企业自主创新能力。营造优质创新创业生态，推动科技企业孵化器、众创空间、加速器、星创天地等创新创业平台建设，进一步优化"众创空间—孵化器—加速器—产业园"创新创业载体，不断提升孵化平台孵化绩效，引进培育更多优质企业入驻孵化。

2. 加强政策扶持和项目支持。一是鼓励入库科技型中小企业开展研究开发活动。入库科技型中小企业开展自主创新、加大研发投入的，可以在享受研发投入税前加计扣除政策基础上，再得到相关政策补贴。二是加强科技金融支持，将科技型中小企业作为重点支持对象优先向专业银行、担保投资公司、创投机构推荐入库，并给予利率优惠。三是加大科技项目支持力度。对入库科技型中小企业申报市级科技计划项目的，符合申报条件者可以获得加分、优先立项、重点支持；申报国家和省级科技计划项目的，优先重点推荐，并在得到批准立项后给予 50％配套资金支持。通过扶持培育一批拥有自主知识产权和科技创新潜力的科技型中小企业，形成示范效应，引导全市更多企业走上创新型发展道路。

3. 加强考核与管理。对入库科技型中小企业进行年度考核和动态管理。根据《宜昌市科技型中小企业创新成长工程实施方案（修订版）》，遴选入库的科技型中小企业，经过 2—3 年的培育扶持，要实现以下目标：开发高新技术产品（服务）2 项以上；新增授权发明专利至少 1 项或新增实用新型专利 4 项；建成一支具有创新活力的技术研发队伍，科技人员占职工总数比例不少于 10%。入库企业 3 年内未认定为国家高新技术企业则自动出库，须重新提交申报材料方能再次入库。

（二）大力培育高新技术企业

宜昌市在深入实施"高新技术企业倍增工程"时，组织开展"创新主体培育在一线"活动，探索实行"部门＋中介"服务模式，形成了高新技术企业培育、申报、奖励、管理的"全链条"扶持体系，成功实现高新技术企业倍增目标。2022 年，宜昌市申报高新技术企业 530 家，通过 494 家，净增 276 家。截至 2022 年底，宜昌市高新技术企业总数达到 1141 家，同比增长 33.1%，较 2019 年增长 119%，实现三年"倍增"目标。

1. 部门联动，增强工作实效。 宜昌市科技、发改、经信、住建、商务等部门建立多"网"联动机制，紧密配合，定期筛选部分科技型中小企业、规上工业企业、资质建筑企业等进入高新技术企业后备库。针对入库企业，实施挖掘、培育、认定全流程跟踪服务，由县市区、宜昌高新区科技部门联合科技服务机构开展全覆盖走访服务，摸清企业申报意愿，根据企业生产经营、知识产权等具体情况进行一对一指导服务，着力提升高新技术企业申报成功率。针对部分企业专利不足的问题，联合市知识产权保护和服务中心，对企业进行重点辅导，指导企业如何发现专利点、提出专利申报、跟踪专利审批，帮助企业解决申报专利中存在的问题；针对部分企业研发费用、高新技术产品收入归集等问题，邀请财税专家开展培训或现场指导，讲解归集方法和需要注意的问题，及时发现企业财务管理中的漏洞并提醒整改；针对各批次落选企业，科技、财政、税务等部门沟通协商，联合到企业调研"问诊"，帮助企业完善申报材料，指导企业重新申报。

2. 优化政策，激发创新活力。 2018 年起，宜昌市在湖北省率先形成培育、认定、重新申报"全链条"补贴体系，针对高新技术企业后备库入库企业首次提出申报高新技术企业并获得市认定机构推荐的，奖励 2 万元。对新认定的国家高新技术企业一次性奖励 10 万元，对通过重新认定的高新技术企业奖励 5 万元。2019—2021 年累计兑现高新技术企业奖补资金近 5000 万元。

2021年，中共宜昌市委、宜昌市人民政府出台《关于加快推进区域科技创新中心建设的若干措施》，进一步提升高新技术企业奖励标准，对首次获得认定的国家高新技术企业，规模以上企业给予20万元奖励；对首次进规的国家高新技术企业给予10万元奖励。2022年，兑现2021年度奖补资金1956.6万元。与此同时，宜昌下辖各县市区高新技术企业奖励标准也在不断规范、调整。例如：宜都对新认定和重新认定的高新技术企业分别给予30万元和15万元奖励，枝江对新认定和重新认定的高新技术企业奖励20万元；当阳对新认定的高新技术企业，"规上"和"规下"企业分别给予30万元和20万元奖励；长阳对新认定的高新技术企业奖励30万元。

3. 创新模式，优化服务管理。为破解科技部门尤其是一线科技部门人员少、任务重、科技服务无法深入企业等问题，宜昌市创新推行"部门＋中介＋企业"服务模式，结合科技部门的政策优势和中介机构的市场优势，在合力指导企业填报信息、合力挖掘培育创新主体、合力开展政策宣传培训、合力完善管理服务体系、合力规范中介服务机构市场等方面探索工作机制，帮助解决科技服务企业"最后一公里"的问题。宜昌各县市区科技部门均分别与2—3家科技服务机构建立长期稳定合作关系，开展高新技术企业挖掘、培育、宣传、认定工作，有效提升了高新技术企业申报通过率。同时，为预防科技服务机构弄虚作假、伪造企业财务数据等情况，对科技服务机构加大监管力度，在开展高新技术企业认定管理工作中，对每个参加企业财务及专项审计、材料编撰的服务机构进行提醒和警示。每年对参与高新技术企业申报材料编写的科技服务机构进行备案，公布备案科技服务机构名单、业绩情况以及在诚信、培训、服务等方面的负面情况，促进服务机构行业自律，打造统一规范、开放竞争、健康有序的服务市场。

（三）着力培育"新物种"企业

2021年起，湖北省科技厅启动科创"新物种"企业遴选工作，着力培育一批瞪羚企业、独角兽企业、驼鹿企业等科创"新物种"企业，从而形成一批科技领军企业。为此，宜昌高新区2022年率先出台《宜昌高新区科创"新物种"企业培育认定实施方案》《宜昌高新区科创"新物种"企业培育认定工作的实施细则》，对入选的"新物种"企业给予认定奖励、财政扶持等 6 个方面的支持。2022 年，宜昌市新认定省级科创"新物种"瞪羚企业 29 家，全市"新物种"企业总数达到 58 家。

1. 给予认定奖励和产业扶持。 对新认定为宜昌高新区瞪羚后备企业、瞪羚企业和驼鹿企业的，分别给予 5 万元、15 万元、25 万元奖励。对新认定为宜昌高新区哪吒企业和独角兽企业的，分别给予 25 万元、45 万元奖励，并全力支持企业上市发展。对年实缴增值税、企业所得税超过 300 万元的宜昌高新区科创"新物种"企业进行产业扶持，自认定之日起，企业连续三个年度实缴增值税、企业所得税比上一年度税收增量区级实得财力 50％部分给予等额产业扶持，每家企业每年最高不超过 100 万元。对成功在主板、中小板、创业板、科创板、香港 H 股等上市的宜昌高新区科创"新物种"企业，按上市改制中当年税收增量区级实得财力部分给予全额补贴，每家企业最高不超过 200 万元。

2. 优先产品推广和用地支持。 对认定企业，优先支持其产品和服务推广应用，积极提供应用场景。同时，对企业承接的宜昌高新区政府采购项目，按照合同执行金额的 5％对企业进行补助，单个企业每年补助金额最高不超过 50 万元。对于因产业化发展需要用地的科创"新物种"企业，优先安排用地指标。对企业工业类项目，在项目建成验收满足土地出让规划条件的前提下，根据项目不动产权证书载明的用地面积，按相应标准，结合项目建设和运营情况，分阶段给予产业扶持。

三、强化科技服务新供给

（一）搭建公共技术创新平台

2018 年起，宜昌市先后依托安琪酵母、人福药业、兴发集团三家龙头企业组建了市级生物技术、仿制药、精细化工公共技术服务中心，三家公共技

术服务中心分别于 2018 年 6 月、2019 年 1 月、2019 年 5 月组建成立，专为行业内中小微企业提供技术、管理、孵化等服务。2019 年 10 月，宜昌市精细化工技术创新公共服务中心刚成立不久便接到了位于兴山县的宜昌科林硅材料有限公司的委托。这是一家从事硅油生产及产品研发的高新技术企业，由于市场及生产技术原因，生产一直不饱和，于是该企业决定将自身全权委托给宜昌市精细化工技术创新公共服务中心进行管理。正式托管后，宜昌市精细化工技术创新公共服务中心投资 360 万元，建立甲基硅油和乙烯基硅油产品应用实验室，安排技术力量常驻企业，对照瓦克、信约等国际一流企业产品标准，查找原有产品的技术短板、质量差异，重点帮助企业在技术研发、设备改造、工艺优化、产品质量等方面进行全面改造升级。改造完成后，新产品适应性大大提高，除了用于传统硅硐密封胶外，还可用于电子材料和食品加工等领域。2020 年，虽然受到疫情影响，但是企业的产量不降反升，同比提高 20％以上，客户增加到 30 多家，全年销售收入 1.25 亿元，利税 594 万元，首次实现扭亏为盈。三大公共技术服务中心分别与业内企业建立合作机制，与华中农业大学、武汉工程大学等 30 余所高等院校建立深层次合作关系，围绕技术研发、检验检测、标准制定等职能职责，制定出台服务流程、工作细则、绩效评价办法，通过"内外发力"，从"服务本企"到"服务行业"，从"技术服务"到"综合服务"，逐步形成产业化应用体系，真正实现"大手拉小手""大带小、强帮弱"，有效对冲各类市场变化，降低了经营风险，为中小微企业创新发展提供有力支撑。

截至 2022 年末，生物技术公共服务中心为 90 余家企业提供仪器设备共享、分析检测、技术人员培训等服务，解决技术难题 120 余项，培训技术人员数千人次，为服务对象创造直接经济效益超 6000 万元，为宜昌市生物产业集群式发展、生物发酵行业及其应用产业高质量发展提供技术支撑。宜昌市仿制药技术创新公共服务中心已拥有 3.5 万平方米的试验场所和 5000 多套各类小试及检测设备，开展的新药研发项目达到 220 个。

（二）构建科技成果转化体系

2020 年以来，宜昌市不断加强科技资源整合，积极探索以企业需求为导向、大学和科研院所为源头、技术转移服务机构为纽带、产学研相结合的科技成果产出和转化体系，有力推进了科技成果的转移落地、开花结果。

1. 多措并举助力校企合作。高校、科研院所是科技创新链上的资源库，激活创新源最为关键。2020 年以来，宜昌市多措并举，聚合这些宝贵资源，搭建创新交流平台，为科研院所与企业合作当"红娘"，通过"政府搭平台、企业提需求、专家解难题"的方式，引导各县市区结合产业发展和企业创新需求，精准对接高校智力资源。积极组织国内有关高校、科研院所专家教授来宜为重点产业"把脉问诊"，解决生产中的技术难题；持续推动宜昌市本土企业与北京、上海、浙江、武汉等地区的高校、科研院所开展对接；组织企业参加华创会、丝博会、中国—阿拉伯国家技术转移与创新合作大会等国内外科技合作活动。2022 年，宜昌 84 家重点企业与高校、科研院所开展产学研合作项目 107 个，其中技术攻关项目 87 个、创新平台项目 9 个、人才培养项目 1 个、战略合作项目 10 个，全年完成技术合同成交额 297.73 亿元。

2. 建设科技成果转化中试研究基地。中试基地可以有效提升科技成果承载能力，有力推动科研成果向现实生产力转化，对于破解中小企业中试验证难题，提升行业和企业自主创新能力，加快推进先进适用科技成果在宜昌市的转化和产业化应用，具有重要的现实意义。"十三五"以来，宜昌市不断推进科技成果转化中试研究基地建设力度，鼓励科技型企业、重点科研机构、高校及科研院所形成产学研联合体，围绕重点产业领域，建设一批集技术集成、工程化试验服务为一体的科技成果中试基地，构建科技创新研发—中试—转化—生产的全过程支持体系。2019 年，宜昌市依托兴发集团、安琪酵母、黑旋风锯业、康农种业等龙头企业，分别组建了磷化工科技成果转化中试研究基地、生物发酵中试研究基地、高效切割工具中试研究基地、中药材新品种选育与种植技术中试研究基地，并纳入湖北省首批科技成果转化中试研究基地备案管理。2020 年，4 家中试基地为 189 家企业提供中试服务 780

多次，中试服务产品上市 49 种。2021 年，宜昌市进一步聚焦生物医药、先进装备制造、新材料等战略性新兴产业领域，依托龙头企业的技术创新平台等科研机构已有的中试研究设施，继续组建开放共享的中试基地，新增宜昌东阳光长江药业股份有限公司、宜昌长机科技有限责任公司、湖北益通建设股份有限公司等 6 家省级中试基地。截至 2022 年底，宜昌市有 10 家省级科技成果转化中试基地，近三年服务企业 600 余家，提供中试服务达 1100 次。中试研究基地的组建有力促进了科技成果的熟化及二次开发。

3. 打造宜昌科技信息资源站。2021 年，为更好地向宜昌市科研院所及机关企事业单位提供科技信息服务，助力区域科技创新发展，宜昌市科技情报研究所与湖北省科技信息研究院打造的"宜昌科技信息资源站"正式上线。"宜昌科技信息资源站"集成了万方数据、维普资讯、国研网、EMIS 数据库、国家科技图书文献中心（NSTL）等目前国内主要数据资源，涉及中文学术期刊、学位论文、会议论文、专利、中国重要报纸全文、标准、科技成果、科技报告、部分外文回溯及外文现刊等，能为宜昌市本地企业提供多项细分行业、领域、渠道的科技资源免费查询及数据下载服务，引导用户最大程度、最便捷地获取受限资源，将最新的科技信息资源推送到终端用户。

（三）全方位扶持强壮孵化载体

科技企业孵化载体是培育和扶持高新技术企业、科技型中小企业的摇篮，也是推动科技成果转移转化、服务产业创新发展的重要阵地。"十三五"以来，宜昌市坚持统筹布局、分类推进、绩效导向，扎实开展双创载体的培育建设工作，不断完善科技企业孵化体系。截至 2022 年底，宜昌市已建有市级及以上各类孵化载体 62 家，其中国家级孵化器 8 家、省级孵化器 11 家，国家级众创空间 10 家、省级众创空间 6 家，孵化总面积超过 100 万平方米，在孵企业数量超过 1700 家，创造就业岗位超过 30000 个，各项指标均位于湖北省前列，双创载体已经成为宜昌创新创业发展的重要阵地。2023 年 5 月，科技部公布 2022 年度国家级科技企业孵化器名单，"枝江市创新创业中心"入列。至此，宜昌市国家级科技企业孵化器达到 9 家。

1. 最大限度鼓励兴建孵化载体。 按照"达标即准"的创建原则，鼓励各类社会主体兴建、运营孵化器。2022 年，宜昌市新认定 15 家科技孵化载体，涉及 12 个县市区，弥补了远安、兴山、秭归三地孵化载体空白，实现了县市区科技孵化载体全覆盖，完善了"众创空间—孵化器—加速器"的创新孵化链条，进一步激发了创新活力。

2. 推进孵化载体提档升级。 按照"分级推进"的工作思路，鼓励有条件的孵化载体提档升级，着力培育一批行业带动强、管理水平高的模范孵化载体，推进孵化载体"梯度达标"，实现孵化水平整体提升。2022 年 6 月，夷陵科技孵化园被认定为国家级孵化器，优加众创空间、海洋信息技术众创空间备案为国家级众创空间，同时，新增 1 家省级孵化器、3 家省级众创空间，省级以上科技企业孵化载体达到了孵化载体总数的 50％以上。

3. 加强孵化载体动态管理。 按照"优胜劣汰"的原则，加强科技企业孵化载体管理，促进科技企业孵化载体良性竞争和高质量发展。根据《宜昌市科技企业孵化器（众创空间）绩效评价办法（试行）》，每年定期对市级及以上科技企业孵化器、众创空间进行绩效评价，根据结果实行优胜劣汰的动态管理机制，优化孵化载体结构，提升管理运营水平。长期运行绩效差、创新成果少、服务能力不足的孵化载体将被取消资格；而创新氛围浓、成果突出、人才聚集的孵化载体将获得奖励资金支持。

下一步，《宜昌市科技企业孵化载体能力提升行动方案（2023—2025年)》将制定出台，以推动孵化载体提质增效为主线，提升服务能级，加快载体建设向主体培育升级、向培育产业升级、向增值服务升级、向创业生态升级，系统构建全链条孵化集群体系，为建设宜昌区域科技创新中心提供重要支撑。

（四）构建知识产权运营服务体系

创新是引领发展的第一动力，保护知识产权就是保护创新。创造、应用、转化好知识产权是推动"宜昌制造"向"宜昌创造"和"宜昌智造"转变的重要抓手。2020 年 12 月，宜昌市宣布全面启动知识产权运营服务体系重点城市建设，为科技创新保驾护航。

2021年起，宜昌市以知识产权服务业集聚区建设为核心、"一平台四中心"为运营服务生态架构，全力打造知识产权一站式服务模式。"一平台四中心"即宜昌市线上线下知识产权运营服务平台、宜昌市生物医药产业知识产权运营中心、宜昌市水利水电产业知识产权运营中心、宜昌市传感物联知识产权运营中心、宜昌地理标志产业知识产权运营中心。宜昌市以知识产权服务大厦作为服务业集聚区发展承接载体，并给予"三年免费两年减半"房租优惠政策支持，引导基础条件好、资信度高、业务能力强、辐射范围广的知识产权服务机构和产业知识产权运营中心入驻，集聚公共服务和市场化服务。截至2022年底，宜昌知识产权服务业集聚区已初具规模，集聚了专利、商标、知识产权运营、咨询、维权保护、认证、资产评估、公证等服务机构。由政府引导、市场化运营的三峡知识产权运营公司已正式成立，线上线下相融合知识产权运营公共服务平台框架建立；27家知识产权服务机构与3家重点产业知识产权运营中心已入驻知识产权服务大厦。知识产权服务业集聚区运营以来，完成专利申报7000余件，商标注册2000余件，为近40家企业提供质押融资评估服务，助力融资3亿余元。

四、构建区域创新新格局

2021年以来，宜昌市深化市域创新联动，推进宜荆荆恩城市群协同创新，深化国内外科技合作，促进科技资源集聚和开放共享，强化分工合作、错位发展，构建优势互补、高效规范、协同发展的区域协同创新体系，提升区域发展整体水平和效率，实现创新布局"一盘棋"。2023年1月、3月、8月，宜昌高规格召开全市推进科技创新工作领导小组会议、全市科技创新大会，构建创新发展"四梁八柱"，打出了推进科技创新的"组合拳"。根据科技体制改革需要，出台《宜昌市揭榜制科技项目和资金管理办法》《宜昌市市级财政科研经费管理若干措施》等，通过政府统筹、企业牵头、院校领衔，铺平关键核心技术攻关之路，为科技创新提供了制度支撑。深化科技创新系统布局（"一室、一区、一城、一圈、一体、一廊"的"六个一"建设布局），纵深推进三峡实验室、宜昌高新区、宜昌科教城、环三峡大学创新生态圈、市域创新联合体、"宜荆荆恩"科创走廊建设，使之成为经济高质量发展的强引擎。

（一）深化市域创新联动

1. 明确区域定位。 结合各区域的地理位置、资源禀赋、产业优势等特点进行差异化的发展定位。加快建设宜昌东部未来城，力争三年集聚15万产业人员，建设支撑宜昌经济持续增长的主战场和长江沿线产业高质量发展的绿色示范区。进一步提升宜昌高新区发展能级，2022年宜昌高新区按照《科技部火炬中心关于印发〈规范国家高新区统计区域范围工作指引〉的通知》要求，起草宜昌高新区扩区方案，全力推动宜昌高新区扩区工作，宜昌高新技术产业开发区"一区多园"方案已获宜昌市政府批复同意。同时，宜昌高新区正全力推动省级"生物医药产业集群"提档升级，提高产业集聚程度，提升产业自主创新能力，坚持高端化发展方向，按照"龙头带动、集群配套、创新协同、链式发展"的思路，着力培育生物医药产业，全力推动申报建设国家级创新型产业集群，努力向全国高新区第一方阵迈进，争创国家自主创新示范区。西陵区、伍家岗区、点军区、猇亭区等主城区发挥区位优势，正加快建设新能源企校联合创新中心、无人机智能电网巡检研发平台等一批高水平创新平台，重点发展都市工业和都市研发。宜都市、枝江市、当阳市、夷陵区等东部县市区，正深入推进县域一二三产业深度融合发展，打造县域经济升级版，打造百强县域集群，积极承接发达地区产业转移。宜都市已成功创建国家级创新型县（市、区），枝江市、当阳市、夷陵区已成功创建省级创新型县（市、区）。远安县、兴山县、秭归县、长阳土家族自治县、五峰土家族自治县则因地制宜，依托当地优势资源发展特色产业。

2. 跨区域打造产业联合体。 突破县域范围，围绕宜昌市重点、特色、优势产业，依托重点企业、科研院所，打造五大产业创新联合体。依托安琪酵母、人福药业等打造生物医药创新联合体，依托三峡大学、三峡集团等打造清洁能源创新联合体，依托东土科技、微特技术等打造新一代信息技术创新联合体，依托广盛建筑、昌耀新材料等打造建筑材料创新联合体，依托兴发集团、宜化集团等打造绿色化工创新联合体。

（二）加快宜荆荆都市圈创新协同

"宜荆荆恩"城市群特别是宜荆荆都市圈把科技创新作为原动力来打造。宜昌市发挥龙头引领作用，加快提升城市能级和核心竞争力。荆州市、荆门市、恩施州各扬所长，坚持以功能互补带动能级提升，加强高端科创资源集聚，形成强化区域创新功能的主要依托。进一步提升区域功能设施配套水平和生态宜居环境条件，强化对功能平台和节点的支撑作用，形成点面功能互补。坚持以深化改革激发创新活力，破除不适应城市群一体化发展的条条框框，大力促进"五链"相融，聚合发展新优势，建设一批重大科技创新平台、高新技术产业集群，打造最优创新生态，全面增强整体创新发展活力。启动"宜荆荆恩"科创走廊，将宜荆荆都市圈科技创新中心打造为"南部列阵"科技创新策源地、中部地区科技成果转移转化动能区、长江经济带绿色发展样板区和区域一体化创新共同体。

1. 优化区域创新格局。 强化宜昌区域科技创新中心极核作用。聚焦绿色化工、生物医药、清洁能源、高端装备等领域，集中力量建设源头创新基地。依托正在建设的宜昌科教城、环三峡大学创新生态圈，完善创新链、产业链、设施网、生态廊协同建设机制，提升宜昌区域科技创新中心能级，使宜昌区域科技创新中心成为宜荆荆都市圈科技创新中心的核心引领，辐射带动宜荆荆都市圈协同发展。同时，发挥创新联动轴带动作用。依托区域内丰富科创资源和优质生态本底，推进荆楚科创城、荆州科创大走廊、"世界硒都"科创中心协同发展，加快宜荆荆都市圈创新中心建设。畅通综合交通走廊，有机串联生态、科创、产业、生活、文化空间。荟萃名家名校名企名院，激发人才创新创业创造新活力，形成以长江流域为脉、科技创新为魂的一体都市圈创新中心。

2. 加快高新技术产业协同发展。 一是深化科创飞地建设，四地联合争取武汉东湖科学城、中国科学院东湖科学中心、中国西部（重庆）科学城在创新中心内建立"飞地"研究院或分中心、产学研合作基地、科技园区等。二是共谋国土空间及要素等区域资源优化配置。当阳经济技术开发区、枝江姚家港化工园、松滋临港工业园、荆门化工循环产业园、宜都化工园等千亿级园区，正联合打造全国重要的现代化工产业基地。三是推动高新区联动发展，组建宜荆荆都市圈高新区联盟，组织高新区开展联合招商，统筹推进重大项目及其配套项目引进落地，深化高新区之间的科技信息互通、科技人才互用、科技成果共享等协同机制。四是联合打造国家级产业集群，以绿色化工、生物医药、清洁能源、装备制造、现代农业等优势特色产业为核心，强化区域协同创新，构建开放创新体系，打造具有全国竞争力的高新技术产业集群。

3. 加强高端人才引进与共用。联合实施"海外高层次人才引进计划""青年拔尖人才培养计划"，大力引进生物经济、装备制造、清洁能源等重点领域急需、紧缺的高端人才及团队。主动对接国家重点人才计划，对省级以上人才团队给予奖励补贴及持续稳定支持，推动创新中心内国家级创新平台、新型研发机构"择优滚动支持"重点领域青年人才，配套产业、科技、土地、金融等多方政策重点支持。建立科技创新中心高端人才库，加强区域高端人才信息共享，引导"宜荆荆恩"四地通过"双聘"、项目合作、技术攻关、兼职挂职、技术咨询、特聘研究员等"全职＋柔性"方式引才引智。组织院士专家、科技副总、博士服务团等创新人才到创新中心开展技术服务。

4. 推动成果跨区域转移转化。加快建设国家技术转移中部中心宜昌分中心，持续加大科惠网、湖北技术交易大市场在宜昌、荆州、荆门、恩施分市场建设力度，构建全域"分中心＋工作站"两级技术转移工作服务体系，推动科技成果在创新中心内流动、共享和应用。开展大学校区、产业园区、城市社区"三区"融合发展试点，实现创新中心各市大学科技园全覆盖，组建创新中心大学科技园联盟，在创新中心范围内选择省属高校扩大职务科技成果赋权试点。宜昌、荆州、荆门、恩施四地联合承办"联百校、转千果""鄂来拍""鄂来揭""鄂来投"等省科技成果转化系列活动，加快区域科技成果转化。

（三）深化国内外科技合作

2018 年以来，宜昌市主动适应对外开放的新形势、新要求，积极搭建科技合作平台，拓展科技合作渠道，组织企业参与国际科技对接，支持企业充分利用国际科技创新资源，提升创新能力，增强核心竞争力，为推动产业转型和高质量发展提供了有力支撑。

1. 吸引海外智力为宜昌服务。 宜昌市每年将海智专家和项目信息及时推送给企业，供企业选择；同时深入企业和创新平台，征集企业的难题、需求，汇总编印需求手册提供给有关海智专家，促成企业与海智专家取得联系和沟通。每年定期举办"海智专家荆楚行"宜昌站活动和海智专家项目推介交流会，推进宜昌企业与海智专家及项目的精准对接。2023 年 3 月 31 日，"海智专家荆楚行"中德新能源新材料产业发展交流推介活动在宜昌举行，来自电子信息、装备制造、生物医药、新能源新材料等领域的海智专家、企业代表齐聚一堂，共商发展、共谋未来。活动现场，宜都市与德国萨克森州经济促进会中国（湖北/武汉）联络处签订了战略合作框架协议，双方将围绕投资、教育科技、文化三大板块，共同搭建引资引智、产学研合作、文化交流的合作平台。宜昌、宜都部分重点企业与海智专家代表签订产学研合作协议，将在技术转化、合作开发及研发机构共建等方面开展全方位、多层次、宽领域的交流合作。

2. 组织企业参与国际科技对接。 一是组织企业参会参展，如中国—东盟博览会、湖北国际技术转移对接会、中国湖北—墨西哥投资合作专场对接会议等，促进宜昌企业与外商进行国际技术对接合作。二是组织企业境外考察交流，积极参与各类高新技术项目创新合作与投资对接活动，拓展国际科技合作渠道。三是打造国际科技合作平台。截至 2022 年底，宜昌市依托宜昌南玻硅材料有限公司等 10 家重点企业建立了"湖北省半导体硅材料技术国际合作基地"等 10 个省级国际科技合作基地。各基地不断深化与扩大对外科技合作关系，有效利用国际国内科技和人才资源推动国际科技合作，增强企业、高校院所自主创新能力，促进国际科技合作成果转化，实现国际科技合作方式从一般性的人员交流和项目合作向"项目—基地—人才"相结合的战略转变，并在全面提升国际科技合作的规模和水平方面发挥示范带动作用。

五、营造科技创新好生态

（一）构建高效利民创新机制

1. 建立"免申即享"的科技补贴机制。全面归纳梳理科技惠企政策，形成了高新技术企业认定奖励、创新平台认定奖励、孵化器及众创空间认定奖励、星创天地认定奖励、技术转移示范机构认定奖励、科技奖励配套补贴、引进外国智力补助等7项"免申即享"政策清单。凡是纳入"免申即享"清单的惠企政策，无须企业再提交申请与相关佐证资料，由宜昌市财政和科技部门形成奖励认定文件并实施兑现，直接享受相关优惠政策支持。2022年，"免申即享"政策共惠及企业近700家，兑现资金5800万元，营造了良好的创新创业环境。

2. 建立精简的过程管理机制。重塑科技项目管理流程，优化科技项目形成机制、组织机制和验收机制，完善科技计划项目资金管理机制。同时，改进科技评价体系，坚决破除科研项目管理"四唯"，简化申报、验收工作流程，修订完善《宜昌市科技计划项目管理办法》《宜昌市科技计划项目验收工作规程》，把科研人员从材料、表格中解放出来。创优科技项目管理秩序，对影响科技项目管理秩序的薄弱环节精准发力，项目申报全部通过第三方评审开展。

3. 完善政府投入引导机制。坚持"将科技创新投入作为最重要、最关键投入"的原则，切实发挥"政府这只手"的作用，健全科技创新投入管理机制、稳定增长机制、财政投入引导下的多渠道投入机制。改变过去"撒胡椒面"的投入方式，将有限的财政资金投到产业链龙头企业、重点研发平台建设上，发挥财政科技资金"四两拨千斤"的撬动作用。2022年，一批成长型企业研发投入增长超过30％，兴发集团、人福药业、宜化集团、安琪酵母全年累计完成研发投入分别高达 6.6 亿元、5 亿元、4.5 亿元、5.8 亿元。2022
年，奥美医疗用品股份有限公司的研发投入是过去五年的总和，13 家国家级
专精特新"小巨人"企业研发投入占主营业务收入达 7.04％，52 家省级专精
特新"小巨人"企业研发投入占主营业务收入的 4.9％。全市规模以上工业
企业研发投入同比增长 46％，其中化工、生物医药、装备制造、电子信息等
重点产业分别同比增长 42.2％、28.0％、65.1％、61.8％。同时，加大市、
县两级财政科技资金投入力度，2022 年财政科技投入资金达 22 亿元，比
2021 年增长 41.13％，撬动全社会研究与试验发展（R&D）经费投入超 200
亿元，研发投入强度达 2.55％，位居湖北省同等市州第一；工业企业研发投
入占营业收入比重达 2.22％，位居湖北省第一；拉动高新技术产业增加值突
破 1200 亿元，占生产总值比重提升 4 个百分点。

4. 加速科技政策迭代升级。 为有效解决科研项目经费管理刚性偏大、经
费拨付机制不完善、间接费用比例偏低、经费报销难等问题，2022 年 11 月，
《宜昌市市级财政科研经费管理若干措施》《宜昌市揭榜制科技项目和资金管
理办法》出台，进一步扩大科研经费管理自主权，减轻科研人员事务性负担，
切实提升科技创新人才的积极性。

5. 加强科研诚信管理。 落实科研项目真实性核查，实施科研诚信"黑名
单"制度，对失信惩戒企业一律取消科技项目支持，营造诚实守信、注重实
绩的科研环境。

（二）建立有效管用的人才选育机制

1. 深化"1+4"人才政策。 2021 年 11 月，宜昌市出台《关于进一步优
化人才生态加快人才集聚打造区域性活力中心的实施意见》及 4 个配套文件
（简称宜昌市"1+4"人才新政），明确对在宜昌就业的毕业生，政府拿出真
金白银进行补贴，5 年综合投入 70 亿元，极大提升了宜昌人才工作的吸引力
和影响力。一是在全国首创大学生就业住房储备金制度，在湖北省首次推出
创新人才学院、城市创新场景发布等 7 项"首创""首发"政策机制。二是设
立宜昌创新人才学院，对企业和研发机构引进科研人才、新动能人才给予重

奖，落实创新人才专项事业编制 300 个。三是为来宜人才发放"宜才卡"，开发开通"宜才码"，提供奖励扶持、子女入学、家属就业、医疗服务、交通出行、文旅消费等 9 大类 15 项服务。截至 2022 年底，"宜才码"注册超 10 万人。四是建立首家地市级人才集团——湖北三峡人才集团（2022 年 3 月成立，定位于人才科创专业化、市场化综合服务运营商，主要提供人才基金投资、人力资源服务、人才公寓运营等 3 大核心业务），推进人才科创服务专业化、市场化运营。截至 2022 年底，全市享受各类政策人才共计 25362 人次，兑现资金超 1 亿元，人才净流入洼地加速形成。

2. 集聚科学"高峰"人才。充分利用各类新型研发平台提供高质量人才岗位供给。依托三峡实验室，特聘请俄罗斯工程院外籍院士池汝安作为首席科学家领衔实验室建设，同时还邀请到 11 名院士、专家"坐诊把脉"。人福药业与武汉大学舒红兵院士、四川大学华西医院等国内顶级领军人才团队合作，开展麻醉镇痛药领域关键技术攻关。选聘潘垣院士、徐涛院士等 196 名专家成立高级专家顾问团（校友智库）、重点产业专家顾问团，服务宜昌产业创新。选聘中国科学院院士、中国工程院院士李德仁领衔城市大脑研究院建设。同时，大力推进产业领军人才"双百"计划，截至 2022 年底，已纳入项目库备选项目 20 个，4 人入选国家"万人计划"，1 人入选国家科技人才引导计划，9 人入选省级人才工程，创历史新高。依托高校招引急需、紧缺人才，2022 年三峡大学计算机与信息学院引进博士 12 名，是过去十年引进人数之和。

3. 完善创新人才"引用育留"体系。2022 年，宜昌市出台《宜昌科技创新人才专项引育行动计划》，全年认定各类科技人才超 3000 人，大专以上学历人才占比达 71.76％。同时，支持企业培育领军人才，安琪酵母生物技术研究院、人福药业、安谱仪器、东土科技等龙头企业 2022 年新招引研发人员近 300 人。全市 156 家规模以上化工企业、66 家规模以上生物医药企业、97 家规模以上装备制造企业研发团队分别达 57 个、44 个、51 个。2022 年度规模以上工业企业研发人员达 26439 人，占从业人员比重达 11.22％，居湖北领先水平。

（三）健全科技金融服务平台

2017年6月，宜昌市出台《关于加快发展科技金融的实施意见》，提出推进设立科技支行等科技金融专营机构，积极推进"政、银、企"合作，探索建立政策性科技担保机制，完善科技贷款保证保险业务配套政策，积极支持创业投资发展，积极推动科技型企业通过资本市场融资，加大对科技型企业研究开发的支持力度，充分利用产（股）权交易市场促进科技成果合法转让，积极推进科技金融服务模式和产品创新，加快科技金融服务体系建设。宜昌市坚持以推动企业创新发展为导向，积极探索科技金融结合的新模式、新途径、新办法，着力破解科技型中小企业融资难问题，有效推动了全市科技金融的创新发展。

1. 组建科技银行。2017年4月，宜昌市第一家专门服务科技创新的科技银行——中国建设银行宜昌高新科技支行正式挂牌，标志着宜昌科技金融步入高速发展的快车道。高新科技支行主要面向宜昌市范围内的科技型企业，针对科技型企业特点，设计适用的专属金融产品。成立当年，高新科技支行推出的"小微快贷"产品的授信客户就达800余家，授信额度超过2.8亿元。

2. 探索形成"财政科技创新贷"中小企业贷款新模式。为让更多科技实力强、行业带动明显的企业能享受到金融政策支持，持续激发市场主体活力，增强企业发展动力，宜昌市科技局会同市财政局分别与10家商业银行、担保机构签订政银担三方合作协议，探索形成"财政科技创新贷"中小企业贷款新模式。宜昌市财政局每年会根据预算，在合作银行存入一笔风险补偿金，会同宜昌市科技局对"财政科技创新贷"贷款发放进行确认，对贷款产生的风险损失按协议予以补偿。宜昌市科技局负责建立"宜昌市'财政科技创新贷'支持企业名录库"，根据科技型中小企业发展变化情况及时更新，并及时提供给合作银行，统筹协调企业贷款申请，会同宜昌市财政局对银行拟贷项目进行确认。"财政科技创新贷"贷款到期后，企业确实无法还款并列入损失贷款，或企业破产/倒闭清算，市财政会按照约定比例，承担贷款本金损失。2022年"财政科技创新贷"备案126笔，贷款总额5.01亿元，兑现贴息总额 51.77 万元。

3. 创新科技金融产品。实施科技型企业创新能级评级行动，积极向金融机构推送创新能力评级优秀企业，累计发放科技创新贷款 123 亿元，惠及高新技术企业 800 余家。探索实施"创新积分贷"模式。宜昌高新区联合中国建设银行宜昌高新科技支行创新推出针对科技型小微企业的专属信贷产品——"创新积分贷"，贷款额度根据企业经营情况及企业在湖北省科创企业智慧大脑官方平台的"创新积分"情况综合确定，其中仅"创新积分"这一项，就可放大两倍，为企业提供最高 200 万元的信用贷款增信额度。2022 年 11 月，湖北亿立能科技股份有限公司获得宜昌首笔 200 万元纯信用的"创新积分贷"，解了企业资金短缺的燃眉之急。

（四）加强全民科技普及

《宜昌市科技创新"十四五"规划》提出加强科技普及，提高公民科学素质；《宜昌市全民科学素质行动规划纲要实施方案（2021—2025 年)》部署了科学素质提升行动和重点科普工程。特别是 2020 年以来，宜昌市全面推进科普工作，强化科普基础设施建设，扩大科普教育覆盖面，持续提高全市公民具备科学素质的比例，充分发挥科普促进科技创新发展的基础性作用，激励广大公民进行科技创新的积极性和主动性。2022 年，宜昌市公民具备科学素质比例由 2020 年的 10.8% 提升至 12.6%，位列湖北省第三。

1. 加强科普阵地建设。开展全国科普示范县（市、区）创建，当阳市、枝江市成功创建全国科普示范县（市、区）。加强科普示范体系建设，充分挖掘社会科普教育资源，形成机构、专家和公众共同参与，各地、各部门、各类机构协同联动的科普信息生产和分享的科普体系；组织实施"湖北省基层科普服务能力提升行动计划"及湖北省特色产业科普基地等科普项目，建立国家级科普教育基地 1 个、省特色产业科普基地 27 个、科普惠民社区（村）22 个、科普教育学校 18 个，命名省级科普教育基地 34 个、市级科普教育基地 62 个。强化科技馆主阵地作用，宜昌市科技馆新馆于 2022 年 12 月开工，正在加快建设中。该馆建筑面积约 3.4 万平方米，主要包括影院体验区、科技展陈体验区，预计2024年底投入运营，将打造成规模适度、特色鲜明的科普展馆，为广大青少年和市民提供公共科教平台。建成后，市民可沉浸式体验未来城市、数理世界、航空航天、清洁能源、化学化工及长江生态保护等内容。枝江市、宜都市、远安县科技馆开馆运营，秭归县科技馆新馆已开工建设，宜昌市科技馆、当阳市科技馆、五峰土家族自治县科技馆均实现免费开放，"十三五"以来累计参观群众达到220余万人次。

2. 深入开展科普活动。 围绕青少年、农民、产业工人、老年人、领导干部和公务员等重点人群，分类指导，精准服务，以群带面，深入开展特色科普品牌活动，打造出全景式的公众科普体验，营造出立体化的科技创新氛围，推动全民科学素质水平提升。"十三五"以来，宜昌市科学技术协会联合宜昌市科技局、宜昌市教育局等部门组织"全国科普日""科技活动周""青少年科技节"等各类科普活动500多场次，开展科普展演180多场次，发放资料200余万份。开展科普教育进党校活动，每年邀请专家为市委党校春秋季主体班学员授课。2021年，宜昌市组织开展首届"爱科学爱宜昌"科普短视频大赛，共征集作品268个，总浏览量103.5万次，在全国产生良好反响。探索实施"我发现我学习我宣传"少儿科技启蒙工作机制，开展"爱科学爱宜昌"科普知识有奖竞答，参与答题者共5万人次。2022年5月20日至28日，宜昌市举办了以"携手建设区域性科技创新中心"为主题的"科技活动周"，其间共举办22项主要活动，共有28个科普场所向社会开放，活动全面覆盖企业、学校、社区等各类科普宣传主阵地，全方位宣传普及了科技法律法规、政策、各类实用科普知识及科技创新成果。该届"科技活动周"的参加单位近千家，参加活动人数近20万人，发放资料30多万份，科技咨询近2万人次；悬挂宣传标语1100余条，电子显示屏播放宣传标语5000多条，设置宣传橱窗、展牌、展板800余个；举办各种培训班、科普讲座、报告会、比赛活动400余次，播放科普影视40余场，传递科普信息30余万条次，全市28个对外开放科普场所接待4万余人。

总之，宜昌市坚持以习近平新时代中国特色社会主义思想为指导，把创新驱动发展作为高质量发展的关键举措，坚持落实"大科技"工作布局，形

成科技创新"1+2"政策体系（"1"即《宜昌区域科技创新中心建设方案》，"2"即《关于加强科技创新引领高质量发展的若干措施》和"人才新政"两个配套文件），以科技创新规划为引领，以行动方案为配套，以科技创新平台体系为支撑，以创新人才为根本，以科技金融为助力，以党委政府领导为保障，加快技术市场建设，完善政产学研金服用"北斗七星式"转化体系。年复一年开展系列专题科普行动和科普惠民活动，全市科技创新综合实力显著提升，已连续5年蝉联全省科技创新考评同等市州优秀等次榜首，持续保持区域创新能力指数全省同等市州第一位次，正在加速打造长江中上游区域科技创新中心。2023年上半年，全市申报高新技术企业认定注册企业579家（同比增长70.29%），科技型中小企业1758家（同比增长60.18%），上报研发经费投入220亿元，全市技术合同成交额261.47亿元（同比增长102.72%），高新技术产业增加值529.23亿元（同比增长12.8%，占生产总值比重20.82%），区域科技创新中心建设取得积极成效。

第十四章 深耕绿色文旅

　　绿色文旅是在绿色经济发展的背景下，针对旅游业从第一、第二阶段的旅游观光、旅游休闲发展到第三阶段的文旅融合所提出来的概念。绿色文旅是在绿色发展理念、可持续发展理念指导下，将绿色生态资源与文化旅游深度融合而形成的业态，它兼有绿色文化、绿色旅游融合发展之意蕴，更加注重生态环境，更加注重人与自然界和谐相处。生态文明理论是绿色文旅的价值基础和根本导向，生态体验和品质生活是绿色文旅的发展取向。

　　2018年3月，第十三届全国人大一次会议表决通过国务院机构改革方案，批准设立文化和旅游部，统筹协调文化产业和旅游产业发展，打破了文旅融合发展的体制性障碍，为文旅经济高质量发展奠定了基础。2019年8月，国务院办公厅印发《关于进一步激发文化和旅游消费潜力的意见》，文旅经济迎来了良好发展机遇。2020年9月22日，习近平总书记在教育文化卫生体育领域专家代表座谈会上的讲话中强调"文化产业和旅游产业密不可分，要坚持以文塑旅、以旅彰文，推动文化和旅游融合发展"，进一步为文旅经济高质量发展指明了方向。2022年10月，习近平总书记在中共二十大报告中指出，要"推进文化和旅游深度融合发展"。

　　中共十八大以来，宜昌市全面贯彻落实习近平总书记关于文化和旅游工作的重要论述和在湖北考察时的重要讲话精神，坚持把文化作为灵魂、品质作为生命、创新作为动力，用全球视野、国际标准、系统观念，全市"一盘棋"统筹推进文化和旅游融合创新发展，扎实推进文化和旅游真融合、广融合、深融合。2019年2月，宜昌市文化和旅游局正式挂牌。2022年3月，《宜昌市文化和旅游发展"十四五"规划》出台，为深耕绿色文旅、打造世界级宜昌提供了重要助力。2023年8月，中共宜昌市委七届五次全会明确提出，依托世界级长江三峡，打造具有独特魅力的世界文化旅游名城。

一、强化绿色文化观念

文化兴则国家兴。文化是全面建设社会主义现代化国家的重要组成部分和重要力量支撑，是国家兴衰的命脉，文化自信自强是保持民族精神独立性的基石。文化有着极强的渗透性、持久性，对政治经济与人民生产生活能产生深刻影响，也是展现一个国家、一个地区综合实力的重要指标。绿色文化是文化大家庭的一员，是习近平生态文明思想的重要组成部分。

（一）明晰绿色文化基本内涵

树立绿色发展理念，发展绿色文化，是建设美丽中国、建设社会主义文化强国的基本任务之一。绿色文化是人们在认识自然、改造社会、认识自我的过程中逐步发展而来的一种新文化，是生态意识、环保意识、生命意识和人与自然和谐相处的价值观念、生活方式、行为规范在文化上的体现。绿色文化是绿色发展的灵魂，它包含绿色理念、绿色生产、绿色运动、绿色科技、绿色产品、绿色消费、绿色教育、绿色旅游等内容，并且其传播方式、内涵要素具有鲜明的时代性、和谐性、地域性、全球性特点。我国最早研究绿色文化的著名学者郭因曾指出"绿色文化就是狭义的生态文化"。而生态文化的核心和生态意识的最高表现形式就是绿色文化。

宜昌的绿色文化源远流长、底蕴深厚。早在2300多年前，著名爱国诗人屈原从宜昌走出，发出了探寻人与自然关系的第一声——《天问》。公元前33年，王昭君出使塞外，使"和文化"交融汉蒙、传遍了华夏。如今，宜昌从屈原、昭君文化的历史积淀中走来，坚持以绿色文化引领全域生态文明建设，扎实筑牢长江大保护的"生态屏障"，奏响了人与自然和谐共生的"宜昌乐章"，打造了生态治理的"宜昌样本"，彰显了绿水青山的"生态价值"，获得了"2020年最具生态竞争力城市""2021年十大秀美之城""全国重点旅游城市"等荣誉称号。2022年11月，宜昌市环百里荒乡村振兴试验区被授予

"绿水青山就是金山银山"实践创新基地称号。

（二）促进绿色文化健康发展

绿色文化是宜昌生态文明建设的灵魂，也是宜昌创建典范城市的重要基石，更是宜昌生态形象的最直观体现。著名诗人余光中曾用"人类对大自然的谦卑情怀与浪漫诗意组合的有机图案"来形容宜昌；中国作协会员林文钦曾用"绿得有文韵，绿得长精神"来赞美宜昌。从2010年2月获得"国家环境保护模范城市"称号到2022年11月荣膺"国家生态文明建设示范区"，一个个含金量十足的荣誉称号，见证了宜昌人民爱绿、护绿的生动实践，彰显了宜昌生态文明建设的丰硕成果。

1. 坚持以绿色文化规划作一方保障。 2018年1月4日，新华社在《新时代、新气象、新作为》专栏中刊发报道《让中华民族母亲河永葆生机活力——推动长江经济带发展座谈会召开两年间》，文章重点介绍了湖北省宜昌市在生态大保护方面的成就；2019年2月22日，《人民日报》第一版刊发文章《加快绿色发展——把握我国发展重要战略机遇新内涵述评之四》，文内谈及绿色发展，所举例子就是宜昌。宜昌绿色发展取得巨大成就来源于科学规划和长期坚持。

宜昌市在湖北省率先探索生态文明建设示范创建工作，2019年组建以市委书记为第一组长、市长任组长的"双组长制"创建工作领导小组，先后发布实施一系列生态文明政策制度措施，绿色文化方面的部署安排也纳入其中。

2018年2月，《湖北省生态文明建设示范区（湖北省环境保护模范城市）指标体系》印发，它涵盖生态制度、生态环境、生态空间、生态经济、生态生活、生态文化等六大方面，其中在生态文化方面对党政领导干部参加生态文明培训的人数比例、公众对生态文明知识知晓度、公众对生态文明建设的满意度均作了要求，宜昌市认真贯彻落实。2018年12月，市六届人大常委会第十五次会议批准了《宜昌市生态文明建设示范市规划（2018—2024年）》。该规划把生态文化体系建设工程列为17项生态文明建设重点工程，从设置生态文明公益广告、举办生态文化宣传活动、开展生态文明宣传下乡、开展生态文明调查问卷、建设生态文明教育基地等方面进行了详细部署，并提出 2024 年宜昌要实现生态文明制度完善健全，生态环境质量明显提升，节约资源和保护生态环境的空间格局、产业结构、生产方式和生活方式基本形成，生态文明观念意识深入人心，建成国家生态文明建设示范市的奋斗目标。2021 年 6 月，《宜昌市国民经济和社会发展第十四个五年规划和二〇三五年远景目标纲要》指出，宜昌要在 2035 年实现建成文化强市，广泛形成绿色生产生活方式，环境污染治理和生态修复取得重大成果，美丽宜昌基本建成的奋斗目标。同月，《宜昌市"美丽中国，我是行动者"提升公民生态文明意识行动方案（2021—2025)》印发，对如何繁荣生态文化作了明确安排：加大生态环境宣传产品的制作和传播力度，赋予宣传产品更多文化内涵；引导鼓励文化艺术界人士积极参与生态文化建设，加大对生态文明建设题材文学创作、影视创作、词曲创作等的支持力度，扶持生态文化产业发展。在创建国家生态文明建设示范区和文化强市的进程中，宜昌市将生态文化的培育作为文明单位、文明村镇、文明城市创建的重要内容；将生态文明建设纳入党校干部教育培训课程、学校教育和社会公民教育，增强全民保护环境、节约资源意识。广泛开展生态文明建设的宣传报道，持续挖掘绿色发展典型案例等措施，有力地促进了全市绿色文化建设，让绿色理念成为宜昌人民的行动自觉，融入宜昌人民的文化血脉。

2. 坚持以绿色文化宣传润一方百姓。为发挥以文化人的作用，凝聚宜昌人民坚定不移贯彻新发展理念、推动绿色发展的共识，推动形成人人关心、支持、参与生态环境保护工作新格局，宜昌市不断深化总结提炼、积极拓展对外交流，通过讲好宜昌生态故事、传播宜昌环保声音等形式积极传播绿色文化。一是始终坚持正面宣传。大力开展生态文明宣传工作，加强与各大媒体的沟通协调力度，让绿色生活、绿色发展的宜昌实践，在国家、省级新闻媒体报道中充分展示，聚焦生态小公民、三峡蚁工等优秀典型案例进行一系列重头报道，积极选树推介一批"宜昌楷模""宜昌好人""生态公民之星"；积极报送宜昌绿色发展的创新举措、经验成效新闻稿件，这些都立体化呈现了美丽中国的宜昌实践。二是不断创新宣传形式。通过"传统媒体＋新媒体"

"线上宣传＋线下联动"等宣传形式，充分借助主流媒体资源，利用微信、微博、短视频平台等新媒体，组织"名人带你游"系列活动，借助"书记（局长）带您游""文旅局长带您游""宜昌城市文旅推广大使蔡文静带您游"等活动，从不同视角向世界介绍这座充满烟火气和青春活力的峡江之城；组织"千名导游说宜昌""万名司机讲宜昌故事"和网红打卡等系列主题活动，宣传宜昌好山好水、好人好事、好产好业；组织"打卡中国·最美地标——你好，宜昌！"暨"大美三峡"网络国际传播活动，多国网红博主用镜头和文字，全方位、多维度、立体化、国际化地推介宜昌，引发超 70 余个国家的海外网友留言互动，覆盖拉美、南亚、欧洲地区网民 600 余万人，让美丽宜昌借助主流媒体"出海"，从而进一步激发宜昌人民建设长江大保护典范城市的信心与决心。

3. 坚持以生态文明教育促一方发展。宜昌市坚持治山治水先治人，在教育活动中突出生态文明教育，努力使每个人都成为生态环境的保护者、建设者、受益者。一是坚持加强生态文明社会教育。编制《宜昌市生态文明建设读本》，分"概念篇""制度篇"和"实践篇"三个篇章，向市民科普生态文明建设的重要性和必要性；积极开展生态文明教育进家庭、进社区、进工厂、进机关等活动；鼓励各地因地制宜建设各具特色、形式多样的生态文明教育场馆，面向公众开放，发挥生态文明宣传教育和社会服务功能。二是坚持推进生态文明学校教育。在全市中小学中持续开展"生态文明教育示范学校"创建活动，并与绿色学校、文明校园等创建活动有机结合，认真落实将生态文明教育纳入国民教育体系要求，组织、鼓励和支持大中小学生参与课外生态环境保护实践活动，将环保课外实践内容纳入学生综合考评体系；充分发挥研学实践基地、环境宣传教育基地、环境科普基地等作用，为学生课外活动提供场所、创造条件；指导学校建立校园资源消耗约束指标体系，完善生态课程、师生行为、水电气使用等管理制度，广泛宣传绿色低碳、生态环保知识，推动将生态文明教育融入校园文化建设，从而夯实绿色发展教育基础。

4. 坚持以国土绿化行动保一方青绿。全市深入践行"绿水青山就是金山银山"理念，统筹山水林田湖草系统治理，持之以恒建好三峡生态屏障，全方位提升城乡人居环境质量，打造出四季常绿、季季有花的宜昌版"富春山居图"。一是全域复绿添彩。宜昌主动探索，出台《宜昌市全域生态复绿总体规划（2018—2020年)》，印发《宜昌市增花添彩行动实施方案》，累计完成全域生态复绿5.27万亩、精准灭荒造林1.18万亩。远安县出台全域复绿规划，完成造林3114亩、森林抚育12000亩，高品质打造沮河滨水生态景观带、桃花岛湿地公园等城市名片。二是创建森林乡村。持续加强乡村自然生态保护，增加乡村绿化总量，提升乡村绿化美化质量，与美丽乡村建设、人居环境改善结合，推进森林城镇、森林乡村创建，形成"一村一品""一村一景""一村一韵"发展格局。至2022年底，全市成功创建国家森林乡村50个、湖北省森林城镇28个、省绿色乡村385个。宜昌全面提升农村人居环境，乡村面貌焕然一新，当阳市通过实施"一区一带一镇十村"乡村绿化美化示范建设，已经形成"全村是景观，处处是花香"的乡村新景象。三是加快产业造林。宜昌各县市按照"产业生态化，生态产业化"的思路，加大林业产业与精准扶贫、乡村振兴战略的统筹对接，大力发展木本油料、中药材、种苗花卉、森林旅游、森林康养等现代林业产业。长阳土家族自治县连续三年开展"栽下摇钱树、致富贫困户"植树活动，帮扶单位自带苗木，组织职工到对口村植树造林，累计定植苹果柿、猕猴桃、枇杷等各类经济林木230余万株，倾心培育山区农民致富脱贫产业。2022年全市经济林总面积达到464万亩，全市林业总产值达到620.34亿元。秭归县、五峰土家族自治县2020年分别入选全省"绿水青山就是金山银山"示范创建县和支持县。四是创新形式护绿。宜昌深入贯彻党中央《关于开展全民义务植树运动的决议》精神，从1981年开始，已经累计开展全民义务植树运动43周年。运用共同缔造理念，凝聚全民智慧和力量，采用领导垂范带动全民参与、工程引领推动质效提升、部门联动打造主题基地等措施推进全市义务植树深入开展，并且植树活动点多面广。据初步统计，2020—2023年共组织了138场"互联网＋义务植树"活动；全市年均200多万人次参与义务植树，每年各类尽责形式折合植树800万株以上，形成了全民绿化、共建共享的良好氛围。通过一系列措施，宜昌森林覆盖率从65.02%提高到68.59%，位居全省前列，为创建长江大保护典范城市提供了坚实的生态支撑。

二、推动绿色文旅产业发展

绿色文旅产业是绿色发展观引领下的第三产业新模式，它作为就业机会多、带动系数大、综合效益好的综合性产业，是旅游业的重要组成部分，具有"一业兴百业旺"的效应，因具有关联性高、辐射性强、涉及面广、带动性大的特点而成为当今世界各国优先发展的"绿色产业、朝阳产业、幸福产业"。文化与旅游两大产业的融合发展是经济发展、社会和谐、环境有价值的综合体现，对促进整个国民经济的发展和结构转型有着重要意义。在中国特色社会主义新时代，绿色文旅产业是宜昌极有基础与前途的富民产业之一。

（一）精准把握宜昌绿色文旅产业发展优势

1. 地理气候环境十分优越。宜昌古称夷陵，位于中国地势第二、第三级阶梯过渡地带，湖北省西南部、长江中游和上游的接合部，海拔从 2427 米（兴山县仙女山）至 35 米（枝江市杨林湖），垂直高差 2392 米，自西向东逐级下降，呈现"七山一水二分田"的地貌特征。宜昌属亚热带季风性湿润气候，四季分明，雨量丰沛，雨热同季。宜昌各地年平均降雨量为 967—1340 毫米，夏季山地凉爽，冬季河谷温润，春秋气温最宜，年平均气温为 14—17℃，日最低气温≤0℃日数为 9—33 天，日最高气温≥35℃日数为 15—42 天，无霜期为 250—300 天。2019 年宜昌获得"中国气候宜居城市"称号。

2. 自然人文景观非常丰富。宜昌具有自然生态优良、文旅资源富集、文化底蕴厚重三大特点。她不仅有灿烂的巴楚文化、三国文化、工程文化，也是中华民族之母嫘祖、伟大爱国诗人屈原、民族团结使者王昭君、近代名人杨守敬的故里，拥有"两坝一峡"等不可复制的世界级旅游资源，更是历代文人墨客的"朝圣之地"，李白、杜甫、王维、苏轼、王安石、陆游、文天祥等名家曾写下了 5000 多篇吟诵三峡、宜昌、屈原的华美诗文。宜昌还拥有 3131 处不可移动文物，世界级、国家级、省级、市级文化遗产 579 项，多家非遗展馆和非遗手工坊，一批国家级优秀剧目，一批世界冠军级别的优秀体育运动员，2020 年成功入选国家文化和旅游、体育消费试点城市。境内拥有 63 个 A 级景区，其中三峡大坝—屈原故里、三峡人家、清江画廊、三峡大瀑布 4 个景区为 5A 级景区，4A 级景区 23 个，夷陵区、远安县获批为国家全域旅游示范区，拥有许家冲村（夷陵区）、龙凤村（远安县）等 9 个全国乡村旅游重点村，全国特色景观旅游名镇名村 3 个，中国乡村旅游模范村 4 个。此外还开发了"昭君和亲路""长江夜游"等系列文旅产品。2022 年宜昌有星级饭店 46 家、游轮 54 艘、旅行社 206 家、导游 4000 名，获评"全国旅行社最受欢迎全域旅游目的地"，是全国著名的旅游文化名城。

3. 公共服务体系颇为健全。宜昌已成功建成第三批国家公共文化服务体系示范区，高规格建成宜昌市博物馆、城市规划馆、奥体中心，拥有 13 个国家一级文化馆、14 家国家二级公共图书馆、11325 个各类体育场地。同时，宜昌已建成湖北省首个全景旅游平台和 1000 多公里生态景观廊道，率先建成湖北省市州级融媒体中心，实现了农村智能广播网"村村响"全覆盖。

4. 支柱产业地位更加牢固。宜昌是国家重点支持打造的全国区域性中心城市、国家重点旅游城市，产业基础雄厚，聚集形成了绿色化工、生物医药、装备制造、清洁能源、新一代信息技术、文化旅游、现代特色农业、食品饮料、建筑建材等九大产业，2022 年全市高新技术企业主体总量 1141 家。多年来，宜昌坚持外修生态、内修人文，充分发挥文化铸魂、文化赋能以及旅游为民、旅游带动的作用，把文化旅游打造成为战略性支柱产业。至 2022 年底，宜昌已成功创建 1 个国家级文化产业示范基地、6 个省级文化产业示范区、13 个省级文化产业示范基地、2 个国家级体育产业示范单位，拥有 470 家规模以上文化企业。宜昌成功打造了文化产业"金名片"——"长江钢琴"。"十三五"期间，全市文化和旅游业规模不断扩大，累计接待游客 3.67 亿人次，实现旅游综合收入 3860.46 亿元。2021 年共接待游客 8732.77 万人次，实现旅游总收入 874.72 亿元，占全市生产总值比重 17.41%；2022 年全市接待游客 7905.18 万人次，旅游收入 766.57 亿元，占全市生产总值比重 13.93%。

"十四五"以来，宜昌市聚焦建设"世界旅游名城"和打造"国家重点文化旅游枢纽城市"两大目标，对标世界一流旅游城市，树立系统思维，将全域作为一个旅游"大系统"来把握，把各县市区作为功能完整的旅游"子系统"来打造，把产业、交通、城建、宣传、文化、体育等各方面作为旅游功能来建设，注重系统与各子系统、各功能板块之间的内在逻辑，一体化推进文旅产业深度融合，加快推动文旅产业高质量发展。

（二）多措并举，推进文旅产业深度融合发展

"十四五"以来，宜昌不断探索文旅深度融合的路径和方式，把"文旅产业综合实力进入全国同类城市第一方阵，初步建成社会主义文化强市、体育强市和世界旅游名城"作为一大发展战略目标提出，积极寻找文化和旅游产业链条各环节的对接点，深入推进"文旅＋""＋文旅"，进一步激发文旅消费潜力，促进文旅体产业集群内融合和产业链上下游的外融合，印发了《关于金融支持文化和旅游产业高质量发展的实施意见》《宜昌市建设世界旅游名城五年行动方案（2021—2025 年）》《宜昌市建设国家体育消费试点城市工作方案（2021—2022 年)》《宜昌市建设国家文化和旅游消费试点城市工作方案(2021—2022 年)》《宜昌城区旅游高质量发展行动计划（2021—2024 年)》等系列文件，将文旅产业作为招商引资的重点领域、项目建设的重要战场。

1. 大力培育壮大市场主体。持续优化营商环境，大力引进具有国际实力的文旅市场主体、专业运营公司和战略投资者。同时，实施"领军型、骨干型、新锐型"文旅企业梯度培育计划，全力推动文旅企业联合联盟联营发展。进一步支持宜昌城发集团拓展深耕文旅产业，鼓励本地企业强强联合，支持有实力的文旅企业上市。纵深推进文化体制改革，组建湖北三峡演艺集团有限责任公司、宜昌尔雅文博服务有限责任公司等。在第十八届深圳文博会上，宜昌尔雅文博服务有限责任公司、湖北昭君旅游文化发展有限公司等文化企业的特色文创产品（萌态可掬的宜昌文旅 IP 手办、昭君系列文创产品等）吸引了众多嘉宾，大大提高了宜昌的美誉度。

2. 持续搭建融合发展平台。为了加快推进文旅业与相关产业的跨界融

合，宜昌将文化和旅游融入新型城镇化和乡村振兴大局，统筹事业和产业发展系统，推进文旅融合。坚持以市场需求为导向，全力推动"文体商旅"资源要素向产业集中、企业向平台集中，集中力量重点打造装备制造、文化创意类、研学教育、数字经济四类产业园区（即三峡文旅体装备制造园、三峡广告创意产业园、东方年华研学教育产业园、5G电竞产业园），高标准建设了西坝长江不夜岛、长江国际文化广场—环球港文旅综合项目等十大文体商旅综合体。其中，西坝长江不夜岛项目投资100亿元，是一处全岛域、沉浸式、潮玩范、艺术感、全天候的休闲游乐体验地，也是宜昌城市旅游的一张新名片。高规格建设了文旅、康养、体育三类特色小镇（包括宜昌音乐小镇、关公文化小镇、百里荒康养小镇、兴山榛子黄粮康养小镇、高岚体育旅游小镇、水田坝离地运动小镇等项目），精心打造了三峡遗产风景带、湘鄂西革命根据地红色旅游廊道、宜都—五峰万里茶道走廊等八条廊道，全力打造了各类数字文旅平台（包括三峡库区绿色发展投资基金等系列融资平台、华中文交所产权交易平台等）。宜昌充分利用好产业园区、文体商旅综合体、特色小镇、综合廊道、数字文旅平台这五大发展平台，全力推进全域文化旅游体育产业高质量集群化发展。

3. 重点建强八大优势产业。 宜昌市坚持以"繁荣文化、提质旅游、建强体育、激活数字"为行动纲领，围绕文化创意业、广电出版业、旅游服务业、休闲娱乐业、竞赛表演业、游轮游艇业、装备制造业、数字文旅业等产业的基础和发展优势，盘活存量，做大增量，不断推进文旅体产业提质增效。在文化创意业方面，已成功培育了一批文化领军企业，湖北宏裕新型包材股份有限公司、湖北宜美特全息科技有限公司获评国家专精特新"小巨人"企业，湖北金三峡印务有限公司入选中国印刷包装企业百强，宜昌金宝乐器制造有限公司等进入湖北省文化企业十强。在广电出版业方面，推进宜昌媒体深度融合，支持三峡日报传媒集团、宜昌三峡广电集团做大做强，于2022年4月重新组建宜昌三峡融媒体中心（集团），并且成功入选中宣部全国地市级媒体深度融合发展试点。在旅游服务业方面，始终坚持"优结构、提品质、创精品"，推动全域旅游发展，已培育湖北三峡旅游集团等作为旅游龙头企业。在数字文旅业方面，顺应数字产业化和产业数字化趋势，以"智慧上云""全景上云""非遗上云"推动文旅资源在线化，开发"太阳人石刻""宜昌·端午"系列数字藏品，发展旅游直播，组织 5G 赋能云游宜昌、"县市区长（局长）数家珍"等系列活动；举办英雄联盟、使命召唤等国家级电竞赛事，打造"文化 E 家"线上消费服务平台；自 2022 年 6 月起，在全国率先发放导游稳岗补贴 140 万元。发行宜昌文惠卡，2022 年发放 3452 万元"惠游湖北""惠动湖北"文旅体消费券，充分激活文旅产业新动力。

4. 精心举办系列节庆活动。 坚持用浓墨重彩的节庆活动推动文旅产业融合发展是宜昌的一大特色和亮点。中国长江三峡国际旅游节、长江钢琴音乐节、屈原故里端午文化节、远安嫘祖文化节、五峰土家儿女诗会、长阳木瓜花文化旅游节、枝江桃花艺术节等活动"节节相扣"，并且这一场场以旅论道的盛会，已演变为一场场集文化、旅游、艺术、民俗、美食等于一体的全民联欢。屈原诞生地秭归，已形成了"端午年年办、两年一大办"的举办格局。屈原故里端午文化节活动形式多样，多年来，无数宜昌儿女赛龙舟、撒粽子、唱楚辞，用独特的形式传承着屈原文化，每年均吸引无数中外游客。如今，依托大型节庆活动，屈原故里端午习俗早已飞出国门，走向世界。长阳土家族自治县截至 2023 年已经连续举办了十七届木瓜花文化旅游节。榔坪镇种植了七万余亩名贵中药皱皮木瓜，其产量占中国药用木瓜总量的 70% 以上。长阳充分发挥皱皮木瓜这一药材优势，深入推进农业产业现代化和三产融合，开辟了一条独具榔坪特色的乡村振兴、绿色发展之路。每年阳春三月木瓜花竞相绽放，一片花海惹得游人醉，大大带动了当地经济发展。

随着文旅产业全景、全业、全域高质量融合发展，宜昌的文化旅游事业硕果累累，全域旅游竞争力显著提升，核心景区品质迭代升级，绿色文旅产业稳步发展，开放合作活力加速释放，挺进"世界旅游名城""长江大保护典范城市"的脚步愈发坚定有力。以三峡枢纽河段为例：2023 年 1 至 6 月，三峡枢纽河段的客流量大幅增加，三峡枢纽累计通过客船 490 艘次，同比增长 1431.25%，通过游客 19.61 万人次，同比增长 8802.22%；葛洲坝枢纽累计通过客船 1303 艘次，同比增长 157.51%，通过游客 76.55 万人次，同比增长 817.18%。宜昌正以崭新姿态喜迎八方游客。

三、擦亮绿色文旅品牌

品牌是高质量发展的重要象征，加强品牌建设是满足人民美好生活需要的重要途径，也是推动高水平对外开放的有效途径。中共十八大以来，党中央、国务院持续加强对品牌建设工作的顶层设计，各地区各部门深入贯彻落实中央决策部署，扎实推进品牌培育、创建、提升、推广。宜昌市高度重视品牌建设，全面深化品牌强市工作，于 2010 年成为首批国家商标战略实施示范城市，2020 年又获批为国家知识产权运营服务体系建设重点城市。2022 年8 月，国家发展和改革委员会等七部门联合印发的《关于新时代推进品牌建设的指导意见》指出，要培育产业和区域品牌，做强做精服务业品牌，培育优质在线服务品牌、数字化品牌和电商品牌等，为新时代文旅品牌建设指明了方向。

（一）宜昌品牌打造繁花满枝

宜昌文旅与时代同频共振，始终把品牌培育当作加快服务业专业化品质化发展的有效路径，把品牌建设作为做大做强文旅产业的有效手段，把品牌营销看作助力文旅产业发展的重要工具，铆足"咬定青山不放松"的干劲，厚植"好景也要靠吆喝"的文旅"店小二"情怀，不断推陈出新，精心打造了一批叫得响、立得住、传得开的文旅品牌，为描绘中国式现代化的宜昌画卷作出了重大贡献。宜昌的品牌"家底"丰厚，各项品牌建设指标均排在湖北前列，领跑各地市州。

1. 拥有享誉世界的旅游品牌。宜昌是世界第一坝——三峡大坝、中国第一坝——葛洲坝所在地，两坝汇聚横跨长江，成为世界独一无二的景观。"两坝一峡"百里峡谷风光、高峡平湖胜景、三峡大坝工程旅游及研学旅游等在全国独树一帜。如前所述，宜昌拥有 5A 级景区 4 个，拥有宜昌博物馆、宜都青林寺休闲旅游区等 4A 级景区 23 个。屈原故里端午习俗、长盛川青砖茶制作技艺分别于 2009 年、2022 年被列入联合国教科文组织《人类非物质文化遗产代表作名录》，三峡人家风景区、车溪民俗旅游区、三峡非遗 in 巷入选 2022 年"全国非遗与旅游融合发展优选项目名录"。

2. 拥有贯通古今的文化品牌。宜昌是一座人文荟萃、底蕴厚重的历史文化名城。屈原故里端午文化节成为唯一核准保留的端午国家节庆活动，屈原祠也成为世界非物质文化遗产——中国端午习俗的重要传承地、海峡两岸交流基地、湖北省爱国主义基地和廉政教育基地。同时，屈原文化也成为宜昌最亮丽的精神标识和文化品牌，"屈原昭君故里非遗之旅"入选全国 12 条非遗主题旅游路线（湖北省唯一）。长江三峡国际旅游节成为全国知名文化旅游节庆品牌。中国宜昌长江三峡国际龙舟拉力赛创造了世界上最长距离龙舟拉力赛纪录。中国宜昌自然水域国际漂流大赛影响广泛。同时，宜昌还成功打造了"中国诗歌之城""中国钢琴之城""中国龙舟名城""读书之城""爱乐之城""全国文明城市""中国十大秀美之城"等国家级品牌。2023 年 3 月，宜昌荣膺"中国研学旅行目的地·标杆城市"称号，名列全国五座"标杆城市"之一。

3. 拥有独具特色的生态品牌。宜昌充分利用"五多"特点（著名峡谷多、观赏溶洞多、名山奇峰多、秀水胜景多、珍稀生物多）大力打造一系列生态品牌，已成功打造 6 个国家和省级自然保护区、8 个国家森林公园、9 个国家湿地公园。另外还成功入选全国文化生态保护实验区名录 2 个、省级生态旅游示范区 4 个。如今的宜昌水绿山青、鸟语花香、江豚"逐浪"，人与自然和谐相处的生态美景已成常态。

4. 拥有驰名中外的商标品牌。截至 2022 年 12 月 31 日，宜昌市有地理标志总量 86 件，地理标志市场主体累计 1462 家，有受驰名商标保护的品牌 67 个，商标发展指数位居全省第一，是湖北省的商标大市。例如，人福药业"瑞捷"商标品牌价值评估位列中国医药健康领域第 11 位；宜昌"长江"品牌系列钢琴成为中国首个登上国际钢琴大赛舞台的中国钢琴品牌；"稻花香"商标连续 18 年上榜"中国 500 最具价值品牌"。

5. 拥有生机勃勃的创新品牌。宜昌坚持创新驱动，出台鼓励创新创业的

"黄金十条""双创六条"及文化旅游体育人才专项引入计划等政策，不断强化"用户思维"和"游客体验"，坚持推进文化产业园区、旅游度假区等品牌创建工作，打造了许多符合现代人需求的文旅范式和产品。例如创新打造了西坝"五夜"（夜游、夜演、夜宴、夜购、夜娱）主题文旅品牌，让游客"留得住、不想走、还想来"。在 2021 年第十五届中国文旅总评榜上，宜昌文旅喜获大奖，成绩傲人。宜昌市文化和旅游局获得"文旅传播特别贡献奖"，湖北三峡旅游集团荣获"文旅运营管理卓越奖"，宜昌三峡人家喜获"文旅融合示范景区"荣誉，宜昌百里荒旅游度假区获评"最受欢迎滑雪景区"，湖北三峡旅游"两坝一峡"荣获"最佳口碑文旅品牌"，宜昌清舍客栈获"最佳口碑民宿"，三峡环坝旅游集团董事长邢昊荣获"文旅发展贡献人物"奖项。如今的宜昌，宜居、宜业、宜学、宜商、宜游。

（二）宜昌品牌建设脚步铿锵

1. 高度重视，坚持一个规划与一个方案引领。 多年来宜昌市一直重视品牌塑造与传播工作，依托历史人文、生态环境、交通区位、产业发展等特色优势，持续开展品牌建设。2021 年 8 月成立了宜昌市城市品牌塑造与传播工作领导小组。2021 年 12 月中共宜昌市第七次党代会报告中强调：要"打好区域公用品牌、企业品牌、产品品牌'组合拳'，建立全链条标准化体系"。要求讲好宜昌的好山好水、好人好事、好产好业故事，实施城市品牌塑造与传播工程。2022 年 3 月，《宜昌市文化和旅游发展"十四五"规划》印发，对如何实施精品工程、塑造城市文旅品牌进行了部署。同年 4 月，《宜昌市建设世界旅游名城五年行动方案（2021—2025 年）》印发实施，该方案聚焦产品供给、旅游服务、便利交通、品牌营销等方面，提出了打造世界知名的旅游产品、创新吸引世界的品牌营销等 4 个方面 19 项具体任务。上述规划与方案统筹衔接、相互支撑，是"十四五"时期宜昌文旅工作的重要抓手，也是宜昌文旅品牌建设的有力保障。在规划与方案的引领下，宜昌以一城之名，将"中国品牌日"所在周设立为宜昌城市品牌推广周，于 2022 年 5 月成功举办了主题为"城市品牌 为宜昌赋能"的城市品牌推广周活动，发布了《爱上一个宜昌姑娘》城市形象歌曲,这在全国都具有创新意义。2023年宜昌继续秉持"人人都是城市代言人,人人都是文旅推荐官"的"共同缔造"理念,持续巩固拓展"带你游"系列文旅品牌营销,围绕"两节两赛"(长江三峡国际旅游节、宜昌第四届艺术节,长江三峡国际龙舟拉力赛、宜昌马拉松),多维度、全方位、立体化推进宜昌城市品牌塑造推广工作。

2. 突出重点,大力实施精品工程。一是全力提升"两坝一峡"新能级。宜昌市坚持系统观念,主动下好长江国家文化公园建设的"一盘棋",于2022年深度融入长江国家文化公园和长江三峡国家风景道建设中,同时不断加快对三峡大坝、三峡人家、三游洞(西陵峡)等景区的扩容升级,聚焦打造千万能级的5A景区"舰队"。宜昌5A级景区数量已居湖北省第一、全国前列。宜昌正按照世界级旅游度假区的标准,持续推进宜昌三峡国家级旅游度假区创建工作。三峡游轮中心项目是湖北省规划建设的三大游轮母港之一,由国际游轮码头、三峡旅游广场和滨水生态湾区等组成,于2018年5月开工建设,构建"四型"(观光游览型、休闲度假型、主题娱乐型、自驾滚装型)游轮体系,推出了以宜昌游轮母港为始发站的长江国际游轮路线,此外还畅通了东西向水陆联运交通,打通了南北向快捷公路交通。三峡游艇俱乐部为该项目的先行工程,整栋建筑高21米,东西跨度超200米,串联城市道路景观主轴;在施工中创新应用了水资源循环利用系统,能够实现雨水、施工用水等水资源的多次循环利用。2023年7月,三峡游艇俱乐部全面完工。

二是全力打造屈原文化地标。聚焦"一标三地"(永恒的文化地标,屈原文化的权威阐释地、标准制定地、活动聚集推广地)建设目标,宜昌市让屈原文化浸润城市的一砖一瓦、一草一木。2021年8月开始谋划建设屈原文化公园,选中了紧邻长江的磨基山片区;同年12月,与中国社会科学院文学研究所合作共建屈原文化研究院,近几年已高水平开展了系列屈原文化研究和推广活动。2022年8月,总投资18.8亿元的屈原文化公园正式开工,将着力打造成长江国家文化公园的重要支撑。屈原故里景区进行了全面升级,2019年3月底,总投资4.9亿元的屈原故里(乐平里)景区的建设启动,将于2028年前建成集观光、休闲、康养、度假、研学、露营于一体的国家4A

级景区。同时，还把创建全国文明典范城市与传承和弘扬屈原文化有机结合，全面塑造宜昌城市金名片。

三是全力建好特色文旅精品。宜昌市从精品景区和度假区、精品街区、精品酒店和会展、精品美食、精品礼物、精品演艺、精品节庆赛事、精品研学、精品夜游、精品路线十大板块持续发力，紧密对接市场需求，高品质打造了一批世界级文旅产品。在精品景区和度假区方面，聚力打造了两坝一峡旅游区、三峡坝区旅游区、平湖国际旅游岛、高峡平湖生态休闲旅游区、环百里荒农文旅综合开发项目、清江天龙山——鲟鱼湾康养旅游度假区、枝江金湖——百里洲生态旅游区等项目。在精品路线打造方面，成功推出长江三峡游、城市风情游、土家民俗游、三国传奇游、美人寻踪游、特色健身游等精品路线，同时积极联动武汉、荆州、荆门、恩施等长江经济带城市，共同开发和培育两坝一峡·三峡精华游、世界水利·长江三峡游、宜荆荆恩·鄂西精彩游、三峡香溪·神农武当游、屈原昭君·非遗主题游、关公圣地·三国文化游、丝路茶道·万里探源游、武陵画廊·巴土风情游、田园水乡·运动休闲游、筑梦宜昌·红色教育游等旅游精品路线，通过强强联手、优势互补，实现文旅高质量发展。

四是全力发展品质休闲业态。围绕城市、乡村、文化、运动、康养、会奖六大休闲体系，大力发展品质休闲业态。在城市休闲方面，大力推进特色滨江、活力左岸和风景右岸建设，已形成市民游客共享的城市美好生活空间。重点打造宜昌古今·大南门等一批特色旅游休闲街区，全力推进"两岛一湾"大开发、南采奥特莱斯文旅小镇等一批城市文体商旅综合体。开通观光巴士，创意开发一批时尚的打卡节点。在乡村休闲方面，有序推进美丽乡村、美丽村湾、美丽庭院建设。宜昌远安的美丽乡村建设经验3次在湖北省交流，已建成16个省级美丽乡村试点示范村。持续推进文旅名镇名村、乡村旅游景区建设，2022年，宜都市五眼泉镇获评旅游名镇，点军区点军街道办事处牛扎坪村、枝江市安福寺镇秦家塝村获评旅游名村。在文化休闲方面，持续深入挖掘整合宜昌红色旅游资源，推动红色资源转化为高质量红色旅游产品。三峡大坝入选湖北省红色旅游"十佳"景区，5名讲解员入选"全省红色五好讲解员培养项目库";"中国三峡 世纪工程"精品路线入选全国"建党百年红色旅游百条精品路线"。

3. 加大力度，精准营销城市文旅品牌。宜昌很早就重视对城市品牌的打造，在 2021 中国地级市品牌综合影响力指数名单中取得全国榜第十六位、湖北榜第一位的好成绩。2022 年以来，宜昌更是从战略高度抓实城市营销，把城市营销作为花小钱获得大收益的重要举措，用全球化、全民化、全媒化的思路来推动城市品牌营销，从而让魅力宜昌传播四方。

一是精准营销城市品牌。做好城市品牌顶层设计，建立宜昌城市形象视觉表达系统，聘请国际国内知名营销团队北京洛可可公司策划包装宜昌旅游产品，发布宜昌城市形象口号、城市品牌标识及豚憨憨、电能能、橙甸甸、粽满满等宜昌文旅新 IP 形象，并在城市建设、招商引资、公共设施、公务系统中广泛宣传应用。巧妙设计三峡工程、长江江豚、中华鲟等一系列城市视觉符号，精准谋划"一句话叫响宜昌""一个吉祥物代表宜昌"等城市 IP 营销。持续开展一系列讲好"宜昌素材的中国故事"、传播"宜昌元素的中国文化"、创新"有文旅符号的产品包装"、绘制"有收藏价值的宣传画册"、拍摄"会讲故事的短视频"等活动，面向全球精准开展城市品牌营销推广，不断擦亮宜昌"中国美食之都""中国自然水域漂流之都"等城市名片。2023 年 5 月 9 日，宜昌城市品牌推广周启动仪式上公布了 2023 年城市宣传口号"宜昌，一座来电的城市"，同时发布了宜昌中国驰名商标贡献榜、宜昌十大城市品牌传播案例、宜昌市直部门十大政务新媒体平台，并为宜昌城市品牌推广大使颁授证书。

二是精深营销产品品牌。宜昌依托得天独厚的资源优势，着力打造"文化牌""三峡牌""休闲牌"等系列文旅体产品品牌，扎实推进文旅品牌工作。例如聚焦长江三峡，在市外统一叫响"游长江三峡、从宜昌出发""三峡大坝在宜昌"，在市内则聚力营销"两坝一峡·三峡精华"。同时还跨区域联合推介了"长江三峡""长江三峡—张家界"等旅游路线，并持续举办了一系列具有国际影响力的节庆赛事和文化交流活动。例如 2022 年高水平举办了屈原故里端午文化节和中国龙舟争霸赛、中国宜昌朝天吼自然水域漂流大赛等 24 项群众体育赛事活动。2023年则高水准举办了湖北省第十六届运动会开闭幕式、中国长江三峡国际旅游节、三峡大坝观澜节等节庆活动，举办了2023国际划联龙舟世界杯赛等高水平体育赛事，开展了宜荆荆都市圈文化交流展示活动等，全面提升宜昌城市美誉度。

三是精准营销旅游热点。注重运用自带流量的社交方式实施营销，充分利用微信、微博、短视频等新媒体，发挥"宜昌全景旅游""一部手机游宜昌"等优质平台作用，精准实施热点营销。举办秀美三峡"抖"看宜昌短视频挑战赛、宜昌文化旅游产品全球创意大赛等爆款活动。搭建一批世界级景观和话题直播平台，广泛开展"画家画宜昌、作家写宜昌、音乐家唱宜昌、摄影家拍宜昌、明星赞宜昌、主播播宜昌、市民说宜昌"等全民营销活动。选聘奥运冠军、网红大V等担当宜昌文旅推广大使，拍摄"名人带你游"宣传片，借助粉丝力量让城市更有热度和"网红范"。

四是精心搭建国际营销渠道。构建"全球播放宜昌""处处展现形象""时时互动推广""行行打造品牌""人人代言城市"的全域营销渠道，并积极谋求加盟世界旅游城市联合会（WTCF）。加强与国内外知名旅游城市、世界大峡谷区域旅游城市、"一带一路"和万里茶道沿线城市等的交流合作。创造条件设立海外重点客源城市宜昌旅游办事处（推广站），充分利用国际会议、外事活动、在宜留学生等渠道开展营销。2019年9月，宜昌举办"爱上宜昌"旅游推介暨战略合作协议签约会，重点推介"两坝一峡"精华游、土家民俗风情游、三国文化寻踪游等精品路线，与美国环亚风景国际旅行社有限公司等多个国家和地区的14家旅行商代表签了战略合作协议。2022年8月，宜昌举办首届"屈原文化研究国际论坛"，来自美国普林斯顿大学、中国社会科学院、北京大学等国内外知名高校和科研机构的百余名专家学者以"线上＋线下"的方式"相聚"屈原故里，共论屈原文化的当代价值和世界意义，以全球视角推广屈原文化。同月，巴西、韩国、英国、西班牙、墨西哥、巴基斯坦等国的驻华使节、外媒代表、网红博主均到宜昌参加了"打卡中国·最美地标——你好，宜昌！"暨"大美三峡"网络国际传播启动仪式，宜昌作了主题为"宜昌屈原昭君故里，三峡生态名城"的文旅打卡推介，发布了宜昌精品旅游路线。

品牌建设非一日之功，宜昌人以永不放弃的闯劲、经得起磨炼的韧劲、脚踏实地的干劲、勇往直前的拼劲投身于世界旅游名城建设中，蹚出了一条属于自己的特色之路，实现"量""质"双提升，荣获了"全国文旅高质量发展城市""著名旅游金名片"等荣誉。

四、突出绿色文旅业态创新

业态创新是推进文化旅游转型升级的有力武器，也是培育文化旅游经济新增长点的重要途径。所谓业态创新，是指在业态发展进程中，以新的经营方式、经营技术和经营手段取代传统的经营方式和技术手段，由此创造出不同形式、不同风格、不同商品组合的形态，去面向不同顾客或满足不同消费需求的活动。宜昌市坚持从供给侧入手，以提高有效供给为抓手，一方面在推动传统文旅产品"老树发新芽"上下功夫，另一方面积极孵化和培育新产品形态，系统性推进旅游新业态发展，不断开发绿色旅游与绿色文化产业融合的新兴业态。这种业态创新集中体现在推动旅游业态从传统的山水人文向沉浸式、虚拟化、夜间性、年轻态的转型上。

（一）向沉浸式转型

所谓"沉浸式"，是指通过看、触摸、听、闻等交互体验，让人身临其境。宜昌市立足自身的名人故里优势、历史文化底蕴、民族特色风情、乡村度假资源，推动传统旅游形式向沉浸式转型。"宜昌记忆"沉浸式非遗展示馆和长阳、五峰的县非遗馆已建成开放。

1. 坚持依托名人故里优势，沉浸式体验巴楚文化。一是依托屈原故里优势，厚植楚辞风韵，打造古色古香的沉浸式体验。推出《屈原》话剧，充分利用现代化的声、光、电等科技手段和舞台机械的辅助，生动展现屈原悲壮、伟大的一生，让观众在两个多小时的演绎中，沉浸式看到了一个正道直行、忠君爱国、上下求索、决不妥协、诗意满盈的屈原；精心打造《屈原九歌》

实景演艺项目，通过水芭蕾与光影的幻化互动，让楚辞离骚中的浪漫世界映入眼帘，全景式、立体式展现宜昌的文化和美景。在2022年屈原故里端午文化节开幕式上，更是通过诗、歌、舞组合表演文艺形式，充分展示屈原故里传统端午习俗和巴楚文化内涵。精心打造大型原创音舞诗画《楚辞里的中国》，将高峡平湖、三峡大坝、屈原祠实景与全息投影、虚拟XR、地平投射、无人机塑形、烟花秀等高度融合，为海内外观众带来了一场文化视听盛宴。二是以昭君故里为基点，在默默流淌的香溪水畔，打造出与古人对话的沉浸式体验。于香溪水畔看昭君浣纱，观青涩少女的天真烂漫；在亭台楼宇间遇汉服女子，品深陷宫廷的无可奈何；在《昭君别乡》中看"汉家秦地月，流影照明妃"，悟坚忍女子的家国情怀。

2. 坚持依托历史文化底蕴，沉浸式体验非遗文化。一是利用全媒体宣传效能，大力宣传非遗技艺。与《三峡晚报》合作开展"宜昌非遗守艺人"全媒体宣传活动，不仅在《三峡晚报》开辟同名专栏，以图文形式呈现宜昌非遗传承人的风采，而且筛选部分非遗技艺，以视频方式展示非遗项目的表演片段、制作技术等。二是扎实推进"非遗+旅游"，整合市内非遗资源，打造精品非遗品牌。不仅先后打造出屈原故里端午文化节、昭君文化旅游节、嫘祖文化节等非遗节会品牌，而且推出昭君村古汉文化旅游区昭君传说之旅等"十大"非遗主题旅游路线，以及宜都市宜红茶等"十优"非遗旅游商品。

3. 坚持依托少数民族资源，沉浸式体验风土人情。宜昌以境内土家文化资源为基础，开发土家特产，展现土家文化，让游客在互动中体会土家风情。推出苞谷酒、酱香饼、土家茶等土家特产，推出皮影戏、土家绝活表演等特色节目，推出土司文化遗址展览活动，尤其是互动式的民俗表演更是让游客沉浸其中。无论是车溪体验式摆手舞节目中时常出现的抢到绣球的游客"新郎"，还是长阳清江画廊景区融合了原生态山歌、南曲、哭嫁等多种元素的歌舞秀《花咚咚的姐》，抑或是在"向王天子号"游船上与八方游客纵情放歌的土家虎仔们、齐声共唱《六口茶》的土家幺妹们，均让访客宾至如归。

4. 坚持依托乡村振兴战略，沉浸式体验乡村度假。一是推出了一批特色乡村。枝江吉吉村、五峰栗子坪村等一批特色乡村成了"网红"地；宜都九河园田火龙果、潘家湾乡猕猴桃、红花套柑橘采摘等乡村休闲游受到家庭聚会青睐；秭归水田坝乡离地运动小镇、磨坪乡村旅游等深受游客追捧；远安鹿苑村烧烤基地、龙凤村拈花谷景区备受游客青睐。二是涌现了一批优秀民宿。夷陵南岔湾石屋、当阳刀田驿、点军溪上人家、长阳清舍客栈等一批有颜值、存内涵的高端民宿荷角初露，远安的木兮民宿更是成为一个集乡村旅游、亲子游乐、户外烧烤、果蔬采摘、民宿住宿等功能于一体的"网红"景点，土家山寨里发展如火如荼的民宿，为乡村旅游增添别样的文化韵味，吸引游客共赴"诗与远方"。这种沉浸式旅游体验，让游客不再走马观花，而是沉浸其中，感受历史的脉络，体会文创与时光的有机融合。

（二）向虚拟化转型

所谓"虚拟化"，是指依托数字技术，对文化与文物进行数字化再造。这种虚拟化不仅是对风景本身的虚拟化，也是对文化底蕴的虚拟化，更是对城市品牌的虚拟化。宜昌积极探索传统山水游向虚拟化转型的道路，探索城市品牌形象推广和文旅融合的新路径。

1. 创新 VR 表现方式。一是利用 VR 创新表演方式。宜昌将 VR 技术与歌舞表演结合，全方位展现宜昌城市文化。尤其是 2022 年屈原故里端午文化节开幕式上展现的大型原创音舞诗画《楚辞里的中国》，创新性使用全息投影、虚拟 XR、地平投射等现代技术，将高峡平湖、三峡大坝、屈原祠实景与虚拟的光影交织在一起。节目一经推出，不足半月，浏览量便达 2.1 亿人次。二是利用 VR 展现宜昌风情。宜昌全景旅游平台是 2019 年开发的湖北首个 VR 全景旅游平台，它将宜昌城市地标与 55 个景区立体呈现于大众眼前。同时，对宜昌博物馆进行智慧化数字化改造，建成智慧管理平台，利用智能 VR 穿戴、智能互动魔法墙等数字设备，让文物"活"起来，让历史"动"起来，让风景"变"起来。

2. 开发数字文创 IP。一是以文化遗产为关键打造系列数字藏品。开发"太阳人石刻"文物系列数字藏品，还原文物原貌、叠加东君特征、展现三峡地貌的"太阳人石刻"系列数字藏品，上架 12000 份不到 10 秒即售罄。同时推出全国第一批以端午为主题的数字藏品，以"宜昌·端午"为核心，从"粽子"和"龙舟"两大符号入手，创造两个系列共 12 款藏品，上架 24000 份不到 3 分钟全部售罄。二是以宜昌特产为元素开发系列文创 IP。以"长江江豚"为原型打造文创 IP"豚宝"，包含江豚杯、江豚遮阳伞、江豚钥匙扣等文创产品。同时通过广纳民意，选出宜昌文旅 IP 形象，分别是代表宜昌农业物产的"秭归脐橙"橙甸甸、代表宜昌生态环境的"长江江豚"豚憨憨、代表屈原文化的"端午香粽"粽满满、代表宜昌中国动力心脏的"水利电能"电能能四个形象元素，并将这四个 IP 展现在三峡大坝、西坝不夜岛、屈原故里景点、香溪水上公路等各种文旅宣传场景中，喜迎八方来客。

3. 打造虚拟城市品牌。一是设计城市形象。宜昌结合国际先进创意设计理念，设计了青春、时尚、充满活力的宜昌城市品牌标识，此标识由 5 个创意元素和 4 种颜色糅合组成。采用代表"你我宜昌"的字母"U""I"、作为宜昌首字拼音的"Yi"、象征热情友好的微笑弧线"⌣"、充满惊喜的感叹号"!"以及代表连接的最小元素点的组合，通过红、橙、绿、蓝不同色彩的碰撞，创设全新的城市品牌标识。该城市品牌标识于 2022 年 5 月 11 日正式发布，代表着宜昌人与自然、与人文、与科技、与城市、与未来和谐相处，对宜昌进行了最好的阐释。二是打造城市品牌。在宜昌，处处可见带有城市标识的斑马线，公共娱乐场所多处植入屈原文化、端午元素和宜昌城市标识，实现了将城市形象融入城市美化，体现了文化与生活的完美融合。三是全国全网推介。以"我是宜昌"元宵烟火破题，将世界的目光汇聚于宜昌。这场元宵烟火一开始便被推上自媒体"顶流"，434 万网民在线观看，全网相关信息超万条，相关话题浏览量破 3 亿，向海内外发出世界旅游名城"诗与远方"的盛情邀请。

（三）向夜间性转型

所谓"夜间性"，是指对青年人更感兴趣、更有精力、更愿意休闲的夜间活动的把握与利用。宜昌通过积极调研探索，不断完善已有夜游长江的旅游模式，同时丰富各县市区夜间旅游形式，并且创造条件大力发展夜间经济。

1. 提升夜游长江体验。 一是优化夜游长江体验。夜游长江是宜昌夜游时代的第一步，2016 年 4 月一经推出，便取得良好成绩。宜昌继续巩固这一优势，将长江夜游提档升级，2019 年 6 月内河豪华游轮升级版的长江三峡 10 号游轮首航，2022 年 3 月"长江三峡 1 号"纯电动游轮首航，进一步提升了长江夜游的品质。二是提供夜游长江配套服务。宜昌城区夜景及"长江夜游"夜景灯光提升项目分两期进行，一期工程于 2021 年 9 月竣工，二期工程于 2022 年 7 月完成，80 余万盏灯铺就长江夜景光影秀，酷炫的视觉效果、全新的感官体验让"长江夜游"火爆出圈。

2. 丰富夜间旅游形式。 一是临江地区扩展江上夜游路段。在距离九码头 12 公里的长江上游西陵峡段，作为老牌景区的三游洞启动了"夜游西陵峡"项目，利用声、光、影等现代化科学技术，展现西陵峡沿岸数千年的历史故事，在唐风宋韵的光影交织中带给人们感动与震撼。二是各大景区积极开展夜游活动。屈原故里景区通过前期探索，开展以夜间赏花为特色的夜游活动，每晚吸引 2000 多名游客前往体验。车溪景区则开展了以土家族老街为载体的民俗文化夜游，在山歌号子与土家情歌中继续展现土家族文化的精神内核，让游客在声、光、电的交融中探秘巴楚神话。同时，"长江夜游"也成为来宜游客打卡的必选项目。

3. 发展夜间经济。 夜间经济是衡量一个城市经济开放度、活跃度的重要指标。2020 年以来，宜昌先后出台《宜昌市促进城区夜经济发展"八条措施"》《宜昌市 2021 年夜间经济活动计划》《宜昌市加快建设区域性消费中心三年行动计划（2021—2023 年）》等文件来推进夜间经济，引进西坝夜市、大南门历史文化风貌街区、中南路特色美食街等项目。文旅企业、夜游相关企业以及各地政府在夜游业态、产品方面进行创新探索，为宜昌夜游经济的发展擘画蓝图。西坝不夜城形成了夜间消费大型聚集区。夜市商户入驻率近 90%，聚集"老宜昌""老西坝"特色美食餐饮，引进国内业界排名前列的酒吧，注入"电竞＋"全产业链、文创星光市集等新活力。加上联合发放的消费券，政企携手、全域联动、市民受益，共同为西陵夜间经济发展提供助力。2023 年又出台《宜昌市促进消费恢复和扩大的若干措施》，安排 1.1 亿元专项资金，围绕支持夜间消费、传统消费等 7 个重点领域，推出"夜间享免费、白天更优惠"停车惠民活动等措施，进一步激发夜间经济活力。

（四）向年轻态转型

所谓"年轻态"，是指将受众对标青年人，以青年人的所思所想把握绿色文旅消费方向。宜昌锚定"青年友好型城市"建设目标，不仅宣传方式更加年轻化，而且项目打造更加年轻化。

1. 宣传方式更加年轻化。 一是创新官方宣传形式。宜昌主动变革创新，13 位县市区政府领导化身"旅行博主"，用年轻人偏好的表达方式，说起 rap，拍起 vlog，上了热搜，成功出圈。"书记（局长）带您游"系列短视频全网传播量达 2000 多万次；"宜昌文旅局长出战荐家乡"话题曝光量达 4324.25 万次，"湖北一文旅局长唱 rap 推介家乡"话题曝光量达 1751.89 万次，"被文旅局长狠狠种草"话题曝光量达 1.14 亿次，"湖北文旅局长卷起来了"话题曝光量达 8806 万次。独具匠心的系列视频发布和话题曝光吸引了更多游客来倾听宜昌故事，体验宜昌文旅产品，畅游宜昌好山好水。二是高质量网红流量推介。深化与抖音、小红书、携程等网络平台合作，邀请粉丝附着力高、创作能力强的探店达人、文旅网红博主等来宜推介，以网红效应升温文旅市场。邀请抖音粉丝千万级达人拍摄的"挑战拍一组城市宣传大片"宜昌站在 2022 年"十一"期间上线，播放量接近 3000 万，点赞超 140 万，登上国庆热门话题"壮阔山河就是最好的秀场"热榜。先后打造的"寻味宜昌""来宜昌过端午"等热门网络话题，累计话题曝光总量超 5 亿次。三是坚持对外宣传人人有责。宜昌扎实推进导游与文旅达人培训孵化一体化工程，从"听我说"到"大家说"，从"邀您游"到"带您游"，落实宜昌文旅新媒体矩阵人才培训，组建"宜昌文旅代言团"。"千名导游说宜昌"话题抖音挑战赛投稿数超过 12600 条，抖音话题播放量达到 3 亿多次。在此基础上，继续推动形成"人人都是代言人，人人都是推荐官"的良好局面，多维度、全方位、立体化讲好宜昌故事，展示城市形象。

2. 项目打造更加年轻化。 一是举办青年喜欢的户外活动。一方面，着力打造音乐节。利用宜昌宜居宜游的风景，举办各种户外音乐节。百里荒景区的一场音乐节吸引了近2万年轻人，2022年元旦期间推出的"活力宜昌·新青年"草坪音乐会、西坝不夜城草地音乐会也吸引了大量年轻人。2023年4月30日晚，湖北远安嫘祖音乐节在桃花岛生态公园内举办，首场演出就吸引了来自全国各地的近万名游客齐聚远安，一起体验嫘祖故里诗画远安的独特魅力。另一方面，积极谋划露营季。筹备一批距离近、高品质、轻奢型的露营产品，策划"Go glamping! 宜昌露营季"活动，集中推介本地最有特色的十大露营目的地。2023年4月，湖北宜昌三峡国际房车露营地进入"全国十大露营打卡地"榜单。二是开展青年喜欢的室内活动。加快布局电竞、剧本杀、密室逃脱等青年消费场景，激活城市"软环境"。尤其是以电竞为切入口，承办各类活动赛事。西坝不夜城通过电子竞技挑战赛，将电子竞技与西坝不夜城相融合，创新"电竞＋"模式，打造出年轻人最爱的城、青年人最向往的潮玩地。秭归县承办的"2021王者荣耀荣耀中国节——屈原故里秭归过端午"系列活动，直播当天在线观看人数达86万，微博话题"蒙牛端午宜昌秭归皮肤"阅读量达1.8亿。三是打造青年喜欢的网红景点。一方面，对已有文化遗址进行改造，赋予其现代艺术气息。通过现代化改造，809微度假小镇在原有老旧厂房的基础上"做旧如旧"，成为集全景玻璃环形大厅、光影斑驳时空楼梯、欧式风格时光礼堂等于一体的网红打卡地。另一方面，引入专业公司，打造主题乐园。位于宜都鲟龙湾文化旅游产业园内的宋城·三峡千古情项目，于2022年11月开工，通过"主题公园＋文化演艺"的经营模式，建设三峡千古情主场馆、游乐广场及特色街区、演艺综合体等子项目，旨在打造湖北文旅新地标。

文旅是综合性产业，是拉动经济发展的重要动力。2023年，宜昌市继续围绕建设世界级旅游目的地和突破性发展文化旅游业两大目标，大力实施四大行动（产业提能、消费提振、服务提质、品牌提升），谋划文旅项目258个，计划总投资766.34亿元。2023年1至6月，全市接待国内游客5180.84万人次，实现旅游收入521.36亿元，同比分别增长24.24%、22.39%。2023年7月，中共宜昌市委、宜昌市政府举行政企恳谈会，听取旅游企业意见建议，要求各地各部门增强服务意识，全力支持文旅产业做大做强做优。一要在解难纾困上发力，认真倾听旅游企业诉求，千方百计、以点带面推动企业"急难愁盼"问题得到有效解决。二要在政策供给上发力，坚持市县一体、协同发力，拿出有含金量、务实管用的支持政策，大力重振旅游业。三要在优化环境上发力，加强旅游基础设施建设，积极推进综合执法检查，做到执法不扰企、服务不减分、监管不缺位，维护良好的旅游市场秩序。四要在组织领导上持续发力，创新旅游业发展的领导体制，把分散的力量整合起来，形成齐抓共管的强大合力。2023 年 8 月，中共宜昌市委七届五次全会暨市委经济工作会议，强调打造世界文化旅游名城要从以下三方面发力：一是建设世界级旅游目的地。坚持以文塑旅、以旅彰文，坚持项目为王、环境为本、创新为要，对标世界一流标准，持续打好三峡牌、文化牌、生态牌，做好文旅融合、区域联动、拳头产品、旅游服务"四篇文章"，不断擦亮世界级山水旅游、世界级文化旅游、世界级工程旅游、世界级康养旅游"四张名片"。力争到 2025 年，全市游客接待规模突破 1.25 亿人次，文化和旅游综合收入突破 2000 亿元。为此，要培育更具有吸引力的旅游景区和度假区，引育更具竞争力的旅游企业，打造更加优质的旅游服务。二是打造高品质文化地标。以长江国家文化公园（宜昌段）建设为统领，深入挖掘荆楚文化、三国文化、巴文化内涵，引领带动屈原、昭君、嫘祖、关公、杨守敬等历史文化资源创造性转化、创新性发展。三是举办高水平节会活动。围绕文化、体育、旅游、医疗、养老等领域，搭建国际交流合作平台，扩大"一带一路"沿线"朋友圈"，打造区域性会展城市，推动国际人文合作交流活动常态化、品牌化。

第十五章　建设典范城市

宜昌有 2400 多年的建城历史。1949 年 7 月宜昌解放后，宜昌城区及近郊地区正式设置宜昌市，为省辖市。城市范围东至土地岗，南抵杨岔路，西达安龙寺，北至镇境山（今镇镜山），全市总面积 37 平方公里（其中建成区面积 2 平方公里），人口 7.8 万余人。20 世纪 70 年代，借助葛洲坝工程建设机遇，宜昌实现由小城市到中等城市的第一次飞跃（1971 年葛洲坝工程开工后城区人口增加到 17 万，1988 年葛洲坝工程竣工时城区人口 35 万；1979 年中心城区建成区面积 10 平方公里）；1992 年宜昌地、市合并，1993 年中心城区建成区面积 30 平方公里，1994 年城区人口增加到 54.9 万。受益于三峡工程建设，2012 年城市建成区面积增加到 123 平方公里，城区人口增加到 130 万，实现了由中等城市到大城市的第二次飞跃。2012 年以来宜昌深入推进大城市建设，2022 年中心城区人口增加到 160 万，建成区面积扩大到 200 平方公里。

随着我国进入高质量发展阶段，城市发展由外延式扩张逐步向内涵式提升转变。宜昌城市建设不仅注重城市骨架的延伸，更注重城市功能品质提升和生态环境保护。2018 年 4 月 24 日，习近平总书记考察长江，视察湖北，首站到达宜昌，明确提出"首先立个规矩，把长江大保护生态修复放在首位"。此后，共抓长江大保护成为广泛共识，"生态优先、绿色发展"成为宜昌城市建设的核心理念。2018 年 10 月，《宜昌城区城市建设绿色发展三年行动方案》出台，经过三年努力，城区园林绿地面积明显增加，基础设施建设、城市建设品质显著提升，城市面貌进一步改善。

2021 年 6 月，中共宜昌市委六届十五次全会提出坚持"沿江突破、垂江延伸、跨江发展"，按照"东进、北拓、中优"思路，科学划定城镇开发边界，强化"西部生态、中部生活、东部生产"主体功能分区，更好塑造城市空间形态，提升中心城区功能品质，打造宜业宜居宜游的滨江之城。

2021年12月，中共宜昌市第七次党代会提出"六城五中心"建设，即加快建设世界旅游名城、清洁能源之都、长江咽喉枢纽、精细磷化中心、三峡生态屏障、文明典范城市，全面提升区域科创中心、金融中心、物流中心、消费中心、活力中心功能；加快构建"主城五区＋东部未来城"的中心城市空间布局，以此全面提升城市功能，拓展高质量发展空间骨架，推动城市形态由"半月形"向"满月形"蝶变。

2022年，中共湖北省委赋予宜昌建设长江大保护典范城市的新使命。基于中央、省委的部署，立足宜昌一半山水一半城的自然禀赋，2022年9月，中共宜昌市委七届三次全会提出建设长江大保护典范城市的目标。2023年4月，中共湖北省委书记在宜昌调研时强调，宜昌市要进一步提高站位、解放思想，进一步明确目标、狠抓落实，全力建设长江大保护典范城市，打造世界级的宜昌，为湖北加快建设全国构建新发展格局先行区、加快建成中部地区崛起重要战略支点作出宜昌贡献。根据中共湖北省委、湖北省人民政府赋予宜昌的使命任务，2023年8月，中共宜昌市委七届五次全会就推动城市和产业集中高质量发展、加快建设长江大保护典范城市、打造世界级宜昌提出实施意见，强调依托世界级自然风貌，打造人城景业融合共生的绿色低碳城市。

一、坚持城市建设原则

从峡江边的"带状"小城，变成"半月"大城，到全面奏响"满月"蝶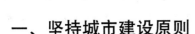变的序曲，再到城与山水和谐相融典范城市，宜昌城市建设坚持以前瞻思维为引领、以绿色发展为理念，助推宜昌城市建设转型升级。在建设长江大保护典范城市中，宜昌确定和坚持城市建设的基本原则是：

（一）为人民建城

2019 年 11 月，习近平总书记在上海考察时提出"人民城市人民建，人民城市为人民"的重要理念，强调无论是新城区建设还是老城区改造，都要坚持以人民为中心，努力创造宜业、宜居、宜乐、宜游的良好环境。这一理念深刻回答了城市建设发展依靠谁、为了谁的根本问题。2022 年 10 月，中共二十大报告重申"坚持人民城市人民建、人民城市为人民"，强调"提高城市规划、建设、治理水平，加快转变超大特大城市发展方式，实施城市更新行动，加强城市基础设施建设，打造宜居、坚韧、智慧城市"。人民城市理念深刻回答了建设什么样的城市、怎样建设城市的重大命题，为新时代推进以人为核心的新型城镇化指明了方向。

城市是人民生活的城市，城市建得好不好，人民群众说了算。所以城市建设必须以满足人民日益增长的美好生活需要为出发点和落脚点，顺应城市发展规律，尊重城市居民发展意愿，处理好"产与城""人与地""新与旧"的关系，倡导共建、共享、共治，通过人性化的建设模式逐步塑造更具品质的人居环境。2022 年，宜昌坚持以大地为基、为人民筑城，全力以赴优化城市功能。一年内，中心城市实施"优功能"项目 292 个，完成投资 557 亿元，超过前五年总和；全市改造老旧小区 286 个，加装电梯 300 部。宜昌 20 条可复制创新政策机制被湖北省住建厅收录，老旧小区改造"当阳模式"、兴山县"连片改造、整体加梯"被全省推介。城市快速路通车里程达 160 公里，居中部地区同等城市首位。

（二）规划先行

城市规划是城市建设和发展的先导和灵魂。城市建设是一个具有长期性和系统性的复杂工程，要标准高、目光远、路径清。宜昌市在城市规划建设管理工作中，以集中集约理念引领城市规划建设，坚持依法治理与文明共建相结合，规划先行与建管并重相结合，改革创新与传承保护相结合，统筹布局与分类指导相结合，完善功能与宜居宜业相结合，集约高效与安全便利相结合，依法制定城市规划，对标世界一流，塑造城市特色风貌。"十二五"以来，宜昌先后出台《宜昌市城市总体规划（2011—2030年）》《宜昌市全域规划》，构筑宜昌市域范围的生态安全格局，规划宜昌都市区产城一体的空间格局，布局重点突出的服务设施均等化格局，体现"山水城市、乡土文明"两个特色；出台《宜昌市环境总体规划（2013—2030年）》《宜昌市全域生态复绿总体规划（2018—2020年）》《宜昌市国土空间总体规划（2021—2035年）》《宜昌市创建国家生态文明建设示范市规划（2021—2027年）》，以及一系列专项规划和控制性详细规划，形成了完整的城市建设规划体系。

宜昌市学习古人的智慧和现代化城市规划建设治理经验，制定形成务实管用、百年不变的铁律，以立规定向、立法生威来保证城市建设标准的统一性、城市风貌的协调性。宜昌提出城市建设"七不准"的铁律，制定"北岸控密度、南岸控高度、滨江控宽度"的建设标准，把建筑高度、街区宽度、路网密度细化、量化，用铁律标准来保护好"一半山水一半城"，打造显城透绿的山水城空间格局，为建设长江大保护典范城市助力。

1. 北岸控密度。宜昌长江北岸是主城区、老城区，北岸控密度就是在建筑密度、街区路网、绿地率等方面保持宜人的空间尺度，建设显城透绿的繁荣都市。老城街区尺度控制在100—200米，新城控制在150—250米；商业商务街区容积率控制在2.5左右，居住街区基准容积率控制在2.0以下。

2. 南岸控高度。宜昌长江南岸依山傍水，结合地形高差和周边环境，对建筑空间形态进行整体管控，建设显山隐城的山水画卷。南岸控高度就是控制建筑物高度，以磨基山的相对高度的1/3进行管控，临江一线建筑基准高度控制在18米以下，山城缓坡区新建筑高度不超过24米，重点发展地区新建筑高度不超过50米，标志性建筑不超过60米。

3. 滨江控宽度。滨江通过控制宽度来保持长江生态原真性和完整性，建设高品质亲水绿岸，提升滨江生态走廊功能。退绿基准宽度控制在100—200米，主城区滨江段50公里三道（漫步道、跑步道、骑行道）贯通，沿线公共功能岸线占比提高到50%以上。

（三）统筹兼顾

1. 坚持系统谋划。 宜昌将城市建设作为一项系统工程，把规划建设、公共服务、生活服务、人居环境、人文精神、社会治理等作为一个有机整体，统筹谋划、推进实施。坚持适度超前，用前瞻的思维、发展的眼光谋划城建，用发展的办法解决城建工作中的瓶颈问题，将海绵城市理念科学融入公园绿地、道路广场、老旧小区改造、房地产开发等领域，形成政府推动与市场运作相结合的城建机制，切实做到建一项工程、增一个精品、成一处亮点，让城市彰显活力、包容、韧性、温度，让居民更有获得感、幸福感、安全感、归属感。

2. 坚持合理布局。 宜昌积极对接国家、湖北省重大发展战略，建设长江大保护典范城市，城市建设首先考虑城区的总规模、基本布局、道路交通、基础设施等等，根据城区基本情况进行合理布局，实行"多规合一""一体发展"，推进创新共建、协调共进、开放共赢、民生共享。强化区域统筹联动，健全协同发展机制；加强重点片区建设，提升城市发展品质；强化资源要素供给，加大中心城区保障力度；聚力推进新旧动能转换，建设宜居、坚韧、智慧城市。

3. 坚持循序渐进。 宜昌坚持应急谋远、久久为功，分清轻重缓急，突出建设重点，坚定不移做优主城、做美滨江、做绿产业。建设长江大保护典范城市，分三个阶段进行：到 2025 年，生态环境治理、产业绿色转型、城市空间拓展等方面取得重大进展，长江大保护典范城市建设取得阶段性成效；到 2030 年，三峡生态屏障更加安全稳固，城市空间格局更加科学合理，城市功能品质全面优化提升，生产生活方式全面绿色转型，长江大保护典范城市建设取得一批具有示范引领作用的标志性成果；到 2035 年，长江大保护典范城市基本建成，在长江生态保护修复、城与山水和谐相融、产业绿色发展、美好环境与幸福生活共同缔造四个方面成为全国典范，建设"山水辉映、蓝绿交织、人城相融"的长江大保护典范城市。东部产业新区则按照"一年打基础、三年见成效、五年大发展、十年立标杆、远景成典范"的发展时序进行。

2023 年 8 月，中共宜昌市委七届五次全会提出，2036 到 2050 年，建设长江大保护典范城市、打造世界级宜昌的目标全面实现。

（四）尊崇自然

人与自然是生命共同体，尊重自然、顺应自然、保护自然，是全面建设社会主义现代化国家的内在要求，也是城市建设的基本遵循。宜昌全市上下牢固树立和践行"绿水青山就是金山银山"的理念，站在人与自然和谐共生的高度谋划城市建设与发展。一是加强生态修复和环境保护，恪守生态保护红线、环境资源底线，提高城市发展的绿度，构建渗透全城、空间均衡的城市生态空间布局。二是正确处理资源开发与环境保护的关系，坚持在保护中开发，在开发中保护，做到保护优先、防治结合，合理开发、低影响开发。三是明确生态环境保护的权、责、利，坚持谁开发谁保护，谁破坏谁恢复，谁使用谁付费，绝不允许以牺牲生态环境为代价，换取眼前和局部的经济利益。

宜昌处在中国阶梯地形第二、第三级分界线上，也是长江上游和中游的分界点。巨大的高差变化造就了跌宕起伏的山形水势，宜昌也因此拥有"一半山水一半城"的独特风貌。宜昌在城市建设中，不搞大拆大建，不搞人为破坏，始终坚持"以自然为美，尊崇自然基地和山形水势，依据自然禀赋，把好山好水融入城市之中"，坚持"依山就势、高低起伏、疏密有致、照纹劈柴"，把好山好水好风光融入城市之中，将城市轻轻地安放在山水之间，打造"有山有水、依山傍水、显山露水和有足够森林绿地、足够江河湖面、足够自然生态"的滨江山水城市。

二、优化城市空间布局

宜昌是中央点名要继续做大做强的中部地区 6 个区域性中心城市之一。《湖北省国土空间规划（2021—2035 年）》提出"一主引领，两翼驱动，全域协同"的区域发展布局，形成"一核两极五廊多组团"的国土空间布局。按照国家和湖北省部署要求，《宜昌市国土空间总体规划（2021—2035 年）》提出构建"两江四河、一带四廊"的国土空间格局，市域打造"一带四廊、多点支撑"的城镇开发格局。落实"东进、北拓、中优"空间拓展战略，重点建设"三城两岛一湾区"（东部未来城、高铁新城、宜昌科教城、西坝岛、平湖半岛、平湖港湾），优化城区空间布局，推动城市组团化发展，逐步形成"1＋1＋3"（1 个主城、1 个新城、3 个副城）城市发展格局。

中共湖北省第十二次党代会赋予宜昌全新的发展定位和使命，提出"加快建设以宜昌为中心的宜荆荆都市圈，支持宜昌打造联结长江中上游、辐射江汉平原的省域副中心城市，建设长江综合立体交通枢纽，辐射带动'宜荆荆恩'城市群发展"。2022 年，宜昌经济总量已跨过了 5500 亿元大关，区域中心城市的地位愈发突出，有潜力成为中部地区的下一批万亿元城市。经济的发展、辐射带动力的提高需要空间支撑，而主城区已基本建成，可开发建设的增量空间严重不足。所以宜昌"东进、北拓、中优"的城市空间布局适当其时、势在必行。

2023 年 8 月，中共宜昌市委七届五次全会提出，优化城市空间布局，构建"一城一区"（核心主城、东部产业新区）空间形态，塑造世界级山水城市样板，高标准建设城市功能区。

（一）强力 "东进"，构筑东部产业新区

2021 年 12 月中共宜昌市第七次党代会提出强力"东进"，依托长江黄金水道和焦柳铁路交会优势，聚焦再造一个"产业宜昌"，高标准建设东部未来城，打造现代产业和都市生活协调发展的城市新中心，形成主城五区与东部未来城（2023 年 8 月分别称为核心主城、东部产业新区）双轮驱动的城市格局。

东部产业新区规划包含协同区和核心区两部分。协同区包括宜都市、枝江市、当阳市、猇亭区以及夷陵区鸦鹊岭镇，总面积 5239 平方公里。核心区包括白洋组团、顾家店镇、姚家港片区、安福寺镇部分区域，总面积 318 平方公里。东部产业新区依托长江黄金水道和焦柳铁路交会优势，围绕"长江

智造湾、华中未来城"的目标愿景、"一强三新"（支撑经济高质量发展的强引擎、引领未来高品质生活的新中心、融入国家双循环格局的新高地、"宜荆荆恩"绿色协同发展的新示范）功能定位，打造宜昌产业发展新引擎、产城融合示范区。

1. 以产业为引擎，打造"长江智造湾"。

一是协调区域分工，明确 4＋N 主导产业体系。协同区重点依托现状基础，把握省、市"十四五"相关规划中提出的重点产业方向，以本地龙头企业、重大项目为依托，在精细化工、新能源新材料、生物医药、装备制造四个方向上集中发力，打造 4 大千亿级主导产业。同时，着眼面向未来发展，瞄准宜荆荆都市圈区域腹地的发展基础和诉求，把握国家"双碳"理念下、制造业升级背景下倡导的主要产业发展方向，在新一代信息技术、节能环保、健康食品、绿色建材等若干方向上创新拓展，打造 N 个百亿级产业集群。

二是激活创新源头，打造全市技术转化高地。依托龙头企业，建设创新圈。重点引入和建设企业技术中心、工程技术中心、双创基地、实训基地等，开展服务周边产业园区的生产转化研究。围绕精细化工、新能源新材料、生物医药、装备制造四大主导产业方向，园区合作共建企业技术创新中心；发挥企业在技术创新中的主体作用，强化对企业建设技术研究中心的政策支持，推动总部型业态发展。鼓励发展市场化、专业化、集成化、网络化的众创空间，创新多种众创空间孵化模式，保障空间要素，加大政策扶持，完善投融资机制；鼓励校企合作，引入具有区域影响力的省级实训基地，提升对产业的劳动力要素支持。积极在生物医药、新能源新材料、装备制造等产业方向，结合企业技术升级需求，申报国家级重点实验室。

三是建设"一带十园"产业布局，共筑万亿产业走廊。"一带"为沿焦柳产业发展带。"十园"为 10 个协作共进的产业园区，其中 4 个千亿产业园分别为白洋工业园、姚家港化工园、宜都化工园和猇亭工业园；6 个百亿产业园分别为双莲工业园、鸦鹊岭工业园、宜都生物医药产业园、安福寺绿色食品产业园、坝陵工业园和仙女新经济产业园。10 个园区统一管理机制，整合园区进入高新区国家级平台，享受国家级高新区政策，助力宜昌高新区进入全国国家级高新区排名前 30 位（宜昌高新区在 2022 年度全国参与考评的 169 个国家级高新区中排名第 43 位）。加强要素保障，提升园区产业创新产出，积极争取建设湖北省级新区，以省级新区引领区域高质量发展。

2. 以需求为导向，营造"华中未来城"。

一是做靓城市拥江，营造"西部环山、东部拥江"的空间意象。做足长江岸线的文章，联通断点堵点，最终实现两岸 150 公里岸线全线贯通。结合长江岸线 4 个湾头，在视野开阔的凸岸地区建设 4 个滨江公园，形成长江沿线"一湾一公园"的标志性景观。同时打造滨江景观节点，提升公共交往的空间品质，打造百里滨江景观带。建设沙湾湿地公园，修复洄游江滩，实现"江豚逐浪"；建设顾家店郊野田园，打造百里洲生态岛。

二是处理好区域关系，构建"1+3"的现代化滨江城市组群。建设 1 个面向区域的现代化产业新区。重点引导东部产业新区与猇亭、鸦鹊岭现有工业片区融合聚力发展，重点聚焦现代化工、新能源新材料及高端装备等规模性制造业，促进人口集聚。打好江湾特色和人文资源牌，建设主题休闲功能区，配套高能级、高品质和服务区域的公共服务配套设施。建设宜都市、枝江市、当阳市 3 个综合服务的县级中心。宜都市、枝江市和当阳市结合现状进行城区更新提升，每个城区规划容纳人口规模为 50 万人。建设 24 个服务本地的镇级中心，引导特色化、差异化发展，包括红花套镇、高坝洲镇、顾家店镇等镇区，织补基础服务和配套设施，提升社区环境品质。

三是树立好建管理念，协调山与水、产与城的关系。第一，生态先行。以留丘、理水、疏风等手段梳理确定生态要素，构建东部产业新区核心区蓝绿空间与建设空间格局。蓝绿空间总面积 203 平方公里，占核心区规划面积比例约为 64%，控制蓝绿空间内开发建设，实行最严格的生态保护管制；建设空间总面积 115 平方公里，占核心区规划面积比例约为 36%，协调好与山水自然要素的关系，建设风景优美、自然和谐的山水城市。第二，产城融合。立足打造功能综合、产城融合的独立新城。保障整体产业、生活用地功能均衡，确定合理的总体产城用地比例；保障各片区和组团的服务配套，精准配置公共服务类用地。规划产业用地总面积 58 平方公里，生活用地总面积

45.6平方公里，产城比1.3：1。第三，低碳示范。在东部产业新区建设1平方公里"零碳样板区"，引领"双碳"理念示范和最新绿色技术实践，主要从优化能源结构、建设低碳街区、建立低碳交通体系、提升碳汇几个方面开展。优化能源结构。坚持可再生能源使用，绿色能源使用占比30%以上；循环使用雨水，雨水循环利用占用水总量20%以上。建设低碳街区。严格控制建筑高度和容积率，其中商办建筑基准高度18—45米、容积率1.5—4.0，居住建筑高度18—35米、容积率1.5—2.2；提升街区和建筑的功能混合度，混合街坊比例达60%以上；构建节能的公共空间体系，以风雨连廊和通风庭院为主要手段建设节能开敞空间；推行绿色建筑，片区内二星以上绿色建筑达到100%，三星建筑达到60%。建立低碳交通体系。推广公共交通，力争公交出行占比50%以上；打造宜人的慢行体系，慢行道覆盖率达4公里/平方公里。提升绿色碳汇。片区蓝绿空间占比40%以上，屋顶绿化率达到100%，绿化乔、灌木占比70%以上。第四，智慧运营。建设高效智能的数字管理系统。在东部产业新区核心区建设1处智慧大脑，集成全域数据与分析平台，对产业新区实时运行数据进行收集、分析与监测，提供智慧管理解决方案，强调总控级别的城市监控反馈；在片区中心建设6个片区智慧中枢，实现片区管理数据的向上传递和向下反馈，以分布式智慧管控系统落实对功能片区的数字管理服务，其中产业功能为主的组团搭建工业互联网平台；在组团中心建设10个社区级智慧平台，提供涉及生活服务、交通出行、休闲娱乐等日常生活需求的全方位精准数字支持。建设完整覆盖的新型基础设施。推行全域地下智慧管网，倡导地下物流、市政设施的功能复合与管线共仓布置；建设全域5G网络与智能传感器，延伸物联网的应用场景；在宜荆荆合作区建设6公里无人驾驶智慧道路，与重点车企合作探索无人智能汽车驾驶技术。

2022年7月，随着《宜昌东部未来城概念规划》正式批复，东部未来城（东部产业新区）规划建设也由此步入新阶段。2023年，宜昌高新区正加快推进涵盖教育、医疗、交通等领域的11个重大功能设施项目建设。武汉协和宜昌医院、夷陵中学白洋分校、白洋初级中学、东部产业新区市民中心、青春公寓二期、一纵一横骨干路网、白洋星级酒店、生态环境改造工程、体育馆等项目相继开工建设。东部产业新区这座有内生性的新城，正徐徐展露它的新颜。

按照中共宜昌市委七届五次全会精神，猇亭组团将与东部产业新区核心区域聚力发展，打造城市门户和枢纽中心，加快建设长江大保护典范城市先导区。盘整闲置土地和低效用地，发展临空经济、航空制造、汽车制造、会展经济，建设滨江临空产业强区，建设港产城融合发展的绿色智慧航空新区。延展滨江岸线景观，严守猇亭后山保护红线。挖掘城市现有景观资源、人文资源等，打造三国文化园、织布街历史文化街区等主题文化区，谋划建设长江（三峡段）生态文明展示中心。2022 年，猇亭规模以上工业总产值达507.8 亿元，化工产值占整体比重降至 52.8％。精细化工及新材料、汽车及高端装备两个千亿级产业集群，在长江边崛起。2023 年 5 月，中国氟硅有机材料行业协会授予猇亭区"中国有机硅创新之都"称号，猇亭区成为全国首个获得这一称号的地区。

（二）积极 "北拓"，构建高铁新城

宜昌高铁新城依托宜昌高铁北站，是推动主城形态由"半月形"向"满月形"蝶变的支撑性项目。项目位于宜昌市夷陵区龙泉镇，处于国家八纵八横高铁网呼南高铁和沿江高铁两条通道交会处，规划范围北至沪蓉高速、东至沪渝高速、西至花溪路、南至汉宜路，总面积约 101 平方公里。其核心区域范围为沪蓉高速、柏临河、伍龙路、杨树河围合区域，面积约 23.8 平方公里。围绕"营造新场景、聚焦新功能、引领新生活"三条规划主线，形成"一轴串三进、绿网映七洲"的空间结构，践行最先进的公园城市建设理念，提供新生代生态城市范本，以"别样精彩·令人向往的高铁生态新城"愿景，打造高铁新城全国样板。

1. 立足生态本底，坚持山水融城的理念。宜昌高铁新城合理确定用地规模，在保障区域交通设施用地的基础上确保蓝绿空间占比稳定在 60％。构筑绿色本底，坚持节约集约利用土地，统筹供需，优化配置，满足城市建设需求；强化功能混合，提高用地效率，预留发展弹性，保障未来发展需求。突

出弹性管控，为应对未来不可预见性，适当预留留白用地用于远期开发。北部重在强化生态环境的整体保育，守护山脉丘陵生态本底环境。南部重在构建以生态涵养、防护隔离、自然保护为主，兼具休闲游憩功能的"玲珑十二丘"全域生境体系。

2. 管控城市形态，塑造城市景观风貌。宜昌高铁新城以世界眼光、国际标准、中国特色、高点定位，推进规划编制工作。继承并弘扬"荆楚派"建筑设计风格，体现地域性、文化性、时代性和生态性；建筑色彩适应地域特征，延续历史文脉，彰显时代气质，展示城市个性和特色，整体采用低彩度、暖灰色的基调，形成清新明快、亲切质朴的片区总体色调；整体管控建筑高度与空间秩序，强化对建筑退界、贴线率、滨水及主要公共空间周边的建筑高度、宽度的控制，布局标志性建筑，提升可识别性。将建筑镶嵌在自然中，实现建筑高度与山水环境的充分协调。

3. 聚焦高新产业，建设低碳型产业体系。宜昌高铁新城依托宜昌北站高铁枢纽，明确新文旅产业和新经济产业两大方向，形成"一核三园一区"（特色文旅服务核，数字孵化创意园、绿色低碳示范园、生命健康园，弹性预留区）的高新产业空间布局。新文旅产业主要围绕高铁枢纽周边核心地区，打造特色文旅服务核，将宜昌高铁新城打造成华中文旅新高地，重点布局枢纽特色服务、特色商贸、会议会展服务、文化艺术服务、文旅康养等复合功能。新经济产业重点培育数字孵化创意园、绿色低碳示范园和生命健康园，积极推动高铁新城成为宜昌新经济的承载地和增长极，裂变和培育国家新兴战略产业中的新一代信息技术产业、数字创意产业和绿色低碳产业。严格产业准入标准，明确产业准入的正负面清单，对有污染、高能耗、低附加值、占地大的传统工业产业实行严格限制。

2022年1月，宜昌高铁新城项目开工建设，相关部门深入贯彻落实市委市政府高标准建设高铁新城的指示精神，建立健全统筹推进协调服务机制，积极突破要素制约难题，稳步推进各项建设工作。一是健全机制聚合力。建立市"优功能"工作推进指挥部＋现场指挥部的项目推进机制，完善"优功能"调度会＋部门联席会的议事协调制度。探索试行"一会一函"制度，畅通上门服务、集中会审，设置"承诺＋线下容缺"等便捷通道，打通前期关键节点，项目总审批时长压缩到 25 个工作日以内。二是对标高点提品质。高标准编制控制性详细规划及供水、燃气、防洪排涝专项规划等各类规划 13 项，项目"1＋N"规划体系基本成型。初步建立项目"总规划师""总工程师""总景观师"的总师负责制度，全面强化对项目建设全过程的品质管控。三是聚焦要素强保障。完成区域内全部基本农田（0.35 万亩）调出；办理项目林地手续 54.5 公顷，占项目总需求的 24.0％。下达征迁任务 5257.3 亩，占测算总征地面积（13012 亩）的 40.4％，2022 年征拆任务全部清零。四是工程建设显成效。2022 年已开工项目 11 个，完成投资 20.4 亿元。2023 年开工项目 16 个，目前城市展厅项目全面进入屋面饰面、内部设施及配套景观施工，整体施工进度达 89％。站东路、站西路、迎客路、绿丘路全面推进，主干路网基本成型。

（三）加快"中优"，优化核心主城

中部核心主城着力打造西陵、伍家岗城市"双中心"，纵深带动点军、龙泉、小溪塔三个区域协调发展，总体形成"五个组团"集中发展的城市布局。

1. 西陵组团：着力强产业、优功能、聚人气，打造世界级宜昌核心主城。该组团以城市有机更新为抓手提升城市品质。按照"产业提质、城市更新、生活精致、建设紧致"理念，推动城镇老旧小区改造、棚户区改造，补齐设施短板，完善城市功能，最大限度挖掘土地价值，储备发展空间。整体开发大树湾、石板、后坪及黑虎山片区，全力打造城市旅游休闲区、新兴产业集聚区、生态功能保护区。平湖半岛、西坝岛、西陵后山整体开发，大力发展现代服务产业。力争至"十四五"期末，西陵组团基本完成城市更新工作，环境品质和服务功能显著提升，环城南路历史风貌街区全面建成，老城韵味凸显。沙唐片区完成深度开发，实现西陵组团和小溪塔组团的空间融合。

2. 伍家岗组团：全力推进城市和产业集中高质量发展，打造宜昌城市新中心。该组团着力完善教育、医疗、文体、商业等设施配套，进一步吸引、集聚人口安家落户；打造柏临河生态经济产业带，加快共联滨江片区、南湾

灵宝片区、巴陵山片区综合开发，构建生物食品、海洋装备、智能制造"三大科创中心"。强化伍家岗组团和龙泉组团融合对接。广泛征集城市设计方案，坚持"世界眼光、国际标准、宜昌特色"，以 70 万—75 万人口承载力、50 平方公里建成区面积为量级标准，以建设宜昌城市新中心、都市圈核心增长极、全球低碳发展样板、世界级城市会客厅为着力点，立足"一江两河四库"生态基底、"两带三圈六组团"承载空间，发挥"三高地一中心"生产优势，做优"宜居坚韧智慧"生活功能，加快建设世界级宜昌城市新中心。

3. 点军组团：建设数字产业高地，打造世界级宜昌"风景南岸"。该组团空间格局为"一廊一心，一带五组团"（宜昌科创走廊，点军智慧芯，长江生态文旅发展带，巴王店教育组团、十家岭科研组团、桥边产业组团、罗家坝中心组团、五龙生态居住组团）。推进长江南岸岸线生态修复等项目建设，实施"三低一高"开发模式，有效提升土地价值和片区品质，将点军组团打造为公园城市建设示范区。做大做优宜昌科教城（规划范围为翻坝高速、城西高速及长江围合区域，总面积约 100 平方公里，规划建设用地规模 49 平方公里，人口规模 40 万），支持三峡大学科技学院转设、湖北三峡职业技术学院迁校，对接争取武汉高校来宜发展。建设全市大数据及算力产业承载地，打造国家区域性大数据及算力产业集群。推进宜长快速通道、江城大道延伸段的建设，加强和长阳、宜都的联系。

4. 小溪塔组团：提升城市能级，打造宜昌高质量发展新增长极。该组团以商业、金融、现代服务业为主，持续完善交通体系，加快港窑路延伸段的建设，加强小溪塔和西陵、伍家岗之间的联系。以项目建设为抓手，重点推进小鸦公路工业经济带和智慧产业新城建设，促进产业提质扩容，共同推进西陵后山片区的开发利用，带动夷陵区乡镇的城乡一体化发展，打造全省城乡统筹发展示范区。至"十四五"期末，小溪塔老城基本完成全部老旧小区改造，并与东城试验区全面融合，港窑路全线建成，小鸦公路工业经济带和智慧产业新城建设初具规模，小溪塔组团和西陵组团全面融合。

5. 龙泉组团：站城一体，打造新时代生态城市范本。该组团是"高铁新城"核心，再造一个集文化、医疗、教育、物流于一体的新中心。倾力打造

"三纵三横"交通网络，奋力跻身20分钟融城交通圈和30分钟"圈友"通勤圈。持续招大引强、扶优培强，楚能新能源、永和豆浆、欣扬大健康、巴山金谷等企业项目竞相而来，稻花香龘香酒等本地企业项目不断壮大，龙泉渐成主城组团的现代产业集聚区。推动公共服务资源向组团汇聚，加速形成"共建、共治、共享"的社会治理共同体。到2025年底，全力承接宜昌"北拓"取得阶段性进展，龙泉组团构架初步呈现，"满月型"城市空间结构基本形成。

三、提升城市功能品质

城市不只是建筑形态的简单堆砌，更是经济形态、社会形态的高度集聚。随着生活水平提升，人们对公共艺术、环境整体品质的需求越来越强烈，城市建设也面临从"有没有"向"好不好"转变。宜昌城市建设立足城市发展比较优势，在品质塑造上持续发力，以新发展理念引领高标准保护、高质量发展、高品质生活，不断提升宜昌在长江经济带及全国的美誉度、辨识度，努力建设具有"国际范、山水韵、三峡情"的滨江公园城市。

（一）打造最美滨江

滨水地区是一座城市稀缺而珍贵的资源，是城市辨识度的重要标志。宜昌坚持"品位高、品质好、品相美"原则，加快建设世界一流、独具魅力的滨江空间，打造"万里长江最美滨江"。

1. 大气魄，构建市域绿道体系。万里长江穿城而过，造就了宜昌城区沿江狭长条带状分布的特点。顺流而下，长江流经宜昌市秭归县、兴山县、市辖五区（夷陵、西陵、伍家岗、点军、猇亭）、枝江市、宜都市9个县（市、区）。就山就水，顺势而为，宜昌依托水系廊道和交通廊道，结合"美丽宜道"建设，联系沿线重要节点城镇，串联风景名胜区、自然保护区、国家森林公园等生态空间，构建"一廊两环十带"市域绿道网络体系。一廊，即沿长江生态廊道建设三峡绿道，总长度约390公里。两环，即依托国省县道等道路建设昭君绿道，总长 670 公里；依托山脉水系自然本底打造求索绿道，总长 230 公里。十带，分别为高峡平湖绿道、昭君故里绿道、嫘祖故里绿道、诗画远安绿道、三国故事绿道、三峡水乡绿道、宜红茶道绿道、林海峡瀑绿道、清江画廊绿道、土家村寨绿道。将生态景观、慢交通、城乡融合、产业发展、运动休闲、景观农业等融入市域绿道，打造城乡融合联系轴、乡村振兴发展带。

2. 大手笔，建设城区五大主题绿道工程。三峡绿道城区段，上至三峡大坝，下至枝江，一江两岸 300 公里，按照峡江开源、江城画卷、滨江产创、江入大荒四个主题分段打造。夷陵绿道，连接西陵、伍家岗、猇亭、夷陵四个城市组团，串联城区内的大型山体和市级公园，约 80 公里。运河滨水绿道，自现有运河绿道往北继续延伸至小鸦公路，串联运河公园、水库等沿线公园绿地，长 18 公里，以水电文化为主题，讲述水电起源发展故事。五龙河滨水绿道，依托五龙河建设，串联沿线公园绿地，植入科技、数智元素，打造以智慧创新为主题的现代滨江绿道，长 6 公里。桥边河滨水绿道，依托桥边河建设，复建姜孝祠，弘扬孝道文化，全长 21 公里。

3. 大力度，完成中心城区滨江空间回归。滨江一带是宜昌中心城区最亮丽的城市名片，既是城市的"流量担当"，也是城市的"魅力担当"。与平原地区相比，宜昌拥有"七山二丘一平"的地貌特征，中心城区的城市滨江活动空间更显珍贵。纵观世界最美河岸，无一不是市民聚集、游客云集的打卡胜地。宜昌坚持还水于民、还岸于民、还绿于民，实施滨江公共空间回归计划，2022 年 1 月，滨江绿道建设项目开始施工，仅半年时间就将主城区滨江绿道连接贯通（平湖到猇亭）。在柏临河入江口—猇亭古战场段，实施长江岸线整治修复项目，投入资金 2.4 亿元，主要进行码头环境治理、岸坡治理、生态修复，建设灯塔广场、再生水花园等 10 个节点景观，修复长江岸线 8 公里，昔日化工围江、岸线零乱，今日江豚逐浪、岸绿景美。在镇江阁—白沙路段，实施滨江绿道改造升级项目，通过植被梳理、抚育间伐、花境点缀、景观营造（江豚观景台、滑板运动场）等手法，将山景、水景、城景融入滨江绿道，与长江岸线整治修复项目贯通衔接，一条延绵 25 公里的滨江绿色生态廊道惊艳亮相，"山水林城"和谐共生显现，宜昌几代人的夙愿得以实现。

根据《宜昌市建设长江大保护典范城市三年行动方案（2023—2025年)》，宜昌正合理规划退岸复绿基准，串联长江岸线自然人文景点，形成连通"秭归—市区—宜都—枝江"的最美风景道，打造五百里滨江画廊。

（二）全域实施"增花添彩"

2023 年 1 月，宜昌市人民政府办公室印发《宜昌市增花添彩行动实施方案》，要求坚持系统治理、突出重点、共同缔造原则，紧扣"做优主城、做美滨江"两大着力点，实施"增量提质、立体绿化、串园连山、花漾宜昌"四大行动，建好三峡生态屏障，提升城市品质内涵，推动构建连续完整的生态基础设施体系，全方位提升城乡人居环境质量，打造四季常绿、季季有花的宜昌版"富春山居图"。

1. 建公园、美绿道、优林带，打造城乡绿化新景观。一是让公园成为最美城市名片。加快"郊野公园—城市公园—社区公园—口袋公园"四级公园体系建设，对标世界一流，高规格谋划世界最大的"城市中央公园"（西陵后山，面积约 60 平方公里），启动建设文佛山国家森林公园、峡口国家森林公园等郊野公园。升级儿童公园、运河公园、磨基山公园等一批城市公园。充分利用中心城区闲置地、边角余料用地等大力建设社区公园和口袋公园。2021 年以来，全市共建成口袋公园 80 个。通过 15 个公园城市示范项目建设，让郊野公园、城市公园、社区公园同步设计，统筹推进，打造了"推窗见绿、开门进园"的城市公园生态体系，城东公园、磨基山公园获评湖北省2022 年"最美城市公园"。按照规划，到 2025 年，宜昌人均公园绿地面积不少于 15 平方米，绿地率达 40％以上。二是让绿道成为最火城市话题。在建设市域绿道、中心城区滨江绿道、运河碧道的同时，通过栽花种草、树木移植、花境设计等手法美化城市绿道。2022 年推出花田花海 10 万平方米以上，长江岸线美景 19 次亮相央视新闻等国家级媒体。三是让森林成为最靓城乡绿带。重点对"两江四河"两岸可视范围、主要交通通道两侧山体、重要节点、重要区块等，开展林相季相改造提升，调整树种，改善林分，建设"多彩、复层、混交、高效"森林。围绕美丽宜道、四好农村路、乡村振兴示范带等打造示范林带，统筹城乡绿化美化，科学栽植观花、观果、彩叶植物，现绿透彩、见缝插绿、应绿尽绿，完成"四旁"植树 150 万株，以生态廊道串联城乡融合，构建结构合理、功能完善、林相优美的森林景观生态系统。

2. 上垂、下攀、前栽、面植，构建立体绿化新示范。 坚持将城市轻轻地安放在山水之间，保护好城市的自然基底和山形水势，在湖北省率先推进城市立体绿化，采取"上垂、下攀、前栽、面植"等绿化方法，让挡土墙、裸露边坡、水岸沿线的护坡、驳岸等成为美丽的风景线。实施屋顶绿化，整治城市"第五立面"，形成"能绿尽绿，易彩尽彩"的立体绿化氛围。湖北省首座全外立面垂直绿化生态智能停车场落户宜昌东站，融入屈原、昭君文化元素的新型"蜂巢栽植盒立体栽植彩叶植物"带动垂直绿化新潮流。城市规划馆采用"复层植物群落"覆绿屋顶，打造有生命的城市基础设施。为城市做体检，实施市域边坡陡坎修复，到 2025 年，力争完成建成区 500 处点位修复，其中对主要通道沿线 70 处点位实施重点整治。

3. 幸福感、获得感、参与感，引领以绿营城新潮流。 一是从幸福感入手，持续改善人居环境。通过公园＋运动健身、公园＋科普教育、公园＋城市文化等方式展现宜昌情怀，将城市"零碎地"变成"金角银边"。2021 年以来，主城区修建了 322 处健身场地和体育公园；乐章园、枝江双湖村口袋公园等 5 个口袋公园获评全省"最美"口袋公园。二是从获得感着力，不断赋予市民"小确幸"。积极开展城市公园绿地开放共享试点，"公园五装"和"四季惠民"生态产品深入人心，帐篷"专区"和草坪轮休管理模式多次被央视新闻宣传报道。三是从参与感引导，发挥市民"主人翁"作用。在全市开展"绿化家园你我同行，幸福生活共同缔造""最美阳台"评选等活动，在县市开展"美丽庭院"示范户评选，打造"一村一品，村村诗化"美丽乡村，形成共建共享的浓厚氛围和强大合力。

（三）推进城市有机更新

2022 年 1 月，《宜昌市人民政府办公室关于全面推进城市更新工作的实施意见》印发，要求全市城市更新工作遵循以人为本、民生优先原则，规划引领、产城融合原则，政府推动、市场运作原则，少拆多改、注重传承原则，坚持整体推进和分类分级实施相结合，以城市体检为基础，以更新片区为单位，按照小规模、渐进式、可持续的方式，统筹推进老旧小区综合整治、危险房屋消险治理、老旧工业区转型升级、城中村存量改造、传统商圈提档升级、老旧街区改造提升、城市基础和公共服务设施完善，实现房屋使用、市政设施、公建配套等全面完善，产业结构、环境品质、文化传承等全面提升。"十四五"期间，全面推进宜昌城区"二带二岛多片"（"二带"即滨江风光带、鸦宜铁路带，"二岛"即西坝岛、平湖半岛，"多片"即"四纵五横"快速路、轨道交通沿线的城镇低效用地）及县城（城关镇）的城市更新，进一步完善城市功能，改善人居环境，传承历史文化，促进绿色低碳，提升产业功能，激发城市活力，增强城市能级。2022 年 3 月，《宜昌市城镇老旧小区改造提升行动（2022—2025 年）实施方案》出台，按照打造完整社区、推动城市运营、夯实基层治理的要求，以优化环境、完善功能、营造场景为重点，推动城镇老旧小区改造。同年 6 月，宜昌市出台《关于开展场景建设三年行动的实施方案》，提出打造"邻里生活、公共服务、健康医疗、文化休闲、全民学习、创新创业、平安法治、城市安全"八大场景，补齐社区设施短板。

　　1. 改旧融新，推进老旧小区改造升级。抢抓全国城镇老旧小区改造政策机遇，按照"基础设施应改尽改、公服设施有序完善、建筑物本体有条件提升"的思路，推动全市城镇老旧小区改造。通过"拆绿还绿、拆墙透绿、留白增绿"，优化街巷环境，营造老旧小区生态新场景。通过"废旧更新"，提档升级水、电、气、路基础设施，营造老旧小区安全运行新场景。通过"微设施、微绿道"配套，构建 5 分钟便民生活圈，营造老旧小区宜居新场景。通过建设"幸福食堂、体育场地、社区养老室"，营造老旧小区生活新场景。通过"场景怎么建·请您来点单""小区怎么管·大家商量办""物业怎么样·请您来评判"等活动，营造"共建共管共享"治理新场景。通过强化社会管理"智能化"，营造社区未来智能新场景。

　　宜昌市共有 2005 年底前建成的城镇老旧小区 1783 个（住户 28.17 万

户），截至 2022 年 12 月底，已开工改造 1199 个（住户 16.34 万户），完成改造 1128 个（住户 14.56 万户），完工率 63.26%（按小区数计），累计投资 31.86 亿元。结合改造提升，共更新供水管网 245 公里、排水管网 512 公里、供气管网 132 公里，累计加装电梯 577 部。新增文化休闲和公共绿地 472 片、停车位 25432 个、非机动车充电桩 4074 个，安装电动汽车充电桩 6593 个，开设幸福食堂 71 个，新增社区居家养老服务设施 187 个、社区医务室 153 个、托幼托育场所 278 个，建成小区党群连心站 920 个。

2. 多元融合，创新棚改模式。 改变以往"大拆大建"粗放模式，按照"宜改则改、宜拆则拆、宜留则留"方式，结合老旧小区改造、工业厂区"退二进三"、城中村改造、背街小巷整治等，以"建精建美"为目标，引入社会主体，植入功能，与三产融合发展。一是以清零交地为目标，加快结转棚改征收项目完结，完成十六化建等一批项目征收，实现土地交付和使用。二是以加快项目落地为导向，提前谋划共联滨江片区等一批重点开发区和重点建设项目棚改征收工作，提升开发品质。经过近 10 年的努力，全市 8 万户 20 万棚改居民"出棚上楼"，平湖半岛征迁历经"8 年打基础，2 年抓攻坚"，圆满收官。通过棚改，人均住房面积提升 10 平方米以上，城区实现净地交付 3000 余亩，腾退 300 余亩老城区土地用于医疗、教育、公共绿地、停车场建设，城市功能进一步完善。

3. 亮化植入，擦亮城市肌底。 2016 年，"交运·长江夜游"在人们瞩目中完成首航。这一旅游产品虽然在一定程度上弥补了城市旅游空心化缺憾，但两岸的夜间灯光体系乏善可陈，可供游客赏玩的场景不多，夜游的"留客"作用并未真正发挥。为打造符合城市形象的高质量光环境，提高城市的吸引力，给城市带来社会效益，同时丰富人们的夜生活，提高居民的幸福感，自 2018 年起，宜昌市大力推动城市夜间光环境持续改善。完成滨江大型城市节点的亮化，编制城区及"两坝一峡"长江沿线夜景灯光专项计划，特别是"长江夜游"夜景灯光提升项目结合岸堤特色，实现全球首创，葛洲坝大坝、磨基山、三江航道、夷陵长江大桥等先后被点亮。尤其是点亮磨基山，成为宜昌城建历史上最有魄力、最具想象力的一笔，完美解决了城市面貌"江南不亮江北亮"的诟病，真正将宜昌"一半山水一半城"的画卷完全展开。当夜幕降临，游人携密友亲眷漫步江堤，或乘"长江夜游"游轮，观远山暗影，觅近江渔火，听涛声船鸣，仿佛这座城市的烟火气都揉进这一江碧水、一面青山。

四、增添城市发展活力

2022 年起，宜昌实施总投资 3856 亿元的五年城建攻坚工程，推进大剧院、美术馆、科技馆、会展中心等大型项目建设，完善城市功能，提升城市内涵。宜昌正参照区域中心城市标准，建设区域性医疗中心，推进中部地区唯一的全国基础教育综合改革实验区建设，尽心竭力为人民筑城，让城市更宜居、生活更便捷。

（一）打造宜居之城

生活的舒适、便捷主要反映在以下方面：交通便捷，公共交通网络发达；公共产品和公共服务如教育、医疗、卫生等质量良好，供给充足；居住舒适，有配套设施齐备、符合健康要求的住房；等等。宜昌市重点围绕"城市安全""民生服务"两个方面，提升市民居住满意度。

1. 畅交通，保障出行便捷。宜昌市 2017 年入列全国性综合交通枢纽，2019 年入列港口型国家物流枢纽，战略地位不言而喻。宜昌通过实施畅通工程，打通大动脉，疏通微循环，先后建设峡州大道、江城大道、点军大道、西陵二路、至喜长江大桥等城市快速路和主次干路，城区快速路网内环和外环闭合，中环骨架形成。完成宜黄一级路、龙伍一级路等出入城通道建设，促进中心城区与周边各区域融合发展。城市道路总里程由"十二五"时期的 571 公里增至"十三五"时期的 937 公里。2022 年，宜昌综合交通投资突破 300 亿元，同比增长 50%，项目数量突破 400 个，创历史新高；国家高速公路规划新增里程 505 公里，总规模达 1010 公里，居全省第一、全国前列。宜昌正加快推进高快大动脉"三环十二射"目标实现，推进城市轨道交通 1 号线、城市轨道交通 2 号线、东艳路过江通道、红花套大桥、三峡高速市政化改造等建设；开展交通拥堵、道路节点、老旧道路改造，畅通"毛细血管"。"十四五"期间，全市道路总里程将再新增 350 公里，改造、续建 182 公里。

2. 强设施，确保城市韧性安全。宜昌通过构建"双水源、双水厂"安全供水格局，新建或改造一批水厂和二次供水设施，更新使用年限超过 50 年、材质老化、漏损严重的老旧供水管网，提升供水保障能力，中心城区供水普及率已达到 100%。通过构建"双通道、双气源"安全供气格局，推动燃气站场建设、燃气管道建设和改造，实现供气管网全覆盖，中心城区燃气普及率达到 85%，2025 年将达到 98%。通过持续推进雨污分流改造，加快污水收集处理设施建设等措施，主城区污水管网、生态水网工程持续纵深推进，临江溪、花艳、沙河等污水处理厂扩容提标，城区生活污水收集处理率达到 96%，2025 年将达到 100%。重点开展城区内涝点整治，全方位施策消除防洪安全隐患，基本建成"无内涝城市"。系统化推进海绵城市建设，重点建设小溪塔—西陵主城片区、柏临河公共中心片区、点军生态片区三大片区，全面开展河湖水系整治等。2022 年 6 月，宜昌以全省第一名的成绩成功入选第二批国家海绵城市建设示范城市，获得中央财政 10 亿元资金支持。自 2022 年起，持续投资 42.5 亿元，宜昌建成区海绵城市达标率从 2020 年的 21% 增至 2022 年的 27%，2025 年将达到 40%。

3. 优服务，满足民生需求。教育、医疗、住房等是一个城市的至高竞争力、核心吸引力。宜昌市提前谋划，按照中心城区 300 万常住人口体量，分区分级规划设置公共服务设施。在医疗方面，根据长江大保护典范城市"东进北拓中优"规划，在中心城区，完成中心医院、一医院、中医院改扩建，进一步推进市中心医院、一医院融合。在东部产业新区，争取到全国知名医疗机构高位嫁接宜昌——武汉协和宜昌医院落户白洋工业园。该项目已于 2023 年 3 月启动招投标程序，项目总投资 25 亿元，建筑面积 24 万平方米。项目投资建成后将助力宜昌市完善公共服务体系，打造宜昌东部产业新区名片及国家区域性医疗中心。在教育方面，"十三五"期末，宜昌教育事业发展核心指标高于全国、全省平均水平，学前教育毛入园率达 95%，九年义务教育巩固率达 100％，高中阶段毛入学率达 100％，三类适龄残疾儿童少年义务教育入学率达 97％，劳动年龄人口平均受教育年限达 12.1 年。"十四五"时期，将基本建成宜昌特色、中部领先、全国一流的"宜学之城"，学前教育更加优质普惠，义务教育更加优质均衡，高中教育更加优质特色，特殊教育全纳融合发展更加深入，职业教育赋能提质，支持三峡大学"双一流"建设及三峡大学科技学院转设，支持湖北三峡职业技术学院新校区建设以及三峡电力职业学院、三峡旅游职业技术学院"双高"建设，支持湖北三峡技师学院申办高职院校，支持市广播电视大学转型发展，积极引进国内外著名大学、研究院所、科研机构与本市学校、企业、科研院所合作共建研究所、国家重点实验室、产学研基地、大学科技园及研究生培养基地。全市学校校园绿化、"厕所革命"、一人一铺、食堂建设、食品安全工作走在全国前列，宜昌教育在市民中口碑良好，人民群众满意度高，对周边城市具有较高的吸引力。在住房保障方面，统筹做好解决城镇中等以下收入家庭住房困难问题和新市民住房保障工作，实现分层次精准保障。对低收入家庭以实物配租为主，应保尽保，严格落实兜底保障；对符合保障条件的城镇中等收入家庭、新就业大学生和稳定外来务工人员实行常态化租赁补贴，着力解决住房阶段性保障等。坚持"房住不炒"的总体定位和"不将房地产作为短期刺激经济的手段"的工作要求，坚定不移稳地价、稳房价、稳预期。通过多方面努力，全市解决了 20 万人住房困难问题。"十三五"期间，房地产投资年均增速为 12.7％，商品房累计销售 2378 万平方米，年均增长 12.7％。同时，房地产市场平稳健康发展，城镇居民人均住房面积达到 50 平方米，人民群众的获得感、幸福感、安全感大幅提升。"十四五"时期，实施保障性住房建设工程（含棚户区改造工程、安置房建设工程、政策性租赁住房），实现住房保障管理模式新突破和住房保障管理水平提质增优。

4. 创品牌，守护居住健康。强化新建建筑全面执行绿色建筑标准，支持建设绿色智慧建筑产业园。加大省级绿色生态城区示范、绿色建筑集中示范、高星级绿色建筑示范创建力度。以更换节能门窗、修缮屋面保温、增设外遮阳等方法，推动既有建筑绿色改造。因地制宜开展太阳能、空气能、千层地热能等可再生能源应用，提高住宅健康性能。新小区、老旧住宅要按照健康住宅标准新建或改造。大力发展节能环保、安全耐用的绿色建材，提高绿色建材使用比例。培育壮大装配式建筑产业。推进建筑全装修，推广城市森林花园建筑，倾力打造具有区域竞争力的"宜昌建造"品牌，促进新型建筑工业绿色化发展，不断满足人民对住房更高层次的需求。经过多年努力，截至2020年底，全市装配式建筑在用地规划中实施比例已扩大到20%，开工建设装配式建筑面积230万平方米，被评为全国装配式建筑范例城市。同时，全市新建绿色建筑比例达到55%，发展绿色建筑1721万平方米，新增节能建筑3304万平方米。到2025年，全市新建绿色建筑比例将达80%，发展绿色建筑660万平方米，新增节能建筑2435万平方米，发展装配式建筑590万平方米，中心城区新建装配式建筑比例达30%。

（二）打造人文之城

活力是一个城市发展质量的重要指标和要素，被公认为是城市的长效竞争力和未来生命力。宜昌城市建设始终坚持以满足未来需求的长度、传承历史文化的厚度、提升现实场景的热度来激发城市的活力。

1. 用高级建筑彰显城市实力。宜昌坚持用世界眼光、一流标准，打造有高级感和精致度的大型公共服务设施。随着大众教育文化水平的提高、视野的不断开阔以及市场消费的不断升级，广大市民艺术审美水平越来越高，越来越注重体验感和舒适度，满足人民群众对美好生活的向往成为宜昌城市建设的法宝。宜昌对标成都天府机场和北京大兴机场，开展三峡机场T2航站楼建设，该工程获得祝融奖公共空间金奖。宜昌市兴建的奥体中心、规划馆、博物馆、老年大学、市委党校等，宏伟大气、精致实用，兼具艺术性和适用性，提升了宜昌城市的整体品位。建设中的大剧院（音乐厅）、美术馆、科技馆、会展中心，谋划中的世界级城市中央公园、环球影城、迪士尼Hello Kitty等项目，让一座城市的气质和活力得以体现。

2. 用文化底蕴提升城市魅力。一是注重保护历史文化。2016年，"宜昌十大文化符号"评选结果揭晓，长阳人、长江钢琴、嫘祖、屈原、三峡大坝、三游洞、石牌保卫战、王昭君、玉泉寺·关陵、中华鲟等成为宜昌文化符号。宜昌致力于打造长江文化地标，大力弘扬屈原文化，把屈原文化公园打造成长江国家文化公园的重要支撑；以长江三峡为轴，挖掘和传承"长阳人"文化、嫘祖文化、巴楚文化、三国文化、近代抗战文化等重要人类文明发展历史文化，改造升级嫘祖庙、猇亭古战场等一批历史文化景点。二是注重保护特色文化。新建科普馆、博物馆等长江生态文化展示馆，加强中华鲟、江豚等长江濒危生物自然保护区管理，着力将宜昌打造成"长江化石宝库"聚集地。三是注重保留街区文化。结合历史街巷、特色街道，建设文化漫道。推进云集路、二马路历史文化街区、宜昌老火车站的有机更新，推动沿线历史文化场馆场地面向公众开放，提升街道艺术气质，让人阅读老城，品味宜昌韵味。宜昌古今·大南门项目于 2021 年 9 月底开工，规划总用地面积约 80亩，总建筑面积 12 万平方米，正在建设仿古商业街及其他配套设施，还原宜昌古八景，打造"老夷陵底片，新宜昌客厅"。

3. 用大型盛会激发城市活力。办好一次会，兴盛一座城。从科技到人才，从文化到体育，从音乐到艺术，宜昌全方位多层次举办系列盛会提升城市影响力，不断增加城市活力。例如：开展"330"三峡国际人才日活动，举办长江中上游城市青年发展论坛、中国长江人才发展高峰论坛等，举办"中国长江三峡国际旅游节"、宜昌马拉松、百里荒大王岩登山挑战赛、湖北省第十六届运动会、龙舟世界杯等，"两院"院士、奥运冠军、音乐家、艺术家等各行各业名流，音乐运动文旅达人及爱好者，纷纷聚集宜昌，在一次次盛会中影响宜昌、宣传宜昌、兴旺宜昌。下一步，将积极争取如全国绿色算力产业大会等具有国际影响力的高端论坛、运动赛事、文旅赛事在宜昌举行，进一步提升宜昌的影响力。

（三）打造青年友好之城

一座城市能给予青年何种成长环境，在多大程度上能吸引青年，关乎城市与社会发展的命运，也影响着青年的前途与幸福。青年的发展问题一直是党和国家关心的大事。2017 年 4 月，中共中央、国务院颁布《中长期青年发展规划（2016—2025 年）》，这是习近平总书记亲自提议、亲自推动制定的我国第一个青年发展国家专项规划，对全面加强青年工作具有里程碑意义。

宜昌市深入学习贯彻习近平总书记关于青年工作的重要思想，深入分析人口发展走向，积极应对人口老龄化，将打造青年友好之城列入市委重点推进事项清单，加快青年发展之城建设步伐，努力营造城市对青年发展更友好、青年在城市发展更有为的浓厚氛围。2021 年 12 月，中共宜昌市第七次党代会将实施中长期青年发展规划写入大会报告。2022 年 5 月，宜昌市委市政府印发《宜昌市建设青年发展型城市实施方案（2022—2025 年）》；6 月，全国青年发展型城市建设试点和青年发展型县域试点名单公布，宜昌成为湖北省唯一入选的市州城市；9 月，宜昌市委市政府将着力建设"乐居、立业、活力、有为"的青年发展型城市写入《宜昌市委、宜昌市人民政府关于建设长江大保护典范城市的意见》中，开启了宜昌建设青年发展之城新篇章。

1. 培育适宜青年就业的产业基础。 依托现有产业基础，专注绿色产业转型，加快建设绿色化工、生物医药、清洁能源、新能源新材料、装备制造、建筑建材、食品饮料、现代特色农业等产业集群。2022 年，宜昌市新签约、新开工、新入库 50 亿元以上项目分别有 50 个、29 个、15 个，其中百亿元级项目分别有 21 个、17 个、9 个，新竣工亿元以上项目 720 个，均创历史新高。良好的绿色产业发展态势为青年选择宜昌提供了坚实基础。以新能源为例：2022 年，投资 320 亿元的邦普宜昌项目、投资 600 亿元的楚能新能源项目和投资 120 亿元的欣旺达东风宜昌动力电池生产基地项目在宜昌全部开工，行业巨头纷纷重仓宜昌，仅这三个项目即可为青年提供 3 万余个就业岗位。

2. 实施青年就业引流。 开展"百名博士宜昌行""千企百校行""万名大学生宜昌行""万民校友资智汇宜"等活动，诚挚邀请更多青年才俊加盟宜昌、逐梦宜昌。大力开展大学生"返家乡"社会实践，引导大学生走进宜昌、感知宜昌、扎根宜昌。推进高等教育扩容提质、职业教育增值赋能，高标准打造宜昌科教城，预计到 2025 年全市大中专院校在校生规模突破 10.5 万人（2020 年为 9.7 万人），为人才留宜做好前期储备。围绕 2025 年本地高校留宜就业比例超过 50％（2022 年本地人才留宜率为 31.8％）的目标，加强引导本地大中专院校学生爱宜留宜。深入推进城市品牌塑造与传播工程，辐射带动"宜荆荆恩"城市群及周边区域青年来宜就业。激活建强驻京津冀、长三角、粤港澳大湾区等区域团工委，动员宜昌籍在外青年宣传推介宜昌，扩大宜昌城市品牌影响力。2023 年，宜昌市出台《关于支持拔尖创新人才创新创业的若干措施》《关于聚集新生代劳动力人口来宜留宜就业创业的若干政策措施》等新政策，同时对原有政策进行优化升级，着力打造"塔尖高耸、塔身壮实、塔基稳固"的人才矩阵。

3. 提升青年幸福认同。最大程度释放爱才留才诚意，聚焦就业、创业、住房等青年关注的操心事、烦心事，出台一批"硬核"政策，拿出"真金白银"，给出"超值红包"，争取青年的认同感、获得感、幸福感、安全感。2021 年 11 月，宜昌市出台《关于进一步优化人才生态加快人才集聚打造区域性活力中心的实施意见》及 4 个配套文件，即"1+4"人才政策体系。根据规划，宜昌 5 年内全市人才综合投入将达到 70 亿元以上，到 2025 年，宜昌城区预计将新引进大学生等各类人才 20 万人以上。2022 年，宜昌市派发 5.86 亿元"人才大礼包"，兑现各类政策资金 1.01 亿元，7.71 万人次受益；在全国首创大学生就业住房储备金制度，在全省首推创新人才学院等 7 项政策机制。在青年招引方面，2022 年全市新引进各类人才 72637 人（其中市外户籍 50329 人，大专及以上学历人才 43717 人，博士生 1593 人，硕士生 6094 人）。"宜才码"9 大类 15 项人才服务迭代升级，注册量突破 10 万人。对来宜就业的大学生每月发放 500—1000 元生活补贴，持续三年；对新引进的国内外博士研究生最高发放 30 万元生活补贴等。在青年创业方面，实施产业领军人才"双百"计划，入选者最高可获 1000 万元综合资助，项目最高可获 1 亿元股权投资。针对个人创业，个人最高可申请 50 万元创业担保贷款，创办小微企业符合条件的最高可申请 500 万元贷款。在青年安居方面，对符合条件的新就业大学生一次性发放 5 万—10 万元/套的"购房首付款补贴券"。在宜就读的在校生按照中职技校到博士 6000—15000 元的等次分别进行就业住房储备金补贴。宜昌多措并举筹集 1.19 万套保障性租赁住房，已有 5000 余名青年入住新居。

4. 强化青年社会融入。 拓宽青年政治参与渠道，大力支持共青团、青年联合会等代表青年积极参与各类协商，广泛开展"共青团与人大代表、政协委员面对面""模拟政协"等活动。建立党委、政府定期倾听青年心声机制，充分发挥"青年汇智团"建言资政作用，增强青年在城市经济社会发展中的主人翁意识。2021年以来，市、区两级党委政府专题研究青年工作百余次，《关于宜昌建设青年友好型城市的考察调研报告》等一批调研文章获得宜昌市主要领导签批，青年建言资政水平不断提升，社会融入感不断增强。宜昌市还为青年参与社会治理"搭台"，实施"青春护绿""青春活城""青春促产""青力缔造"四大行动，支持青年深度参与宜昌长江大保护典范城市建设。

5. 打造青年城市 IP。 宜昌围绕青年的需求和眼光来打造青年之城，精心策划打造美妆、剧本杀、手游等自带流量属性的青年产品，定期举办漂流大赛、街舞大赛、电竞大赛等青年喜欢的主题赛事，定期开展动漫嘉年华、青年艺术节、音乐会等节会活动。按照青年潮玩需求，打造西坝不夜城、平湖半岛等青年文旅地标。推出青年十大网红打卡点、十大潮购潮玩目的地等等。

多年来，宜昌市委市政府始终以"成于至臻，止于至善"的标准，深入推进"强产兴城、植文聚人"，使宜昌城市能级进一步提升，基本搭建起"300平方公里、200万人"的现代化城市框架，进入Ⅱ型大城市行列。全市常住人口城镇化率达到64%。宜昌城市人居环境显著改善。全市建成区绿地面积达到7642公顷，中心城区人均公园面积15.04平方米，全市空气质量优良天数比例由2021年全省倒数第四跃升为2022年全省正数第四，被誉为长江流域生态环境"指标生物"的江豚长期安居宜昌。城市综合承载能力稳步提升。中心城市道路总长度从1075公里增加到1606公里，快速路总里程突破165公里，桥梁增加到184座，长江跨江大桥已建成通车9座，位居长江沿线地级市首位。一批大型公共服务项目建成并投入使用，基本形成了与都市圈中心城市相匹配的战略功能。长江大保护典范城市创建背景下宜昌城市建设所作出的成就，为宜昌下一步实现从Ⅱ型大城市到Ⅰ型大城市飞跃奠定了坚实基础。

第十六章　强化法治保障

2016 年 1 月，习近平总书记在重庆主持召开推动长江经济带发展座谈会，首次提出要制定长江保护法。2020 年 12 月，全国人大常委会审议通过《中华人民共和国长江保护法》，把习近平总书记关于长江保护的重要指示要求和中共中央重大决策部署转化为国家意志和全社会的行为准则，把长江大保护制度化、法定化，标志着长江流域进入依法治江、依法护江的新阶段。它是一部保护长江全流域生态系统，推进长江经济带绿色发展、高质量发展的专门法和特别法，也是一部综合性和系统性的流域法，事关国家经济社会发展全局，事关中华民族和子孙后代长远利益，意义重大、影响深远。宜昌市对于《中华人民共和国长江保护法》的实施高度重视，用最严格的制度、最严密的法治保护生态环境。全市司法和行政执法机关充分运用法治思维和法治方式，为加快建设长江大保护典范城市、打造世界级宜昌贡献法治力量。

一、开展长江大保护地方立法

宜昌市人大常委会 2016 年正式行使地方立法权以来，宜昌市地方立法工作围绕"长江大保护"这个大局，坚持科学立法、民主立法、依法立法的原则，紧贴发展所需、群众所盼，践行全过程人民民主，坚持"小切口、深挖井"立法，持续提高地方立法质量和效率，至 2022 年先后制定 9 部地方性法规，同时牵头与荆州市、荆门市、恩施土家族苗族自治州、神农架林区人大常委会完成区域协同立法 1 部。及时、务实、管用的"法规供给"直接推动解决突出问题，为宜昌推进长江大保护筑牢立法根基。

（一）健全"党委领导、人大主导、政府依托、各方参与"立法工作体制

1. 坚持党对宜昌市立法工作的领导。五年立法规划和年度立法计划一般报请中共宜昌市委常委会研究同意后，由宜昌市人大常委会主任会议审定后实施。年度立法审议项目一般报请中共宜昌市委常委会研究同意后，依照程序提请宜昌市人大常委会会议进行表决。立法过程中涉及的重大事项、重要制度设计、重大利益调整均及时向中共宜昌市委请示报告。充分发挥宜昌市人大常委会党组把方向、管大局、促落实作用，全面增强立法的系统性、整体性、协同性。

2. 充分发挥宜昌市人大常委会在立法工作中的主导作用。宜昌市人大常委会在法规立项、起草、审议、表决、实施各环节、全过程发挥主导作用，宜昌市人大法制委员会、有关专门委员会、常委会法制工作委员会充分发挥各自职能作用，坚持问题导向，确保立良法、促发展、保善治。法制工作机构把好统一审议关口，在做深做精审议工作上下功夫；用好项目专班力量，发挥专家智库作用，形成立法工作合力，在切实提高地方立法质量上下功夫。

3. 发挥政府及其部门对立法工作的支撑作用。政府及其部门在行政管理方面具有熟悉情况、业务精通、信息全面、人才众多的优势，积极推动、督促指导政府部门做好立法各环节的工作，做好起草、审核工作，有利于及时有效沟通和处理立法中出现的问题，从而提高立法效率。

4. 在立法工作中切实贯彻全过程人民民主。坚持面向社会广泛征求意见，深入基层、深入实际、深入群众调查研究，采取座谈会、论证会等多种方式听取意见。努力建好用好基层立法联系点和项目立法联系点，广泛开展立法协商，持续扩大公民有序政治参与，打造立法民意直通车工作品牌。立法民意直通车是宜昌市人大常委会践行全过程人民民主的重要载体，主要通过创新建立"基层立法联系点＋年度项目立法联系点"工作机制、创建立法联系点微信工作群平台、实施立法联系点负责人列席市人大常委会会议制度等举措深入推进。

（二）坚持 "小快灵" 精准立法

1. 立法护绿，绘就生态优先的发展底色。为巩固宜昌市城区重点绿地保护成果，大力实施宜昌绿色发展战略，2017 年 1 月 1 日，《宜昌市城区重点绿地保护条例》颁布实施，这是宜昌市人大常委会制定的第一部实体性地方性法规。该条例全文共 21 条，以立法形式确定了重点绿地名录、设立保护标志、落实管养责任、信息公开和工作报告等制度，坚持问题导向，突出务实管用，引领、推动全市绿地保护工作步入法制化、程序化的轨道。法治严，绿意展，至 2021 年底，宜昌城区建成区绿地率、绿化覆盖率和人均公园绿地面积分别达到 40.02％、45.02％和 15.03 平方米，使 "看得见山、望得见水、记得住乡愁" 在宜昌落地生根。2021 年，宜昌市荣膺全国 "绿都" 20 强和 "中国十大秀美之城" 称号。

2. 立法治水，确保一江清水汇入长江。 "70 年代直饮水，90 年代米汤水，如今终于变回了清泉水。" 这段顺口溜，说的是宜昌人的母亲河——黄柏河。黄柏河浑浊的 "米汤水" 变回清泉水，源自《宜昌市黄柏河流域保护条例》的严密立法守护。2017 年 2 月，宜昌市人大常委会将《宜昌市黄柏河流域保护条例》纳入年度立法工作计划。2018 年 2 月 16 日，该条例正式施行，成为湖北省首部流域保护地方性法规。《宜昌市黄柏河流域保护条例》通过分区保护的重要制度设计，明确了流域河道管理范围，要求分级分段开展黄柏河流域保护，核心区水体水质必须达到 II 类标准，流域水体水质必须达到 III 类标准，推动形成 "市、县、乡、村" 四级河长一条治水行政责任链。2019 年以来，黄柏河水质稳定在 II 类水质。2022 年 7 月底，水体总磷含量为 0.05mg/L，比 2017 年降低 58.39％，黄柏河入江口水质优良率为 100％。黄柏河流域实现了生态水量统一调度，生态环境显著改善，水旱灾害防御能力稳步提升，流域协同治理能力明显加强，为宜昌打造 "山水辉映、蓝绿交织、人城相融" 的长江大保护典范城市打下了坚实的基础。宜昌市人大常委会在流域保护立法方面进行的富有成效的探索，为全国、全省推进相关领域立法提供了宜昌样本和经验。

3. **立法防扬尘，增强人民的蓝天幸福感。**"十二五"以来，宜昌城市建设步伐明显加快，市政基础设施等大型项目建设突飞猛进。在经济高速发展的同时，扬尘污染问题日益突出，污染源数量多、分布广，主要有建设施工、道路运输、工业物料堆场、码头、矿山等，严重影响大气环境质量。为解决宜昌扬尘污染防治突出问题，改善大气环境质量，2019 年 10 月 25 日，宜昌市人大常委会通过《宜昌市扬尘污染防治条例》（12 月 19 日正式公布，2020年 3 月 1 日起施行），从防治措施、监督管理、法律责任等五个方面为扬尘污染戴上"紧箍咒"，扬尘污染从此进入依法治理、精细管控新阶段。同时，颁布实施《宜昌市建筑垃圾管理办法》，在全省率先出台地方标准《建筑垃圾及散体物料运输车辆管理规范》，渣土车全部换上环保新装；宜昌市智慧城建监管平台、城区建筑渣土监管系统上线运行，实现施工扬尘全方位、全过程、全时段监管。至 2022 年，宜昌市空气质量优良天数 311 天，优良天数比例达到 85.2%，全省排名从 2021 年的第 13 位跃升至第 6 位，同比改善幅度居全省第二，各项指标都达到了"大气十条"实施以来的最好成绩。

4. **立法护生物多样性，筑牢区域生态安全屏障。**生物多样性是人类生存和发展的基础，为人类提供了丰富多样的生产生活必需品、健康安全的生态环境和独特别致的景观文化。宜昌市、荆州市、荆门市、恩施土家族苗族自治州和神农架林区地处北纬 30 度附近，具有丰富而独特的生物多样性特征，同处长江流域生态敏感区，在维护我国生物多样性功能和生态安全方面发挥着极其独特而重要的作用。但是，受气候变化、资源过度利用、工程建设、环境污染、人口增长等多种因素影响，一些重要物种的生存受到严重威胁，部分物种濒危程度加剧，生态系统功能不断退化，生物多样性下降的总体趋势尚未得到有效遏制。为了保护鄂西南地区生物多样性，维护生态安全，2022 年 10 月 28 日，宜昌市第七届人大常委会第五次会议通过《宜昌市人民代表大会常务委员会关于加强生物多样性协同保护的决定》，自 2023 年 2 月 2 日起施行。这是湖北省首部关于生物多样性保护的法规性决定，也是在国内生物多样性保护领域率先探索跨区域协同立法。该决定共 13 条 2700 多字，主要规定了生物多样性协同保护的指导思想和工作原则，构建协同工作机制，明确协同保护措施，提供协同工作保障等方面内容。

除了上述地方性法规，宜昌市还制定出台了相关政府规章和规范性文件，如制定出台《宜昌市市容环境卫生责任区管理办法》，该办法是宜昌市取得地方立法权之后，宜昌市人民政府制定出台的首部政府规章。宜昌市市容环境卫生责任区制度是提升宜昌城市管理水平的重要抓手，为宜昌做好城市管理工作提供了更加长效的法制保障。宜昌市还制定了关于加强山体保护和水域保护、河道采砂管理、固体废物管理等的规范性文件，并将生态环境保护工作纳入各地各部门综合目标考核；同时，科学划定"三区三线"，统筹城乡建设、产业布局、交通组织、码头规划、岸线治理，系统提升生产生态生活空间。

（三）探索区域协同立法

宜昌市人大常委会牵头与荆州市、荆门市、恩施土家族苗族自治州和神农架林区人大常委会围绕生物多样性保护开展协同立法，这是宜昌首个区域协同立法项目，也是宜昌市人大法制委员会 2022 年度重点创建品牌。2023年，全国人大常委会法制工作委员会国家法室将宜昌探索生物多样性保护区域协同立法的地方实践作为立法法修改的研究资料。

创新立法协同制度，构建协同立法工作机制。2021 年 5 月 12 日，湖北省"宜荆荆恩"城市群区域协同立法第一次联席会议在宜昌召开，会议讨论通过了《湖北省宜荆荆恩城市群区域协同立法框架协议》。2022 年 4 月，宜昌市、荆州市、荆门市、恩施土家族苗族自治州人大常委会主任会议分别审议通过了《湖北省宜荆荆恩城市群区域协同立法项目协商办法》，确立了"宜荆荆恩"城市群人大常委会法制工作机构联席会议工作机制、立项会商工作机制、进度统筹工作机制等三项区域协同立法工作机制，实现区域协同立法工作制度化、规范化、程序化。同时协商制定了《2022 年生物多样性保护区域协同立法工作方案》，约定审议程序、立法形式和文本表述等具体内容，统筹立法项目同步起草、同步审议、同步修改、同步表决和同步报请批准的进度安排。宜昌市人大常委会分管领导专程赴荆州市、荆门市、恩施土家族苗族自治州协调有关工作，取得各地人大常委会大力支持，积极配合宜昌牵头开展区域协同立法。分别在宜昌、武汉两次组织召开宜昌、荆州、荆门、恩施、神农架林区五地人大常委会法制工作机构联席会议，邀请湖北省人大常委会法工委及其有关处室领导到会指导，共同研究区域协同立法工作，共同商讨修改《关于加强生物多样性协同保护的决定》。这些制度安排，为确保生物多样性区域协同立法顺利开展奠定了坚实基础。2023 年 2 月 2 日，宜昌、荆州、荆门三市和恩施土家族苗族自治州人大常委会同时颁布施行《关于加强生物多样性协同保护的决定》；2 月 24 日，《神农架林区人民代表大会常务委员会关于加强生物多样性协同保护的决定》公布并施行。

二、推进长江大保护执法改革创新

（一）创新流域水生态保护综合执法改革

宜昌市从生态系统整体性和流域系统性出发，将流域作为管理单元，以"一盘棋"思维促进上下游统筹、左右岸协同、干支流互动，优化流域环境监管和行政执法职能配置，共推流域内山水林田湖草的统筹保护。

1. 创新开展流域综合执法。 2015 年，中共宜昌市委、宜昌市人民政府立足流域保护实际，提出在流域建立权责统一、权威高效的行政执法体制的设想，着手开展前期准备和论证工作。当年底，宜昌在湖北省率先实施流域综合执法改革，成立黄柏河流域水资源保护综合执法局，集中行使水利、环保、农业、渔业、海事等 116 项行政执法权，打破行政区划、部门分工，建立"跨区域、跨部门、跨层级"权责统一、权威高效的流域综合执法体制，打造流域"一局管水"宜昌模式，解决职能交叉弊端，破解"九龙治水"难题。

2. 拓展执法机构职能。 2020 年，为复制推广黄柏河流域综合执法改革经验，根据湖北省人民政府批复，"宜昌市黄柏河流域水资源保护综合执法局"更名为"宜昌市河流水生态保护综合执法局"，组建副县级"流域水生态保护综合执法支队"，行政执法权由 116 项拓展到 138 项，建立跨区域全流域综合执法机制，真正实现了以流域为管理单元、有固定机构队伍、有独立主体资格的综合执法体制，取得了依法治水、管水、护水成效，探索出法治护航流域保护"宜昌样本"，形成了可复制推广的流域综合执法改革典型经验。2021 年，经湖北省人民政府批准，流域综合执法改革范围拓展至柏临河流域，水生态保护综合执法改革持续向纵深推进。

3. 打造网格化日常监管新模式。宜昌创新扁平化监管方式，在黄柏河流域的夷陵区樟村坪镇和远安县嫘祖镇设立基层执法点，实行"守在河边、一线执法、现场管控"巡查全覆盖，创新"包河流、包片区、包企业"专人专片、专职专责的网格化常态监管。组织开展"迎春行动""清流行动""清四乱"等专项行动，全面取缔违法设置排污口、非法采砂场、涉河违建以及河库围栏围网、投肥投粪养殖、不达标畜禽养殖场等。通过严执法、强监管，在流域内形成强大震慑力，有力打击了流域违法行为。

2022 年，黄柏河流域水质优良率达 100%，Ⅱ类水质达标率达到 98.21%，较 2016 年执法改革前提高 30.93 个百分点，总磷含量从 2.86mg/L 降到 0.053mg/L，有力保障了城乡居民饮用水安全和长江水质改善。流域水生态保护综合执法改革经验被写入中共湖北省委十一届三次全会决定，荣获第二届、第三届湖北改革奖，被水利部评为全国基层治水十大经验之一，多次被央视、新华社等国家主流媒体宣传推介，被中宣部"大江奔流·大型主题采访团"、全国人大"中华环保世纪行"专题采访报道，获评第一批"湖北省法治政府建设示范项目"；宜昌市"创新流域水生态保护综合执法改革"被评为第二批全国法治政府建设示范项目。

（二）建立执法协作机制

1. 建立"区域联动＋部门联合"的"1＋N"执法机制。宜昌市城市管理委员会坚持部门联动，凝聚执法合力，与住建部门建立了施工工地联查联管和责任倒查制度，统筹施工源头和运输过程监管；与交警部门建立了渣土车年审和联勤执法制度，成立治超专班，常态化开展综合治超行动；与环保部门建立了道路扬尘监测处置流程，道路扬尘与空气环境质量指数实现联防调度；与规划部门建立了弃土消纳场选址机制，出台《宜昌市中心城区弃土消纳场专项规划（2016—2030 年）》。宜昌市交通运输局与长江海事、公安、水利、农业农村等部门，在非法运砂、禁捕退捕专项整治等活动中，建立了联合执法机制，先后开展了多次联合执法行动，形成执法合力，打击整治水上顽疾，取得较好效果。在打击非法运砂行动中，共开展联合执法行动 20 余次，检查船舶 200 余艘，涉嫌犯罪移送长江航运公安局立案查处 3 件。宜昌市林业和园林局与政法、农业农村、市场监管、海关、交通等八部门联合开展打击野生动物非法贸易的"清风行动"，强化野生动物源头保护，加强非法经营市场整顿和运输货物监督检查，依法严厉打击非法猎捕食用野生动物的违法犯罪行为。

2. 深化"环保＋公安"环境执法联动协作机制。宜昌市公安局主动对接市水政执法支队、市渔政监察支队，在全市针对长江流域重点水域的非法采砂、非法捕捞行为展开联合巡查，建立了日常巡查和集中统一巡查制度。截至 2022 年 8 月，全市共计联合巡查 425 次、出动警力 2988 人次、出动船艇 21 艘次、出动车辆 678 辆次。宜昌市公安局与宜昌市自然资源和规划局建立打击破坏长江流域自然资源违法犯罪联合执法合作机制，与宜昌市检察院建立土地执法查处领域协作配合机制，协同推进长江流域生态环境保护和修复执法监督工作。

3. 建立行政执法与刑事司法衔接配合联席会议制度。2021 年 9 月，宜昌市生态环境局、市公安局联合印发《宜昌市生态环境保护行政执法与刑事司法衔接配合联席会议制度》，明确了主要职责、工作任务、成员单位、议事规则。宜昌市公安局相关业务支队与宜昌市渔政执法支队、宜昌市生态环境保护综合执法支队严格落实"两法衔接"机制，自《中华人民共和国长江保护法》实施以来，各部门通力协作、互相配合，发挥各自职能优势，共办理污染环境案件 18 起、非法捕捞案件 67 起，打击处理犯罪嫌疑人 97 人次，其中与宜昌市渔政监察支队在联合执法中发现并侦办非法捕捞案件 30 余起，打击处理犯罪嫌疑人 40 余人次，起到了"查处一起、震慑一方、教育一片"的警示作用。

（三）科技赋能执法

宜昌加快推行移动执法系统应用，充分利用物联网、大数据、视频监控等信息技术手段，以科技赋能提升执法水平和能力。

1. 深化"互联网＋执法"改革。 宜昌市生态环境局积极搭建生态环保智慧大数据监管平台，探索非现场执法监管，推行"智能远程监测—网络数据采集—对比分析研判—部门审核认定—立案执法检查"的闭环管理模式。该平台整合环保系统原有的环评审批、验收资料、排污许可证等 11 类环境数据，全方位收集环境管理数据，形成数据链路。执法人员利用大数据的分析研判结果，帮助执法主体快速定位"病灶"；借助大数据平台"互联网记忆"，对比倒查、锁定证据，提高执法监管的公信力，为打好污染防治攻坚战提供了有力保障。

2. 融合建成统一的公安执法办案平台。 2021 年 6 月，宜昌市公安局与长江航运公安局宜昌分局召开警务协作会议，共同签订《宜昌市公安局与长江航运公安局宜昌分局密切警务协作共同服务保障长江经济带高质量发展框架协议》，顺利将长江航运公安局宜昌分局的执法办案平台融合到宜昌市公安局新版警务综合应用平台之中。

3. 协调指导建成长江沿线视频监控系统。 2018 年，宜昌市率先在宜昌中华鲟保护区建成湖北省首个"长江水上在线监控系统"。2020 年，根据长江大保护工作的需要，按照"一张网、一面图、一平台、多元汇聚、按需推送"的原则，协调指导宜昌水利、渔政等部门，启动建设覆盖宜昌长江干流232 公里的渔政信息监管平台，新建了长江沿线视频监控系统。2022 年，全市实现"一江两河"禁捕水域渔政"天网"全覆盖。同时，宜昌还将渔政"天网"工程与公安、水利、交通、海事等部门的长江水域监控系统组网对接，所有监测数据统一录入宜昌大数据中心，做到部门打通、互联互通、资源共享，实现了"水上""岸上"全程轨迹追踪。视频监控系统在执法工作中发挥了事半功倍的作用，如 2022 年 6 月，宜昌市公安局环保支队与宜昌市渔政监察支队通过渔政信息监管平台，迅速查获了黄柏河夜明珠水域利用遥控船和翻板钩实施非法捕捞水产品的瞿某华，当场缴获禁用渔具翻板钩、遥控船及渔获物 6.62 公斤鲢鱼。

4. 推进执法装备科技化、信息化。 宜昌市着眼于向科技要手段，用信息手段武装队伍，在实现移动执法系统建设和线上应用全覆盖基础上，2022 年争取财政资金 200 多万元采购移动执法包、现场执法记录仪、移动执法终端等个人移动执法设备，并配备无人机、多参数气体检测仪、油气回收三项检测仪、便携式水污染物监测仪等线下作战装备，通过"线上＋线下"有效延伸环境执法监管触角，实现全域智慧监管，执法全程留痕、责任可溯，不断提升执法精准化、科学化和高效化水平。

（四）强化执法监督

2021 年 11 月，宜昌市被司法部确定为全国省市县乡行政执法协调监督工作体系建设试点城市。2022 年 3 月，《宜昌市行政执法协调监督工作体系建设试点工作方案》印发，它以构建制度完善、机制健全、监督有力、运转高效的行政执法协调监督格局为目标，扎实推进"一体四化"（构建执法协调监督工作体系，执法队伍专业化、执法行为规范化、执法监督常态化、执法考核精细化）改革试点，增强行政执法协调监督质效，提升人民群众和市场主体的法治获得感、满意度。

宜昌市除了严格行政执法主体和人员资格、执法证件和执法服装管理，严格落实行政执法"三项制度"外，在强化执法监督方面采取了以下举措。

1. 做实人大监督，打出监督"组合拳"。 宜昌市人大常委会紧扣长江大保护，依法行使职权，每年都要听取和审议市政府关于环境状况和环境保护目标完成情况的报告、全市环境保护工作情况报告、《湖北省清江流域水生态环境保护条例》等实施情况的报告；定期听取和审议关于长江流域生态环境保护和修复工作情况的报告，并进行满意度测评。为推动落实河湖长制，宜昌市人大常委会加大执法检查力度，如通过明察暗访、抽样检测和第三方评估等手段，全面检查《宜昌市黄柏河流域保护条例》实施情况。为加快城区山体修复和绿地保护，宜昌市人大常委会开展《宜昌市城区重点绿地保护条例》执法检查。还通过跟踪督办议案建议等，察看城区长江流域生态环境保护和修复项目建设工作。

2. 全面实施包容审慎监管，建立首违不罚、减轻处罚、从轻处罚执法事项清单并动态调整。 宜昌市在全面推行行政裁量基准制度的基础上，创新制定包容审慎监管执法"四张清单"，即《宜昌市生态环境领域不予行政处罚事项清单》《宜昌市生态环境领域减轻行政处罚事项清单》《宜昌市生态环境领域从轻行政处罚事项清单》《宜昌市生态环境领域免予行政强制事项清单》。环保部门积极推行服务式、提醒式、差异式执法，综合运用批评提醒、约谈教育、守法承诺等方式引导企业规范生产经营行为，指导企业自我纠错，提高了执法效能和服务质量。

3. 建立司法行政机关与纪检监察机关行政执法案件线索双向移交等制度。 通过执法案卷评查、举报投诉查办等方式获取执法案件线索，规范问题线索移送程序，明晰问题线索办理流程，明确违法案件处理方式，全面实施执法过错案件个案监督，严格处理执法中不严格、不规范、不公正、不文明等行为，推进权力运行程序化、规范化。

4. 构建执法监管长效机制，持续开展专项执法检查和行动。 宜昌公安机关深入推进"长江禁渔""昆仑 2023"等专项行动，主动延伸"打防管控"触角，探索"长江大保护警务协作"和"公安＋N"联合执法工作机制。宜昌市自然资源和规划局深入开展扫黑除恶和生态修复专项行动：主动衔接各县市区政府和有关部门，开展历年查处案件"回头看"，对法院裁决后强制拆除、没收移交不到位的 73 宗未结案件重新进行清理，向地方政府移交法院裁定强制执行案件 29 宗，持续巩固扫黑除恶三年行动成果；制定自然资源领域专项整治工作方案及工作责任清单，以打击"沙霸矿霸"为重点，着力强化矿产领域执法监管和机制建设，推动出台长效综合防控措施和办法。宜昌市生态环境局始终保持生态环境执法高压态势，持续开展"三磷"排查整治、集中式污水处理、畜禽养殖污染防治等专项执法检查。为推动长江干线修造拆船行业环境监管，确保长江生态和水质安全，宜昌市生态环境局组织在全

417

市长江干线开展修造拆船行业生态环境专项执法行动，对19家船舶修造企业开展了现场检查，并将相关环境问题向涉及县市区分局下发交办函，督促企业迅速整改，对于涉嫌环境违法行为，依法立案查处。宜昌市农业农村局每年印发《"宜昌渔政亮剑"系列执法行动方案》，聚焦禁渔重点任务和渔业管理突出问题，严厉打击各类涉渔违法违规行为，开展"五一"、"十一"、春节、元旦等节假日期间长江流域重点水域专项行动。

三、完善长江大保护司法体制机制

2022年6月，宜昌市中级人民法院正式对外发布《宜昌法院开展长江大保护环境资源审判白皮书（2019—2022.5)》，这是宜昌首次就专项生态环境司法保护工作发布的白皮书。据统计，自2019年至2022年5月，宜昌法院共受理涉长江生态环境案件495件，审结484件，创造了涉长江环保案件无一错案、无一上访、无一信访的审判佳绩。同年8月，宜昌市中级人民法院出台《关于发挥审判职能为宜昌建设长江大保护典范城市提供司法服务和保障的实施意见（试行）》，明确规定对涉长江大保护案件予以特殊标识，实行全流程精细管理，做到优先调解、优先立案、优先送达、优先审理、优先执行，建设涉长江大保护案件绿色通道；并就加强生态保护类案件审理、深化鄂渝法院联动协调、加强环境资源审判队伍建设等方面，制定了22条具体举措。

2022年以来，宜昌市人民检察院先后制定出台《服务长江大保护典范城市建设实施意见》《充分发挥检察职能，助力流域综合治理专项工作的实施方案》《检察公益诉讼服务长江三峡流域综合治理十二条》，围绕长江流域水安全、水环境安全、生态安全等重点领域，以开展"长江大保护"专项行动为抓手，在全市检察机关设立16个"长江大保护检察工作办公室"，常态化开展监督，探索建立"长江生态检察官"制度，实行涉长江流域案件"刑事打击先导、公益诉讼主导、民事行政跟进"办案模式，统筹"四大检察"一体化推进。2023年3月，宜昌市人民检察院发布《长江三峡流域司法治理宜昌实践》白皮书，交出了长江三峡流域司法治理宜昌检察答卷，总结了长江三峡流域司法治理宜昌检察经验，决心以更新理念、更实举措、更佳成效推动构建长江流域综合治理司法保护新格局。

（一）审判机关主动作为，积极护航长江大保护

1. 出台规范性文件，引领长江环境资源审判工作。2019 年 4 月，宜昌市中级人民法院制定了《关于开展"美丽宜昌·环资审判行"活动的实施方案》，明确要求要充分发挥人民法院环境资源审判职能，不断延伸、拓展环境资源审判在生态保护、环境治理、资源利用等领域的独特优势，助力宜昌"蓝天碧水净土保卫战"，为服务保障高质量发展保驾护航。《中华人民共和国长江保护法》颁布后，宜昌市中级人民法院又出台《关于贯彻落实〈中华人民共和国长江保护法〉的实施方案》，作为加强长江大保护的司法行动纲领，为全市法院环境资源审判工作站好"守护岗"、下好"审判棋"、打好"治理仗"夯实制度基础。2023 年 2 月，《宜昌法院生态环境司法保护基地管理实施办法（试行）》发布，明确了基地功能、基地建设、运用管理、活动组织、府院联动机制建设等方面的具体要求。司法保护基地由宜昌两级法院建立，旨在打造集生态修复、理念传播、成果展示、法治教育、文化推广、保护体验等功能于一体的生态环境资源保护平台。

2. 更新司法理念，坚持恢复性司法。宜昌市两级法院注重从经济社会发展全局出发，准确理解生态环境保护与经济社会发展的辩证关系，牢固树立生态就是民生、环境就是福祉的理念，把保护和修复长江生态环境摆在压倒性位置，在审理长江保护相关案件中倡导修复性环境司法理念。长江大保护案件审理，绝不是一判了之，推进生态环境综合修复才是目的。

一是将修复性环境司法理念融入传统案件中，实现生态环境效益、经济社会效益的统一。如在资源能源合同纠纷、流域蓄洪区的开发利用与建设保护等案件中注重对生态环境的利益考量，引导双方当事人向资源的合理开发利用及生态保护的方向解决纠纷，及时发布生态修复令，督促被告人修复生态环境。

二是结合长江经济带宜昌境内各类主体功能区的不同定位，确定不同的处理思路。如处理重点开发区域的环境资源案件时，更多地考虑利用生态环境发展经济的需要；处理限制和禁止开发区域的环境资源案件时，将"三线"作为裁判考量的重要因素，对其实行最严格的保护措施。

三是审判机关适用以劳代偿、增殖放流、第三方治理、支付治理费用、赔偿功能损失等责任承担方式，实现最佳环境修复效果，推进流域治理。如2022年2月28日，宜昌市中级人民法院对申请人宜昌市林业和园林局与龚某的生态环境损害赔偿协议予以确认。这是《中华人民共和国民事诉讼法》修改后，湖北首例由地市中级人民法院对生态环境损害赔偿协议作出的司法确认。猎获野生动物，用看护山林的劳务抵扣支付损害赔偿金，这一经验也在全省法院复制推广。

四是通过创新修复机制，以公益诉讼助推长江大保护，探索生态环境修复履行判决执行方式。2019年至2022年5月，全市法院共受理检察机关及社会组织提起的公益诉讼案件72件，共判决被告补种林木10000余株、增殖放流鱼苗200余万尾，赔偿功能损失800余万元，承担修复费用2000余万元，为长江流域环境保护和长江经济带绿色发展提供了强有力的司法保障。

3. 立足重点问题，推进环境资源审判体制机制建设。

一是优化环境资源审判专门化工作机制。督促基层法院实现环境资源案件的统一归口专业化审判，在辖区内设有生态保护区、湿地保护区和国家生态公园的基层法院，推进成立专门化的审判机构。2016年，宜昌法院率先在全省实行涉环境资源民事、刑事、行政案件"三审合一"，在此基础上推进基层法院环境资源审判专业化建设。至2023年，宜昌市已有5家基层法院实行环境资源案件"三审合一"，11家基层法院实行环境资源案件民事、行政"二审合一"。五峰、长阳、秭归、兴山、宜都等地法院先后成立6个环境资源巡回法庭或生态环境保护巡回法庭，并建立8个生态环境司法保护基地。2023年3月，《宜昌法院生态环境司法保护基地管理实施办法（试行）》发布，司法保护基地由宜昌两级法院建立，旨在打造集生态修复、理念传播、成果展示、法治教育、文化推广、保护体验等功能于一体的生态环境资源保护平台。

二是构建"共抓大保护"的司法服务延伸机制。宜昌市、县（市、区）两级人民法院适时发出司法建议，努力凝聚各方共识，推动构建"共抓大保护"的司法服务延伸机制。2022年2月，长阳法院在分析两年来非法捕捞案件情况后，向本县农业农村局发送司法建议，要求加大对清江全面禁渔的宣传，强化对国家规定禁用渔具的宣传，加强典型案例的宣传，让生态破坏者必赔偿的理念深入人心。2022年5月，宜昌市中级人民法院审理一起环境民事公益诉讼案，因被告属于宜昌沿江一公里"关改搬转"的化工企业之一，于是法院分别向宜都市人民政府、宜昌市生态环境局宜都市分局和宜都市自然资源规划局发送司法建议，要求重点推进并挂牌督办被告企业的土壤污染环境影响详细调查工作及后期治理修复工作。

4. 聚焦"共抓大保护"，推动形成多元共治"宜昌样本"。

一是开展部门间协作联动。2022年2月，宜昌市中级人民法院组织召开"建立执法司法协作机制、加强生态环境保护"主题座谈会，宜昌市检察院、公安局、司法局、生态环境局等单位受邀参加；6月，共同印发《关于建立执法司法协作机制、加强生态环境保护的若干意见》，建立部门联动机制。通过加强环境司法和行政执法的联动，确保司法资源合理配置。

二是开展长江流域区域性司法协作。针对长江流域生态环境保护的跨区域流动性、不可分割性以及系统一体化等特点，宜昌市中级人民法院积极推进长江生态环境司法保护跨省际互联互通、跨区域协作协同。2022年2月，宜昌市中级人民法院与恩施土家族苗族自治州中级人民法院、重庆市第二中级人民法院共同签署《长江三峡生态长廊司法保护框架协议》，助力打破以行政区域、行业划分等为治理单元的传统模式，开启跨省级联动司法保护长江三峡生态长廊协作新格局，携手保护长江三峡生态长廊。2022年8月，宜昌市中级人民法院联合荆州、荆门、恩施中级人民法院签订《"宜荆荆恩"法院司法协作协议》，共同构建长江三峡库区生态环境司法保护协作机制。2023年2月27日，宜昌、恩施、重庆三地法院再次携手，共同发布了《长江三峡生态长廊司法协作宜昌宣言》，从统一目标、严格司法、系统修复、资源共享、多元共治五个方面，就深化鄂西、渝东地区法院环境资源司法协作达成共识，为生态环境保护司法协作提供了"三峡样板"。

三是推行"生态司法＋河长制""林长制＋生态司法"保护机制。宜昌市中级人民法院指导基层法院推行"生态司法＋河长制""林长制＋生态司法"保护机制。五峰土家族自治县人民法院与五峰土家族自治县河长制办公室联合印发《关于生态司法助力河长制的实施方案》，在双方共同努力下，后河自然保护区截至 2023 年上半年没有涉生物多样性案件发生。秭归、长阳、宜都、兴山均有序开展相关工作。2023 年，远安县人民法院与远安林业部门建立了"林长制＋生态司法"保护机制，取得了良好社会效果。

（二）检察机关多管齐下，筑牢长江生态安全底线

《中华人民共和国长江保护法》实施以来，宜昌市检察机关深入贯彻落实习近平生态文明思想和习近平法治思想，坚决扛起长江三峡流域司法保护责任，探索践行"专业化法律监督＋恢复性司法实践＋社会化综合治理"的生态检察模式，设立长江大保护检察工作办公室，部署开展十大专项检察行动。2021 年 3 月至 2023 年 2 月，宜昌检察机关依法起诉非法捕捞、非法采砂、非法处置危险废弃物等涉长江流域生态环境犯罪 367 件 549 人，办理水资源保护、岸线资源保护、船舶污染治理等涉长江流域治理公益诉讼案件 482 件，提出生态修复等社会治理检察建议 330 余份，督促修复被损毁林地、耕地 3000 余亩，恢复岸线河道 20 余公里，治理河湖水域 40 余亩，清理各类污染物 2400 余吨；增殖放流鱼苗 200 余万尾，督促清理福寿螺等外来入侵物种 6.5 吨。依法办理了一批有影响、有实效的生态环境和资源保护案件，有力推动流域生态环境系统治理、溯源治理、协同治理，交出了一份沉甸甸的宜昌生态检察答卷。办理的 9 起涉长江流域治理案件被最高人民检察院、湖北省人民检察院评为典型案例，2022 年 9 月，在长江上召开的新闻发布会被最高人民检察院通过"微直播"推介，人民日报、检察日报、湖北日报等二十余家中央级、省级媒体作了深度报道。

1. 立足监督办案，系统构建流域司法治理路径。实施流域综合治理是关

系国家发展全局的重大战略，是一项系统工程，需要强化系统观念，综合施策。宜昌检察机关始终坚持打击、监督、治理并重，突出保护重点，全面依法履职。

一是专项带动。制定出台《全市检察机关充分发挥检察职能服务长江大保护典范城市建设的实施意见》和《全市检察机关服务长江大保护典范城市建设专项检察行动实施方案》，围绕长江流域水安全、水环境安全、粮食安全等领域突出问题，部署开展"长江大保护"十大专项检察行动，成立专项工作领导小组，做到全市统筹、一体推进。

二是惩治并举。依法起诉非法捕捞、非法采砂、非法处置危险废弃物等涉长江流域生态环境犯罪案件，办理水资源保护、岸线资源保护、船舶污染治理等涉长江流域治理公益诉讼案件，促进党政领导责任、部门监管责任、企业主体责任得到更好落实，形成长江流域生态保护合力。2021年3月至2023年2月，枝江市人民检察院主动聚焦耕地保护和粮食安全，立办违法占用耕地种植草皮行政公益诉讼案件16件，督促复垦耕地1700余亩，推动当地开展耕地"非农化""非粮化"专项治理，建立农村土地执法监管共同责任机制，补齐耕地保护监管漏洞。

三是典型引领。宜昌检察机关大力培育典型案例，总结提炼工作经验，发挥示范引领作用。在办理最高人民检察院挂牌督办的长江码头船舶污染治理案中，宜昌检察机关与海事、交通、城管等部门通力协作，督促建成7个船舶污染物接收专用码头和1个洗舱站，实现长江宜昌段船舶污染物闭环处置，为船舶污染系统治理提供了有益样本。该案被最高人民检察院评为服务保障长江经济带发展典型案例。

2. 坚持标本兼治，溯源深化流域司法治理效能。宜昌检察机关认真落实习近平总书记关于"抓前端、治未病"的指示，坚持能动履职，推动治罪向治理转变，将案件办理效果转化为社会治理效能，努力实现"办理一案、治理一片"的司法保护效果。

一是以类案监督堵漏洞。对办案中发现的流域执法监管突出问题，及时制发社会治理检察建议，督促行政机关堵塞管理漏洞、依法全面履职。猇亭区人民检察院对辖区内近三年的非法采砂案件进行梳理，向行政机关发出检察建议，推动该区出台管理办法，有效控制了非法采砂乱象。

二是以源头治理固根本。坚持解决个性问题与共性问题、当前问题与长远问题相结合，针对清江、沮漳河等流域环境污染问题，主动开展专题调研，及时向党委政府提出建议，推动出台管理制度20余项，促进形成"长久立"的流域治理机制。西陵区人民检察院通过办理中华鲟自然保护区生态环境行政公益诉讼案，督促整治中华鲟核心产卵区长江岸线3000余平方米，构建起政府主导、社会共治的中华鲟保护长效机制，被最高人民检察院评为生物多样性保护公益诉讼典型案例。

三是以警示教育促长远。宜昌市夷陵区、长阳土家族自治县、宜都市等地检察机关推动建立生态环境保护警示教育基地、国家湿地公园生态司法保护示范基地、"林长＋检察长"协作机制实践基地，结合检察开放日活动、主题党日活动、法治实践教育等，组织行政机关、基层组织、代表委员等现场观摩，提高社会各界"共抓共管共治"的生态环境保护意识。

3. 深化机制创新，协同提升流域司法治理水平。流域性是江河湖泊最根本、最鲜明的特性，涉及上下游、左右岸、干支流，仅靠一个部门、一个地区"单打独斗"，难以取得好的治理效果。宜昌检察机关坚持从长江流域治理的整体性出发，加强内外沟通，健全协作机制，推动多元共治。

一是凝聚内部合力。全市检察机关设立16个"长江大保护检察工作办公室"，建立"长江生态检察官"制度，实行涉长江流域生态保护案件"刑事打击先导、公益诉讼主导、民事行政跟进"的系统办案模式。深化跨行政区划检察改革，探索将葛洲坝人民检察院打造为长江大保护专门检察院，推动案件集中管辖，提升司法专业化水平。在办理船舶拆解污染治理系列案中，宜昌市人民检察院指定葛洲坝人民检察院等三个基层检察院同步对沿江29家船厂船舶拆解情况开展调查，立办行政公益诉讼案件14件，有效推动宜昌船舶拆解活动规制化。

二是强化部门协作。宜昌市人民检察院与宜昌市河湖长制、林长制办公室建立生态保护协作机制，与宜昌市生态环境局建立生态环境损害赔偿与公

益诉讼衔接机制，在线索移送、案件办理、生态修复等方面形成工作合力。在办理某货轮触碰事故损害长江生态环境民事公益诉讼案中，宜昌市人民检察院与生态环境部门通力协作，认真开展案件分析、调查取证和文书撰写，依法支持生态环境部门向法院提起诉讼。

三是加强区域联动。宜昌检察机关在市域行政区划内，充分履行检察职能，积极参与黄柏河、玛瑙河、柏临河流域综合治理，推动建立生态补偿机制。在跨行政区划上，与襄阳、荆门等地检察机关签订环漳河水库跨区域公益诉讼协作意见。2023年，宜昌检察机关与恩施等相邻市州的检察机关积极沟通，进一步建立健全清江流域、沮漳河流域综合治理检察协作机制，以制度机制创新推动流域司法治理效能提升。

四、营造长江大保护守法氛围

宜昌市认真落实"谁执法谁普法"责任制，将长江大保护法治宣传融入"八五"普法规划，纳入普法责任清单；积极推进具有执法权的国家机关"以案释法"，运用典型案例发布、解读、视频展播等多种形式，实施长江保护法以及"十年禁渔"、生态环境保护等相关法律法规的宣传普及。通过"宜律帮"、移动客户端、微信公众号等，实现"一网通办""掌上办""智能办"，为长江大保护典范城市建设提供便捷高效智能的全业务、全时空公共法律服务。凝聚各方合力，利用各类宣传载体和特定时间节点，推动长江保护法等相关法律法规宣传进机关、进企业、进校园、进城乡社区。深入推进"民主法治示范村（社区）"创建、农村"学法用法示范户"评选和"法律明白人"培育等，扩大法治宣传教育覆盖面。打造一批与城乡环境相协调、与自然生态相融合的长江法治文化阵地，将法治意识融入群众日常生活，为建设"山水辉映、蓝绿交织、人城相融"的长江大保护典范城市营造良好社会氛围。

（一）做好普法宣传活动，助力长江大保护入脑入心

1. 精准分类，靶向专题学习。 根据普法对象的类别、需求层次，推行

"分众化"普法。针对国家工作人员，结合中心组学习、业务培训、支部主题党日活动等，开展专题辅导；针对污染排放企事业单位经营管理人员，成立由专家、执法人员、律师组成的宣讲团，深入企事业单位开展法律宣讲和产业链环保风险评估；针对青少年学生，开展专门课程设置、主题教育、社会实践和校园文化建设等，推进中小学环境教育全覆盖，在城区及部分县市区开设"生态小公民"课堂，将长江大保护作为重要内容纳入中小学生的"开学第一课"；针对村（居）民，发挥普法讲师团成员、村（居）法律顾问等作用，开设环保法治讲堂。

2. 整合资源，合力营造氛围。 依托党校社会教育主阵地，开展长江大保护教育进党校活动。发挥行业部门优势，广泛利用各机关宣传橱窗、楼宇电视、电子屏、车载电视、建筑围挡等载体、阵地加强法治宣传。发动基层群众，组织《中华人民共和国长江保护法》知识问答、环保倡议等活动，营造"长江大保护，人人有责"的浓厚氛围。组织《中华人民共和国长江保护法》专项宣传活动，实现"五个纳入"，即纳入"八五"普法规划和年度工作计划，纳入"谁执法谁普法""谁主管谁普法"普法责任制之中，纳入国家工作人员日常学法用法，纳入"服务大局普法行"活动，纳入立法、执法、司法和法律服务全过程。

3. 集中宣传，扩大社会影响。 用好普法讲师团、"法律明白人"等普法力量，利用世界环境日、世界水日、国家宪法日、宜昌长江大保护日等时间节点，扎实开展长江保护法进企业、进机关、进校园、进家庭、进农村、进社区"六进"活动，通过发放资料、展板联展、主题巡演、公益广告播放、咨询讲解等方式宣传推介长江大保护工作成效，倡导绿色生产生活方式，形成崇尚简约低碳的社会风尚。宜昌市中级人民法院同宜昌市水利和湖泊局等单位共同开展"世界水日""中国水周"主题宣传活动。葛洲坝法院联合葛洲坝街道石子岭社区以"十年禁渔 共护长江"为主题，在葛洲坝公园沿江开展普法宣传活动。宜昌市生态环境局组织开展国际生物多样性日、"六五"环境日等宣传活动，组织市民群众共同观看"共抓长江大保护"主题展板，营造推进长江大保护的浓厚氛围。

4. **以案释法，延伸宣传链条。**在环保执法流程中设立普法环节，结合执法中涉及的法律问题、法律依据、法律风险、法律义务，开展释法说理；针对不同受众群体，分类编印《生态环保法治先行》等宣传册，以环境违法典型案例宣传法治，图文并茂；开展环境执法大检查，组织人员以集中宣讲、法律咨询、发放资料、现场监察等形式进行法律普及和环保监察，提升企业守法意识。宜昌法院针对有重大影响的涉长江保护生态环境的案件，邀请人大代表、政协委员、社会公众旁听庭审成为常态；及时公示与群众利益密切相关的受损环境修复方案，听取群众意见，切实维护群众的知情权、参与权与监督权；充分运用传统媒体和微信、微博等新媒体，发布长江环保司法重要新闻和典型案例，宣传环境资源保护法律法规，宣传长江环境司法保护工作措施和效果，引导和提高社会公众的长江环保参与意识。《宜昌法院严打非法捕捞犯罪　保障长江"十年禁渔"起好步》工作简报被湖北法院简报2021年信息专刊采用。2021年3月，葛洲坝法院审理被告人黄某非法捕捞案，邀请30名人大代表和政协委员参与庭审旁听。

5. **媒体融合，助力推波造势。**发挥三峡日报《法治宜昌》报纸专版和宜昌三峡广播电视总台《法治宜昌》电视专题节目优势，引导社会风尚。推进"互联网＋长江大保护法治宣传"行动，利用门户网站、"三微一端"等媒体，开展环保普法益民服务，发布、推送环保标语、信息和典型案例，提高群众参与率。宜昌三峡融媒体中心创作长江大保护主题系列声音纪录片《长江之梦》，将宜昌市在长江大保护工作中涌现出的一批先进人物和典型事迹聚合成生动的融媒体产品，全面展现宜昌在长江大保护领域取得的突出成就，展示十年来宜昌在长江生态保护修护方面取得的阶段性成果。

6. **深入基层，联合示范带动。**各普法责任单位把环保宣传和平安创建相结合，深入基层联系点开展环保宣传专项活动，并将其纳入指导基层联系点开展法治文化阵地建设和"民主法治示范村（社区）"创建之中，有力推动基层法治创建活动取得实效。

（二）抓好法律专业服务，助力长江大保护走深走实

1. 支持律师参与长江生态保护诉讼案件办理。要求律师在办理案件时既要考虑到环境保护法的硬度，又要考虑到执法过程中的柔度，同时充分考虑当事人因环境问题遇到的困难，切实做到法律效果和社会效果相统一。

2. 积极开展法律援助工作。加大法律援助工作力度，对群众因环境污染遭受严重经济损失的案件开辟"绿色通道"，切实维护好群众的合法权益。推动市、县、乡、村四级公共法律服务实体平台规范运行，以推进"筑堡工程"八大场景建设为抓手，为长江大保护典范城市建设提供公共法律服务。将绿色化工、数字经济、文化旅游等产业发展纳入公益法律服务范围，精准对接重点企业、重大项目，持续开展"千名律师进千企""万所联万会"等活动，提升法律服务质效。指导监督全市法律服务机构依法依规办理破坏长江生态环境犯罪案件，依法为环境保护公益诉讼提供法律援助，形成强大的法律震慑。2021年以来全市法律援助机构共承办涉及长江大保护刑事案件18件，为犯罪嫌疑人提供法律咨询等法律帮助27人次。

3. 强化人民调解，有效化解各类环境保护矛盾纠纷。宜昌建立了市级环境保护纠纷专业调解委员会，指导各县市区建立环境保护调解委员会；配合建立健全生态环境污染损害矛盾纠纷"三调联动"大调解工作机制，积极开展涉及生态环境损害矛盾纠纷集中排查工作，建立台账，落实责任，限期予以调处，着力提高人民调解工作的效能和质量；探索建立调解组织与法律援助机构协作联动机制，引导和帮助群众通过法律渠道解决环境纠纷。宜昌市司法局积极推进环境保护纠纷行业性专业性人民调解组织建设，与中共宜昌市委政法委联合出台《关于加强行业性专业性人民调解工作提升市域社会治理能力的实施方案》，把环境保护纠纷人民调解组织建设纳入全市13个重点行业领域重点推进。截至2022年8月，全市共有猇亭、枝江、秭归、远安、兴山、当阳、宜都7个县市区成立了环境保护纠纷人民调解委员会，全市人民调解组织共排查化解环境保护纠纷2233起。

4. 积极开展公证服务。2021年8月，宜昌市纪委监委召开全市专项整

治群众身边的腐败和作风问题推进会，对群众反映强烈的公证行业服务问题进行专项部署。专项整治开展以后，宜昌市出台了《关于加强司法鉴定工作的实施意见》《关于进一步优化公证便民服务的若干措施》《宜昌市公证行业服务群众负面清单》等文件，为公证行业高质量发展提供制度支撑，规范了工作程序，更好地解决了群众办证难题。全市公证机构为环境保护办理减免收费公证 13 件，三峡公证处配合渔政部门，共为 3000 万余尾中华鲟、胭脂鱼等珍稀鱼类长江放流办理现场监督公证，让群众真正感受到了公证法律服务的便捷和温暖。

5. 积极推动设立环境损害司法鉴定机构。宜昌市紧抓作为全省环境损害司法鉴定纳入统一登记管理范围两个试点城市之一的机遇，成立生态环境损害司法鉴定机构（湖北正江环保科技有限公司环境损害司法鉴定所），并加强对其管理和执业监督，确保其高资质高水平执业。生态环境损害司法鉴定机构可具体从事地表水与沉积物、空气污染、噪声等环境损害司法鉴定，填补宜昌市环境损害司法鉴定机构的空白，满足当前环境资源审判工作对司法鉴定的需求，更有力地打击了环境违法犯罪。

后 记

　　长江是中华民族的母亲河，也是中华民族发展的重要支撑。2016年1月，习近平总书记在重庆召开的长江经济带发展座谈会上强调，推动长江经济带发展必须坚持生态优先、绿色发展，这不仅是对自然规律的尊重，也是对经济规律、社会规律的尊重。2018年4月，习近平总书记考察长江、视察湖北，首站到宜昌，强调要坚持把修复长江生态环境摆在推动长江经济带发展工作的重要位置，共抓大保护，不搞大开发。不搞大开发不是不要开发，而是不搞破坏性开发，要走生态优先、绿色发展之路。习近平总书记立下的"共抓大保护、不搞大开发"规矩，为推动长江经济带发展提供了行动指南、红线标尺。

　　多年来，宜昌牢记习近平总书记"共抓大保护、不搞大开发"的殷切嘱托，切实扛起长江大保护政治责任，锚定建设长江大保护典范城市目标，以破解化工围江为突破口，持续做好生态修复、环境保护、绿色发展"三篇文章"，生态竞争力、产业引领力、枢纽辐射力、城市影响力大幅跃升，走出了一条以化工产业转型升级引领城市发展变革的绿色发展新路，成功获评国家生态文明建设示范区，在践行绿色发展理念、推进长江大保护等方面走在了全国同等城市前列，形成了诸多可复制可推广的绿色发展经验。

　　着眼服务大局、推广宜昌方案、讲好宜昌故事，中共宜昌市委党校、湖北三峡干部学院积极整合全市党校系统教研人员力量，从2022年7月到2023年9月，在全面开展理论梳理、资料收集、实地调研、编写培训的基础上，展开了《长江大保护：宜昌样卷》编写工作。该书全面梳理总结习近平生态文明思想、长江大保护的理论源流和中国方案及宜昌推进绿色发展的过往历程与生动实践，从理论与实践、当前与长远、整体与局部等多个维度切入，系统介绍了宜昌全面推进绿色治理、绿色生产、绿色生活的系列历程，深度展示宜昌开展长江大保护、守护一江碧水东流、推动高质量发展的宜昌方案。

本书设置绪论、贯彻绿色理念、开展顶层设计、共抓长江保护、进行环境治理、强推化工转型、开发清洁能源、培育特色产业、推进绿色农业、发展绿色水利、打造绿色枢纽、践行绿色消费、拓展绿色金融、勠力科技创新、深耕绿色文旅、建设典范城市、强化法治保障等 17 个板块，在体例布局上力求严谨；全力呈现绿色发展、"双碳"战略等价值理念融入宜昌党政决策的客观场景、时间节点及落地过程，力求做到理论性与实践性统一；展示经济社会发展各领域的典型样本，引入大量案例、数据，力求做到通俗性与可读性兼具。

本书由中共宜昌市委党校常务副校长邹青松担任主编，中共宜昌市委党校副校长、湖北三峡干部学院副院长杨成珍担任副主编。绪论、第一章由邹青松撰写，第二章由方康撰写，第三章、第十一章由佘平飞撰写，第四章由朱小艳撰写，第五章由熊珊撰写，第六章由肖唯楚撰写，第七章由高青撰写，第八章由胡学红撰写，第九章由郭茂林撰写，第十章由王媛撰写，第十二章由杨成珍撰写，第十三章由陈卓撰写，第十四章由易平撰写，第十五章由张琴、阮海青撰写，第十六章由陈垚撰写。全书由杨成珍、高青负责统稿修改，黄芹、方康、郭茂林负责校对，最后由邹青松审阅定稿。本书编写工作得到了市直相关部门和县市区的大力支持，各县市区党校协助相关调研工作。

限于编者的理论水平，本书还存有不妥之处，敬请专家和读者指正。

编　者

2023 年 9 月